Teubner-Reihe UMWELT

D. Stoyan/H. Stoyan/U. Jansen

Umweltstatistik

Teubner-Reihe UMWELT

Diese Buchreihe ist ein Forum für Veröffentlichungen zum gesamten Themenbereich Umwelt. Es erscheinen einführende Lehrbücher, Monographien und Forschungsberichte, die den aktuellen Stand der Wissenschaft wiedergeben.

Das inhaltliche Spektrum reicht von den naturwissenschaftlich-technischen Grundlagen über umwelttechnische Fragestellungen bis hin zu juristisch, sozial- und gesellschaftswissenschaftlich ausgerichteten Titeln. Besonderer Wert wird dabei auf eine allgemeinverständliche, dennoch exakte und präzise Darstellung gelegt. Jeder Band ist in sich abgeschlossen.

Die Autoren der Reihe wenden sich vorwiegend an Studierende, Lehrende sowie in der Praxis tätige Fachleute.

Umweltstatistik

Statistische Verarbeitung und Analyse von Umweltdaten

Von Prof. Dr. Dietrich Stoyan
Helga Stoyan
Dr. Uwe Jansen
TU Bergakademie Freiberg

B. G. Teubner Verlagsgesellschaft
Stuttgart · Leipzig 1997

Prof. Dr. Dietrich Stoyan

Geboren 1940 in Berlin. Von 1959 bis 1964 Mathematikstudium an der TU Dresden. 1967 Promotion an der Bergakademie Freiberg. Rektor der TU Bergakademie Freiberg von 1991 bis 1997. Mitglied der Academia Europaea. Fellow of IMS.

Dipl.-Math. Helga Stoyan

Geboren 1941 in Liegau-Augustusbad. Von 1959 bis 1964 Mathematikstudium an der TU Dresden.

Dr. Uwe Jansen

Geboren 1949 in Bordesholm. Von 1967 bis 1971 Mathematikstudium an der Bergakademie Freiberg, dort 1975 Promotion zum Dr. rer. nat.

Gedruckt auf chlorfrei gebleichtem Papier.

Die Deutsche Bibliothek – CIP-Einheitsaufnahme

Stoyan, Dietrich:
Umweltstatistik : statistische Verarbeitung und Analyse von Umweltdaten / von Dietrich Stoyan ; Helga Stoyan ; Uwe Jansen. – Stuttgart ; Leipzig : Teubner, 1997
(Teubner-Reihe Umwelt)

ISBN 978-3-8154-3526-7
DOI 10.1007/978-3-322-99480-6

ISBN 978-3-322-99480-6 (eBook)

Umschlaggestaltung: E. Kretschmer, Leipzig

Vorwort

Die Statistik ist ein unentbehrliches Hilfsmittel der Umweltforschung. Sie wird benutzt, um die massenhaft anfallenden, oft stark schwankenden, heterogenen und problembeladenen Daten aus der Umwelt zu analysieren und zu interpretieren. Viele wichtige Aussagen über die Umwelt wurden und werden auf statistischem Wege erhalten. Das sind zum Beispiel diejenigen über eventuelle Klimaveränderungen, aber die Statistik ermöglicht auch zahlreiche weniger spektakuläre (und weniger umstrittene) Erkenntnisse. Das gilt besonders für Situationen, in denen das Verhalten zahlreicher Menschen eine Rolle spielt oder wo den eigentlichen Zusammenhängen erhebliche „zufällige" Schwankungen überlagert sind, die auf vielen verschiedenen und unübersichtlichen Einflüssen beruhen. Auch im Rahmen der Überwachung der Umwelt (des „Umweltmonitoring") ist die Statistik ein wichtiges Element. Schließlich sind statistische Methoden für die Planung und Auswertung von Experimenten in der Umweltforschung erforderlich.

Natürlich gibt es keine eigentliche wissenschaftliche Disziplin „Umweltstatistik". Tatsache ist aber, dass für die Untersuchung der Umwelt bestimmte statistische Verfahren besonders wichtig sind, und zwar wegen der dabei auftretenden speziellen Fragestellungen. Dabei müssen insbesondere räumliche und zeitliche Aspekte berücksichtigt werden, oder es sind die Einflüsse verschiedener, gleichzeitig wirkender Größen simultan zu untersuchen. Verschiedene Verfahren, die das leisten, werden in diesem Buch behandelt, das natürlich auch den Titel „Ausgewählte Kapitel der Statistik, dargestellt an Beispielen aus der Umweltforschung" hätte haben können. Insbesondere geht es in diesem Buch um

multivariate Statistik,
Zeitreihenanalyse,
Geostatistik und
zufällige Punktfolgen.

Zusätzlich werden eine Reihe anderer statistischer Methoden kurz erläutert, zum Beispiel Probennahmeverfahren und Extremwertstatistik.

Das vorliegende Buch beruht auf Lehrveranstaltungen der Autoren für Ingenieure und Naturwissenschaftler an der TU Bergakademie Freiberg. Es setzt lediglich den Stoff einer Einführungsvorlesung Statistik voraus, zu der Themen wie beschreibende Statistik, Grundlagen der Wahrscheinlichkeitsrechnung und Tests und Konfidenzintervalle gehören sollten. (Das Buch Stoyan, 1993, dessen Symbolik hier benutzt wird, enthält diesen Stoff.) Im übrigen sind gewisse mathematische Grundkenntnisse aus einer Vorlesung zur höheren Mathematik erforderlich. Hauptanliegen des Buches ist es, einen Einstieg in die Beherrschung der statistischen Verfahren zu ermöglichen, ihre Anwendungen zu demonstrieren und ihre Möglichkeiten aufzuzeigen. Wegen mathematischer Einzelheiten und Begründungen wird jeweils auf die Fachliteratur hingewiesen.

Der Leser wird erfahren, dass die Statistik ein Werkzeug ist, mit dem man in großen, unübersichtlichen Datenmengen Zusammenhänge sichtbar machen kann, natürlich nur, sofern solche überhaupt vorhanden sind. Er wird lernen, dass die Ergebnisse durchaus davon abhängen, welche Methode man benutzt; insoweit ist angewandte Statistik eine Kunst, die man durch Beispiele und Vorbilder erlernen kann. Für die Wahl bestimmter Verfahrensparameter, die die Ergebnisse wesentlich beeinflussen können, gibt es mitunter keine festen Regeln, sondern lediglich Rezepte; manchmal wird dem Statistik-Anwender sogar empfohlen, selbst durch Probieren „vernünftige“ Werte zu suchen. Da hierzu oft umfangreiche Rechnungen erforderlich sind, ist der Personalcomputer für statistische Analysen ein unschätzbares Hilfsmittel.

Die moderne statistische Software spielt in diesem Buch eine wichtige Rolle. Es wird erwartet, dass der Leser Zugriff zu einem Statistikprogrammpaket hat oder demnächst haben wird. Wünschenswert sind eigene Experimente mit den Daten dieses Buches oder eigenen, ähnlichen Datensätzen. Die in dem Buch analysierten Datensätze sind auf dem www-Server der Fakultät für Mathematik und Informatik der TU Bergakademie Freiberg abgelegt und über die Adresse

http://www.mathe.tu-freiberg.de/Stoyan/umwdat.html

abrufbar. Die Verfasser haben sich bewusst nicht auf ein einziges Statistikprogrammpaket beschränkt. Vielmehr wendeten sie ganz verschiedene solcher Programme an. (Das Fehlen des Zeichens ® an den kommerziellen Namen soll übrigens nicht zeigen, dass diese Namen frei verwendet werden dürfen.) Bei der Auswahl der Programme spielten der Zufall und die Situation an der TU Bergakademie Freiberg eine gewisse Rolle. Die meisten Beispiele wurden den Verfassern nämlich von Wissenschaftlern dieser Universität überlassen, die sich systematisch, aus der Sicht der geschlossenen Stoffkreisläufe, den Umweltproblemen widmet.

Fragen der amtlichen Umweltstatistik kommen in diesem Buch nur am Rande vor, nämlich dann, wenn von ihr gelieferte Daten statistisch analysiert werden. Auch die verschiedenen, vorhandenen und im Entstehen begriffenen Informationssysteme (Geographische Informationssysteme, Umweltinformationssysteme) werden nicht behandelt.

Es ist den Autoren eine angenehme Pflicht, einer Reihe von Kolleginnen und Kollegen zu danken, die sie mit Ideen, Ratschlägen, Informationen und Daten unterstützt haben. Hier seien in alphabetischer Reihenfolge und unter Weglassung der Titel genannt: H. Bandemer, A. Bellmann, S. Berndt, J. W. Einax, I. Gugel, W. Härdle, T. Hillmann, T. Jonsson, A. Kluge, B. Markert, J. Menz, B. Merkel, W. Näther, U. Neu, O. Nitzsche, R. Pohlink, W. Rasemann, R.-D. Reiß und H. von Storch. Ebenfalls sei herzlich Herrn J. Weiß vom Teubner-Verlag in Leipzig für die sehr angenehme Zusammenarbeit gedankt.

Freiberg, 31. Mai 1997 Die Autoren

Die in diesem Buch verwendeten Daten stammen aus der Umweltforschung verschiedener Institute der TU Bergakademie Freiberg, des Geographischen Instituts der Universität Bern sowie vom Isländischen Meteorologischen Büro. Die Autoren danken für die Möglichkeit ihrer statistischen Analyse und für fachliche Beratung.

Symbole für Mittelwert und Streuung

E Erwartungswert, Mittelwert
var Varianz, Streuung

Inhaltsverzeichnis

Kapitel 1

Umweltdaten – Visualisierung – Monitoring

Ein kleiner Irrtum am Anfang wird am Ende ein großer.
(Giordano Bruno)

Nichts hilft bei Vorhersagen mehr als ein gutes Archiv.
(Statistikerweisheit)

1.1 Besonderheiten von Umweltdaten und Umweltstatistik

Umweltstatistische Untersuchungen sind oft größere Aufgabenstellungen. Somit liegen die Messung, Sammlung, Speicherung, Aufbereitung und Archivierung sowie die Auswertung der Daten nicht in einer Hand. Nur in Ausnahmefällen gibt es eine Person, die alle Details der Datengewinnung und -aufbereitung kennt, die über die umweltwissenschaftlichen Hintergründe Bescheid weiß und zugleich auch die Algorithmen und mathematischen Verfahren zur Auswertung und Darstellung der Daten und Ergebnisse beherrscht. Das führt bei der Datenanalyse zu Problemen, auf die in diesem Kapitel aufmerksam gemacht werden soll.

Zunächst ist auf die *große Komplexität der Aufgabenstellungen* in der Umweltstatistik hinzuweisen. Sehr heterogene Daten unterschiedlicher Herkunft und Erfassungsart werden gleichzeitig analysiert. Dabei müssen schwer zu überblickende und zu ordnende Bedingungen beachtet werden. Zwischen den gemessenen Größen bestehen überdies in der Regel vielfältige Abhängigkeiten. Sie sind ferner in unterschiedlicher Art und Weise als fest oder veränderlich anzusehen. Ein Teil schwankt nach Zufallsgesetzen, deren Ursachen in der Natur der Messgrößen, aber auch der Messverfahren liegen.

Eine weitere Besonderheit der Erfassung von Umweltdaten ist ihre *zeitliche Variabilität*. Messungen zu einem gewissen Zeitpunkt sind natürlich nicht wiederholbar. Fällt die Mess-, Speicherungs- oder Übertragungstechnik aus, so ist mit Datenverlusten zu rechnen. Größere Datensätze sind daher oft durch fehlende Daten beeinträchtigt. Nicht selten wünscht sich derjenige, der am Ende die Daten auswertet und interpretiert, weitere Messwerte an Zwischenzeitpunkten, um zu genaueren Aussagen kommen zu können. Die Untersuchung der Umwelt ist also mit einem Lernprozess verbunden, in dem neue Erkenntnisse die weitere Analyse beeinflussen. Deshalb ist es auch natürlich, dass sich im Laufe der Zeit selbst bei der gleichen Problemstellung die Datenstruktur verändert; auch die beste Planung von Messungen kann dieses grundsätzliche Problem nur mildern. Schließlich müssen die sehr unterschiedlichen Zeitmaßstäbe in der Umweltstatistik beachtet werden. Manche Messwerte werden halbstündlich, andere täglich oder nur monatlich ermittelt. Auch noch kürzere oder längere Perioden kommen vor. Das hängt vom Messaufwand und von der Fragestellung ab.

Große Probleme bereiten die *großen Datenmengen* in der Umweltstatistik. Ihre Erfassung, Speicherung und Verarbeitung sind ohne die Möglichkeiten der modernen Computertechnik undenkbar. Dank der Datenbanksysteme, der Softwarepakete zur statistischen Auswertung und der Vernetzung und Datenübertragung gibt es inzwischen fast unbegrenzte Möglichkeiten für die Statistik. Sie werden allerdings durch Kompatibilitäts- und Standardisierungsprobleme eingeschränkt. Die größten und zeitaufwendigsten Probleme bestehen heute wohl nicht in der Übertragung der Daten zum jeweiligen Nutzer und Auswerter, sondern in ihrer Auswahl und Anpassung an das jeweilige System.

Beim Ablegen der Daten erfolgt oft eine Kodierung. Die Angaben hierzu und weitere inhaltliche Erläuterungen sind nicht selten unzureichend. Aus der üblichen Praxis, Zusatzinformationen auf das für das jeweilige System notwendige Maß zu beschränken und nur im Prinzip die maschinelle Lesbarkeit zu ermöglichen, resultieren große Schwierigkeiten, z. B. beim Zusammenführen von älteren und neueren Daten.

Hinter den Daten stecken im allgemeinen noch weitere Informationen, die zwar demjenigen, der die Daten erhoben hat, bekannt sind (oder er kann sie sich doch zumindest beschaffen), die aber selten zusammen mit den Daten abgelegt werden. Manchmal beginnt dies bereits bei den Einheiten der Messgrößen; zur Genauigkeit und Zuverlässigkeit der Daten können oft nur Spekulationen angestellt werden. Der Zeitaufwand zur Beschaffung und Berücksichtigung dieser Informationen kann die Schnelligkeit der Übertragung und Bereitstellung wieder zunichte machen. Geschlossene Informationssysteme für die Umweltstatistik, in denen Datenerfassung, Speicherung in Datenbanken und statistische Auswertung in einer Gesamtlösung bewältigt werden, erscheinen als schwer realisierbar und sind vielleicht auch gar nicht erstrebenswert.

Aus den verschiedensten Gründen sind statistisch auszuwertende Umweltdaten selten die echten Originaldaten. Irgendeine Vorverarbeitung ist meist bereits durchgeführt worden, bevor die Daten weitergegeben oder für die Archivierung gespeichert werden. Oft wird solch eine Vorverarbeitung durch die Messverfahren oder Vorschriften bestimmt. Beispielsweise werden Glättungen oder Mittelungen durchgeführt, um „stabile“ und „aussagefähige“ Werte zu erhalten und um zufällige Schwankungen zu eliminieren, oder es werden Rundungen, Klassifizierungen, Verdichtungen mehrerer Messgrößen und Messmerkmale zu neuen Größen vorgenommen. Somit steckt hinter den schließlich erhaltenen und weitergegeben Größen oft ein erheblicher technischer und algorithmischer Aufwand.

Es sei auch das *große öffentliche Interesse* an Umweltfragen erwähnt. Der Umweltstatistiker muss damit rechnen, dass seine Arbeit besonders aufmerksam beobachtet wird. So gibt es zum Beispiel einen Druck der Tourismusindustrie auf die Meteorologen. Ein Schweizer Kanton hat sich schon beim Fernsehen beschwert, dass die Wettervoraussagen für ein Wochenende zu negativ seien — mit grauenhaften Folgen für das Zusammengehörigkeitsgefühl der Kantone, die Arbeitsplätze und und so weiter. (Nach J. Kachelmann im Magazin der Frankfurter Allgemeinen Zeitung vom 18. Oktober 1996.) Allgemein interessieren sich viele Menschen für Umweltprobleme und verbinden mit umweltstatistischen Untersuchungen Hoffnungen oder Befürchtungen; das Wort „Umwelt“ in allen möglichen Verbindungen ist eines der Mode- und Schlagworte unserer Zeit. Unglücklicherweise wird über viele Umweltfragen nicht sachlich diskutiert; manche Probleme scheinen Glaubensfragen fast religiöser Natur zu sein. Das alles hat starke Auswirkungen auf die Auswahl, Erhebung, Verwaltung, Aufbereitung und Interpretation von Umweltdaten. Manche Messungen müssen in der Öffentlichkeit stattfinden oder können sogar zeitweilig Auswirkungen auf das Alltagsleben von Menschen haben. Erst recht können die Auswertungsergebnisse zu beachtlichen Konsequenzen führen, z. B. psychologischer Art, wenn negative Aussagen rufschädigend wirken oder das Risiko von Missverständnissen besteht.

Vor der Analyse von Umweltdaten kann es nützlich sein, Informationen zu den folgenden Fragen zu beschaffen.
Ein erster Komplex betrifft die Herkunft der Daten:

- Von wem, von welcher Institution wurden die Messungen durchgeführt?
- Wurden die Messungen extra durchgeführt, oder erfolgten sie im Rahmen von Routineuntersuchungen oder ständig durchgeführten Kontrollen?
- Welche Vorschriften und Gesetze sind für die Messungen relevant?

- Welche Geräte wurden benutzt?
- Welche Verfahren der Vorverarbeitung wurden angewendet?

Ein zweiter Komplex hängt mit der Motivation der Datenerhebung zusammen:

- Wer gab den Auftrag für die Untersuchungen?
- Welche Ziel- und Aufgabenstellung ist mit der Datenerhebung verbunden?
- Existieren bereits analoge oder ähnliche Untersuchungen?
- Gibt es Besonderheiten speziell bei diesen Messungen?

Ein weiterer wichtiger Komplex betrifft die gewählte Darstellung und die Genauigkeit sowie Zuverlässigkeit der Daten:

- Warum wurde bei metrischen Daten die vorliegende Anzahl von Dezimalstellen gewählt? Wieviel Ziffern sind relevant?
- Welche Maßeinheit wurde verwendet?
- Gibt es Aussagen über Messfehler und Streuungen?
- Wie ist die verwendete Merkmalsskala abgestuft?
- Welche Bedeutung haben die Klassifizierungsmerkmale?
- Wie qualifiziert und interessiert war das Messpersonal?
- Ist es denkbar, dass die Messergebnisse manipuliert sind?

Schließlich ist es nicht unwichtig, auch etwas über Aufwand und Nutzen der durchgeführten Messungen zu erfahren:

- Welcher Zeit- und Arbeitsaufwand und welche Kosten sind mit den Messungen verbunden?
- Wer trägt die Kosten der Untersuchungen?
- Worin liegt der erwartete Nutzen der Untersuchungen, für die die Daten gewonnen wurden? Lässt er sich ökonomisch oder in anderer Form angeben?

Mit diesen Fragen können Probleme verbunden sein, die die Art und Weise des weiteren Umgangs mit den Daten beeinflussen.

1.2 Strukturierungsprobleme

1.2.1 Allgemeines

Die Datenstrukturen zur *Abspeicherung* und zur *Bearbeitung* unterscheiden sich grundsätzlich, den sehr verschiedenen Zielstellungen entsprechend. In den Datenstrukturen zur Abspeicherung muss eine inhaltliche Suche nach bestimmten Daten möglich sein; Informationen *über* die Daten sind hier fast wichtiger als die Daten selbst. Für die Bearbeitung der Daten müssen diese dagegen so geordnet und strukturiert sein, dass auf sie bequem der jeweiligen Aufgabenstellung entsprechend und gemäß dem verwendeten Algorithmus zugegriffen werden kann.

Es existiert somit ein Problemfeld, dessen Lösungen noch weitgehend unbefriedigend sind — die Transformation und Auswahl von Daten aus einer Abspeicherungs- und Aufbewahrungsdatenbank in die Datenstruktur, die die Arbeit statistischer und anderer Algorithmen ermöglicht. Weil man es in der Umweltstatistik fast immer mit der Auswahl und Übertragung größerer und dazu noch heterogener Datenmengen zu tun hat, gibt es hier besondere Kompatibilitätsprobleme. Jeder, der einmal mit größeren statistischen Problemen zu tun hatte und dabei Statistikprogrammpakete benutzt hat, ist auch mit diesen Problemen konfrontiert worden. Solche scheinbar unbedeutenden Dinge wie die unterschiedliche Kodierung fehlender Werte, Trennzeichen, Dezimalkommas, die Benennung von Messgrößen oder die Suche nach einer Skala für die Werte erfordern erheblichen (ärgerlichen) zusätzlichen Bearbeitungsaufwand.

Für die Bearbeitung der Daten muss hohe Flexibilität gewährleistet werden. Es muss möglich sein, Teilauswahlen zu treffen, Zusammenfassungen vorzunehmen und Zwischenergebnisse hinzuzufügen. Deshalb kommt auch kein Statistikprogrammpaket ohne eine integrierte Datenbankstruktur aus.

Selbstverständlich müssen die Originaldaten geschützt werden. Nur autorisierte Personen dürfen sie verändern und ergänzen. Deshalb erscheint eine physische Trennung der Datenstrukturen zur Aufbewahrung und Bearbeitung als zweckmäßig und empfehlenswert.

1.2.2 Grundstrukturen

Die Grundstruktur, in der Daten eingeordnet werden, ist die Matrixform, wobei in der Regel die Zeilen als Datensätze (gehörig zu Objekten, Zeitpunkten oder Mess-Stellen usw.) und die Spalten als Folgen der jeweiligen Messgrößen zu betrachten sind, siehe Bild 1.1 auf der nächsten Seite.

Dabei kann die Darstellung für jede Spalte in Abhängigkeit vom Charakter der jeweiligen Größe eine andere sein. Der zur Verfügung stehende Raum zur

	Bezeichnung	Fluß-km	Cd mg/kg	Hg mg/kg	As mg/kg	Se mg/kg	Zn mg/kg	Pb mg/kg	Ni mg/kg	Cr mg/kg
1	s2/1	9	4,9	14	20,2	2,29	1457,59	213,86	88,77	151,73
2	s2/2	27	2,8	6,98	18,6	1,91	663,97	137,46	56,82	74,74
3	s2/3	35	4,4	7,44	19,9	2,39	1296,11	150,80	82,25	116,03
4	s2/4	51	3,6	6,78	20	1,69	1121,54	116,91	71,05	116,19
5	s2/5	60	6,7	13,9	20	2,01	1394,62	149,16	97,50	151,59
6	s2/6	71	4,4	27,9	23,9	2,23	1164,80	185,57	88,94	179,74
7	s2/7	90	4,2	10,5	18	2,44	1169,59	145,58	90,46	158,02
8	s2/8	100	2,8	59	17,1	1,97	996,18	115,39	123,69	142,79
9	s2/9	113	2,5	1,72	14,9	1,58	704,06	118,91	74,62	92,31
10	s2/10	120	1,9	0,89	15,4	1,43	668,98	117,37	86,56	102,03
11	s2/11	131	5,1	1,4	23,4	1,76	975,93	178,98	67,84	165,68
12	s2/12	140	3,1	0,775	16,1	1,56	1219,81	134,06	68,24	155,80
13	s2/13	158	1,7	0,732	16,3	1,25	637,59	151,11	54,67	100,86
14	s2/14	175	1,6	0,313	14,3	0,71	520,65	76,06	49,10	79,89
15	s2/15	188	1	0,618	16,3	0,92	649,37	127,94	48,76	65,42
16	s2/16	207	1,3	0,543	18,6	1,36	883,11	104,57	67,37	104,94
17	s2/17	227	1,6	0,398	19,7	1,49	1397,55	102,82	63,26	112,18
18	s2/18	236	1,7	0,676	26,1	1,36	987,53	162,55	72,97	152,77
19	s2/19	250	2,7	0,905	22,9	2,13	2406,48	138,40	76,81	73,94
20	s2/20	263	2,8	0,82	27,6	1,6	1502,92	182,59	88,06	72,91
21	s2/21	264	2,2	0,862	32,5	1,52	2325,58	311,68	64,61	75,28
22	s2/22	266	1,3	0,474	20,7	1,36	345,17	128,52	83,72	64,63
23	s2/23	285	1	0,329	30,6	1,09	253,71	146,04	101,98	66,21
24	s2/24	287	3	0,235	24,8	0,57	480,63	146,49	140,44	145,28
25	s2/25	316	3,8	0,389	35,2	1,16	631,47	131,04	173,47	313,24
26	s2/26	362	5,2	0,895	24,7	1,46	963,67	116,22	138,56	4255,40
27	s2/27	380	4,1	0,536	21,3	1,01	569,20	104,23	156,90	844,08
28	s2/28	392	2,3	0,642	16,1	1,06	706,58	146,27	145,04	669,39
29	s2/29	414	1,7	0,157	16,6	0,79	314,54	41,69	134,45	166,52

Bild 1.1 Datenmatrix der Saaledaten im Statistikprogrammpaket Unistat

Bezeichnung der Spalten und Zeilen gibt nur geringe Möglichkeiten für zusätzliche Informationen; im Allgemeinen kann nur eine kurze Benennung erfolgen. Gleiches gilt für die Struktur als Ganzes. Zusätzliche Informationen müssen folglich extra, in der Regel erst über Hilfen sichtbar, untergebracht werden.

Jedes Datenbanksystem besitzt ein eigenes Konzept für die Gestaltung der Strukturen, in denen interne Informationen untergebracht werden. Um Mehrfachablagen von gleichen Daten zu umgehen, ist eine hierarchische und verbindende Struktur notwendig; Verweise und Suchprozesse müssen möglich sein. So wie im täglichen Leben muss man nicht alles wissen, sondern man muss vor allem die Anlaufstellen kennen, die weiterhelfen und zu den gesuchten Informationen führen. Dabei ist es erforderlich, Verfahren zu haben, die auch bei unvollständiger Zielinformation über einen unterstützten Lernprozess die richtigen benötigten Daten liefern.

Größere Datenbanksysteme beinhalten daher Strukturen, die die beschriebenen Matrixstrukturen verwalten, in gewisser Hinsicht hierarchisch ordnen und Suchprozesse ermöglichen. Dazu bedienen sie sich der Zusatzinformationen und Hinweise in den Basisstrukturen selbst oder spezieller Bausteine einer Suchstruktur.

Aus dieser kurzen Schilderung wird zumindest eines ersichtlich: Auch wenn der prinzipielle Aufbau der Datenbanken ähnlich ist, sind unterschiedliche Lösungen möglich, so dass Schnittstellen zum Datenaustausch erforderlich sind, mit dem das Gesuchte und Benötigte von einem System in das andere übertragen werden kann.

1.2.3 Verarbeitungsprobleme

Liegen die Daten für die statistischen Untersuchungen vor, so verführt das Vorhandensein von leistungsfähiger Software und Rechentechnik dazu, fröhlich loszurechnen, sich im Voraus nur geringe Gedanken über den Umfang und die Zweckmäßigkeit der Rechnungen zu machen und in der statistischen Analyse die Taktik zuungunsten der Strategie überzubetonen. So werden große Mengen bedruckten Papiers erzeugt, die später oftmals nicht einmal angesehen werden.

Viele Verfahren der Regression und Modellanpassungsverfahren arbeiten iterativ, wobei in großem Umfang interne Zwischendaten abgelegt werden. Der hierzu erforderliche Aufwand steigt oft stärker als linear zum Umfang der Ausgangsdaten an. Darüber wird der Nutzer nicht immer informiert. Zeit- und Ressourcenüberschreitungen sind die Folge, was nicht selten zu unkorrekten Abbrüchen und Verlust von bereits ermittelten Ergebnissen führt.

Ein schwieriges und verfahrensabhängiges Problem stellen *fehlende Daten* (engl. *missing data*) dar. Manche Verfahren brechen ab, sobald nur eine Größe in einem Datensatz fehlt. Andere übergehen automatisch die jeweilige Zeile. Manchmal werden die fehlenden Werte auch nach bestimmten Regeln ersetzt. Fehlende Werte sind ein Problem, das keiner einheitlichen Lösung zugänglich ist. Hierzu gibt es eine umfangreiche statistische Literatur, vergleiche das Buch Little und Rubin (1987).

Oft hat man es auch mit *zensierten Daten* (engl. *censored data*) zu tun. So wird bei extremen Werten nur die Tatsache der Überschreitung angegeben, während die tatsächlichen Messwerte fehlen.

Manchmal wird übersehen, dass zur Anwendung bestimmter statistischer Verfahren Zuordnungsinformationen benötigt werden. Ein wichtiges Beispiel hierfür sind Klassifikationszuordnungen, die festlegen, welcher Datensatz welcher Klasse zugeordnet werden soll. Diese Klassifikationen beruhen auf einer oft von Beginn an festgelegten inhaltlichen Einteilung, und sie können typischerweise nicht nachträglich aus den Daten abgeleitet werden. Ähnliche Probleme kann es bei Verfahren geben, die Informationen zu den Positionen der den Datensätzen zugeordneten Mess-Stellen benötigen oder die implizit äquidistante Abstände voraussetzen, wie in der Zeitreihenanalyse. Ohne ein gewisses Verständnis der Prinzipien, Voraussetzungen und Möglichkeiten der verwendeten statistischen Auswertungsverfahren riskiert man das formale Scheitern der Verfahren, unsinnige Ergebnisse oder Fehlinterpretationen.

1.3 Dateneigenschaften

1.3.1 Darstellungs- und Verarbeitungseigenschaften

Nachdem bisher über Probleme gesprochen worden ist, die mit den Daten und ihrer Erhebung zusammenhängen, sollen jetzt Dateneigenschaften behandelt werden, die direkt auf die Darstellung, Verarbeitung und Weitergabe wirken. Es wird auf einige Punkte hingewiesen, die beim Umgang mit Daten eine Rolle spielen, deren Nichtbeachtung mit großem Aufwand und Ärger verbunden sein kann und über die nur selten gesprochen wird.

Die Daten sind gewissen abstrakten Wertebereichen zugeordnet, was insbesondere durch ihre Natur sowie ihren Umfang und ihre Variabilität bestimmt wird. Aber auch Traditionen und Praktikabilitätsforderungen spielen eine Rolle.

Endlicher Wertebereich

Logische Werte: Es sind nur die beiden Werte „wahr“ und „falsch“ möglich. Sie werden meist durch „1“ und „0“ oder „t“ und „f“ und manchmal auch durch die englischen Wörter „true“ und „false“ kodiert.

Merkmale: Hier liegt eine Klassifikation zugrunde. Jeder Datenwert wird genau einer Klasse zugeordnet. Die Darstellung kann in Form der Klassennummer erfolgen; werden die Merkmale in Form von Wörtern und Symbolen (+, −, *, ... oder Ikons) kodiert, muss dem darstellenden und verarbeitenden Programm die Zuordnung der Worte oder Symbole zu den Klassen mitgeteilt werden.

Ganze Zahlen: Bei allen Programmen existieren intern obere und untere Schranken für ganze Zahlen und Feldgrößen, die sich aus der Länge der zur Verfügung stehenden Bitzahl zur Zahlenbeschreibung ergeben. Außerdem rechnet man mit einer festen Stellenzahl bei der visuellen Darstellung. Zahlenbereichsüberschreitungen haben deshalb Probleme zur Folge.

Reeller Wertebereich

Beschränkt: Liegen feste obere und untere Schranken für die Werte vor, ist eine visuelle Darstellung als Festkommazahl vernünftig. Intern werden zur Verarbeitung allerdings Gleitkommazahlen benutzt. Die Programmiersprachen stellen entsprechend der gewünschten Genauigkeit unterschiedliche

Zahlentypen (real, double, extended) bereit. Bei der Anzeige erfolgt in der Regel eine Rundung. Die Rechen- und Darstellungsgenauigkeit sind natürlich etwas anderes als die Genauigkeit, die bereits in den Daten selbst enthalten ist. Es wird im allgemeinen das Ziel verfolgt, die Rechenfehler gegenüber den Datenfehlern so gering zu halten, dass sie vernachlässigbar sind.

Unbeschränkt: Sind Werte zu erwarten, die aus der konzipierten Festkommaanzeige ausbrechen, so muss in die Gleitkommaanzeige übergegangen werden. Die Daten und Ergebnisse weisen dann in der Regel nur noch eine relative Genauigkeit auf. Es können beachtliche, schwer vorhersagbare Fehler auftreten, die unsinnige Ergebnisse zur Folge haben können.

Die Fehlerfortpflanzung ist von den Rechenoperationen abhängig, und erhöhte Rechengenauigkeit kann das Problem nicht lösen.

Zeitangaben

Die Datumsskala besitzt historisch gewachsene Besonderheiten, so dass Jahre, Monate und Tage getrennt behandelt werden. Die Kodierung des Datums erfolgt mittels einer Maske, in der Stellen, Zeichen und Wertebereiche festgelegt sind, z. B. in der Form JJ:MM:TT. Dabei stehen die Großbuchstaben für Ziffern des Jahres, des Monates und des Tages. Genauere Zeitangaben erfolgen in Stunden, Minuten und Sekunden usw.

Texte

Stichworte: Der grundlegende Unterschied von Texten zu Merkmalen besteht darin, dass auch der Inhalt von Stichworten als Dateninhalt wichtig werden kann, aber die Menge der Stichworte nicht genau vorherbestimmt ist. Vorrangig dienen sie Suchzwecken und nicht der Klassifikation.

Prosa: Auch längere Texte können als Daten aufgefasst werden, die einerseits der Beschreibung von Besonderheiten der Datensätze dienen und andererseits für Suchalgorithmen zugänglich sind.

Das soeben Ausgeführte soll durch zwei Auszüge aus Excel-Datenblättern illustriert werden. Die Daten stammen aus bodenkundlichen Untersuchungen. Es war geplant, zur Auswertung und Aufbereitung von 116 Datensätzen das Kalkulations- und Datenbanksystem Excel von Microsoft zu nutzen. Dabei ist die Versuchsnummer (Vers. Nr.) das Verbindungsglied zum Zuordnen der Daten beider Blätter (siehe die Bilder 1.2 und 1.3).

Vers. Nr.	Lage	T [%]	fU [%]	mU [%]	gU [%]	fS [%]	mS [%]	gS [%]	C org. [%]	T [%]	U [%]	S [%]
1,2,3,4	Oberhang	23,7	4,3	24,0	43,1	3,3	1,0	0,6	0,9	23,7	71,4	4,9
	Mittelhang	18,0	6,0	18,8	51,0	4,1	1,3	0,8	1,3	18,0	75,8	6,2
	Unterhang	23,6	7,1	19,7	44,2	3,1	1,7	0,6	0,9	23,6	71,0	5,4
5,6	Oberhang	15,7	5,5	24,2	46,1	4,7	2,4	1,4	1,2	15,7	75,8	8,5
	Mittelhang	16,2	4,7	13,3	59,5	3,6	1,5	1,2	1,4	16,2	77,5	6,3
	Unterhang	16,7	6,1	21,4	48,9	3,8	2,0	1,1	1,2	16,7	76,4	6,9
7,8	Oberhang	13,1	6,7	22,0	46,8	6,7	2,9	1,8	1,6	13,1	75,5	11,4
	Mittelhang	10,9	7,2	21,2	52,3	5,3	2,2	0,9	1,4	10,9	80,7	8,4
	Unterhang	15,4	5,9	24,3	45,5	6,4	1,7	0,8	1,2	15,4	75,7	8,9
9,10	Oberhang	8,2	5,2	24,1	27,2	15,6	15,6	4,1	1,3	8,2	56,5	35,3
	Mittelhang	10,7	4,2	19,7	27,5	17,5	16,6	3,8	1,0	10,7	51,4	37,9
	Unterhang	8,6	6,2	20,5	30,5	16,5	15,4	2,3	1,2	8,6	57,2	34,2
40,41	Oberhang	6,0	3,7	6,7	9,8	11,5	26,9	35,4	0,9	6,0	20,2	73,8
	Mittelhang	9,1	7,7	13,8	25,8	7,8	15,5	20,3	1,3	9,1	47,3	43,6
	Unterhang	9,7	6,7	10,6	23,4	10,3	20,2	19,1	1,5	9,7	40,7	49,6
42 bis 45	Oberhang	17,5	7,5	20,6	48,5	3,5	1,0	1,4	1,2	17,5	76,6	5,9
	Mittelhang	16,7	8,2	21,0	49,4	1,0	0,7	3,0	1,1	16,7	78,6	4,7
	Unterhang	16,0	5,0	26,5	44,1	4,0	0,9	3,5	1,2	16,0	75,6	8,4
45 bis 49	Oberhang	17,8	6,9	23,6	38,5	4,1	2,4	6,7	1,0	17,8	69,0	13,2
	Mittelhang	19,3	6,2	25,5	37,9	3,0	2,9	5,2	1,0	19,3	69,6	11,1
	Unterhang	15,4	8,9	20,8	43,5	3,0	2,3	6,1	1,0	15,4	73,2	11,4
50 bis 52	Oberhang	1,8	3,9	8,5	11,2	10,5	23,1	41,0	0,9	1,8	23,6	74,6
	Mittelhang	2,4	3,6	12,2	13,3	8,6	20,9	39,0	1,1	2,4	29,1	68,5
	Unterhang	6,0	8,7	17,3	20,4	8,4	13,9	25,3	1,5	6,0	46,4	47,6
54	Oberhang	9,2	9,2	27,8	47,0	2,4	2,4	2,0	1,0	9,2	84,0	6,8
	Mittelhang	3,6	10,2	30,8	47,2	2,9	2,9	2,4	1,1	3,6	88,2	8,2
	Unterhang	3,3	2,6	11,4	46,3	6,8	14,8	14,8	0,6	3,3	60,3	36,4
97/98	Oberhang	8,6	14,3	29,8	30,1	7,6	4,0	5,6	2,2	8,6	74,2	17,2
	Mittelhang	9,3	14,2	30,9	32,1	6,0	3,0	4,5	1,8	9,3	77,2	13,5
	Unterhang	10,3	14,7	31,9	30,2	6,2	2,6	4,1	1,9	10,3	76,8	12,9
99 bis 104	Oberhang	7,7	12,7	14,8	15,7	11,8	17,4	19,9	1,9	7,7	43,2	49,1
	Mittelhang	11,0	9,9	16,6	13,3	12,2	16,2	20,8	1,8	11,0	39,8	49,2
	Unterhang	10,8	10,3	14,9	12,5	16,3	18,4	16,8	1,7	10,8	37,7	51,5
105 bis 108	Oberhang	4,6	9,8	14,9	18,7	20,4	26,5	5,1	1,3	4,6	43,4	52,0
	Mittelhang	5,2	7,1	14,7	22,6	17,6	25,7	7,1	1,2	5,2	44,4	50,4
	Unterhang	4,8	6,8	10,2	13,7	24,6	30,7	9,2	1,0	4,8	30,7	64,5
111 bis 116	Oberhang	8,2	9,5	23,7	36,3	10,4	10,4	1,5	1,1	8,2	69,5	22,3
	Mittelhang	7,5	10,5	25,6	35,0	9,7	10,7	1,0	1,0	7,5	71,1	21,4
	Unterhang	5,2	13,2	25,4	32,2	12,5	10,0	1,5	1,2	5,2	70,8	24,0

Bild 1.2 Datenblatt mit Angaben zu Bodenproben (Excel-Blatt 1)

Bodenart	Vers.Nr.	Nutzung/Feldzustand/Bodenbearbeitung	Lagerungsdichte [kg/m³]	Org. C [%]	Anfangswassergehalt [Vol.-%]	E
Uu	53	Raps 6-7-Blattstadium / tro, gepflügt, 2* Feingrubber	1370	1,1	34,0	
Uu	54	Raps 6-7-Blattstadium / feu, gepflügt, 2* Feingrubber	1420	1,1	37,1	
Ut4	1	Brache / tro, gepflügt	1410	1,3	28,0	
Ut4	2	Brache / feu, gepflügt	1350	1,3	35,0	
Ut4	5	WW, Saatbett / tro, gepflügt, Kreiselegge, Fahrspur	1640	1,4	24,0	
Ut4	6	WW, Saatbett / feu, gepflügt, Kreiselegge, Fahrspur	1490	1,4	43,0	
Ut4	73	WW, Saatbett / tro, gepflügt (15 cm tief), gedrillt	1220	1,0	24,5	
Ut4	74	WW, Saatbett / feu, gepflügt (15 cm tief), gedrillt	1400	1,0	36,2	
Ut4	75	WW, Saatbett / tro, gepflügt (30 cm tief), gedrillt	1470	1,0	29,0	
Ut4	76	WW, Saatbett / feu, gepflügt (30 cm tief), gedrillt	1400	1,0	29,9	
Ut4	71	WW, Saatbett / tro, gegrubbert, gedrillt	1480	1,0	31,0	
Ut4	72	WW, Saatbett / feu, gegrubbert, gedrillt	1320	1,1	42,9	
Ut4	69	WW, Saatbett / tro, nw. Bearb. (DUTZI) mit TL, Mulch	1240	1,1	25,6	
Ut4	70	WW, Saatbett / feu, nw. Bearb. (DUTZI) mit TL, Mulch	1320	1,1	40,0	
Ut4	46	WW, Bestockungsstad. / tro, verschl.gepflügt, gegrubbert, gedrillt	1320	1,0	25,4	
Ut4	47	WW, Bestockungsstad. / feu, verschl.gepflügt, gegrubbert, gedrillt	1360	1,0	25,2	
Ut4	48	WW, Bestockungsstad. / tro, verschl.nw. Bearb. (DUTZI) mit	1310	1,0	21,8	
Ut4	49	WW, Bestockungsstad. / feu, verschl.nw. Bearb. (DUTZI) mit	1450	1,1	43,5	
Ut4	67	WW, 2-Blattstad. / tro, gepflügt, gedrillt	1380	1,1	31,6	
Ut4	69	WW, 2-Blattstad. / feu, gepflügt, gedrillt	1450	1,1	37,0	
Ut4	63	WW, 2-Blattstad. / tro, nw. Bearb. (DUTZI) ohne TL, Mulch	1450	1,3	31,6	
Ut4	64	WW, 2-Blattstad. / feu, nw. Bearb. (DUTZI) ohne TL, Mulch	1470	1,3	39,1	
Ut4	65	WW, 2-Blattstad. / tro, nw. Bearb. (DUTZI) mit TL, Mulch	1520	1,3	31,5	
Ut4	66	WW, 2-Blattstad. / feu, nw. Bearb. (DUTZI) mit TL, Mulch	1380	1,3	37,1	
Ut4	83	ZR, Einsaat / tro, Stoppelbearb., gepflügt, SB.	1070	1,0	19,7	
Ut4	84	ZR, Einsaat / feu, Stoppelbearb., gepflügt, SB	1610	1,0	32,3	
Ut4	81	ZR, Einsaat / tro, Stoppelbearb., Grubber, SB	1310	1,0	31,2	
Ut4	82	ZR, Einsaat / feu, Stoppelbearb. gepflügt, SB	1420	1,0	32,0	
Ut4	79	ZR, Einsaat / tron, w. Bearb. (DUTZI), SB., M	1500	1,0	35,0	
Ut4	80	ZR, Einsaat / feu, nw. Bearb. (DUTZI), SB, M	1540	1,0	36,7	
Ut4	77	ZR, Einsaat / tro, nw. Bearb. (DUTZI) TL ohne SB, M	1260	1,0	30,7	
Ut4	78	ZR, Einsaat /feu, nw. Bearb. (DUTZI) TL ohne SB, M	1450	1,0	37,0	
Ut4	93	ZR, 2-Blattstad. / tro, nw. Bearb. (DUTZI) TL,SB, M	1450	0,9	35,0	
Ut4	94	ZR, 2-Blattstad. / feu, nw. Bearb. (DUTZI) TL, SB, M	1550	0,9	36,0	
Ut4	42	ZR, 2-3-Blattstad. / tro, verschlämmtgepflügt, gedrillt, Erosionsrille	1390	1,1	26,6	
Ut4	43	ZR, 2-3-Blattstad. /feu, verschlämmtgepflügt, gedrillt, Erosionsrille	1530	1,1	32,3	
Ut4	44	ZR, 2-3-Blattstad. / tro, nw. Bearb. (DUTZI) o.TL, Mulch	1390	1,1	28,6	
Ut4	45	ZR, 2-3-Blattstad. / feu, nw. Bearb. (DUTZI) o.TL, Mulch	560	1,1	37,7	
Ut4	3	Zwischenfrucht Phacilia / tro, gepflügt, Kreiselegge, Fahrspur	?70	1,5	30,3	

Bild 1.3 Datenblatt mit Angaben zu Bodenproben (Excel-Blatt 2)

Im ersten Blatt (Bild 1.2) ist die entsprechende Spalte mit Informationen gefüllt, die sich im Vorfeld von statistischen Analysen nur mit zusätzlichem Aufwand und Zusatzinformationen interpretieren lassen. Gemeint sind die nur für den Menschen mit seinen Erfahrungen und Kontextkenntnissen interpretierbaren Angaben „1, 2, 3, 4“ oder „7, 8“ sowie „45 bis 49“. Auswahl und Zuordnung werden dadurch zur mühseligen Handarbeit mit Fehlerquellen (vgl. den offensichtlichen Tippfehler der doppelten Angabe der Vers. Nr. 45).

Selbstverständlich bestimmen die Darstellungsart und der Typ der Daten auch die möglichen, auf sie anwendbaren Umformungs- und Verknüpfungsoperationen. Mit Zeichen sind die arithmetischen Rechenoperationen nicht durchführbar, mit Klassennummern sollten sie nicht durchgeführt werden; für Datums- und Zeitangaben gelten eigene Rechengesetze, weil keine Dezimalskala vorliegt.

1.3.2 Messtechnische Konsequenzen für die Dateneigenschaften

Die meisten Daten werden durch Messungen gewonnen. Es lohnt sich einige Probleme und Konsequenzen daraus wenigstens flüchtig zu bedenken. Ein wichtiges Problem ist in der Regel die Genauigkeit von Messungen. Zumindest die folgenden drei Aspekte sollten unterschieden werden:

- Das Messgerät hat eine Skalengenauigkeit, das heißt, Zahlen mit einer gewissen Anzahl von Stellen werden angezeigt oder ausgegeben. Damit ist von vornherein eine Schranke für die Genauigkeit gesetzt.

- Oft existieren für das Messgerät Fehlertoleranzen, die insbesondere seinen systematischen Fehler eingrenzen. Natürlich ist die Skala auch nach diesen Toleranzen ausgerichtet. Man beachte dabei, dass der Fehler nicht immer auf der gesamten Skala gleich ist.

- Im Untersuchungsgegenstand, in der Probennahme und im gesamten Messprozess liegen mehrere, vielfach nicht genau zu analysierende Fehlerquellen. Daher erfolgen oft Mehrfachmessungen, und nur Mittelwerte werden weitergegeben. (Hier könnte der Fehler statistisch abgeschätzt werden.)

Messgeräte überstreichen in der Regel nur einen festen und begrenzten Bereich. Wird dieser Bereich über- oder unterschritten, kann kein Messwert ausgegeben werden. Für den Statistiker wäre dann immerhin noch eine Information über die Tatsache der Überschreitung oder Unterschreitung bedeutungsvoll. Er hat dann zensierte Daten zu analysieren und kann speziell auf solche Daten abgestimmte Analyseverfahren benutzen.

1.3.3 Zuverlässigkeit

Neben der Genauigkeit spielt auch die Zuverlässigkeit der Daten eine Rolle. Verfälschungen und Manipulationen von Datenmaterial haben verschiedene Gründe und Quellen. Man kann zwischen objektiven und subjektiven Ursachen oder besser zwischen unbeabsichtigten und beabsichtigten Veränderungen unterscheiden.

Unbeabsichtigte Veränderungen: Der Ausfall von Messgeräten und Störungen während des Mess-, Übertragungs- und Speicherprozesses führen neben dem erkennbaren Datenverlust (fehlende Werte) auch zu Datenverzerrungen. Ähnliche Folgen haben auch beispielsweise Verunreinigungen von

Probenmaterial, Vertauschung von Proben, falsche Justierung der Messgeräte, Eingabefehler oder Verstöße gegen Messvorschriften. Oft sind diese Verzerrungen so groß, dass die Daten als Ausreißer erkannt werden. Statistische Ausreißererkennungsmethoden ermöglichen manchmal eine Identifizierung, sofern die Datenwerte nur hinreichend ungewöhnlich sind. Eine nachträgliche Ursachenforschung kann sogar zur Korrektur der Werte führen. Allerdings ist gerade bei Umweltdaten der Anteil fehlerhafter Daten ziemlich groß, so dass mitunter die Ausreißeranalyse kaum noch sinnvoll ist.

Beabsichtigte Veränderungen: Aktive Beeinflussungen der Daten sind leider nicht auszuschließen, wenn die Interessen von Beteiligten eine Rolle spielen, die zum Beispiel Daten zur Untermauerung einer Argumentation benutzen möchten oder Erwartungen und Vorgaben von Auftraggebern erfüllen wollen. Die Möglichkeiten für Manipulationen sind vielfältig. Manchmal werden unerwünschte Messreihen oder -werte verworfen, oder es erfolgt eine gezielte Vorverarbeitung von Daten. Auch passend gewählte Messzeitpunkte und -orte beeinflussen die Ergebnisse. Bei Umweltdaten spielen Grenzwerte eine große Rolle. Kurzzeitige Überschreitungen von Grenzwerten und große mittlere Werte sind etwas ganz Verschiedenes. Daher wird ein potenzieller Emittent von Schadstoffen gezielt eine der beiden Varianten heraussuchen (das muss nicht immer der Mittelwert sein), und ein aktiver Umweltschützer kann sich gerade für das Gegenteil entscheiden. Es ist selbstverständlich schwer, Manipulationen zu erkennen, wenn sie geschickt durchgeführt worden sind. Manchmal helfen vergleichende Analysen, die möglicherweise zeigen, dass sich bisherige, begründete Gesetzmäßigkeiten im Datenmaterial plötzlich grundlegend zu ändern scheinen. Der Einsatz neutraler Messpersonen ist eine gute Lösung, um Manipulationen zu vermeiden.

Manche Daten stammen aus Befragungen von Personen. Sie werden in der Regel nach einer Nominalskala geordnet und verhalten sich also wie Merkmale. Hier kann selbst ein neutraler Interviewer unzuverlässige Resultate erhalten, wenn die Auswahl der Personen und die Art der Befragung methodisch ungeschickt oder tendenziös sind. Die Bewertung der Seriösität und Wissenschaftlichkeit solcher Befragungen ist ein schwieriges Problem.

1.3.4 Relevanzfragen

Leider stellt sich oft erst nach der Bearbeitung heraus, ob gewisse Daten für die Lösung einer Aufgabe benötigt werden oder nicht. Konsequenzen können dann nur für zukünftige Untersuchungen gezogen werden. In der Regel müssen Voruntersuchungen klären, welche Daten relevant sind. Es kann auch sein, dass verschiedene Messgrößen gleiche Aussagen liefern, dass also Redundanzen bestehen. Dabei wird es immer Abstufungen in der Bedeutung der einzelnen Größen für die untersuchte Fragestellung geben. Einerseits sollten die Möglichkeiten einer bewussten Entscheidung zu aussagefähigeren oder ökonomisch günstiger erfassbaren Daten genutzt werden, bevor große Messprojekte in Auftrag gegeben werden. Andererseits können unterschiedliche Aufgaben- und Zielstellungen auch zu unterschiedlichen Bewertungen der Relevanz und Redundanz führen.

1.3.5 Datenschutzprobleme

Bei der Arbeit mit Daten sind verschiedene schutzwürdige Rechte zu beachten. Einschlägige Bestimmungen regeln die Verfahrensweisen bei der Weitergabe, Verwendung und Veröffentlichung; Verletzungen von Bestimmungen des Datenschutzes können auch strafrechtliche Folgen haben. Für Umweltdaten sollten eigentlich nur geringe oder gar keine Stufen der Geheimhaltung und Vertraulichkeit gelten. Tatsächlich ist das aber nicht die Regel. Speziell die vielen zusätzlichen Informationen über Umweltdaten unterliegen strengeren Schutzbestimmungen.

Eine große Palette von wirtschaftlichen und personenbezogenen Schutzbestimmungen ist zu beachten. Die Datenerfassung und -erhebung sind mitunter vertraglich zu regeln. Im Zusammenhang mit komplizierten Messungen sind möglicherweise patentrechtliche Fragen wichtig. Bei medizinischen Datenerhebungen sind die Persönlichkeitsrechte der untersuchten Personen zu beachten; diese müssen anonym bleiben. Letzteres macht es allerdings schwer, zum Beispiel das Auftreten von verschiedenen Krankheiten, insbesondere auch berufs- und umweltbedingten, über einen längeren Zeitraum und flächendeckend zu studieren. Die Gefahr, dass mit der enormen Leistungsfähigkeit und der Vernetzung der Rechentechnik Unbefugte die Daten zum Nachteil der Untersuchten benutzen, wird demgegenüber als zu groß eingeschätzt.

Manche Daten müssen der Öffentlichkeit auch deshalb vorenthalten werden, weil mit ihnen Industriespionage betrieben werden kann. Tatsächlich können durch geschickte Analyse und Kombination von Wirtschaftsdaten Strategien der Wirtschaftsentwicklung und Forschung offengelegt werden. Viele Nachrichten der Geheimdienste stammen aus der Analyse von frei zugänglichen Daten.

Man muss also mit der Tatsache leben, dass aus datenschutzrechtlichen Gründen nicht immer alle gewünschten Daten für die angestrebten Untersuchungen zur Verfügung stehen.

1.3.6 Zeitprobleme

Beachtenswert ist das Problem der Wahl der Zeitskala. Bei vielen Messungen ist man gezwungen mit einer vorgegebenen Zeitskala und entsprechenden äquidistanten Zeitabständen zu arbeiten. Diese Zeitabstände werden in der Planungsphase der Messungen festgelegt oder sind durch Vorschriften und technische Bedingungen bestimmt. Oft stellt sich aber erst in der Phase der Bearbeitung der Daten und der Anpassung an Modelle heraus, ob die Zeitskala vernünftig im Sinne der Untersuchung und des Modells ist. So kann zum Beispiel die Untersuchung stetiger Prozesse durch diskrete Beobachtungen ohne die Beachtung der zeitbezogenen Schwankungsstärke nicht erfolgreich sein.

Bisher wurde meist (implizit) angenommen, dass für die Auswertung unbeschränkt Zeit zur Verfügung steht. Für bestimmte Aufgabenstellungen ist dies aber nicht der Fall. Speziell bei Monitoring-Aufgaben zur Beobachtung der Umwelt mit dem Ziel der Abwehr von Gefahren müssen die Messungen ohne Zeitverzug in Anzeigen und Meldungen überführt werden. An die Konzipierung solcher Aufgaben muss natürlich anders herangegangen werden als an die nachträgliche Auswertung von Daten für Berichte oder Übersichten. Ein Monotoringsystem muss als Ganzes funktionieren, seine wesentlichen Aufgaben sind fest vorgegeben und unveränderlich. Ein Eingreifen des Menschen erfolgt nur zur Informationsabfrage und zur Reaktion auf Ausnahmesituationen. Hauptprobleme sind hier Entwurf, Planung, Einrichtung und Testung solcher Systeme.

Ein weiteres allgemeines Zeitproblem liegt in der Schnelllebigkeit unserer Zeit. Die Daten haben zur Abspeicherung physikalische Träger, wobei eine dem jeweiligen Kenntnisstand entsprechende Kodierung erfolgt. Die Konvertierung der Daten von älteren Beständen auf neue Strukturen und Träger kann beachtliche technische Probleme verursachen.

1.4 Graphiken und Visualisierungstechniken

1.4.1 Einleitung

Graphische Darstellungen spielen seit jeher in der Statistik eine große Rolle. Dabei wird ausgenutzt, dass der Sehsinn wohl die wichtigste Kommunikationsschnittstelle des Menschen zur Erfassung, Übergabe und Verarbeitung komplexer Informationen ist. Hier ist eine hohe Informationsdichte möglich, und ein weites Spektrum unterschiedlicher Abstraktionsgrade kann gleichzeitig verarbeitet und bewältigt werden. Soll insbesondere die schwierige und 1997 noch ziemlich neuartige Kommunikation zwischen dem Menschen und der künstlichen „Intelligenz“ eines Computers besser und flexibler gestaltet werden, ist die Nutzung graphischer Techniken *der* Weg die Leistungsfähigkeit im Informationsaustausch zu steigern. Daher ist gegenwärtig die Geschwindigkeit der Entwicklung graphischer Oberflächen für neue Software und Betriebssysteme von Personalcomputern und Workstations so außerordentlich hoch.

Ein Ziel der Visualisierung ist somit klar. Aber es geht auch darum die in den Daten und Zahlenkolonnen enthaltene Information überhaupt erst zu veranschaulichen. Solange noch keine Vorstellungen über Begriffe und Zusammenhänge erarbeitet worden sind, ist man nur in der Lage, z. B. einige wenige statistische Zahlen miteinander zu vergleichen. Bei geschickter Anordnung und erst recht bei einer Darstellung mit Hilfe graphischer Techniken wird dagegen das menschliche Erkennungsvermögen durch natürliche Vergleichsmaßstäbe und Einordnungshilfen wesentlich erhöht.

Wie können die in den Daten enthaltenen Informationen und Gesetzmäßigkeiten in einem ersten Zugang veranschaulicht werden? Wie kann man die Methoden zur Vorverdichtung und -filterung der Daten ordnen und bezüglich ihrer Einsatzmöglichkeiten einschätzen? Die folgenden Abschnitte sollen sich diesen Fragen ohne Anspruch auf Vollständigkeit und endgültige Wertung der vorgestellten Möglichkeiten widmen. Müssen stärkere und komplexere mathematische und statistische Analysemethoden eingesetzt werden, so sei auf die folgenden Kapitel verwiesen, die jeweils angepasste Möglichkeiten der Visualisierung der Ergebnisse vorstellen.

Es gibt zwei ganz verschiedene Zielrichtungen, die zwar mit ähnlichen graphischen Hilfsmitteln bewältigt werden können, aber unterschiedliche Arbeits- und Herangehensweisen erfordern: Die Entdeckung und Überprüfung von Gesetzmäßigkeiten in den Daten, also die Exploration einerseits („Konstruktionsform“) und die überzeugende anschauliche Darstellung von gefundenen Ergebnissen der statistischen Analyse andererseits („Kommunikationsform“). Die zweite Art der Anwendung graphischer Techniken ist die ältere, die schon seit Jahrhunderten in der Statistik eine Rolle spielt. Die erste ist insbesondere seit dem Einsatz von Personalcomputern mit leistungsfähiger Graphik interessant geworden; früher beruhte die Exploration sehr stark auf der Intuition erfahrener Statistiker.

Die Besonderheiten beider Richtungen zu erläutern, ist das Anliegen der folgenden zwei Abschnitte, während ein dritter Abschnitt Kommunikationsprobleme zwischen verschiedener Software anspricht.

1.4.2 Explorative Zielstellung

Es geht also darum, Gesetzmäßigkeiten zu finden und herauszuarbeiten, die möglicherweise in den Daten enthalten sind oder vermutet werden. Die *interaktive Arbeit* am Bildschirmterminal des eingesetzten Rechners ist heutzutage die wichtigste Form der Bewältigung dieser Aufgabe. Bei der Kommunikation des Menschen mit dem Rechner, der von der eingesetzten Software gesteuert wird, kommt es an auf die Möglichkeit schneller Reaktionen, die einfache Veränderung der Datenauswahl und Parameter der Bildelemente und die zusätzliche Informationsabfrage zu ausgewählten Daten sowie die „geschickte" Führung des Nutzers. Hier interessiert weniger die Schönheit der Graphiken, die zur Veranschaulichung dienen, sondern mehr die Möglichkeit der schnellen Erkennung wesentlicher Zusammenhänge.

Anzeigeskalen sollten verschiebbar und transformierbar sein. Kommen Werte vor, die sich absolut in sehr unterschiedlichen Dezimalbereichen bewegen, so sind z. B. logarithmisch abgestufte Skalen vernünftig. Solche Skalen sind allerdings nicht ohne Tücke, da Logarithmen negativ sein können. Auch andere nichtlineare Transformationen der Skala sind interessant, z. B. der Übergang zu den Quadratwurzeln der Originalwerte. Es erfordert ein gewisses Nachdenken, um eine gleichmäßige Nutzung der Fläche des Bildschirms zu erreichen.

Notwendigerweise zeigen Darstellungen mit transformierten Skalen ein verzerrtes Bild der realen Verhälnisse. Solche Ver- oder Entzerrungen können jedoch auch nützlich sein. So werden zum Beispiel gekrümmte Linien in Geraden überführt, welche leichter visuell erkannt und verfolgt werden können oder Punkthäufungen werden auseinander gezogen. Damit können die durch Skalentransformationen bewirkten Verzerrungen zur Entdeckung von nichtlinearen funktionalen Zusammenhängen dienen, insbesondere dann, wenn mit den Transformationen „gespielt" werden kann. Den Autoren ist allerdings kein Softwaresystem bekannt, in dem solch eine Vorgehensweise bereits befriedigend gelöst worden ist. Dagegen sind das einfacher zu lösende Problem der Wahl eines Bildauschnittes sowie das Vergrößern und Verkleinern (sogenannte „Zoom"-Operationen) bereits Standard graphisch arbeitender Systeme.

Wird eine Darstellung in drei Dimensionen angestrebt, sind neue Effekte zu beachten. Weil nur eine Pseudo-3D-Darstellung auf der zweidimensionalen Darstellungsfläche realisiert werden kann, muss die Information über die Lagebeziehungen durch Licht- und Schatteneffekte, Farben, zusätzliche Führungslinien, Sichtbarkeitsinformationen und dergleichen zusätzlich eingebracht werden. Die Entwicklung solcher Darstellungstechniken erfolgt gegenwärtig rasant und vielfältig. Somit sind in Bezug auf die Datenbetrachtung im dreidimensionalen Raum viele neue Untersuchungsmethoden zu erwarten. Ein Beispiel ist ein Bildkursor, der auch eine dritte Dimension durch Änderung seiner Darstellung (Größe, Farbe, Intensität) ansteuern kann. Andere im dreidimensionalen Raum nützliche Techniken sind Drehungen der gesamten Darstellung oder die Bewegung einer fiktiven Beleuchtungsquelle für Schattendarstellungen. Diese graphischen Manipulationen erfordern zwar eine hohe Rechenleistung, aber sie setzen sich aus einfachen, standardisierbaren Bildoperationen zusammen. Es ist deshalb nicht schwer, weitere Leistungszuwächse bei der Schnelligkeit des Bildaufbaus vorauszusagen, die möglicherweise durch die Übertragung gewisser (Bild-)Operationen in den Hardware-Bereich erreicht werden.

Durch Animationen, also Sequenzen von zusammenhängenden und ineinander übergehenden Bildern, kann schließlich noch eine vierte Dimension ins Spiel gebracht werden. Auch solche Arbeitsmöglichkeiten werden in Zukunft Einzug in die Statistik halten. Dabei müssen interaktive Eingriffe des Nutzers möglich sein. Die Sequenzen müssen also angehalten werden können, sie müssen vorwärts und rückwärts ablaufbar sein, die Geschwindigkeit der Abfolge muss veränderbar sein und die Bildfolge muss verdichtet werden können. Alle diese Bildoperationen erfordern keine prinzipiell neuen graphischen Ideen, sondern vor allem hohe Geschwindigkeiten bei der Bildkonstruktion.

Im Rahmen der explorativen Zielstellung ist die Aufbewahrung von Zwischenergebnissen oder vorherigen Einstellungen wichtig; die einzelnen Schritte sollten reproduziert werden können. Daher ist die Protokollierung aller Schritte sinnvoll, am besten in einer automatischen Aufzeichnung. Wünschenswert ist es sogar, mit solchen Protokollen ähnlich wie mit den gerade geschilderten Animationen verfahren zu können, um schnell und einfach die Arbeit nachvollziehen und sie an einem bestimmten, eventuell nachträglich als erfolgreich erkannten, Punkt fortsetzen zu können.

1.4.3 Argumentative Zielstellung

Hier soll die Nutzung der graphischen Darstellungsmöglichkeiten besprochen werden, die dem Ziel dienen anderen Personen vom Statistiker erkannte Zusammenhänge, Besonderheiten und Effekte in den Daten nahezubringen. Der Argumentierende benutzt die Graphiken also zur Illustration und Untermauerung seiner Feststellungen. Er wird ästhetische und psychologische Gesichtspunkte ganz wesentlich in die Gestaltung einbeziehen wollen. Dieser Forderung müssen auch Softwaresysteme mit graphischen Ergebnisausgaben und graphischer Nutzerführung genügen, wenn sie kommerziell erfolgreich sein wollen.

Jeder durchdachten Argumentation geht ein längerer Vorbereitungsprozess voraus. Es wird ausgewählt und überarbeitet, Beschriftungen und Legenden werden erarbeitet, die Wirkung wird erprobt, und verschiedene Varianten mit gleichem Ziel und gleicher Aussage werden verglichen. Diese Probierphase soll i. Allg. keine neuen Erkenntnisse mehr bringen, sondern zu einer effizienten und effektvollen Darstellung der Erkenntnisse für das jeweilige Publikum führen.

Nun steckt aber hinter jeder graphischen Darstellung ein hoher technischer und zeitlicher Aufwand. Man ist an die jeweils zur Verfügung stehenden Programme und technischen Möglichkeiten gebunden. Somit ist jeweils ein Kompromiss zwischen den Wünschen und den Möglichkeiten der eingesetzten Hilfsmittel zu finden. (Auch in diesem Buch ist das nicht anders.) Dabei werden die Wünsche auch durch die Kenntnisse über mögliche Techniken und Erfahrungen sowie die Ideen anderer Statistiker beeinflusst. Man sollte also immer für Anregungen und neue Ideen offen sein.

Die in den folgenden Abschnitten beschriebenen Techniken sind längst nicht alle derzeitig bekannten. Vorrangig wird hier eine gewisse Ordnung der Möglichkeiten der graphischen Untermauerung von Erkenntnissen über die Daten angestrebt, die den Lesern Anregungen für ihre eigene Arbeit geben können. Es sei auf die Bücher Tukey (1977), Hoaglin, Mosteller und Tukey (1985) und Polasek (1994) verwiesen.

Abschließend werden einige grundsätzliche Fragen bei der Benutzung graphischer Techniken zur Unterstützung der Argumentation zusammengestellt. Das soll die Einschätzung erleichtern:

Welche Information soll die Graphik übermitteln?
Bevor an die Erstellung einer Graphik herangegangen wird, sollte Klarheit über die zu vermittelnde Information vom Charakter und Umfang her bestehen. Graphiken sind kaum dazu geeignet, exakte und reproduzierbare Werte weiterzugeben. Sie stellen vielmehr eine Form der integrierenden, verdichtenden und ordnenden Information dar, die ein gleichzeitiges und überblicksmäßiges Erfassen vieler Einzelheiten ermöglicht. Es sind Unterschiede zur abstrakten Daten- und Begriffswelt zu beachten, die in der Arbeitsweise des Sehsinns liegen.

Werden die wesentlichen und gewollten Effekte deutlich genug dargestellt?
Müssen erst langwierige Erläuterungen den Sinn der Darstellung herausarbeiten, so erfüllt sie, wenigstens im Verkehr mit Laien, ihren Zweck nicht.

Ist die Graphik mit zu vielen Fakten und Einzelheiten überladen?
Es ist nicht zweckmäßig, alle wichtigen Botschaften mit einer einzigen Graphik überbringen zu wollen. Auch die Beschriftung sollte nur das Notwendigste beinhalten und keinesfalls das Bild erdrücken.

Sind optische Täuschungen möglich?
Speziell bei perspektivischen Darstellungen zur Erzeugung von dreidimensionalen Eindrücken sind je nach Lage der Bildelemente im Vorder- und

Hintergrund Betonungen und Größenverzerrungen möglich, die über die wahren Verhältnisse hinwegtäuschen können. Deshalb sollten nichtverzerrende Darstellungen bevorzugt werden, die gleiche Größen auch durch gleiche Längen, Flächen usw. darstellen. Insbesondere bei Darstellungen von linearen Größen durch figürliche Bilder mit flächiger oder körpermäßiger Ausdehnung können unerwünschte Effekte auftreten. Wird z. B. die Schadstoffbelastung der Luft durch eine Reihe von Fabriken mittels rauchender Schornsteine veranschaulicht, wobei die Längen der Rauchfahnen proportional zu den Schadstoffbelastungen sind, dann kann eine flächenmäßige Aufbauschung der Rauchfahnen einen falschen Eindruck vermitteln, insbesondere dann, wenn die Rauchwolken als zwei- oder sogar dreidimensionale Gebilde in räumlicher Anordnung aufgefasst werden.

Wird das Auflösungsvermögen der menschlichen Sehsinns beachtet?
Wichtige Details müssen auch als solche erkennbar sein. Es ist ein großer Unterschied, ob eine Information über eine Schwarz-Weiß-Graphik mit Grauabstufungen angeboten wird oder ob Farbinformationen möglich sind. Muss von farbigen Darstellungen zu Schwarz-Weiß-Bildern übergegangen werden, so sind die eintretenden qualitativen Informationsverluste zu beachten. Erfahrungen mit Karten, auf denen Gebiete mit bestimmten statistischen Werten durch Farben gekennzeichnet werden, zeigen, dass man nicht mehr als fünf verschiedene Farben benutzen sollte. Außerdem sollte die Zuordnung der statistischen Parameter zu den Farben so sein, dass die Flächenanteile aller Farben ungefähr gleich sind.

1.4.4 Graphiken und Programme

Der Aufwand zur Konstruktion und Vervollständigung von graphischen Darstellungen wird für den Nutzer entsprechender Software immer geringer. Das beruht auf der Arbeit vieler fleißiger und ideenreicher Programmierer. Vor nicht allzulanger Zeit waren noch (qualifizierte) Hilfskräfte nötig, um graphische Darstellungen professionell zu erstellen. Heute ist die Auswahl an graphischer Bearbeitungssoftware kaum noch zu überblicken. Allerdings ist es auch schwierig geworden, dem allgemeinen Standard zu genügen, wenn eigene Ideen und Algorithmen in eine graphische Anzeige münden sollen. Arbeitsteilung und Nutzung von spezieller Software zur Generierung der Bestandteile einer Graphik wird der empfehlenswerte Weg der Zukunft sein. Diese Sichtweise führt zu einem wichtigen Beurteilungskriterium von statistischer Software: Neben effizienten Lösungen für die Kommunikation auf der Datenseite mit anderen Systemen und Datenbanken sind auch die Möglichkeiten zur Ausgabe und zum Austausch graphischer Ergebnisse zu bewerten.

Es gibt unterschiedliche Lösungsvarianten. Die programmtechnisch einfachste Variante ist die Ausgabe eines fertigen Bildes als sogenanntes „Bitmap“, also als Zerlegung der fertigen Graphik in Pixel entsprechend der Auflösung der Bildschirmanzeige. In dieser Hinsicht existieren verschiedenste Abspeicherungs- und Übertragungsformate (z. B. PCX, BMP, GIF). Der Inhalt der Graphik ist dabei bedeutungslos. Es werden sehr große Dateien erzeugt, und eine nachträgliche Bearbeitung der eigentlichen graphischen Bildbestandteile ist sehr schwierig; Veränderungen der Auflösung und Skalierung von Bildern sind oft mit Qualitätseinbußen verbunden, oder sie erfordern Retouchierungsalgorithmen, deren Erfolg nicht immer befriedigt und die ärgerliche, zeitraubende interaktive Nacharbeit erfordern. Trotzdem ist diese Lösung zur Aufbewahrung und späteren Einfügung von Textteilen und kleineren graphischen Bestandteilen zur Erläuterung sehr sinnvoll.

Die Programmpakete mit Statistikkomponenten machen in der Regel Unterschiede zwischen der Bildschirmausgabe und der Drucker- oder Plotterausgabe, um der höheren oder speziellen Auflösung der zugeordneten Hardwarekomponenten Drucker und Plotter gerecht zu werden und damit qualitativ gute Graphiken zu erzeugen. Intern existieren Metasprachen, die dazu dienen, einzelne Bestandteile von Graphiken effektiv zu verwalten, sie für unterschiedliche Geräte schnell zu generieren und eine spätere wiederholte Darstellung ohne langwierige Neuberechnungen zu ermöglichen. Es ist heute nur noch eine Frage der Zeit, bis sich Standards bei diesen Metasprachen allgemein durchgesetzt haben und dadurch einige Nachteile der pixelmäßigen Kommunikation zwischen Programmen überwunden werden. Zwei Beispiele für solche Metasprachen sind CGM (= *Computer Graphics Metafile*, verstanden von Harward graphics und Statgraphics) und WMF (= *Windows metafile*) von Microsoft.

1.4.5 Summarische Statistiken

Statistische Untersuchungen sollten mit der Berechnung der wichtigsten statistischen Kenngrößen der in den Datensätzen auftretenden Variablen oder Einflussgrößen beginnen. Das Ziel besteht darin, sich einen Überblick bezüglich ihrer Größenordnung und Veränderlichkeit zu verschaffen.

Eine Tabelle ist das übliche graphische Ordnungselement für die erhaltenen numerischen Kenngrößen, wobei die Reihenfolge auf einer Wertung der Wichtigkeit oder Zusammengehörigkeit der Größen beruhen sollte. Die Tabelle 1.1 enthält die vom Statistikprogrammpaket Statgraphics Plus erstellte summarische Statistik aus den halbstündlichen Messungen der Luftverschmutzung für die CO-, SO_2- und NO-Gehalte (in $\mu g/m^3$), die an einer automatischen Mess-Station der Industriestadt Chemnitz in Sachsen im November 1993 ermittelt worden sind. (Eine Tabelle dieser Werte ist über den www-Server in Freiberg abrufbar, vergleiche die im Vorwort angegebene Adresse.)

Tabelle 1.1 Summarische Statistik einiger Luftbelastungswerte von Chemnitz, November 1993. Die vielen Dezimalstellen verschiedener Kenngrößen sind offensichtlich nutzlos; aber der Computer liefert sie nun einmal

Variablen	CO	SO_2	NO
Anzahl	1403.	1403.	1343.
Mittelwert	1593.014968	161.697078	50.607595
Median	1200.	114.	24.
Modus	1100.	51.	2.
Geometrisches Mittel		106.61306	
Streuung	1510464.726595	28682.269799	4620.90179
Standardabweichung	1229.009653	169.358406	67.977215
Standardfehler	32.811528	4.521452	1.854921
Minimum	0.	7.	0.
Maximum	8900.	1206.	398.
Spannweite	8900.	1199.	398.
Unteres Quartil	800.	53.	8.
Oberes Quartil	2100.	197.	63.
Viertelweite	1300.	144.	55.
Schiefe	1.949164	2.652375	2.294102
Woelbung (Exzess)	5.061734	8.868314	5.788202
Variationskoeffizient	77.149912	104.738075	134.322161

Die einzelnen Kenngrößen besitzen die folgende Deutung und wurden entsprechend den angegebenen Formeln aus den Messwerten $x_1, \ldots, x_n$ geschätzt:

- **Anzahl:** Der Umfang der Stichprobe n für die jeweilige Variable wird angegeben. Für das Beispiel ist die Anzahl der Datensätze 1440, so dass die Zahl fehlender Messwerte für jede der drei Variablen ersichtlich wird.

- **Mittelwert:** Das arithmetische Mittel oder der Mittelwert $\overline{x}$ ist als erste und wichtigste Kenngröße anzusehen,

$$\overline{x} = \frac{1}{n}\sum_{i=1}^{n} x_i \,.$$

- **Median:** Der Median $\tilde{x}$ ist der mittelste Datenwert. Er kann auch als ein spezielles Stichprobenquantil interpretiert werden. Ausgangspunkt für die Berechnung von Stichprobenquantilen ist die nach der Größe geordnete Stichprobe $x_1^*, \ldots, x_n^*$. Sie entsteht aus den ursprünglichen Stichprobenelementen durch Umordnen. Dabei ist x_1^* der kleinste und x_n^* der größte Wert. Der Median $\tilde{x}$ ist derjenige Wert, der die geordnete Stichprobe so teilt, dass jeweils gleich viele der Stichprobenelemente links und rechts von ihm liegen. Verallgemeinernd ist das q-Quantil $\hat{x}_q$ derjenige Wert, unter dem (idealerweise) $q \cdot 100\,\%$ der Stichprobenwerte liegen und darüber $(1-q) \cdot 100\,\%$. Bei der Berechnung von $\hat{x}_q$ muss berücksichtigt werden, ob der Wert qn ganzzahlig ist oder nicht. Wird mit $[qn]$ der ganzzahlige Anteil der Zahl qn bezeichnet (also $[13{,}6] = 13$), so ergibt sich allgemein

$$\hat{x}_q = \begin{cases} x^*_{[qn]+1} & \text{für } qn \text{ nicht ganzzahlig} \\ \frac{x^*_{[qn]} + x^*_{[qn]+1}}{2} & \text{für } qn \text{ ganzzahlig} \end{cases}$$

und damit speziell für den Median

$$\tilde{x} = \hat{x}_{0,5} = \begin{cases} x^*_{[\frac{n}{2}]+1} & \text{für } n \text{ ungerade} \\ \frac{x^*_{[\frac{n}{2}]} + x^*_{[\frac{n}{2}]+1}}{2} & \text{für } n \text{ gerade} \end{cases}$$

oder

$$\tilde{x} = \begin{cases} x^*_{\frac{n+1}{2}} & \text{für } n \text{ ungerade} \\ \frac{x_{\frac{n}{2}} + x_{\frac{n}{2}+1}}{2} & \text{für } n \text{ gerade} \end{cases}$$

- **Modus (Modalwert):** Der Computer gibt für den Modus denjenigen Messwert an, der am häufigsten auftritt. Das ist bestenfalls dann sinnvoll, wenn der Wertevorrat der Variablen eine kleine endliche Menge ist.

- **Geometrisches Mittel:** Für Anteilsgrößen oder Zuwachsprozentzahlen ist das geometrische Mittel eine interessante Größe, die sogar wichtiger als der Mittelwert sein kann. Bei negativen oder verschwindenden Größen hat dieses Mittel aber keinen Sinn. Die Berechnungsformel lautet

$$\text{geometrisches Mittel} = \sqrt[n]{x_1 \cdot x_2 \cdot \ldots \cdot x_n}\,.$$

- **Streuung:** Die Stichprobenstreuung s^2 ergibt sich gemäß

$$s^2 = \frac{1}{n-1}\sum_{i=1}^{n}(x_i - \overline{x})^2\,.$$

Sie liefert die mittlere quadratische Abweichung der Messwerte x_i vom Mittelwert $\overline{x}$.

- **Standardabweichung:** Um ein Abweichungsmaß in der gleichen Dimension wie die Stichprobenelemente zu erhalten, wird die Quadratwurzel aus der Streuung gezogen, also $s = \sqrt{s^2}$. Dieser Wert s heißt Standardabweichung.

- **Standardfehler:** Diese Größe stellt die Standardabweichung des Mittelwertes dar und wird durch $s/\sqrt{n}$ berechnet. Damit wird die Genauigkeit charakterisiert, mit der der Mittelwert angegeben wird, vergleiche Stoyan (1993), Formel (8.3).

- **Minimum, Maximum und Spannweite:** Mit dem kleinsten und größten Wert $x_{\min} = x_1^*$ und $x_{\max} = x_n^*$ sowie dem Abstand dieser beiden Werte, der Spannweite, sind die wesentlichen Größen für die Konstruktion graphischer Skalen und Bildfenster gegeben. Natürlich hängen diese Größen stark von sogenannten Ausreißern ab; ungewöhnliche Werte von $x_{\min}$ und $x_{\max}$ weisen auf die Existenz von Ausreißern hin.

- **Unteres und oberes Quartil, Viertelwerte und Viertelweite:** Der untere und obere Viertelwert V_u und V_o sind die speziellen Stichprobenquantile zu den q-Werten 0,25 und 0,75, d. h., $V_u = \hat{x}_{0,25}$ und $V_o = \hat{x}_{0,75}$. Die Viertelweite $d_V = V_o - V_u$ stellt den Abstand dieser beiden Werte dar. Weil die Viertelwerte oder Quartile ziemlich unempfindlich gegenüber Ausreißern sind, erhält man mit diesen Kenngrößen die Möglichkeit einer robusten Einschätzung der Breite des Wertebereiches der Variablen. Sie werden bei der Beschreibung der Variabilität von Stichproben in Kastendiagrammen verwendet.

- **Schiefe:** Diese Kenngröße ist ein Maß für die Asymmetrie der Verteilung der betrachteten Variablen. Sie ist definiert als

$$\text{Schiefe} = \frac{n}{(n-1)(n-2)} \frac{1}{s^3} \sum_{i=1}^{n} (x_i - \overline{x})^3 .$$

  Hier wird das empirische 3. zentrale Moment verwendet. Im Fall einer symmetrischen Verteilung der Messwerte ist die Schiefe gleich Null. Negative Werte weisen auf eine „Linkslastigkeit“ oder Linksschiefe hin und positive Werte auf eine Rechtsschiefe, jeweils bezogen auf den Mittelwert. Bild 6.3 zeigt zwei theoretische Verteilungen mit Rechts- und eine mit Linksschiefe. Vergleiche auch Seite 173.

- **Exzess (Wölbung, Kurtosis):** Diese weitere, seltener benutzte Kenngröße soll einen Vergleich der Wölbungsform der Verteilungsdichte der untersuchten Variablen mit der Normalverteilungsdichte ermöglichen. Ist die Wölbung spitzer oder flacher als bei einer normalverteilten Größe, deren Wölbung theoretisch Null ist, ergeben sich positive oder negative Werte.

$$\text{Exzess} = \frac{n(n+1)}{(n-1)(n-2)(n-3)} \frac{1}{s^4} \sum_{i=1}^{n} (x_i - \overline{x})^4 - 3\frac{(n-1)^2}{(n-2)(n-3)} .$$

  Machmal wird unter dem Exzess auch die Größe ohne Abzug des Terms mit der „3“ verstanden. Daher sollte man sich in der Dokumentation des benutzten Statistikprogrammpakets vergewissern, wie die Berechnung dieser Größe jeweils erfolgt. Schiefe und Exzess werden in gewissen Ausreißertests benutzt, vgl. z. B. Gibbons (1994), S. 251 und 252.

- **Variationskoeffizient:** Er ist durch $s/\overline{x}$ definiert. Für nicht negative Größen ist damit eine skalenunabhängige Einschätzung der Abweichungen (Variation) der Größen vom Mittelwert möglich, da ja der Einfluss der Einheit und der gewählten Mess-Skala eliminiert werden. Es ist aber klar, dass bei einer Verschiebung der Skala, bei der der Mittelwert in die Nähe des Nullpunkts kommt, der Variationskoeffizient unsinnige Werte annehmen kann.

Manchmal lohnt es sich, die wichtigsten statistischen Kenngrößen in der sogenannten Siebener-Charakteristik anzuordnen, so dass sie mit einem Blick aufgenommen werden können, vgl. Bild 1.4.

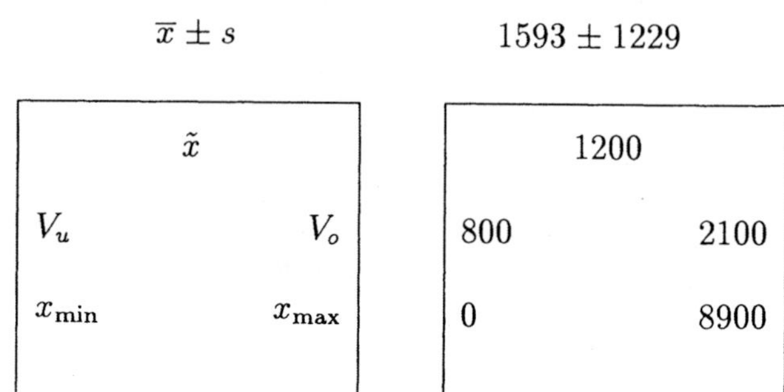

Bild 1.4 Siebener-Charakteristik, ein Diagramm mit sieben wesentlichen statistischen Kenngrößen. Links: allgemeine Form, rechts: konkrete Zahlen für die CO-Werte

1.4.6 Kastendiagramme

In einem Kastendiagramm (engl. *box-and-whisker plot*, Variabilitätsschema) werden die Kenngrößen Median $\tilde{x}$, die Viertelwerte V_u und V_o und Viertelspanne d_V für eine Stichprobe graphisch durch ein Rechteck und weitere Schranken („Zäune“) auf einer Mittellinie veranschaulicht, vergleiche die Bilder 1.5 bis 1.7 auf den folgenden Seiten. Die Länge des Rechtecks wird durch die Viertelwerte bestimmt, und der Median wird durch einen senkrechten Strich markiert. Außerhalb des Rechtecks zeigen verlängerte, mittig verlaufende Linien (engl. *whiskers*, Schnurrhaare) weitere Bereiche an. Sie werden entweder durch das Minimum und Maximum der Werte abgeschlossen oder erreichen die Länge des 1,5-fachen der Viertelweite d_V. Außerhalb dieser Zäune sind im Fall $1{,}5 d_V$ nur noch außergewöhnliche Werte zu vermuten, deren Positionen extra eingezeichnet werden, um sie als „Ausreißer“ zu markieren.

Sehr hilfreich ist das Neben- oder Übereinanderanordnen einer Serie von Kastendiagrammen zum Vergleich der Variabilität verschiedener, miteinander verbundener oder zusammenhängender Stichproben. Zur Illustration werden auf den Bildern 1.5 bis 1.7 von den Statistikprogrammpaketen Unistat bzw. Statgraphics Plus erzeugte Diagramme zur Schwermetallbelastung der Saale und zum Vergleich der täglichen Luftbelastung mit Schwefeldioxid der Industriestadt Chemnitz in einem Monat dargestellt.

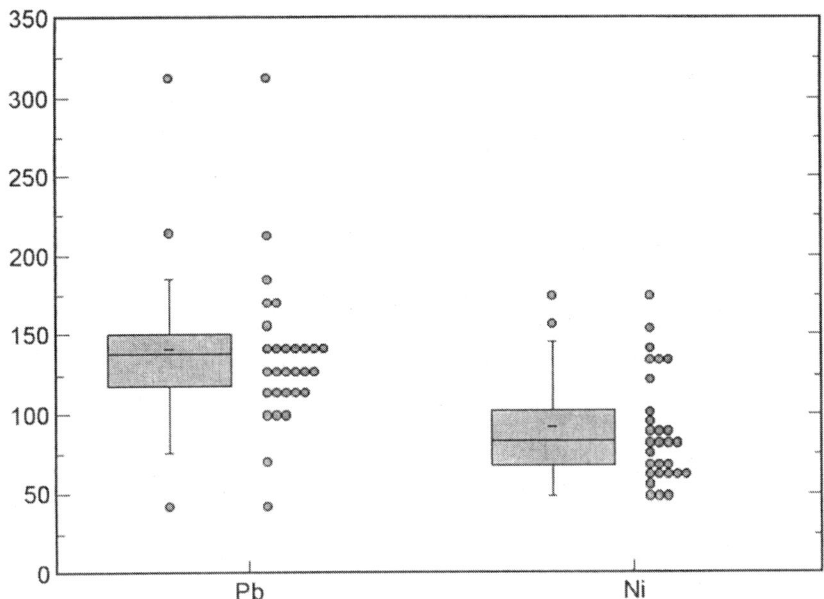

Bild 1.5 Kastendiagramme ohne Kerbung für die Schwermetallgehalte (Pb und Ni in mg/kg) in der Saale, erzeugt mit Unistat. Im Fall des Bleigehalts sind die Whisker gemäß 1,5d_V eingezeichnet. Dagegen reicht der untere Whisker für den Nickelgehalt nur bis zum minimalen Messwert. Die jenseits der Zäune liegenden Messwerte können als Ausreißer angesehen werden

1.4.7 Häufigkeitsdiagramme

Häufigkeitsdiagramme zeigen in sehr anschaulicher Form die Schwankungen statistischer Variablen, vergleiche Bild 1.8 auf Seite 42. Dem Leser ist sicher bekannt, wie solche Diagramme konstruiert werden.

Ein gewisses Problem bei der Konstruktion von Häufigkeitsdiagrammen, wie Säulendiagrammen oder Stamm-und-Blatt-Plänen, ist die Wahl einer zweckmäßigen Klasseneinteilung. Ist der mögliche Wertebereich nicht von vornherein eine kleine endliche Menge (womit eine natürliche Klassifizierung gegeben ist), muss diese Aufgabe als erstes gelöst werden. Hier soll nur der Fall stetiger Messgrößen betrachtet werden. Im Allgemeinen wird man äquidistante Klassenbreiten benutzen (außer den Randklassen, die manchmal unbeschränkt sein können). Im Fall von weniger als 5 Klassen ist eine Klasseneinteilung oft ohne großen Wert, und mit über 30 Klassen werden die Graphiken unansehnlich und zu stark schwankend. Dazwischen liegen im Allgemeinen vernünftige

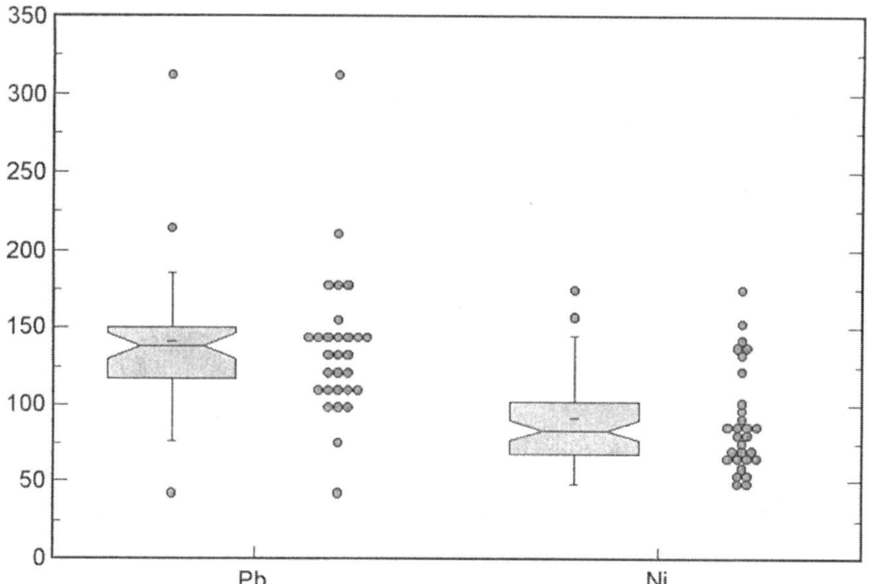

Bild 1.6 Kastendiagramme mit Kerbung für die Schwermetallgehalte in der Saale, erzeugt mit Unistat. Die Breiten der Kerben entsprechen Konfidenzintervallen für den Mittelwert zum Niveau 95 %

Kompromisse. In der Literatur werden manchmal Formeln für die Anzahl der Klassen k und die Klassenbreite d angegeben, nämlich

$$k \approx 10 \lg n ,$$

wobei lg den Logarithmus zur Basis 10 bezeichnet ($\lg 10 = 1$). Mit n wird der Stichprobenumfang bezeichnet. Die Formel liefert eher zu große Werte. Für die Klassenbreite d wird oft folgender Wert vorgeschlagen

$$d \approx \frac{x_{\max} - x_{\min}}{k} .$$

Die Statistikprogramme machen meist selbständig einen Vorschlag zur Klasseneinteilung, der vom Nutzer noch korrigiert werden kann. Hier können bereits ästhetische Gesichtspunkte eine Rolle spielen.

Die Häufigkeitsdiagramme stellen entweder absolute oder relative Häufigkeiten dar. Für die Interpretation ist diese Unterscheidung uninteressant, aber relative Klassenhäufigkeiten sind dann nützlich, wenn das Ziel der Schätzung von Verteilungsfunktionen und -dichten im Vordergrund steht. Das in Bild 1.8 dargestellte Histogramm zeigt absolute Häufigkeiten.

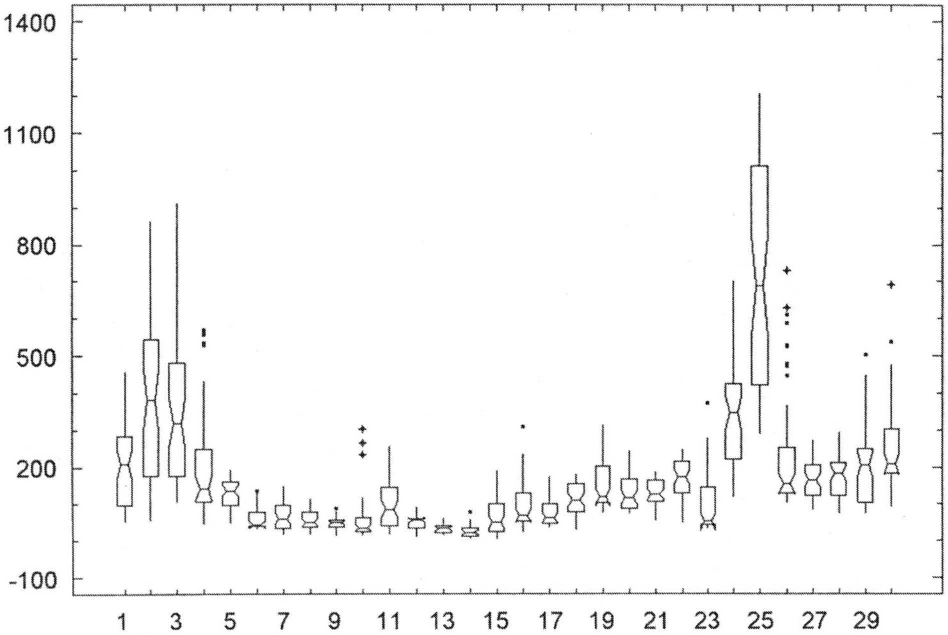

Bild 1.7 Kastendiagramme für die tägliche Schwefeldioxid-Belastung (in $\mu g/m^3$) in Chemnitz für den November 1993, erzeugt mit Statgraphics Plus. Es sind dieselben Konstruktionsprinzipien wie auf den Bildern 1.5 und 1.6 angewendet worden

Bei einer geringeren Anzahl von Werten (etwa maximal 200) kann auch das „semigraphische" Darstellungsmittel des Stamm-und-Blatt-Planes (engl. *stem-and-leaf plot*) genutzt werden, vergleiche die Tabellen 1.2 und 1.3 auf den folgenden Seiten. In den Büchern Tukey (1977), Polasek (1994) und Stoyan (1993) wird die Konstruktion von Stamm-und-Blatt-Plänen detailliert beschrieben.

Die Klasseneinteilung bei Stamm-und-Blatt-Plänen beruht wesentlich auf der Dezimaldarstellung der Messwerte. An einer geeigneten Stelle der Ziffernfolge wird abgetrennt. Die vor der Trennstelle stehenden Ziffern charakterisieren die Stämme, die unmittelbar danach folgenden die Blätter. (Es wird nicht gerundet, sondern weggestrichen.) Die Datenwerte werden zeilenweise angeordnet. Die so entstehenden Zeilen nennt man *Stämme*, die rechts von dem vertikalen Trennstrich stehenden Ziffern heißen *Blätter*. Die Blätter werden der Größe nach aufgeschrieben. Die Anzahl der Blätter liefert die zugehörige Klassenhäufigkeit. Die Tabellen 1.2 und 1.3 zeigen zwei Stamm-und-Blatt-Pläne für verschiedene Daten in unterschiedlich feiner Klasseneinteilung.

In der Spalte ganz links sind die Tiefen aufgelistet, die kumulativen

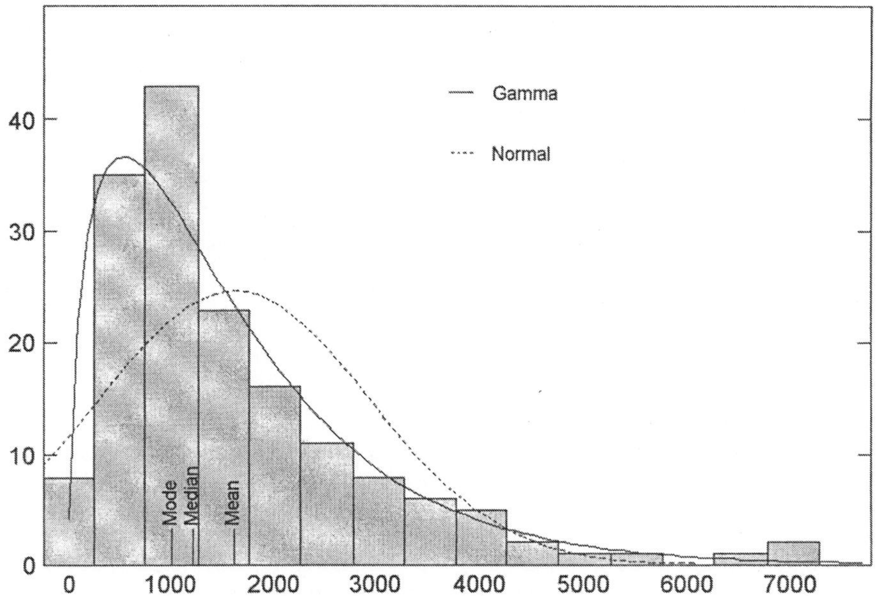

Bild 1.8 Histogramm der CO-Gehalte ($\mu g/m^3$) der Luft in Chemnitz

Klassenhäufigkeiten, von oben und unten gezählt. Wenn die kumulative Häufigkeit $n/2$ überschreitet, wird die Zählung gestoppt. Für die betreffende Klasse wird die Klassenhäufigkeit in Klammern in die Liste der Tiefen eingetragen.

Mit dem Stamm-und-Blatt-Plan steht eine geordnete Version der Stichprobe zur Verfügung, und es können sehr einfach Stichprobenquantile, wie Median und Viertelwerte, bestimmt werden.

Ausreißer werden zusätzlich aufgelistet (HI|70 in Tabelle 1.2 und HI|54 in Tabelle 1.3 sind obere Ausreißer).

Die Darstellung in den Tabellen 1.2 und 1.3, die mittels Statgraphics erhalten worden ist, entspricht nicht ganz den Vorschlägen Tukeys, die er in seinem berühmten Buch von 1977 gemacht hat. Danach sollen die die Stämme charakterisierenden Ziffern und Zeilen links von der Trennlinie fett gedruckt werden. (Bei manueller Arbeit können sie mit Kugelschreiber geschrieben werden und die Blätter mit Bleistift. Man sollte kariertes Papier verwenden.)

Tabelle 1.2 Stamm-und-Blatt-Plan für den SO_2-Gehalt

```
Stamm-und-Blatt-Plan  30 Werte  Einheit = 10  1|2 bedeutet 120

   4    0*|2344
  11    0o|5566679
 (6)    1*|000233
  13    1o|5667
   9    2*|00034
   4    2o|
   4    3*|34
   2    3o|8

        HI|70
```

Auf zwei Richtungen der Verallgemeinerung von Histogrammen sei noch hingewiesen:

Spiegelhistogramme: An der Achse, die die Klasseneinteilung trägt, werden spiegelförmig die Histogramme zweier Variablen (bei gleicher Klasseneinteilung) dargestellt. Dadurch lassen sich die beiden Variablen bezüglich ihrer Verteilung gut vergleichen.

3-D-Histogramme: Soll die gemeinsame Verteilung zweier Variablen betrachtet werden, muss ein Gebirge von Säulen über der Wertefläche der Variablen errichtet werden. Die Darstellung der Verteilung der Stichprobenwerte muss übrigens nicht unbedingt in Säulenform erfolgen, sondern es kann z. B. auch ein Netz konstruiert werden, das auf den Klassenhäufigkeiten beruht, die in den Klassenzentren angebracht werden. Dadurch entsteht ein möglicherweise anschaulicheres Gebirge, insbesondere können dessen Täler besser erkannt werden.

1.4.8 Ähnlichkeiten von Datensätzen

Sollen verschiedene Messwerte ein und derselben Messgröße miteinander verglichen werden, so ist die einfachste Lösung die Darstellung in einem Koordinatensystem. Dabei wird die Satznummer als unabhängige Variable (x-Achse) und die Messgröße als abhängige Variable (y-Achse) gewählt. Beispiele für derartige

Tabelle 1.3 Stamm-und-Blatt-Plan für den O_3-Gehalt. * steht für 0, 1; T für 2, 3; F für 4, 5; S für 6, 7 und o für 8, 9

```
Stamm-und-Blatt-Plan  30 Werte  Einheit = 1  1|2 bedeutet 12

  6   0F|444555
  9   0S|677
 12   0o|899
 15   1*|001
 15   1T|23
 13   1F|455
 10   1S|
 10   1o|
 10   2*|000
  7   2T|33
  5   2F|445
  2   2S|
  2   2o|
  2   3*|0

      HI|54
```

Darstellungen sind die Bilder 3.1, 3.3, 4.15 und 5.1. Solche Bilder haben in der Regel argumentativen Charakter und kommen deshalb vor allem im Stadium der Aufbereitung der Daten für Berichte, Vorträge usw. zum Tragen. Analoges gilt für Werte, die als Anteilsgrößen, die sich zu einem Ganzen ergänzen, gegeben sind. Hier ist die graphische Darstellung als „Torte" (engl. *pie chart*) sehr beliebt. (Die Torte repräsentiert das Ganze, und die Stücke stehen für die Anteilsgrößen.) Gemeinsam ist diesen Darstellungen, dass sie nur für eine relativ geringe Anzahl von Datensätzen sinnvoll sind.

Ein Problem anderer Art ist der visuelle Vergleich verschiedener Datensätze mit mehreren Variablen. Dabei treten folgende Fragen auf:

- Welche Variablen sollen in den Vergleich einbezogen werden?
  Die Antwort darauf muss der Nutzer geben, der natürlich auch die nächste Frage beantworten muss.

- Wieviel Variablen können überhaupt einbezogen werden?
  Die maximale Anzahl hängt von der gewählten graphischen Darstellungsform ab und liegt zwischen 5 und 30.

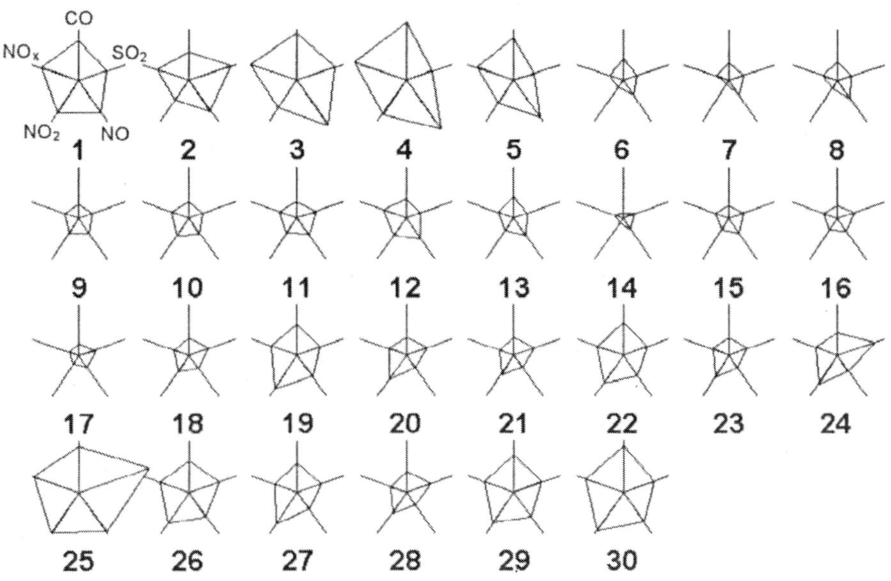

Bild 1.9 Vergleich von Datensätzen durch Sonnenstrahl-Icons. Die fünf Strahlen entsprechen den Variablen CO-, SO_2-, NO-, NO_2- und NO_x-Gehalt. Oben beginnend werden sie im Uhrzeigersinn abgetragen. Man erkennt, dass der 14. November ein Tag mit allgemein geringer Luftbelastung gewesen ist, während am 25. November alle Schadstoffe extreme Werte erreicht haben. Erhebliche Unterschiede beobachtet man am 5. November

- Wieviel Datensätze kann man gleichzeitig überblicken?
  Bei einer Anzahl über 50 gibt es sicherlich Schwierigkeiten.
- Wie sind die unterschiedlichen Wertebereiche und Einheiten der einbezogenen Variablen in den Griff zu bekommen?
  Ohne interne Normierungen auf gleiche Schwankungsweite der Variablen (Z-Transformation, vergleiche Seite 56) sind Lösungen schwer vorstellbar.

Zwei einfache Beispiele für die simultane graphische Darstellung von Datensätzen mit mehreren Variablen sind auf den Bildern 1.9 und 1.10 zu sehen. Diese Darstellungsvarianten, nämlich das Sonnenstrahl-Icon auf Bild 1.9 und das Profilform-Icon auf Bild 1.10, sind für bis zu sieben Variablen sinnvoll.

Jede der kleinen Graphiken entspricht einem Datensatz. Bei den Sonnenstrahl-Icons gehören die Richtungen immer zu denselben Variablen, vergleiche den Text zu Bild 1.9. An den Strahlen werden die Variablenwerte in normierter Form so abgetragen, dass dem Maximalwert die Gesamtlänge und dem

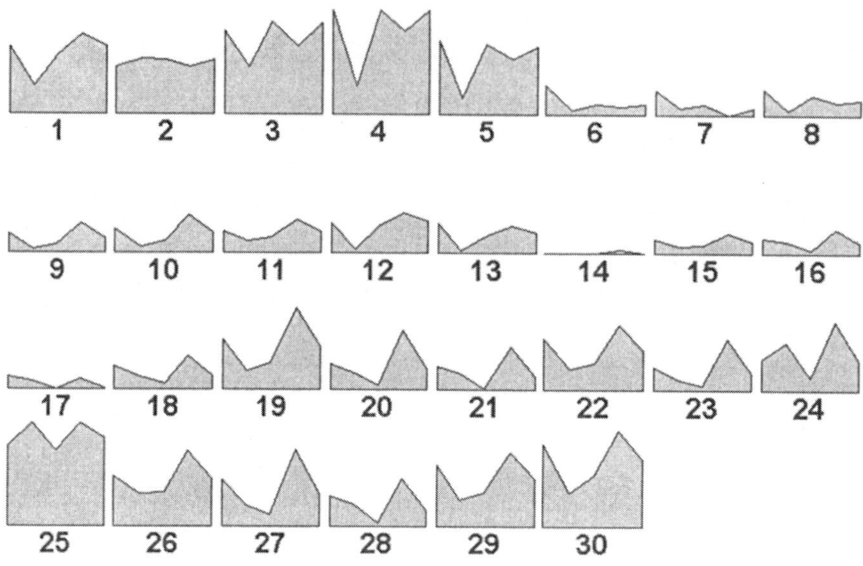

Bild 1.10 Vergleich von Datensätzen durch Profilform-Icons. Die Profile zeigen dieselben Daten wie Bild 1.9 in einer anderen Form. Die fünf Variablen werden jetzt als y-Werte über einer x-Achse dargestellt

Minimalwert eine kleine positive Länge entspricht. Ähnlich sind die Profilform-Icons konstruiert worden; Bild 1.10 ist sicher ohne viel Erklärung verständlich.

Eine andere Form der Darstellung multivariater Zusammenhänge sind die sogenannten Chernoff-Gesichter (engl. *Chernoff faces plot*), vergleiche Bild 2.27.

1.4.9 Darstellung von Abhängigkeiten

Die Suche nach Abhängigkeiten wird in zwei Richtungen betrieben. Erstens interessieren Abhängigkeiten bei einer Variablen, zum Beispiel in Abhängigkeit von der Stichprobennummer oder der Zeit. Dazu sei auf die Bemerkungen zum Ähnlichkeitsvergleich im vorangegangenen Abschnitt und auf das Kapitel 3 zur Zeitreihenanalyse verwiesen. Zweitens sollen Abhängigkeiten und Beziehungen zwischen verschiedenen Variablen entdeckt werden. Diesbezüglich soll hier kurz auf die Voruntersuchung von Daten eingegangen werden. Weiterführende und tiefer gehende Analysemethoden werden im Kapitel 2 über multivariate Statistik besprochen.

Das hauptsächliche und natürliche Darstellungsmittel sind Serien von Streudiagrammen (engl. *scatter plots*). Dabei werden die Variablen paarweise

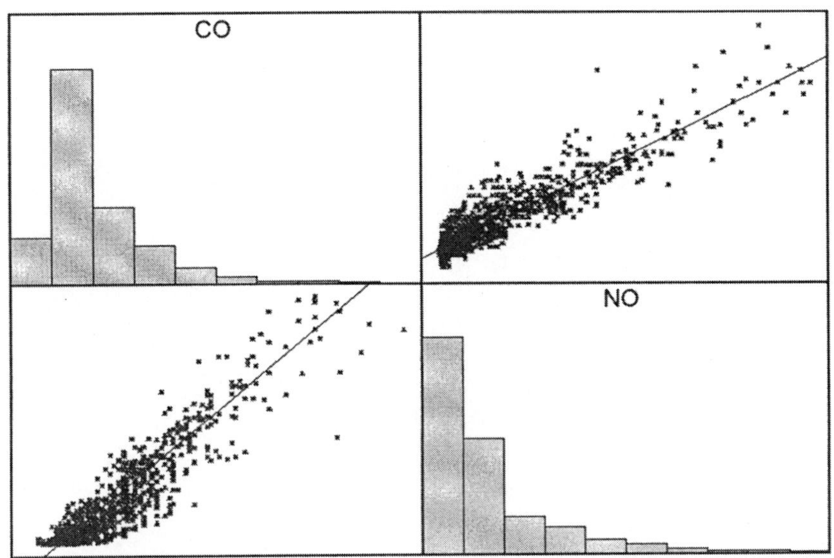

Bild 1.11 Streudiagramme zweier Luftverschmutzungsanteile (CO und NO) in den Chemnitzer Luftdaten

ausgewählt und die Messwertpaare in Koordinatensysteme mit zwei Achsen eingetragen. Sollen k Variable analysiert werden, so gibt es $\binom{k}{2}$ verschiedene Paare von Variablen. Will man darüber hinaus das Problem der gleichzeitigen Darstellung von je drei Variablen in dreidimensionalen Koordinatensystemen angehen, sind $\binom{k}{3}$ verschiedene Diagramme möglich. Für $k = 5$ lauten die entsprechenden Zahlen jeweils 10, aber für $k = 7$ erhält man bereits 21 und 35.

Als Beispiel sind in Bild 1.11 die Gehalte der Luftschadstoffe CO und NO dargestellt worden. Die Streumuster zeigen zwar keinen linearen Zusammenhang, lassen aber eine deutliche proportionale Zusammengehörigkeitstendenz erkennen. Man kann hier an eine gemeinsame Verursachung denken, vermutlich die Belastung durch den Straßenverkehr.

Stellt man mehrere Streudiagramme nebeneinander, so werden die wechselseitigen Zusammenhänge sichtbar und interpretierbar, vgl. Bild 1.12. Man erkennt zunächst den relativ engen Zusammenhang zwischen den CO- und NO-Gehalten, der schon von Bild 1.11 her bekannt ist. Der Zusammenhang der CO- und NO-Gehalte mit den SO_2-Gehalten ist offensichtlich komplizierter, da wahrscheinlich die Schwefeldioxidbelastung als Hauptursache nicht den Kraftfahrzeugverkehr hat.

Dreidimensionale Streudiagramme sind in Schwarz-Weiß-Graphiken auf Papier nur unvollkommen darstellbar. Die erforderlichen zusätzlichen Hilfslinien

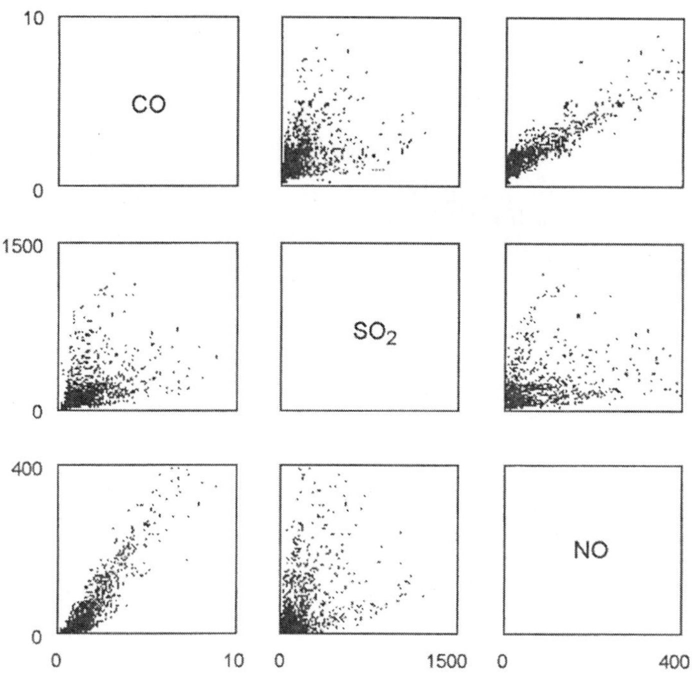

Bild 1.12 Zusammenstellung der Streudiagramme dreier Luftverschmutzungsanteile (CO, SO_2 und NO)

und Konstruktionen zur Visualisierung der dritten Dimension überladen meist die Darstellung. Hier ist es sicher besser, sich die Zusammenhänge am Bildschirm eines PCs anzusehen. Dort können auch weitere Informationen zu den Datenpunkten durch farbliche und geometrische Kodierungen der Punkte besser erkannt und aufgenommen werden.

Die Unterteilung der Werte einer oder mehrerer Variablen in Bereiche ist eine bewährte Methode, um durch Streudiagramme Abhängigkeiten zwischen den Variablen zu erkennen. Man vergleiche die Diagramme in der Mitte von Bild 1.13 und versuche eine Interpretation. Von den Punkten der Variablen CO- und SO_2-Gehalt wurden jeweils nur diejenigen zur Anzeige gebracht, bei denen die Temperatur und die Windrichtung in angegebenen Bereichen liegen. Die Skalen der untersuchten Variablen sind nicht eingetragen.

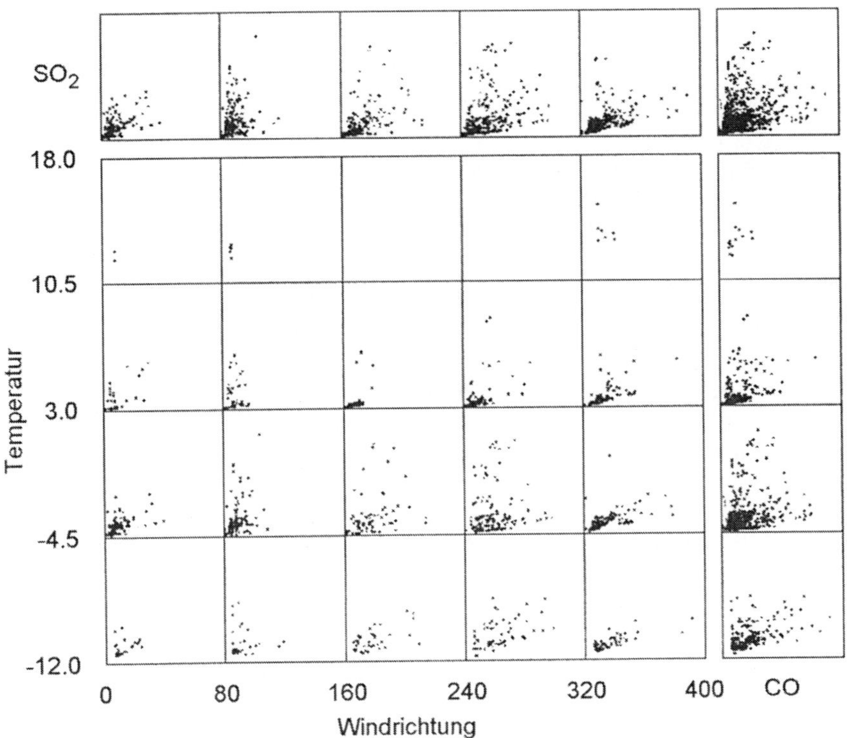

Bild 1.13 Untersuchung des Einflusses der Windrichtung und der Temperatur auf den Grad der Belastung mit einzelnen Luftschadstoffen

1.5 Umweltstatistik und Umweltüberwachung

Die Umwelt wird heutzutage in vielfältiger Art und Weise überwacht, um ihr Verhalten zu verstehen und Gefahrensituationen (rechtzeitig) erkennen zu können. Dabei spielt die Umweltstatistik eine wichtige Rolle. Sie hilft auftretende Schwankungen von Messwerten zu bewerten, Vorhersagen zu machen und als stochastisch angesehene Aspekte von Umweltprozessen zu modellieren.

Bild 1.14 zeigt ein Schema, in dem wichtige Operationen bei der Überwachung der Umwelt zusammengestellt sind. Dabei wurde eine Darstellung von H. v. Storch benutzt, in der dieser die Rolle des Monitoring im Zusammenhang mit Klimabeobachtungen beschrieben hatte.

Grundlage für die Überwachung der Umwelt sind laufende Beobachtungen. Die erhaltenen Beobachtungswerte ermöglichen eine Analyse der jeweils aktuellen Situation. Von ihr ausgehend ist meist eine Vorhersage der Umweltsituation

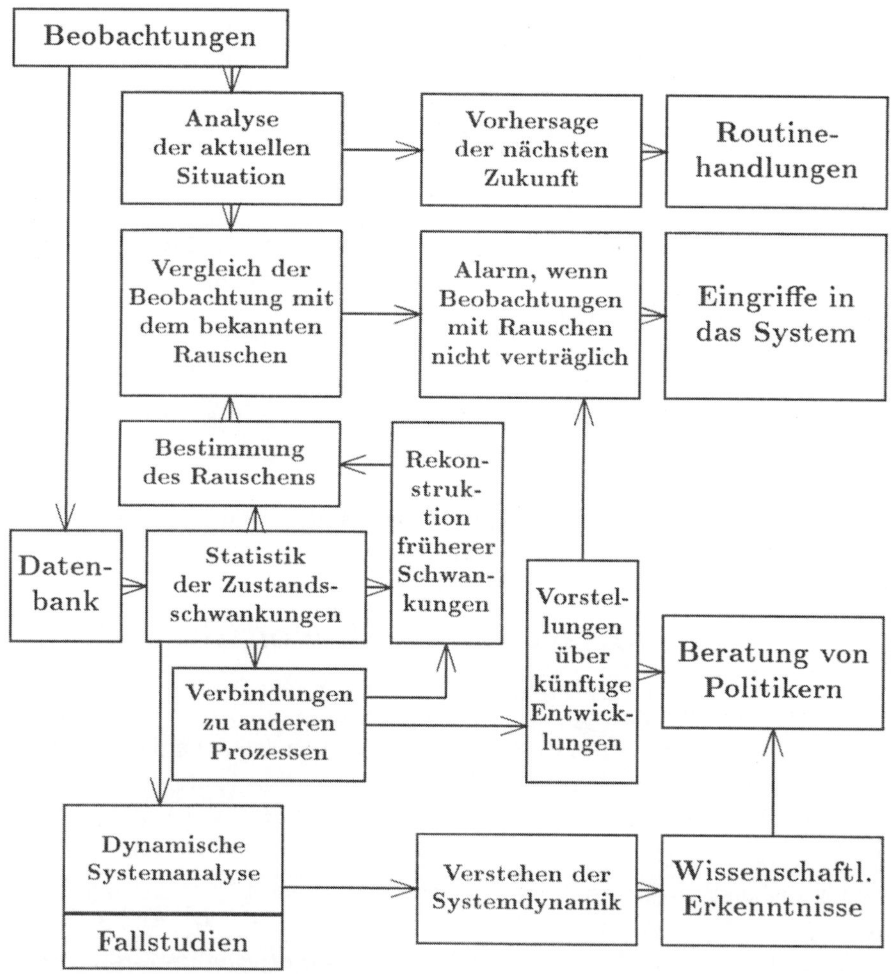

Bild 1.14 Umweltbeobachtung und -statistik und ihre Bedeutung für die Umweltpolitik

in der unmittelbaren Zukunft möglich. Das geschieht selbstverständlich unter Nutzung des Erfahrungswissens von Fachleuten, neuerdings aber auch mittels mathematischer Methoden. Diesbezüglich sind in erster Linie physikalische Modelle (z. B. von Strömungsvorgängen) zu nennen, die auf numerisch behandelten Differentialgleichungen beruhen. Ebenfalls können statistische Prognoseverfahren angewendet werden.

Zur Analyse der aktuellen Situation gehört als wesentlicher Teil der Vergleich der beobachteten Schwankungen und Trends mit dem aus vorangegangenen statistischen Untersuchungen bekannten Rauschen. Das Wort „Rauschen" (engl. *noise*) gehört zum Jargon der Statistiker. Damit werden unregelmäßige und uninteressante Schwankungen von Messwerten bezeichnet, wobei man meist nicht an Geräusche oder akustische Probleme denkt. Allerdings sind mögliche Beispiele auch das Rauschen des Meeres und die Geräusche, die in einem alten Radioempfänger zu hören sind, der zwar eingeschaltet, jedoch auf keinen Sender eingestellt ist.

Wenn man feststellen kann, dass die beobachteten Werte „normal" sind, also im üblichen Schwankungsbereich liegen, wird man außer Routineuntersuchungen zunächst nichts unternehmen. Dagegen ist Alarm zu geben, wenn die Beobachtungswerte mit den üblichen Schwankungen nicht erklärbar sind oder wenn sie nicht dem aktuellen Trend entsprechen. Die Ursachen für die Abweichungen sind zu ermitteln, woraus sich dann die geeigneten Handlungen z. B. von Umweltbehörden ergeben. (Dabei ist vor allem an „negative" Abweichungen gedacht; „zu gute" Werte werden keinen beunruhigen, regen aber möglicherweise zum Nachdenken an.)

Das Alarmproblem wird sehr interessant und anschaulich in dem Buch Gibbons (1994) für den Fall des Grundwassermonitorings diskutiert. Wenn lange Messreihen vorliegen und/oder viele verschiedene Parameter erfasst werden, sind die Chancen überraschend groß, ungewöhnliche Werte zu beobachten.

Die Beobachtungswerte werden i. Allg. in Datenbanken gespeichert und werden eventuell statistisch analysiert. Damit wird zunächst das Wissen über die „üblichen Schwankungen" vertieft, ferner können Aussagen über Trends aktualisiert werden. Dass dabei auch frühere Beobachtungen berücksichtigt werden müssen, ist klar.

Bei der statistischen Analyse wird man nach Möglichkeit komplex vorgehen und Bezüge zu anderen Umweltprozessen herstellen. Vergangene Verläufe von Beobachtungswerten können dadurch möglicherweise besser verstanden werden; eventuell erscheint dann die aktuelle Situation in einer anderen Sicht.

Die Statistik kann weitergetrieben werden, indem versucht wird das dynamische Verhalten des beobachteten Systems besser zu verstehen. Hierbei können gründliche Fallstudien nützlich sein. All das soll die wissenschaftlichen

Kenntnisse über die Umwelt erweitern und vertiefen. Das kann schließlich auch zu Empfehlungen an die Umweltpolitiker führen.

Für die langfristige Arbeit der Politiker sind vermutlich „umweltökonomische Gesamtrechnungen“ wichtiger, also umweltbezogene Erweiterungen volkswirtschaftlicher Gesamtrechnungen, vgl. Radermacher und Stahmer (1994, 1995). Bedeutungsvolle Probleme in diesem Zusammenhang sind

- die Bodennutzung und ihre Veränderung (die typischerweise durch Satelliten beobachtet werden),
- Güterstromanalysen,
- die Erfassung von Abfällen, Abwässern und Luftverunreinigungen,
- die Aufwendungen für Umweltschutz.

Hier gehen zunächst die Ergebnisse der amtlichen Statistik ein; der Umweltstatistiker kann helfen Zusammenhänge, Klassifizierungen und Trends zu finden.

1.6 Einige Ratschläge für Anfänger bei der Benutzung von Statistikprogrammpaketen

Es ist sehr empfehlenswert, die Daten zunächst nur im Sinne des gesunden Menschenverstands, ohne Einsatz statistischer Methoden zu betrachten und zu versuchen herauszufinden, welche Informationen sie liefern können. So kann man sich vorab selbst eine Meinung bilden, eventuell Hypothesen formulieren und zu realistischen Erwartungen an die statistische Analyse kommen. Das kann nützlich sein, um einschätzen zu können, welche Aussagen die oftmals recht komplizierten statistischen Verfahren tatsächlich liefern.

Der Anfänger sollte, bevor er seine eigentlichen, oft mit viel Mühe gesammelten und vielleicht mit Hoffnungen beladenen Daten statistisch analysiert, zunächst einen ihm bekannten Datensatz (zum Beispiel aus diesem Buch) vom Computer untersuchen lassen. So kann er Erfahrungen sammeln und besser verstehen, was bei der Anwendung des Programmpakets eigentlich passiert, und seine Vorgehensweise und die abschließende Interpretation der Ergebnisse für die eigentlichen Daten üben und überprüfen.

In schwierigen Situationen hole man den Rat von Fachleuten aus dem Bereich der Statistik und Datenanalyse ein. (Man erspart sich viele Enttäuschungen, wenn man mit einem erfahrenen Statistiker schon *vor* der Datenbeschaffung und -analyse spricht.)

Kapitel 2

Multivariate Statistik

Gott, mache die Welt linear, stationär und normalverteilt!
(Des angewandten Statistikers Stoßgebet)

2.1 Einleitung

Bei vielen umweltstatistischen Untersuchungen fallen große, hochdimensionale Datenmengen an. Beispielsweise werden zu verschiedenen Zeitpunkten oder an verschiedenen Orten zahlreiche Parameter oder Variable gemessen. Das Ziel des Statistikers ist es, hier Ordnung zu schaffen und Zusammenhänge zu finden oder vermutete Zusammenhänge zu prüfen und zu quantifizieren (und dann möglichst die Daten zu den Akten zu legen). Die multivariate („mehrdimensionale") Statistik ist das Hilfsmittel zur Lösung dieser Aufgabe, wobei die Variablen simultan betrachtet werden.

In einer sehr allgemeinen Sprechweise liegt folgende Datenstruktur vor: Es gibt n *Objekte* (Mess-Stellen, Ortschaften, Zeitpunkte, Tiere, Pflanzen usw.) und m *Variable* (Parameter oder Einflussgrößen). Die Variablen können nominal (wie zum Beispiel Wald/Wiese/Feld), ordinal (wie zum Beispiel mäßig, gut, sehr gut), intervall-skaliert (Einteilung des Messbereichs in gleich große Abschnitte) oder ratio-skaliert (Skala mit gleich großen Abschnitten und natürlichem Nullpunkt) sein. Nur mit ratio-skalierten Variablen sind alle Grundrechenoperationen ausführbar. In den ersten drei Fällen spricht man auch von kategorialen Daten, in den beiden letzten von metrischen Daten. Die Daten werden im Allgemeinen in Tabellen- oder Matrixform dargestellt, wobei die Zeilen zu den Objekten und die Spalten zu den Variablen gehören.

Die statistischen Methoden ermöglichen Analysen sowohl in dem Bereich der Objekte als auch in dem der Variablen. Von den in diesem Kapitel behandelten Verfahren ist die *Clusteranalyse* eine Methode, um Objekte zu gruppieren:

Objekte mit ähnlichen Variablen kommen in dasselbe Cluster. Damit erfolgt eine Klassifizierung der Objekte in einer Situation, in der es bis dahin keine Klasseneinteilung gegeben hat. Wenn die Objekte durch eine große Zahl m von Variablen charakterisiert sind, dann ist diese Klasseneinteilung nicht einfach, wegen der meist vorhandenen Unübersichtlichkeit und deshalb, weil einzelne Variable sich widersprüchlich verhalten können.

Es ist auch keine einfache Aufgabe, Objekte zu *klassifizieren*, sie bekannten Klassen zuzuordnen. Hierfür gibt es viele verschiedene Methoden in der multivariaten Statistik. Ein einfaches Hilfsmittel in solchen Situationen ist das Arbeiten mit sogenannten Indizes, d.h. Linearkombinationen der Variablen mit geeignet gewählten Koeffizienten. Damit werden multivariate Daten ins Eindimensionale projiziert. In Kapitel 6 werden als Beispiel verschiedene *Umweltindizes* besprochen. Viel aufwendigere moderne Verfahren nutzen zum Beispiel Ideen aus der Theorie der neuronalen Netze, vergleiche Abschnitt 2.7.2. Die in den Kapiteln 3 und 4 beschriebenen Methoden der Zeitreihenanalyse und Geostatistik können übrigens als Verfahren interpretiert werden, Daten bezüglich der Objekte (Zeitpunkte, Orte) zu analysieren; aber der multivariate Aspekt bleibt dabei meist außer Betracht.

Ausführlicher werden in diesem Kapitel Methoden beschrieben, die Zusammenhänge zwischen den Variablen untersuchen. Dabei ist die *Regressionsanalyse* eine wohlbekannte Methode, um vom Statistiker geahnte Zusammenhänge zu quantifizieren, wobei es abhängige und unabhängige Variable gibt.

Der Erkundung von Abhängigkeiten und somit neuer, unbekannter Zusammenhänge dient die *Korrelationsanalyse*. Hier wird die Stärke der Zusammenhänge zwischen den Variablen untersucht, wobei auch versucht wird, Scheinkorrelationen zu eliminieren. Auf der Korrelationsanalyse bauen die *Hauptkomponentenanalyse* und die *Faktorenanalyse* auf. Die Zielstellung ist hier, Variable zu bündeln oder zu einer Vielzahl von Variablen einige wenige neue Variable zu schaffen, die die wesentlichen Zusammenhänge bereits ausreichend wiedergeben. Während beispielsweise bei der Untersuchung der Schadstoffe in einem Fluss-System die bei der ursprünglichen Datenerfassung betrachteten Variablen verschiedene Metall- und Salzgehalte des Flusswassers oder -sediments sind, beschreiben die neuen Variablen (oder „Faktoren“) allgemein die „anthropogene Belastung“ oder die „Auswaschung aus versauerten Waldböden“. Diese „Dimensionsreduzierung“ oder „Datenreduktion“ erleichtert die visuelle Darstellung von Zusammenhängen und ermöglicht eine verbesserte Information für Nicht-Statistiker und Entscheidungsträger.

Die Methoden der multivariaten Statistik erfordern den Einsatz der EDV. Alle Statistikprogrammpakete enthalten selbstverständlich wichtige multivariate Verfahren. Es gibt sogar Statistik-Bücher, die diese Verfahren gezielt im

Hinblick auf bestimmte Statistikprogrammpakete darstellen, wie etwa Falk, Becher und Marohn (1995) für SAS, Chambers und Hastie (1993) und Venables und Ripley (1994) für S-Plus sowie Backhaus, Erichson, Plinke und Weiber (1990) für SPSS.

Neben den in diesem Kapitel dargestellten Verfahren gibt es zahlreiche andere Methoden der multivariaten Statistik. Abschnitt 2.7 ist ein Versuch, zwei davon kurz zu beschreiben.

Wenig befriedigend ist die Situation der multivariaten Statistik dadurch, dass ihre Verfahren manchmal wenig systematisiert erscheinen, wie die Werkzeuge in einer Werkzeugkiste, in der Schraubenzieher, Zangen und Hämmer bunt durcheinander liegen und die Entnahme teilweise dem Zufall folgt. Viele Verfahren beruhen auf Linearitäts- und Normalverteilungsannahmen, deren Verletzung schlimme Folgen haben kann.

Die Absicht des Kapitels 2 ist es, Anfängern eine Einführung in die Methoden der multivariaten Statistik zu geben. Ihre Möglichkeiten sollen aufgezeigt werden mit dem Ziel zu Anwendungen anzuregen. Für weitergehende Studien werden an geeigneten Stellen Literaturhinweise gegeben.

2.2 Vorbereitungen für die multivariate Statistik

2.2.1 Vorbemerkungen

Vor Beginn der Anwendung der Methoden der multivariaten Statistik sind gewisse Operationen mit den Ausgangsdaten erforderlich oder zweckmäßig. Es geht vor allem darum die Daten bezüglich ihrer Qualität oder ihrer Dimension vergleichbar zu machen. Oft ist es darüber hinaus zweckmäßig, dafür zu sorgen, dass die Größenordnung der Zahlenwerte dieselbe ist. Schließlich legt die häufig gemachte Voraussetzung der Normalverteilung der Variablen nahe, dass bestimmte Transformationen durchgeführt werden.

2.2.2 Vereinheitlichung qualitativ verschiedener Messwerte

Man lernt in der Schule, dass man Äpfel und Birnen nicht addieren sollte. Mitunter ist es aber doch erwünscht, etwas in dieser Richtung zu tun. Ein Beispiel ist die Zusammenfassung verschiedener luftverschmutzender Emissionen, wie CO, SO_2, NO_x und FOK (= VOC = *volatile organic carbons* = flüchtige organische Kohlenstoffe).

Eine vernünftige Idee zur Lösung des Problems ist die Benutzung einer gemeinsamen Skala, die Umrechungen gestattet. Dabei sind, in Abhängigkeit von der Fragestellung, verschiedene Ansätze möglich. Bei Äpfeln und Birnen sind mögliche Varianten der Preis (womit man in eine Geldskala kommt), das Gewicht oder eine neu zu definierende „Obstäquivalenzskala“, die vielleicht den Vitamin-C-Gehalt und den Geschmack berücksichtigt. Für den Fall umweltrelevanter Gase findet man in Grosclaude (1995) die folgenden Umrechnungsansätze. Für Treibhaus-Gase (CO_2, CH_4 und FCKW (= Fluor-Chlor-Kohlenwasserstoffe)) kann man ihr globales Erwärmungspotenzial benutzen und es in CO_2-Äquivalenten ausdrücken. Einer Tonne CO_2 entsprechen in diesem Sinne

0,047619 t CH_4,
0,00017 t FCKW,

vergleiche IPCC (1990) und WRI (1992).

Entsprechende Äquivalente für luftverschmutzende Gase wie CO, SO_2, NO_x und FOK erhält man durch Bezug auf CO-Tonnen, nämlich

0,01 t SO_2,
0,005 t NO_x,
0,005 t FOK,

vergleiche PLANCO Consulting (1993).

Schließlich können Erzeuger von saurem Regen in SO_2-Tonnen umgerechnet werden. Nach Adriaanse (1993a,b) ist das Äquivalent einer Tonne SO_2

0,6957 t NO_x.

2.2.3 Die Z-Transformation

In der multivariaten Statistik sind oft Zahlen verschiedener Größenordnung zu analysieren. Vielfach ist es dann erwünscht, ihre Schwankungen miteinander zu vergleichen. Dazu ist eine *Standardisierung* hilfreich. Eine beliebte Methode hierfür ist die *Z-Transformation*, eine Operation, die man auch Standardisierung oder Studentisierung nennt.

Wenn die Zahlen $x_1, \ldots, x_n$ gegeben sind, berechnet man neue Zahlen $z_1, \ldots, z_n$ gemäß

$$z_i = \frac{x_i - \overline{x}}{s} \quad \text{für } i = 1, \ldots, n. \tag{2.1}$$

Dabei sind die Zahlen $\overline{x}$ und s wie üblich der Stichprobenmittelwert und die Stichprobenstandardabweichung. Die z-Werte (es gibt positive und negative unter ihnen) schwanken um Null und liegen in den Anwendungen meist in einem

Bereich von -5 bis etwa $+5$. Das ist unabhängig davon, in welcher Größenordnung die x_i gegeben waren, wenn nur *Ausreißer* vorher *eliminiert* worden sind. Das ist dann nützlich, wenn m Zahlenreihen $(x_{i1}), \ldots, (x_{im})$ für $i = 1, \ldots, n$ statistisch zu analysieren sind, aber ganz verschiedene Größenordnungen haben. Die neuen Zahlenreihen $(z_{i1}), \ldots, (z_{im})$ bewegen sich dann in annähernd den gleichen Bereichen.

2.2.4 Logarithmus-Transformation

In vielen statistischen Verfahren wird Normalverteilung vorausgesetzt. Tatsächlich aber liegt diese Verteilung oft nicht vor. Gerade für Umweltdaten sind rechtsschiefe Verteilungen (vergleiche Bild 2.1 auf den folgenden Seiten) typisch. In dieser Situation können Transformationen der Datenwerte helfen, wenigstens annähernd Normalverteilung zu erreichen. Wichtige Transformationen sind die Logarithmus- und die Wurzel-Transformationen. Dabei wird der Datenwert x ersetzt durch

$$\ln x \qquad \text{Logarithmus-Transformation}$$

oder

$$\sqrt{x} \qquad \text{Wurzel-Transformation}\,.$$

Wenn eine Zufallsgröße logarithmisch normalverteilt ist, dann hat ihr Logarithmus eine Normalverteilung.

Wie man erkennt, dienen Transformationen nicht nur der anschaulichen Darstellung der Daten (wie in Abschnitt 1.4.2 beschrieben), sondern auch der zweckmäßigen Anwendung statistischer Verfahren.

Beispiel 2.1 Schwermetalle und andere Stoffe im Muldensystem (nach Kluge u. a., 1996).

„Die Mulde als Hauptentwässerungssystem des Erzgebirges nach Norden gilt als einer der Hauptschwermetalleinträger in die Elbe und damit in die Nordsee. Sie entwässert ein Gebiet von ca. 7500 km^2, darunter die Bergbauprovinz Erzgebirge, die Industrieregionen um Chemnitz, Zwickau und Bitterfeld sowie landwirtschaftlich stark beeinflusste Areale des mittelsächsischen Lößhügellandes. Die damit verbundenen geochemischen Einflussfaktoren führen zu Überlagerungen verschiedenster Elementspektren in den einzelnen Umweltkompartimenten, die ihren Ausdruck in hohen Salz- und Schwermetallfrachten im Wasser und im Schweb sowie hohen Schwermetallgehalten im Gewässersediment und den angrenzenden Aueböden finden.“ Diese komplizierten geochemischen Prozesse und

Zusammenhänge sind von Wissenschaftlern der TU Bergakademie Freiberg erforscht worden mit dem Ziel, den Istzustand der Belastung des Wassers, Schwebstoffes und Sediments zu beschreiben, die dabei beobachteten Zusammenhänge geochemisch zu interpretieren und mögliche zukünftige Veränderungen vorherzusagen.

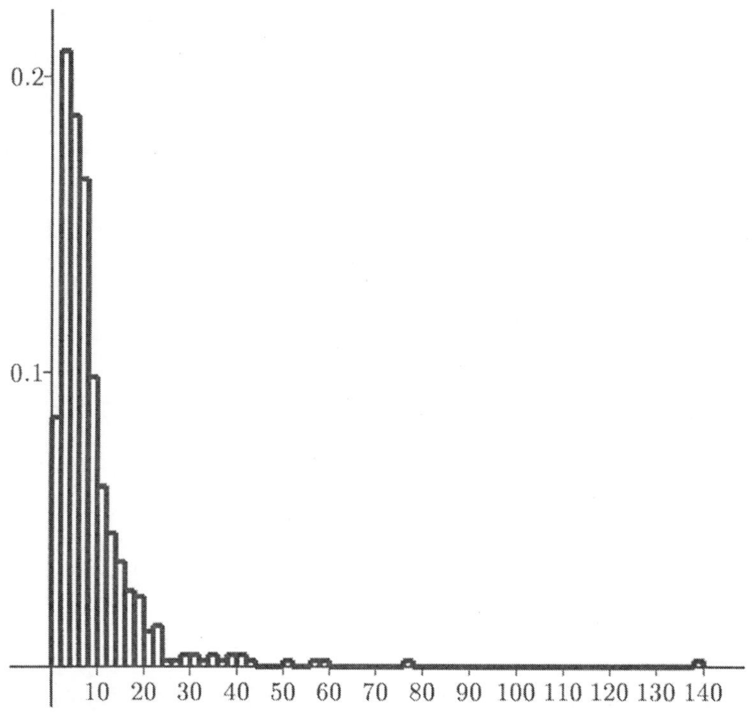

Bild 2.1a Histogramm der Ni-Gehalte (in mg/kg) des Muldensediments. Bewusst wurde eine recht unelegante Darstellung der Verteilung gewählt

Ausgangspunkt für die Untersuchungen sind Daten, die aus über 1800 Proben von Wasser, Schweb und Sediment stammen, die in fünf Probennahmekampagnen 1992 bis 1993 genommen worden sind. Sie sind in einer Datenbank zusammengefasst, die „Gewässerinformationssystem“ genannt wird; die Grundlage bildet ein GIS (Geographisches Informationssystem). Zu Einzelheiten hierzu sei auf Beuge u. a. (1995) und Kluge u. a. (1996) verwiesen.

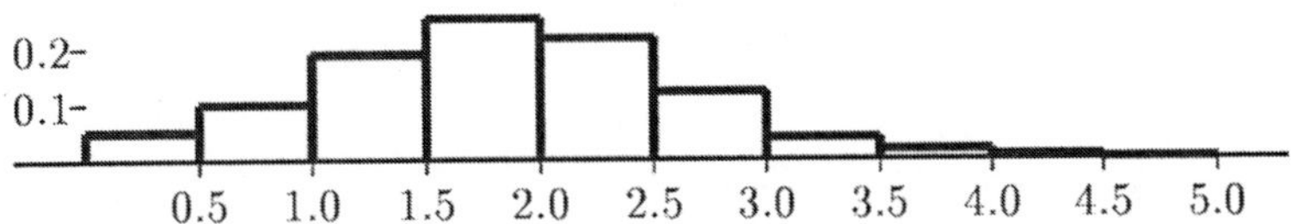

Bild 2.1b Histogramm der logarithmierten Ni-Gehalte des Muldensediments

Im Folgenden werden nur die nachstehenden 22 Parameter betrachtet:

1. Elektrische Leitfähigkeit des Wassers (in μS/cm),
2. pH-Wert des Wassers,
3. SO_4-Gehalt des Wassers (in mg/l),
4. Cl-Gehalt des Wassers (in mg/l),
5. HCO_3-Gehalt des Wassers (in mg/l),
6. Ca-Gehalt des Wassers (in mg/l),
7. K-Gehalt des Wassers (in mg/l),
8. Mg-Gehalt des Wassers (in mg/l),
9. Na-Gehalt des Wassers (in mg/l),
10. Pb-Gehalt des Wassers (in mg/l),
11. Cd-Gehalt des Wassers (in mg/l),
12. Zn-Gehalt des Wassers (in mg/l),
13. As-Gehalt des Sediments (in mg/kg),
14. Pb-Gehalt des Sediments (in mg/kg),
15. Cd-Gehalt des Sediments (in mg/kg),
16. Cu-Gehalt des Sediments (in mg/kg),
17. Zn-Gehalt des Sediments (in mg/kg),
18. Fe-Gehalt des Sediments (in mg/kg),
19. Co-Gehalt des Sediments (in mg/kg),
20. Mn-Gehalt des Sediments (in mg/kg),
21. Cr-Gehalt des Sediments (in mg/kg),
22. Ni-Gehalt des Sediments (in mg/kg).

Bis auf den pH-Wert (der ja auch durch Logarithmieren entsteht) haben alle diese Parameter rechtsschiefe Verteilungen, die erheblich von der Normalverteilung abweichen. Das ist nichts Überraschendes, sondern eine in der Geochemie wohlbekannte Tatsache. Daher werden die Datenwerte (bis auf die pH-Werte) logarithmiert und in dieser Form in den weiteren statistischen Analysen benutzt. Als ein Beispiel hat Bild 2.1 auf den vorangehenden Seiten die Histogramme der ursprünglichen und logarithmierten Ni-Gehalte des Wassers gezeigt.

Tabelle 2.1 Bezeichnungen der Variablen X_i und zugehörige Mittelwerte und Standardabweichungen der logarithmierten Größen. Man beachte, dass der Logarithmus einer Zahl kleiner als Eins negativ ist

i	X_i		$\overline{x}$	s
1	Lf		5,93	0,51
2	pH		7,37	0,35
3	SO_4	W	4,29	0,53
4	Cl	W	3,09	0,69
5	HCO_3	W	4,21	0,59
6	Ca	W	3,57	0,48
7	K	W	1,74	0,59
8	Mg	W	2,36	0,64
9	Na	W	2,88	0,65
10	Pb	W	−0,42	0,70
11	Cd	W	−1,70	1,63
12	Zn	W	3,55	1,40
13	As	S	5,04	0,99
14	Pb	S	5,70	0,99
15	Cd	S	3,13	0,93
16	Cu	S	5,34	0,70
17	Zn	S	7,36	0,77
18	Fe	S	10,67	0,26
19	Co	S	3,19	0,48
20	Mn	S	7,08	0,57
21	Cr	S	4,55	0,74
22	Ni	S	4,27	0,72

Tabelle 2.1 enthält die Mittelwerte und Standardabweichungen der neuen Variablen (pH-Werte und logarithmierte Gehalte; im Folgenden wird von „Variablen“ und nicht mehr von Parametern gesprochen). Die dort benutzte Nummerierung der Variablen X_i wird im Folgenden immer beibehalten.

Diese Werte haben sich aus jeweils etwa $n = 180$ Variablensätzen von je 22 Werten für das gesamte Muldesystem ergeben; durch fehlende Werte einzelner

Variablen für gewisse Proben gibt es Unterschiede in den Stichprobenumfängen. In Kluge u. a. (1996) sind zusätzlich die Analysen auch für Teile des Fluss-Systems getrennt durchgeführt worden.

Die Standardabweichungen der 22 Variablen sind überraschend einheitlich. Da auch die Mittelwerte alle in der gleichen Größenordnung sind, kann zunächst auf eine Z-Transformation der Daten verzichtet werden.
Fortsetzung des Beispiels 2.1 auf Seite 67.

2.3 Korrelationsanalyse

2.3.1 Der Korrelationskoeffizient

Eine wichtige, vielleicht die wichtigste Aufgabe vieler Statistiker ist die Aufdeckung von Zusammenhängen zwischen verschiedenen Einflussgrößen, Variablen oder Parametern. Ein wertvolles statistisches Hilfsmittel hierzu ist der Korrelationskoeffizient. Er ist ein Maß für die Stärke des *linearen* Zusammenhangs zwischen zwei Zufallsgrößen X und Y. Der *Korrelationskoeffizient* ist mathematisch durch

$$\varrho_{XY} = \frac{\mathbf{E}\left((X - \mathbf{E}X)(Y - \mathbf{E}Y)\right)}{\sqrt{\mathbf{var}X\,\mathbf{var}Y}} \tag{2.2}$$

definiert. Er wird statistisch durch den *empirischen Korrelationskoeffizienten* r_{XY} geschätzt:

$$r_{XY} = \frac{\frac{1}{n-1}\sum_{i=1}^{n}(x_i - \overline{x})(y_i - \overline{y})}{s_X s_Y}. \tag{2.3}$$

Dabei sind $\overline{x}$ und $\overline{y}$ die Stichprobenmittelwerte der x- und y-Werte und s_X und s_y die zugehörigen Stichprobenstandardabweichungen. Die manuelle Berechnung von r_{XY} ist sehr mühevoll; jeder Umweltstatistiker sollte also einen Computer zu seiner Berechnung benutzen, eventuell einen Taschenrechner mit einem Modus für lineare Regression oder besser einen Personalcomputer und ein Statistikprogrammpaket.

Der Korrelationskoeffizient (der theoretische wie der empirische) nimmt Werte zwischen -1 und 1 an. Der Wert 1 ergibt sich dann, wenn zwischen den x- und y-Werten ein deterministischer linearer Zusammenhang besteht, d. h., wenn

$$Y = a + bX$$

bzw.

$$y_i = a + bx_i \quad \text{für } i = 1, \ldots, n$$

gilt. Dabei ist b eine positive Zahl. Der Wert -1 ergibt sich dann, wenn ein linearer Zusammenhang zwischen den x- und y-Werten besteht, wenn aber der Koeffizient b negativ ist.

Wenn die Zufallsgrößen X und Y stochastisch unabhängig sind, dann ist ϱ_{XY} gleich Null. Im Fall $\varrho_{XY} = 0$ sagt man, dass die Zufallsgrößen X und Y *unkorreliert* sind. Wenn die Zufallsgrößen X und Y normalverteilt sind (genauer, wenn der Zufallsvektor (X, Y) eine zweidimensionale Normalverteilung hat), dann ist $\varrho_{XY} = 0$ gleichbedeutend mit der Unabhängigkeit von X und Y. Im Fall $\varrho_{XY} = 0$ kann es wegen statistischer Schwankungen vorkommen, dass r_{XY} vom Wert 0 abweicht. Ein Test hilft hier bei der Entscheidung, ob die Abweichungen von Null signifikant sind oder nicht.

t-Test der Hypothese H_0: $\varrho_{XY} = 0$

Man berechnet r_{XY} aus einer Stichprobe von n Wertepaaren (x_i, y_i) und bestimmt die Testgröße

$$t = \frac{r_{XY}}{\sqrt{1 - r_{XY}^2}} \sqrt{n-2}\,. \tag{2.4}$$

Wenn sie betragsmäßig größer als der t-Wert $t_{n-2,\alpha/2}$ ist, dann wird die Abweichung von r_{XY} von Null als signifikant angesehen und die Hypothese H_0 wird abgelehnt. Die Irrtumswahrscheinlichkeit dieses Tests ist gleich α. (Tabellen der t-Werte findet man in vielen Statistiklehrbüchern und Formelsammlungen.)

Der Test der Hypothese $\varrho_{XY} = 0$ wird häufig zum Nachweis von Korrelationen benutzt. Dabei ist die Alternativhypothese $H_A : \varrho_{XY} \neq 0$ die eigentlich interessante Hypothese; man spricht dann auch von einer „Arbeitshypothese“.

Mit diesem Test wird leider viel Missbrauch getrieben, mit dem Ziel Zusammenhänge nachzuweisen; vergleiche den sehr lesenswerten Artikel Weiße (1977). Da bekannt ist, dass bei großem n auch kleine empirische Korrelationskoeffizienten als signifikant von Null verschieden charakterisiert werden, braucht jemand, der einen Zusammenhang zu finden wünscht, nur ein sehr großes n zu wählen. (Dass ein „schwacher linearer Zusammenhang“ mit z. B. $r_{XY} = 0{,}15$ nur sehr wenig wert ist, wird dabei nicht erwähnt.) Da die Ablehnung von H_0 abgestrebt wird, erliegen manche Statistiker der Verführung, große Werte für die Irrtumswahrscheinlichkeit α zu wählen, z. B. 0,10 oder gar noch größere. Aber das ist natürlich Unsinn.

Schließlich sei darauf hingewiesen, dass bei dem Test Normalverteilung vorausgesetzt wird. Sehr oft wird diese Voraussetzung nicht überprüft (oder gar nicht darüber nachgedacht) und der Test auch angewendet, wenn keine Normalverteilung vorliegt. (Das geschieht bereits auf Seite 70.) Man kann ja immerhin noch beanspruchen, ein standardisiertes, objektives Kriterium benutzt zu haben. Allerdings ist dann die tatsächliche Irrtumswahrscheinlichkeit kaum gleich α.

Der Korrelationskoeffizient dient auch als Kriterium bei der Entscheidung, ob es Sinn hat, für eine Punktwolke von Datenpunkten eine Ausgleichsgerade zu berechnen. Das sollte man nur tun, wenn bei dem Test der Hypothese $\varrho_{XY} = 0$ eine Ablehnung erfolgt ist, wenn also ein signifikanter linearer Zusammenhang vorliegt. Dass aber ein großer Korrelationskoeffizient kein Garant für einen linearen Zusammenhang ist, zeigt das Beispiel auf S. 80 und 89.

Man beachte, dass das Wort „linearer Zusammenhang" benutzt worden ist. Tatsächlich ist es so, dass es Zufallsgrößen gibt, die zwar keineswegs untereinander unabhängig sind, deren Korrelationskoeffizient aber dennoch gleich Null ist. Der Korrelationskoeffizient ist kein Universalmittel zur Entdeckung stochastischer Zusammenhänge.

2.3.2 Rangkorrelationskoeffizienten

Die bisher benutzten Korrelationskoeffizienten ϱ_{XY} beziehungsweise r_{XY} gehören zu reellwertigen Zufallsgrößen beziehungsweise Stichproben mit Zahlenwerten. Wenn die zugehörigen Mess-Skalen nicht-linear transformiert werden, verändern sich i. Allg. die Korrelationskoeffizienten; bei der Z-Transformation ist das nicht der Fall, da sie linear ist. Wenn nun in gewissen Anwendungsfällen die benutzten Skalen ohnehin als willkürlich und subjektiv bedingt anzusehen sind, kann es sinnvoll sein „Korrelationskoeffizienten" oder „Assoziationsmaße" zu benutzen, die weitgehend von den Skalen unabhängig sind.

In diesem Zusammenhang sehr natürlich sind die sogenannten *Rangkorrelationskoeffizienten*. Zu ihrer Berechnung werden die Werte $x_1, \ldots, x_n$ und $y_1, \ldots, y_n$ durch die Rangzahlen $R(x_1), \ldots, R(x_n)$ und $R(y_1), \ldots, R(y_n)$ ersetzt. Die x-Rangzahlen werden erhalten, indem die x-Werte der Größe nach geordnet werden; wenn x_i in der Rangfolge auf dem j-ten Platz steht, ist $R(x_i) = j$. Speziell ist $R(x_{\min}) = 1$ und $R(x_{\max}) = n$. Analog erhält man die Rangzahlen $R(y_i)$ der y-Werte. Dabei muss nicht gelten $R(x_i) = R(y_i)$.

Gewisse Probleme gibt es, wenn „Bindungen" bestehen, also gleiche x- oder y-Werte auftreten. Ein Ausweg kann darin bestehen dann diejenige Nummerierung zur Entscheidung zu benutzen, die (zufälligerweise) in der ursprünglichen Stichprobe vorgelegen hat. Eine andere Möglichkeit besteht darin gleichen Werten dieselbe Rangzahl zuzuordnen, nämlich den Mittelwert der von ihnen belegten Rangzahlen. (Der ist allerdings nicht immer ganzzahlig.) So machen es die meisten Statistikprogrammpakete.

Wenn man nun einfach Formel (2.3) nimmt und dort anstelle der x_i und y_i die $R(x_i)$ und $R(y_i)$ einsetzt, kommt man zum *Spearmanschen Rangkorrelationskoeffizienten*:

$$r^{\mathrm{S}} = \frac{\sum_{i=1}^{n} \left(R(x_i) - \overline{R(x)}\right)\left(R(y_i) - \overline{R(y)}\right)}{\sqrt{\sum_{i=1}^{n} \left(R(x_i) - \overline{R(x)}\right)^2 \sum_{i=1}^{n} \left(R(y_i) - \overline{R(y)}\right)^2}}, \tag{2.5}$$

also

$$r^{\mathrm{S}} = 1 - \frac{6 \sum_{i=1}^{n} \left(R(x_i) - R(y_i)\right)^2}{n(n^2 - 1)}. \tag{2.6}$$

Es muss allerdings vermerkt werden, dass Formel (2.6) nicht für den Fall gilt, dass bei Bindungen gleiche Rangzahlen vergeben werden. Hierzu sei auf die Literatur verwiesen, zum Beispiel Hartung und Elpelt (1992), Seite 192.

Ein weiterer auf Rangzahlen beruhender Korrelationskoeffizient ist der *Kendallsche Korrelationskoeffizient* oder das *Kendallsche* τ. Hier wird für jeden Index i ($i = 1, \ldots, n$) eine Zahl q_i ermittelt. Das geschieht folgendermaßen. Zunächst werden die x- und y-Rangzahlen bestimmt, also die $R(x_i)$ und $R(y_i)$. Dann werden die Messwert-Paare neu aufgeschrieben, und zwar in derjenigen Reihenfolge, die durch die $R(x_i)$ gegeben ist; das erste Paar gehört also zur x-Rangzahl 1 und so weiter. Die entstehende Reihenfolge der y-Rangzahlen wird zur Berechnung der q_i benutzt. Der Wert q_i ist gleich der Anzahl der y-Rangzahlen, die kleiner oder gleich $R(y_i)$ sind und in der Reihenfolge hinter $R(y_i)$ stehen. Das Kendallsche τ ist dann gleich

$$\tau = 1 - \frac{4 \sum_{i=1}^{n} q_i}{n(n-1)}. \tag{2.7}$$

Zahlenbeispiel. Es ist $n = 5$, und die x- und y-Werte sind die DSD- und Biomüllwerte aus Tabelle 2.9 auf Seite 131 für die ersten fünf Landkreise. Man erhält hier die Werte in der linken Tabelle und nach der Neuanordnung diejenigen in der rechten Tabelle:

i	$R(x_i)$	$R(y_i)$
1	1	4
2	2	5
3	3	3
4	5	1
5	4	2

i	$R(x_i)$	$R(y_i)$	q_i
1	1	4	3
2	2	5	3
3	3	3	2
5	4	2	1
4	5	1	0

Die Formel (2.7) liefert $\tau = -0{,}8$, was der fallenden Tendenz der y-Rangzahlen bei wachsenden x-Rangzahlen entspricht.

Beide Rangkorrelationskoeffizienten liegen wie der gewöhnliche Korrelationskoeffizient zwischen -1 und 1, wobei auch die Interpretation der Zahlenwerte ähnlich wie auf Seite 62 ist, vergleiche Müller u. a. (1990) und Hartung und Elpelt (1992).

2.3.3 Die Korrelationsmatrix

Wenn m Zufallsgrößen $X_1, \ldots, X_m$ betrachtet werden, kann man eine Vielzahl von Korrelationskoeffizienten berechnen, nämlich

$$\varrho_{X_iX_j} = \varrho_{ij} \quad \text{und} \quad r_{X_iX_j} = r_{ij} \quad \text{für } i,j = 1,\ldots,m\,.$$

Zur Bestimmung der empirischen Korrelationskoeffizienten benutzt man n Folgen von Messwerten der Variablen $X_1, \ldots, X_m$, also Werte

$$\begin{aligned} &x_{1,1},\ldots,x_{1,m}\,,\\ &x_{2,1},\ldots,x_{2,m}\,,\\ &\vdots\\ &x_{n,1},\ldots,x_{n,m}\,. \end{aligned}$$

Man bemerkt schnell, dass gilt

$$\varrho_{ii} = r_{ii} = 1 \quad \text{für } i = 1,\ldots,m$$

und

$$\varrho_{ij} = \varrho_{ji} \quad \text{und} \quad r_{ij} = r_{ji} \quad \text{für } i,j = 1,\ldots,m\,.$$

Tabelle 2.2 Empirische Korrelationskoeffizienten r_{ij} für das Muldensystem. Die Benennung der Variablen entnehme man Tabelle 2.1. Fett gedruckte Werte können als signifikant von Null verschieden angesehen werden ($\alpha = 0{,}05$)

	1	2	3	4	5	6	7	8	9	10
1	**1**									
2	**0,59**	**1**								
3	**0,86**	**0,41**	**1**							
4	**0,90**	**0,54**	**0,74**	**1**						
5	**0,78**	**0,70**	**0,58**	**0,66**	**1**					
6	**0,94**	**0,60**	**0,85**	**0,84**	**0,75**	**1**				
7	**0,84**	**0,57**	**0,68**	**0,80**	**0,65**	**0,79**	**1**			
8	**0,79**	**0,37**	**0,63**	**0,74**	**0,61**	**0,73**	**0,66**	**1**		
9	**0,92**	**0,53**	**0,75**	**0,89**	**0,75**	**0,80**	**0,83**	**0,72**	**1**	
10	0,12	**0,15**	0,07	0,09	−0,00	0,07	**0,14**	−0,03	0,11	**1**
11	−0,09	−0,13	0,07	−0,11	**−0,31**	−0,12	0,07	**−0,21**	−0,13	**0,37**
12	**0,18**	0,02	**0,27**	**0,18**	−0,07	0,12	**0,26**	0,07	**0,15**	**0,39**
13	−0,12	−0,11	0,07	**−0,14**	**−0,31**	**−0,16**	−0,11	**−0,17**	−0,13	**0,22**
14	**0,18**	**0,20**	**0,29**	**0,15**	−0,06	**0,17**	**0,31**	−0,02	**0,13**	**0,45**
15	**0,13**	0,13	**0,23**	0,09	−0,09	0,11	**0,14**	0,05	0,11	**0,44**
16	**0,29**	**0,24**	**0,28**	**0,29**	**0,14**	**0,23**	**0,32**	**0,17**	**0,36**	**0,26**
17	**0,32**	**0,28**	**0,36**	**0,29**	**0,14**	**0,27**	**0,35**	0,12	**0,31**	**0,36**
18	−0,11	−0,13	−0,03	**−0,14**	−0,11	−0,08	**−0,22**	−0,01	−0,13	0,06
19	**−0,24**	**−0,19**	**−0,15**	**−0,25**	**−0,20**	**−0,24**	**−0,32**	−0,03	**−0,20**	−0,11
20	**−0,38**	−0,10	**−0,31**	**−0,38**	**−0,32**	**−0,33**	**−0,30**	**−0,20**	**−0,38**	0,05
21	**0,46**	**0,34**	**0,34**	**0,48**	**0,37**	**0,42**	**0,40**	**0,41**	**0,51**	0,06
22	**0,21**	**0,20**	**0,21**	**0,21**	**0,17**	**0,16**	0,08	**0,24**	**0,29**	−0,05

Wenn man also die empirischen Korrelationskoeffizienten in Matrixform aufschreibt, erhält man eine symmetrische Matrix, auf deren Hauptdiagonale lauter Einsen stehen. Das ist die *Korrelationsmatrix* $((r_{ij}))$. Sie charakterisiert die Zusammenhänge der Variablen X_i untereinander.

Vor einer Analyse der Korrelationsmatrix ist es sinnvoll, den Test der Hypothese $\varrho = 0$ anzuwenden und die Grenze zu ermitteln, oberhalb derer die Korrelationskoeffizienten betragsmäßig als signifikant von Null verschieden anzusehen sind. (Sie ist für alle r_{ij} dieselbe, da sie nur von n abhängt.) Es ist hilfreich, in der Korrelationsmatrix die genügend großen Elemente zu markieren. Diese sind dann zu interpretieren, wozu das jeweilige (umweltwissenschaftliche) Fachwissen heranzuziehen ist. Dabei zeigt es sich oft, dass diese Interpretation gar nicht so einfach ist. Besondere Schwierigkeiten machen sogenannte *Scheinkorrelationen*. Für zwei Variable kann sich beispielsweise ein großer Korrelationskoeffizient ergeben, obwohl sie direkt gar nichts miteinander zu tun haben. Das kann daran liegen, dass es eine dritte Variable (die hoffentlich unter den betrachteten n ist!) gibt, die auf beide einwirkt. Ein berühmtes Beispiel ist der Zusammenhang zwischen der Anzahl der Störche in Deutschland und den Geburtenzahlen in

Tabelle 2.2 Fortsetzung

	11	12	13	14	15	16	17	18	19	20	21	22
1												
2												
3												
4												
5												
6												
7												
8												
9												
10												
11	**1**											
12	**0,73**	**1**										
13	**0,54**	**0,57**	**1**									
14	**0,66**	**0,66**	**0,61**	**1**								
15	**0,65**	**0,68**	**0,62**	**0,71**	**1**							
16	**0,31**	**0,55**	**0,50**	**0,57**	**0,56**	**1**						
17	**0,56**	**0,80**	**0,58**	**0,70**	**0,81**	**0,71**	**1**					
18	−0,00	0,05	**0,37**	0,01	**0,20**	0,09	0,07	**1**				
19	−0,04	0,06	**0,41**	−0,11	0,11	**0,21**	0,13	**0,50**	**1**			
20	0,11	0,10	**0,31**	**0,16**	0,11	0,02	0,09	**0,34**	**0,58**	**1**		
21	−0,10	**0,15**	−0,04	0,13	**0,24**	**0,50**	**0,36**	0,06	0,00	**−0,16**	**1**	
22	**−0,15**	0,04	**0,15**	−0,06	**0,15**	**0,50**	**0,28**	**0,17**	**0,47**	0,08	**0,54**	**1**

verschiedenen Jahren. Beide Zahlen zeigen eine zeitlich abnehmende Tendenz, was zur Annahme einer Korrelation führen könnte. Tatsächlich aber ist wohl eine dritte Größe, versuchsweise „Zivilisation“ genannt, die Ursache. Man beobachtet übrigens eine ähnliche Korrelation, wenn man die räumliche Verteilung von Störchen und Geburten analysiert: In ländlichen Gebieten gibt es mehr Störche und höhere Geburtenzahlen. (Man spricht von „Inhomogenitäts- oder Heterogenitätskorrelation“.)

Beispiel 2.1 Muldenwasser.

Fortsetzung des Beispiels 2.1 von Seite 61.
Für die 22 Variablen X_1 bis X_{22} ist die Korrelationsmatrix $((r_{ij}))$ berechnet worden; dabei ist r_{ij} der Korrelationskoeffizient für X_i und X_j. Von den insgesamt vorhandenen 177 Sätzen von 22 Variablen können allerdings nur 157 genutzt werden, da in 20 Variablensätzen einzelne Werte fehlen.

Tabelle 2.2 zeigt die Ergebnisse auf zwei Stellen genau; für weitere Rechnungen werden die mittels SPSS erhaltenen fünfstelligen Werte benutzt. Dabei sind diejenigen Werte fett gedruckt worden, die nach dem t-Test der Hypothese $\varrho = 0$ für $\alpha = 0{,}05$ signifikant von Null abweichen. SPSS liefert genauere Ergebnisse, nämlich die P-Werte (engl. *significance level*), das heißt, die Grenzwerte für α, oberhalb derer eine Ablehnung der Hypothese erfolgt; vergleiche Stoyan, 1993, Seite 185. Eine Durchsicht der Korrelationsmatrix zeigt, dass die ersten neun Variablen relativ eng korreliert sind.

Enge Korrelationen bestehen auch zwischen den Cd- und Zn-Gehalten des Wassers. Schließlich bestehen beachtliche Korrelationen zwischen den Gehalten im Wasser und Sediment für Cd und Zn ($r_{15,11} = 0{,}65$ und $r_{17,12} = 0{,}80$), während die entsprechende Korrelation für Pb schwächer ist ($r_{14,10} = 0{,}45$).

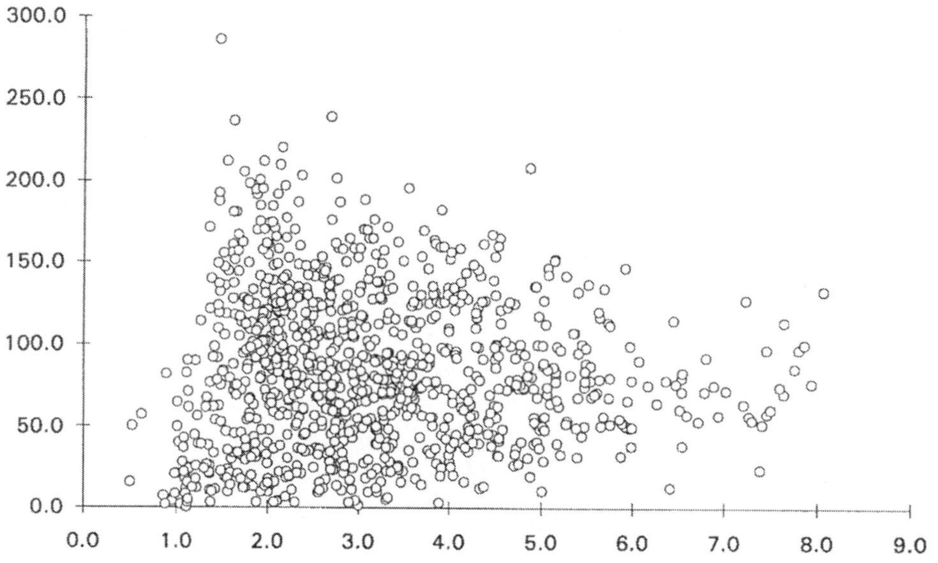

Bild 2.2 Zusammenhang zwischen Ozonkonzentration (in $\mu g/m^3$) und Windgeschwindigkeit (in m/sec)

Die Gefahr ist groß, dass hier nur Scheinkorrelationen kommentiert werden. Fortsetzung des Beispiels 2.1 auf Seite 72.

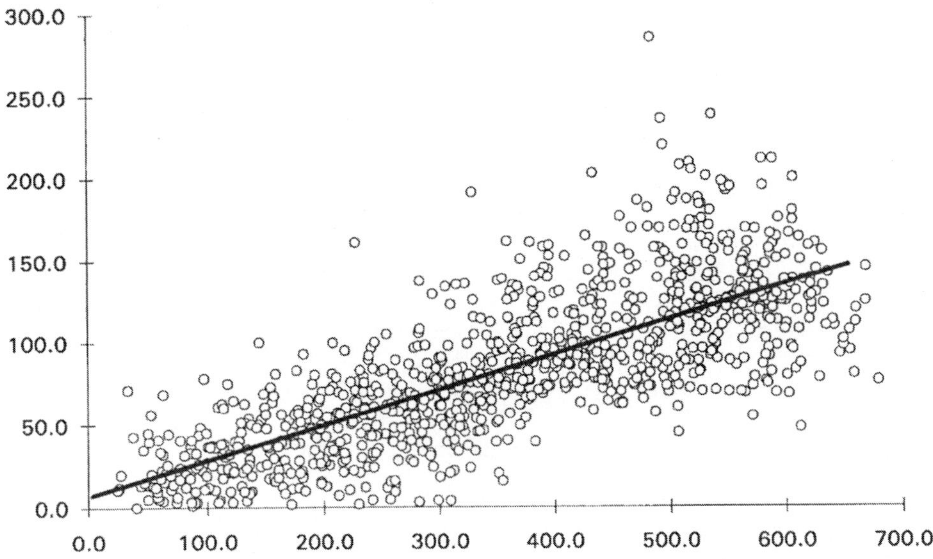

Bild 2.3 Zusammenhang zwischen Ozonkonzentration (in μg/m^3) und Globalstrahlung (in W/m^2)

Beispiel 2.2 Zusammenhänge zwischen Ozonkonzentration und meteorologischen Parametern.

In Neu (1995) werden Zusammenhänge zwischen Ozonkonzentrationen und verschiedenen meteorologischen Parametern untersucht. Dabei werden für die Jahre 1989 bis 1994 alle Tage im Mai bis Oktober mit strahlungsintensiven Wetterlagen an der Station Heilbronn berücksichtigt. Die Bilder 2.2 bis 2.4 zeigen die zugehörigen drei Punktwolken. Dargestellt werden die maximalen täglichen Ozonkonzentrationen der Luft in μg/m^3 in Abhängigkeit von der Windgeschwindigkeit, der Globalstrahlung und der Temperatur. Alle drei Wolken haben jedoch nicht annähernd die typische elliptische Form der Punktwolke zu einer zweidimensionalen Normalverteilung, vgl. Bild 2.9 auf S. 83.

Aus Bild 2.2 ist zu erkennen, dass zwischen der Ozonkonzentration und der Windgeschwindigkeit offensichtlich kein Zusammenhang besteht. So ist es plausibel, dass man $r = 0{,}00$ erhält. (Der Computer lieferte 0,00026.)

Dass mit wachsender Globalstrahlung die Ozonkonzentration wächst, ist wohlbekannt. Dem entspricht die Form der Punktwolke von Bild 2.3, und man kann eine Ausgleichsgerade berechnen, die sich als

$$\text{Ozonkonzentration} = 0{,}22 \times \text{Strahlung} + 5{,}3$$

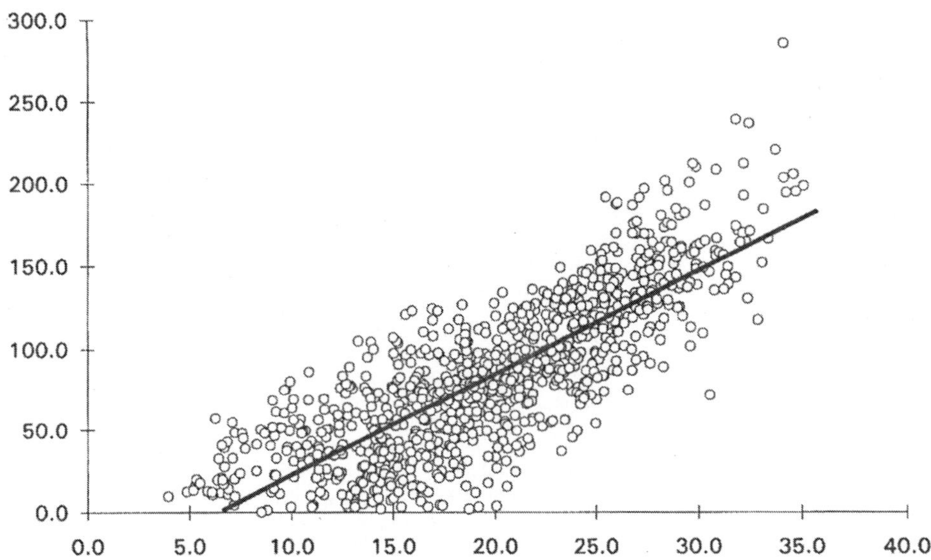

Bild 2.4 Zusammenhang zwischen Ozonkonzentration (in μg/m^3) und Temperatur (in °C)

ergibt. Der Korrelationskoeffizient ist gleich 0,58. Der Test der Hypothese $\varrho = 0$ ergibt in diesem Fall wegen des großen Stichprobenumfangs eine klare Ablehnung bei $\alpha = 0{,}05$; die vorliegende Korrelation erscheint also als statistisch gesichert.

Ebenso ist es nicht überraschend, dass zwischen der Temperatur und der Ozonkonzentration ein Zusammenhang besteht. Die Ausgleichsgerade lautet

$$\text{Ozonkonzentration} = 6{,}20 \times \text{Temperatur} - 38{,}9\,.$$

Der Korrelationskoeffizient ist gleich $r = 0{,}66$. Auch hier führt der Test der Hypothese $\varrho = 0$ bei $\alpha = 0{,}05$ zu einer Ablehnung.
Ende des Beispiels 2.2 •

Die unmittelbar folgenden Abschnitte sowie Abschnitt 2.5 beschreiben Methoden zur Interpretation der Korrelationsmatrix. Bezüglich der dabei vorkommenden Variablen wird immer angenommen, dass die Z-Transformation bereits durchgeführt worden ist.

2.3.4 Multipler und partieller Korrelationskoeffizient

Der *multiple Korrelationskoeffizient* $r_{i(\cdot)}$ ist ein Größe, mit der versucht wird, die Korrelation zwischen einer Variablen X_i und „allen übrigen" zu charakterisieren. Dazu wird X_i mittels linearer Regression durch alle anderen Variablen approximiert, und dann wird der Korrelationskoeffizient für X_i und die X_i approximierende Größe berechnet. Daher kann es nicht verwundern, dass multiple Korrelationskoeffizienten immer positiv sind und relativ nahe an Eins liegen. Der *partielle Korrelationskoeffizient* $r_{ij,\text{p}}$ ist eine Größe, die versucht, die „wirkliche" Korrelation (oder „Restkorrelation") zwischen den Variablen X_i und X_j unter „Ausblendung" oder „Konstanthaltung" des Einflusses der übrigen Variablen auszudrücken. Es wird nämlich die Korrelation dieser Variablen nach Abzug der linearen Approximationen untersucht, die durch die anderen Variablen erhalten werden. Zu seiner mathematisch-statistischen Erklärung sei auf die Literatur verwiesen, vergleiche Förster und Rönz (1979), Hartung u. a. (1989) und die schöne Darstellung in Brockwell und Davis (1991).

Die multiplen und partiellen Korrelationskoeffizienten können aus der inversen Matrix $((a_{ij}))$ zur Korrelationsmatrix $((r_{ij}))$ entnommen werden. Die Hauptdiagonalelemente a_{ii} dieser Matrix liefern die multiplen Korrelationskoeffizienten gemäß

$$r_{i(\cdot)} = \sqrt{1 - \frac{1}{a_{ii}}}. \tag{2.8}$$

Wenn die inverse Matrix so skaliert wird, dass auf der Hauptdiagonalen überall der Wert -1 steht, sind die übrigen Elemente gerade die partiellen Korrelationskoeffizienten, das heißt

$$r_{ij,\text{p}} = -\frac{a_{ij}}{\sqrt{a_{ii}a_{jj}}}. \tag{2.9}$$

Natürlich gilt im Fall $i = j$ $r_{ii,\text{p}}$ gleich 1; man sollte sich also nicht von Rechnerausdrucken „-1" beirren lassen, die von manchen Statistikprogrammpaketen geliefert werden. Übrigens gibt es bei der Berechnung der partiellen Korrelationskoeffizienten bei einer größeren Anzahl m der Variablen Schwierigkeiten mit der Speicherkapazität. Bei großem m sind größere Rechner erforderlich, oder es sollten Programme der linearen Algebra benutzt werden (oder es werden einfach Variable weggelassen, was allerdings schwer einschätzbare Fehler zur Folge haben kann).

Analog zum Test der Hypothese $\varrho_{XY} = 0$ kann man auch die Hypothese testen, dass ein partieller Korrelationskoeffizient gleich Null ist. Der Test

Tabelle 2.3 Partielle Korrelationskoeffizienten $r_{ij,\mathrm{p}}$ für das Muldensystem. Die Benennung der Variablen entnehme man Tabelle 2.1. Werte, die dem Betrage nach größer oder gleich 0,17 sind, sind fett gedruckt worden

	1	2	3	4	5	6	7	8	9	10	11
1	**1**										
2	0,02	**1**									
3	**0,32**	−0,14	**1**								
4	**0,19**	**0,23**	−0,12	**1**							
5	**0,22**	**0,54**	−0,08	**−0,37**	**1**						
6	**0,52**	0,07	**0,36**	**0,19**	0,10	**1**					
7	0,07	**0,18**	**−0,23**	−0,06	−0,14	**0,24**	**1**				
8	**0,34**	**−0,18**	−0,15	0,10	0,05	−0,02	0,12	**1**			
9	**0,44**	**−0,22**	0,14	**0,39**	**0,29**	**−0,47**	**0,42**	−0,11	**1**		
10	**0,20**	0,11	**−0,22**	−0,06	−0,09	−0,07	−0,13	−0,09	0,08	**1**	
11	0,03	−0,08	0,10	−0,02	0,00	−0,14	**0,26**	−0,09	−0,15	0,03	**1**
12	0,00	−0,13	0,13	0,10	−0,06	−0,08	0,03	0,16	−0,07	**0,17**	**0,44**
13	0,10	0,11	0,13	0,00	**−0,17**	**−0,21**	−0,09	0,01	−0,03	−0,14	0,03
14	−0,07	0,11	**0,23**	−0,02	−0,09	0,03	**0,17**	0,01	−0,06	**0,19**	0,16
15	0,03	0,11	−0,07	−0,16	**−0,25**	0,15	**−0,24**	0,00	0,15	0,15	**0,32**
16	−0,04	−0,07	**−0,20**	−0,01	0,05	0,06	0,07	−0,06	0,13	0,00	−0,10
17	0,03	0,02	−0,07	0,06	**0,24**	−0,01	0,08	**−0,17**	−0,04	−0,11	−0,15
18	−0,02	−0,11	−0,01	0,01	0,13	0,10	−0,05	−0,01	−0,03	0,12	−0,09
19	−0,09	−0,13	0,02	−0,01	0,07	0,07	−0,06	0,16	0,03	−0,03	−0,01
20	−0,07	**0,20**	−0,07	−0,08	−0,10	0,01	0,07	0,10	−0,01	0,02	−0,06
21	−0,04	−0,04	−0,10	0,12	0,01	0,04	−0,01	0,10	0,04	−0,08	−0,10
22	0,02	**0,25**	**0,23**	−0,10	**−0,21**	−0,09	−0,12	0,07	0,11	0,02	0,05

verläuft genauso wie im Fall des normalen Korrelationskoeffizienten, jedoch ist der t-Wert $t_{n-m,\alpha/2}$ zu nehmen. Dabei bezeichnen wie bisher n die Anzahl der Objekte und m die Anzahl der Variablen.

Nicht selten sind die Matrizen $((r_{ij}))$ und $((r_{ij,\mathrm{p}}))$ wesentlich verschieden voneinander. Das kann bedeuten, dass in $((r_{ij}))$ Scheinkorrelationen eine wesentliche Rolle spielen.

Beispiel 2.1 Muldenwasser.

Fortsetzung des Beispiels 2.1 von Seite 68.
Mit Hilfe des Programmpakets Matlab ist die Inverse zu der Korrelationsmatrix berechnet worden. Für die multiplen Korrelationskoeffizienten $r_{i(\cdot)}$ haben sich Werte zwischen 0,60 und 0,99 ergeben. Die drei größten gehören zu den Variablen X_1, X_6 und X_9, während sehr kleine Werte bei X_{10} und X_{18} auftreten.

Die obige Tabelle 2.3 zeigt die Matrix der partiellen Korrelationskoeffizienten für die Muldenwerte. Die Unterschiede zu den „richtigen“ Korrelationskoeffizienten sind quantitativ erheblich. Die partiellen Korrelationskoeffizienten

Tabelle 2.3 Fortsetzung

	12	13	14	15	16	17	18	19	20	21	22
1											
2											
3											
4											
5											
6											
7											
8											
9											
10											
11											
12	**1**										
13	0,03	**1**									
14	−0,11	**−0,38**	**1**								
15	**−0,20**	0,01	**0,17**	**1**							
16	0,13	0,13	**0,39**	−0,07	**1**						
17	**0,58**	0,13	0,10	**0,55**	0,12	**1**					
18	0,04	**0,32**	−0,10	**0,22**	−0,04	−0,02	**1**				
19	−0,02	**0,34**	**−0,38**	0,04	**0,18**	0,07	**0,19**	**1**			
20	0,07	**−0,19**	**0,39**	−0,13	**−0,23**	0,06	0,14	**0,55**	**1**		
21	0,02	−0,22	0,05	0,13	**0,19**	0,06	**0,18**	**−0,17**	−0,01	**1**	
22	**−0,20**	−0,04	**−0,25**	−0,07	**0,35**	0,16	−0,07	**0,30**	0,00	**0,0,37**	**1**

sind meist betragsmäßig kleiner. Qualitativ bestehen durchaus Ähnlichkeiten in der Struktur der Matrizen, jedoch sind die vorhandenen Scheinkorrelationen offensichtlich von beachtlicher Größe. In der Matrix sind diejenigen partiellen Korrelationskoeffizienten fett gedruckt worden, die signifikant von Null verschieden sind. Die Grenze für den Betrag liegt bei 0,17. Das ergibt sich für $\alpha = 0{,}05$ aus der Tafel der Zufallshöchstwerte im Anhang ausgehend von der Anzahl der Freiheitsgrade der t-Verteilung $n - m = 157 - 22 = 135$.

Für die qualitative Bewertung der Korrelationen wird der auf Bild 2.5 dargestellte Korrelationsgraph benutzt. Er enthält als „Knoten" die 22 Variablen. Verbindungslinien („Kanten") wurden eingezeichnet, wenn zu den Variablen X_i und X_j der partielle Korrelationskoeffizient größer als 0,3 ist. Man erkennt in dem Graphen eine teilweise plausible Struktur, die aus drei großen Komplexen und dem isolierten (etwas versteckten) Knoten besteht, der zu der Variablen X_{10}, dem Pb-Gehalt des Wassers, gehört. Da ist zunächst die Gruppe der mit der Leitfähigkeit (X_1) und dem Ca-Gehalt (X_9) zusammenhängenden Variablen X_1 bis X_9. Die zweite Gruppe besteht aus den Cd- und Zn-Anteilen (X_{11}, X_{12}, X_{15} und X_{17}), sowohl für Wasser- als auch Sedimentgehalte. Dagegen ist der Zusammenhang für die Pb-Gehalte von Wasser und Sediment

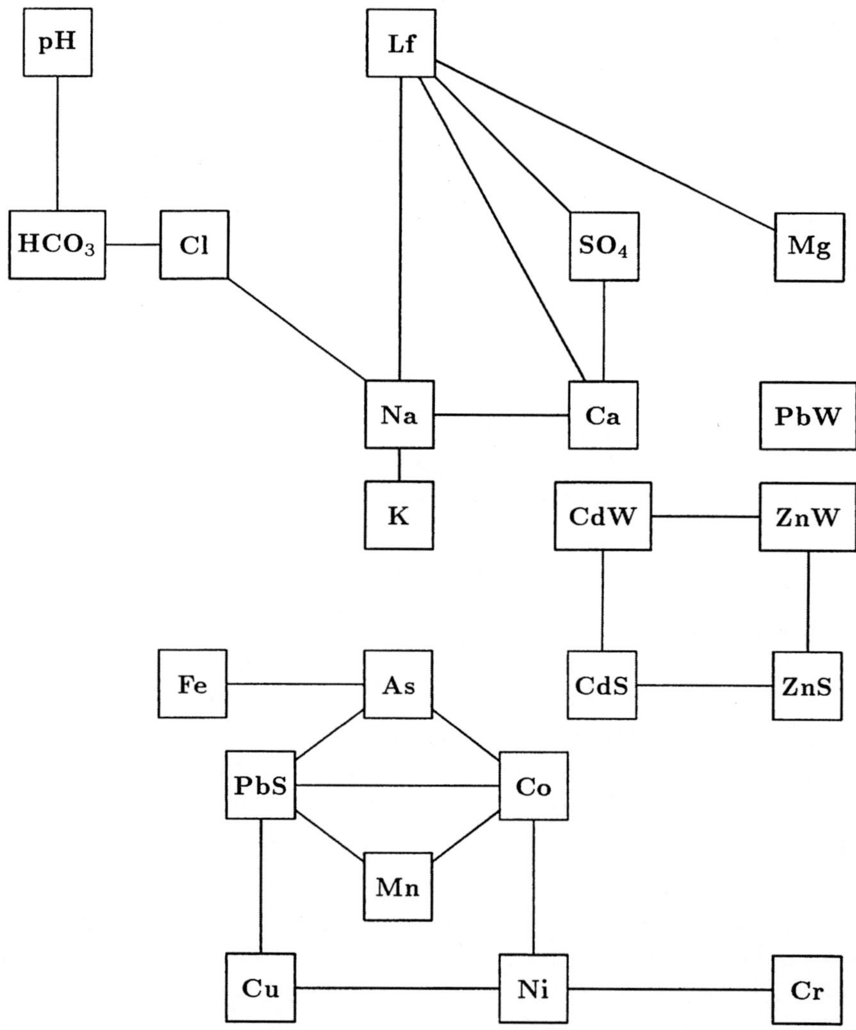

Bild 2.5 Korrelationsgraph für das Muldensystem. Jeder Knoten entspricht einer Variablen. Zwischen zwei Knoten ist eine Kante (Verbindungslinie) gezeichnet worden, wenn der zugehörige partielle Korrelationskoeffizient betragsmäßig größer oder gleich 0,30 ist. Der Knoten „PbW“ liegt etwas versteckt rechts oben

geringer. Die dritte, relativ eng vernetzte Gruppe besteht aus verschiedenen Sedimentvariablen. Dabei nehmen der Pb-Gehalt und der Co-Gehalt zentrale Positionen ein.

Anmerkung: Als Grenze für die Beträge der partiellen Korrelationskoeffizienten ist der Wert 0,3 gewählt worden. Das ist vor allem mit dem Ziel geschehen, einen übersichtlichen Graphen zu erhalten. (Schon bei $|r_{ij,\mathrm{p}}| \geq 0{,}20$ hätte sich ein Graph mit fast 50 Kanten und unvermeidbaren Kreuzungen ergeben.) Somit ist der Graph kein „richtiger" Korrelationsgraph im Sinne von Whittaker (1990), bei dem fehlende Kanten gleichbedeutend mit fehlender direkter Korrelation anzusehen sind.
Fortsetzung des Beispiels 2.1 auf Seite 109.

2.3.5 Kanonische Korrelationsanalyse

Die Korrelation zwischen vielen Variablen kann auch durch einen einzigen Korrelationskoeffizienten ausgedrückt werden. Die betrachteten Variablen mögen zu zwei Gruppen gehören (manchmal „Prädikatoren" und „Kriterien" genannt),

$$X_1, \ldots, X_p \text{ und } Y_1, \ldots, Y_q \text{ mit } p + q = m\,.$$

Sie sollen (mittels Z-Transformation) standardisiert sein.

Man stelle sich nun zwei neue Variable X und Y vor, die gemäß

$$X = a_1 X_1 + \ldots + a_p X_p$$

und

$$Y = b_1 Y_1 + \ldots + b_q Y_q$$

entstehen und beide die Streuung 1 haben. Sie repräsentieren jeweils in gewisser Weise die Gesamtheit der X_i und Y_j. Der Korrelationskoeffizient ϱ_{XY} hängt von der Wahl der a_i und b_j ab. Natürlich gibt es eine Möglichkeit, den Korrelationskoeffizienten betragsmäßig maximal zu wählen, und man erhält den sogenannten maximalen kanonischen Korrelationskoeffizienten.

Von dieser Grundidee ausgehend ergeben sich leistungsfähige statistische Analyseverfahren, über die man sich in Hartung und Elpelt (1992), S. 172 ff., informieren kann.

2.3.6 Literatur zur Korrelationsanalyse

Die Korrelationsanalyse wird, oft nur am Rande, in den meisten Büchern über multivariate Statisik behandelt. Eine ausführliche Darstellung bieten das Buch Förster und Rönz (1979) und die entsprechenden Kapitel in Hartung u. a. (1989) sowie Hartung und Elpelt (1992). Eine faktenreiche kompakte Darstellung findet man ferner in Müller (1991).

2.4 Regressionsanalyse

2.4.1 Einleitung

In Abschnitt 2.3 ist beschrieben worden, wie man Zusammenhänge zwischen Umweltparametern nachweisen kann. Die dort behandelten Korrelationskoeffizienten sind ein wertvolles Hilfsmittel, um die Stärke linearer Zusammenhänge zu charakterisieren. In vielen statistischen Aufgabenstellungen genügt es aber nicht zu wissen, dass zwischen zwei Variablen ein Zusammenhang besteht; man möchte diesen Zusammenhang möglichst auch formelmäßig oder durch Kurven beschreiben. Wichtige Methoden hierzu werden im Folgenden behandelt.

Zunächst wird der einfachste Fall, die Bestimmung von Ausgleichsgeraden, betrachtet. Dann wird eine nicht parametrische Methode beschrieben, die sozusagen den „wahren" Zusammenhang zwischen zwei Variablen quantitativ darstellt, ohne ein Modell zu benutzen. Die somit erhaltenen Ergebnisse können zu angemessenen Modellen führen. Wie derartige, auch nicht lineare Modelle an Daten angepasst werden, wird später beschrieben. Zuvor wird noch die multiple lineare Regression behandelt, bei der ein linearer Zusammenhang zwischen mehreren Variablen angenommen wird.

2.4.2 Ausgleichsgeraden

Gegeben sind n Paare von Messwerten (x_1, y_1), ..., (x_n, y_n). Man kann diese Werte als Punkte in einem (x, y)-Koordinatensystem darstellen, wie das z. B. in den Bildern 2.2, 2.3 und 2.4 sowie 2.6 geschehen ist. In Fällen wie auf den Bildern 2.3, 2.4 und 2.6 erscheint es als natürlich, durch die Punktwolken Ausgleichsgeraden zu legen. Dem entspricht es anzunehmen, dass ein Zusammenhang der Form

$$y = a + bx \tag{2.10}$$

besteht, der allerdings durch Fehler überlagert ist. Oft ist so ein Ansatz dem natürlichen Zusammenhang angemessen. Es kann aber auch passieren, dass er eine zu starke Vereinfachung darstellt und/oder physikalisch oder umweltwissenschaftlich unsinnig ist; „lineares Denken“ ist mitunter zu primitiv.

Beispiel 2.3 Ausbrüche des Old Faithful Geysirs.

Ein in der Literatur verschiedentlich behandeltes Beispiel gehört zu einer Serie von Beobachtungen eines Geysirs im Yellowstone Nationalpark, vgl. z. B. Härdle (1990a). Ein Geysir ist eine heiße Quelle, die in zufällig schwankenden Abständen eine Wasserfontäne ausstößt. Für den Old Faithful Geysir hat man die Dauern der Ausstoßzeiten (x_i) in Beziehung zu den Wartezeiten bis zum nächsten Ausbruchstoß (y_i) gesetzt. Bild 2.6 auf der nächsten Seite zeigt die zugehörige Punktwolke. Sicher ist der Zusammenhang zwischen den x- und y-Werten plausibel: Nach einem langen Ausbruch braucht vermutlich der Geysir eine längere Zeit als nach einem kurzen Ausbruch, um erneut genügend viel heißes Wasser für den nächsten Ausbruch zu sammeln. Die Tatsache, dass die Daten eigentlich zwei Punktwolken bilden, zeigt, dass es vor allem „große“ und „kleine“ Ausbrüche gibt, während „mittlere“ Ausbrüche fast fehlen.

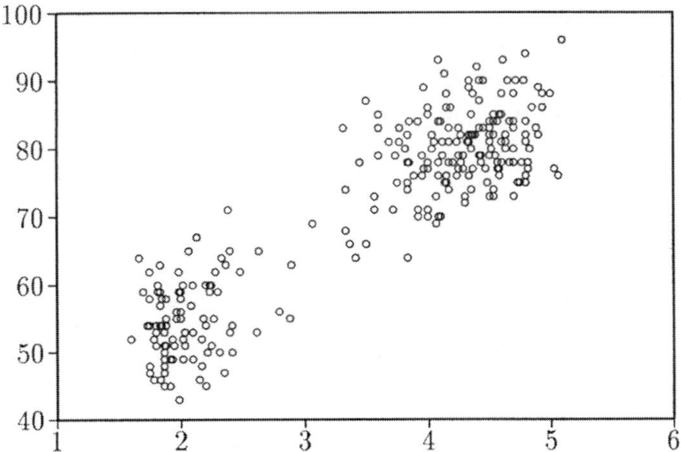

Bild 2.6 Punktwolke für die Ausstoßzeiten (x_i) und die Wartezeiten bis zum nächsten Ausstoß (y_i) für den Old Faithful Geysir

Auf den ersten Blick kann es als sinnvoll erscheinen einen linearen Zusammenhang zwischen x und y anzunehmen. (Weiter unten wird sich zeigen, dass das vermutlich nicht angemessen ist. Da sicherlich die meisten Leser dieses Buches Ausgleichsgeraden bereits kennen, kann es sogar lehrreich sein die Anwendung vertrauter Methoden auf ein vielleicht unpassendes Beispiel zu erleben.) Fortsetzung des Beispiels 2.3 auf Seite 79.

Bei gegebener Punktwolke ist es das Ziel des Statistikers, solche Werte für das Absolutglied a (engl. *intercept*) und den Anstieg b (engl. *slope*) in (2.10) zu ermitteln, die eine Ausgleichsgerade bestimmen, die „besonders gut" zu der Punktwolke passt. Die Worte „besonders gut" lassen verschiedene mathematische Interpretationen zu. Eine Möglichkeit ist z. B. die L_1-Approximation oder Tschebyscheff-Approximation. Hier bestimmt man a und b so, dass die summierten Abweichungsbeträge der gemessenen Werte y_i von den nach Formel (2.10) bezeichneten Werten $\hat{y}_i = a + bx_i$ minimal werden:

$$\sum_{i=1}^{n} |y_i - a - bx_i| \rightarrow \text{Minimum!}$$

Es ist nicht einfach nach diesem Prinzip die optimalen Werte für a und b zu ermitteln; daher wird diese Methode selten angewendet.

Das übliche Verfahren zur Bestimmung von Ausgleichsgeraden ist die *Methode der kleinsten Quadrate*. Hier stellt man sich das Ziel, a und b so zu wählen, dass die Summe der Abweichungsquadrate minimal wird, d. h.,

$$\sum_{i=1}^{n} (y_i - a - bx_i)^2 \rightarrow \text{Minimum!}$$

Nach diesem Prinzip kommt man zu Formeln für a und b. Dazu fasst man die Summe der Abweichungsquadrate als Funktion der Parameter a und b auf,

$$S(a,b) = \sum_{i=1}^{n} (y_i - a - bx_i)^2 .$$

Man differenziert $S(a,b)$ nach a und b und setzt die Ableitungen gleich Null und erhält die sogenannten „Normalgleichungen"

$$\frac{\partial}{\partial a} S(a,b) = 0 , \qquad \frac{\partial}{\partial b} S(a,b) = 0 .$$

Die erste Gleichung führt auf die Beziehung

$$\sum_{i=1}^{n} (y_i - a - bx_i) = 0 \tag{2.11}$$

oder

$$\sum_{i=1}^{n} y_i - na - b\sum_{i=1}^{n} x_i = 0\,.$$

Die zweite Gleichung liefert

$$\sum_{i=1}^{n}(y_i - a - bx_i)x_i = 0 \tag{2.12}$$

oder

$$\sum_{i=1}^{n} x_i y_i - a\sum_{i=1}^{n} x_i - b\sum_{i=1}^{n} x_i^2 = 0\,.$$

Die Normalgleichungen löst man nach a und b auf und erhält die Formeln für die

Ausgleichsgerade nach der Methode der kleinsten Quadrate

$$a = \overline{y} - b\overline{x} \tag{2.13}$$

und

$$b = \frac{\sum\limits_{i=1}^{n} x_i y_i - n\overline{x}\,\overline{y}}{\sum\limits_{i=1}^{n} x_i^2 - n\overline{x}^2}\,. \tag{2.14}$$

Dabei gelten für $\overline{x}$ und $\overline{y}$ die Beziehungen

$$\overline{x} = \frac{1}{n}\sum_{i=1}^{n} x_i \qquad \text{und} \qquad \overline{y} = \frac{1}{n}\sum_{i=1}^{n} y_i\,.$$

Beispiel 2.3 Geysir.

Fortsetzung des Beispiels 2.3 von Seite 78.

Das Programmsystem Statgraphics hat folgende Ergebnisse geliefert:

$$a = 33{,}57 \quad \text{und} \quad b = 10{,}72\,.$$

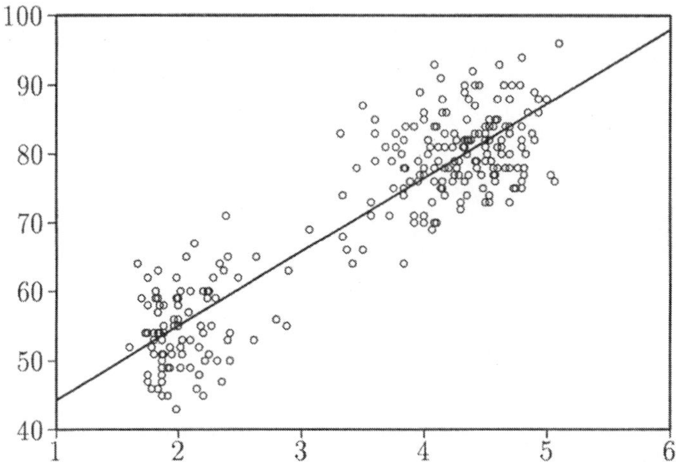

Bild 2.7 Punktwolke für die Ausstoßzeiten (x_i) und die Wartezeiten bis zum nächsten Ausstoß (y_i) mit der nach der Methode der kleinsten Quadrate berechneten Ausgleichsgeraden

Der empirische Korrelationskoeffizient ist gleich

$$r = 0{,}901\,.$$

Damit erscheint es gerechtfertigt eine Ausgleichsgerade zu berechnen. (Die Form der Punktwolke sagt aber auch dem Anfänger, dass keine Normalverteilung vorliegt. Somit ist eine wichtige Voraussetzung für die Anwendung des auf Seite 62 beschriebenen Tests der Hypothese $\varrho = 0$ nicht gegeben.) Bild 2.7 zeigt noch einmal die Punktwolke, jetzt aber mit der eingezeichneten Ausgleichsgeraden.

Fortsetzung des Beispiels 2.3 auf der nächsten Seite.

Dringend sei empfohlen zu jeder berechneten Ausgleichsgeraden (und Ausgleichskurve allgemein) die *Residuen* zu berechnen und zu analysieren. Unter den Residuen versteht man die Abweichungen

$$e_i = y_i - \hat{y}_i = y_i - (a + bx_i) \quad \text{für } i = 1, \ldots, n$$

der empirischen y-Werte y_i von den nach der Ausgleichsgeraden erwarteten Werten $\hat{y}_i = a + bx_i$. Eine gute Ausgleichsgerade hat unregelmäßig um Null schwankende Residuen; dass der Mittelwert der Residuen gleich Null ist, ist übrigens eine einfache Konsequenz der Gleichung (2.11). Extreme Residuen weisen möglicherweise auf Ausreißer hin.

Graphisch werden die Residuen auf verschiedene Art und Weise dargestellt. Eine Möglichkeit besteht darin die Residuen als Serie von Werten e_1, e_2, ... über den Nummern 1, 2, ... darzustellen; das hilft bei der Suche nach Ausreißern. Ferner kann die Darstellung in Abhängigkeit von den der Größe nach geordneten x-Werten erfolgen. Damit kann eine mögliche Abhängigkeit von den x-Werten erkannt werden. Eine dritte Variante schließlich ist die Darstellung der Residuen über den vorhergesagten y-Werten $\hat{y}_i = a+bx_i$. Man benutzt hier die $\hat{y}_i$ und nicht die empirischen y_i, weil unter gewissen statistischen Annahmen Unabhängigkeit zwischen den theoretischen Werten und den Fehlern plausibel ist. Bild 2.8 auf der nächsten Seite zeigt die Residuen für das Beispiel mit den Geysir-Daten. Sie verhalten sich nicht ganz so, wie man es von „guten“ Residuen erwartet. Die sollten nämlich in einem waagerechten Streifen liegen, der symmetrisch zur Linie $e = 0$ ist. Wellen oder Krümmungen des Bereichs, in dem die Residuen liegen, deuten auf Nichtlinearitäten hin.

Beispiel 2.3 Geysir.

Fortsetzung des Beispiels 2.3 von der vorigen Seite.
Bild 2.8 zeigt die Residuen für die Geysir-Daten zu der in der letzten Fortsetzung besprochenen Ausgleichsgeraden. Die deutlich sichtbaren Wellen zeigen, dass wohl kein linearer Zusammenhang besteht. Auf Seite 88 werden besser passende Ausgleichskurven angegeben und auf Seite 102 ein nicht linearer theoretischer Ansatz beschrieben.

Fortsetzung des Beispiels 2.3 auf Seite 85.

Im Fall der Normalverteilung sind Genauigkeitsbetrachtungen für nach der Methode der kleinsten Quadrate erhaltene Ausgleichsgeraden möglich. Dabei sind zwei Fälle der Herangehensweise zu unterscheiden: Festes und zufälliges *Design*. Wenn die Werte (x_i, y_i) Realisierungen von Zufallsvektoren sind, wenn also insbesondere auch die x-Werte zufällig sind, dann spricht man von *zufälligem* Design. Nur in diesem Fall ist es sinnvoll, einen Korrelationskoeffizienten zu berechnen. Wenn die x-Werte fest gewählte, nach einem „Versuchsplan“ bestimmte Werte sind, spricht man von *festem* Design.

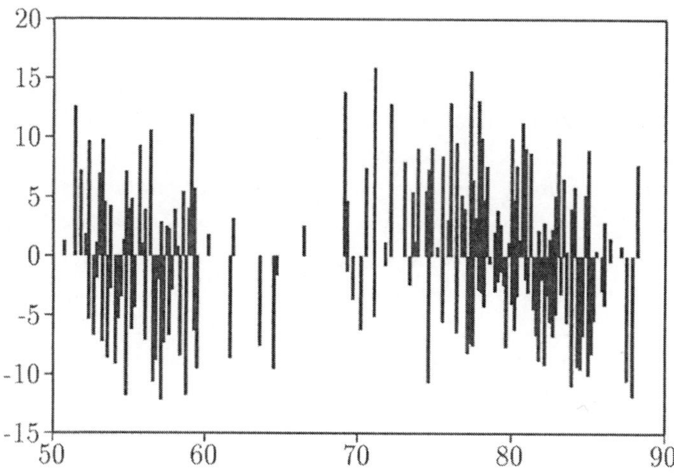

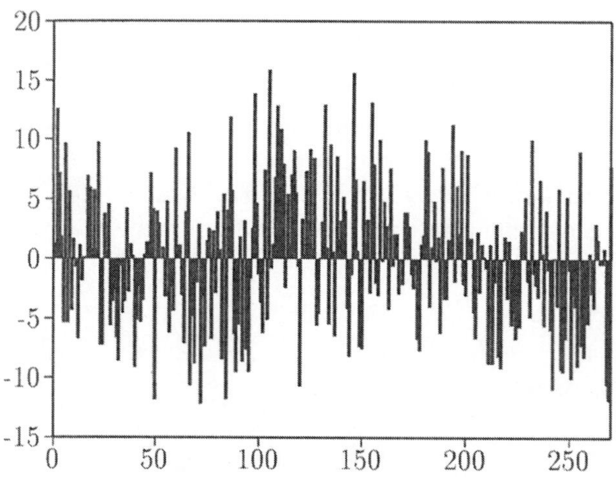

Bild 2.8 Residuen für die Geysir-Daten, oben in Abhängigkeit von den x-Werten, unten in Abhängigkeit von den vorhergesagten y-Werten $\hat{y}_i$

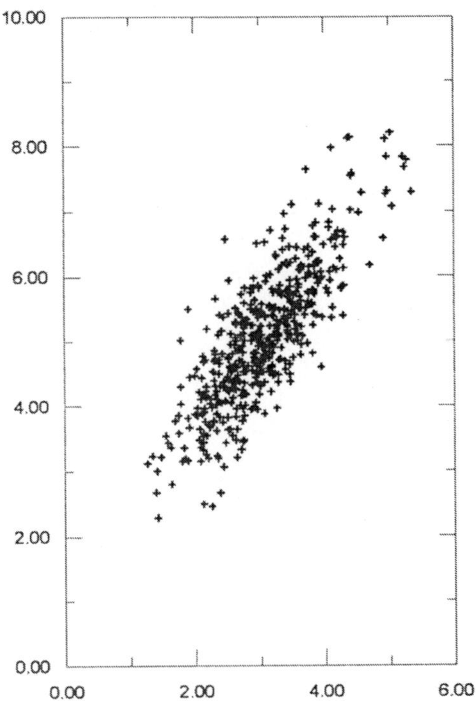

Bild 2.9 Punktwolke zu einer zweidimensionalen Normalverteilung mit dem Korrelationskoeffizienten $\varrho_{XY} = 0{,}8$

Bei zufälligem Design geht man von einer zweidimensionalen Normalverteilung aus. Die Punktwolke hat dann eine elliptische Form wie auf Bild 2.9. Bei festem Design nimmt man unabhängige normalverteilte Fehler ε_i zu den einzelnen Werten x_i an.

Man kann Vertrauensbereiche zu den Ausgleichsgeraden berechnen und verschiedene Tests durchführen, insbesondere den Test der Hypothese, dass $b = 0$ ist. Hierzu sei auf die Literatur verwiesen, siehe z. B. Beyer u. a. (1995).

Es ist bekannt, dass nach der Methode der kleinsten Quadrate erhaltene Ausgleichsgeraden empfindlich gegenüber Ausreißern sind: Einzelne extreme Punkte beeinflussen die Lage der Ausgleichsgeraden mehr als man oft wünscht. (Vergleiche die Diskussion in Stoyan, 1993, Seite 43.)

So kann es hilfsreich sein am Personalcomputer gewisse Ausreißer zu eliminieren und zu beobachten, wie sich die Ausgleichsgeraden verändern (*Interaktive Regression*). Man kann aber auch die Methode verändern und Ausgleichsgeraden benutzen, die „robust" sind, sich bei Hinzunahme oder Wegnahme einzelner Ausreißerpunkte nur wenig verändern. Die L_1-Ausgleichsgerade hat diese erwünschte Eigenschaft bis zu einem gewissen Grade. Wegen der Kompliziertheit ihrer Berechnung hat man nach anderen robusten Ausgleichsgeraden gesucht. Ein Vorschlag ist die *Tukey-Ausgleichsgerade*.

Berechnung der Tukey-Ausgleichsgeraden

Die Datenpunkte werden in drei Klassen mit einem Umfang von etwa $\frac{n}{3}$ eingeteilt. In die erste gehören die Werte mit kleinen x-Werten, in die zweite diejenigen mit mittleren und in die dritte diejenigen mit großen x-Werten. Die Umfänge werden folgendermaßen festgelegt:

n	kleine	mittlere	große
$3l$	l	l	l
$3l+1$	l	$l+1$	l
$3l+2$	$l+1$	l	$l+1$

Für jede der drei Klassen werden die Mediane der x- und y-Werte bestimmt:

$\tilde{x}_L\,,\quad \tilde{x}_M\,,\quad \tilde{x}_R\,,$

$\tilde{y}_L\,,\quad \tilde{y}_M\,,\quad \tilde{y}_R$

(Links, Mitte, Rechts).

Man beachte, dass zum Beispiel $\tilde{y}_L$ *nicht* der y-Wert zu $\tilde{x}_L$ ist, sondern der Median der y-Werte mit kleinen x-Werten! Gibt es im Grenzbereich der Drittel-Klassen gleiche x-Werte, so dass die Zuordnung fraglich ist, dann achte man auf die y-Werte und ordne dem Trend entsprechend ein.

Der *Anstieg* b_T der Tukey-Ausgleichsgeraden ergibt sich gemäß

$$b_T = \frac{\tilde{y}_R - \tilde{y}_L}{\tilde{x}_R - \tilde{x}_L}. \tag{2.15}$$

Das ist der Anstieg der Geraden durch die Punkte $(\tilde{x}_L; \tilde{y}_L)$ und $(\tilde{x}_R; \tilde{y}_R)$. Wegen der Resistenz des Medians bezüglich Ausreißern kann man erwarten, dass b_T ebenfalls einigermaßen resistent ist.

Man könnte nun das *Absolutglied* a so wählen, dass die Gerade mit dem Anstieg b_T durch den Punkt $(\tilde{x}_L; \tilde{y}_L)$ geht. Es ergäbe sich

$$a_L = \tilde{y}_L - b_T \tilde{x}_L\,.$$

Würde man analog erzwingen wollen, dass die Gerade durch $(\tilde{x}_M; \tilde{y}_M)$ bzw. $(\tilde{x}_R; \tilde{y}_R)$ geht, dann käme man auf

$$a_M = \tilde{y}_M - b_T \tilde{x}_M$$

bzw.

$$a_R = \tilde{y}_R - b_T \tilde{x}_R .$$

Dementsprechend setzt man

$$a_T = \frac{1}{3}(a_L + a_M + a_R) .$$

Die Resistenz der so erhaltenen Ausgleichsgeraden gegenüber Ausreißern wird in Stoyan (1993) demonstriert.

Beispiel 2.3 Geysir.

Fortsetzung des Beispiels 2.3 von Seite 81.
Es ist $n = 270$, also $l = 90$. Die Mediane für die drei Gruppen sind

$$\tilde{x}_L = 1{,}97 , \qquad \tilde{x}_M = 4{,}00 \quad \text{und} \quad \tilde{x}_R = 4{,}58$$

sowie

$$\tilde{y}_L = 54 , \qquad \tilde{y}_M = 78 \quad \text{und} \quad \tilde{y}_R = 82 .$$

Damit ergeben sich für a_T und b_T die Werte

$$a_T = 33{,}7 \quad \text{und} \quad b_T = 10{,}7 .$$

Würde man zu den Datenwerten zehn zusätzliche Punkte hinzunehmen, die alle gleich $x = 5$ und $y = 200$ sind, dann veränderte sich bei der Tukey-Ausgleichsgeraden fast nichts. Man erhielte

$$a_T = 34{,}0 \quad \text{und} \quad b_T = 10{,}57 .$$

Dagegen würden dann die Koeffizienten der Kleinste-Quadrate-Ausgleichsgeraden lauten

$$a = 24{,}07 \quad \text{und} \quad b = 14{,}31 .$$

Fortsetzung des Beispiels 2.3 auf Seite 88.

Eine Methode, mit der die Qualität von Ausgleichsgeraden und Regressionskurven allgemein geprüft werden kann, ist die *doppelte Kreuzvalidierung* (engl. *cross validation*) von Green und Caroll (1978). Hierbei werden die Messwertpaare (x_i, y_i) mittels Zufallszahlen in zwei gleich große Stichproben eingeteilt und für jede Stichprobe die Regressionsrechnungen getrennt durchgeführt. Zu den x-Werten der ersten Teilstichprobe werden nach der zur zweiten Teilstichprobe gehörigen Regressionsbeziehung die „theoretischen“ y-Werte berechnet und mit den wahren y-Werten verglichen; und umgekehrt. Ähnlich funktioniert auch die „Testimation“ (das Wort wurde aus „Test“ und „Estimation“ gebildet), wo nach einer ersten Stichprobennahme zunächst ein Test durchgeführt wird und entsprechend seinem Ergebnis eventuell noch eine zweite Stichprobe genommen und ausgewertet wird, vgl. Rahman und Gokhale (1996).

2.4.3 Nicht parametrische Regression

In diesem Abschnitt soll gezeigt werden, wie man zu Punktwolken Ausgleichskurven berechnen kann, ohne dass ein Modellansatz gemacht wird. Man spricht von nicht parametrischer Regression oder nicht parametrischer Glättung. Die so erhaltenen, für eine sinnvolle Darstellung gut geeigneten Kurven können dabei helfen, die „wahre“ Form eines Zusammenhanges zwischen x- und y-Werten zu ermitteln, um dann schließlich zu sachgerechten formelmäßigen Ansätzen zu gelangen.

Das im Folgenden beschriebene Verfahren liefert einen Zusammenhang zwischen den x- und y-Werten in der Form einer umfangreichen Formel oder eines leicht aufstellbaren Computerprogramms, mit dem man in der Lage ist, für jeden x-Wert einen passenden y-Wert zu berechnen.

Der *Nadaraya-Watson-Schätzer* lautet:

$$f_h(x) = \frac{\sum\limits_{i=1}^{n} \mathrm{K}_h(x - x_i) y_i}{\sum\limits_{i=1}^{n} \mathrm{K}_h(x - x_i)} \,. \tag{2.16}$$

Hier ist $\mathrm{K}_h(t)$ eine Kernfunktion (ein „Kern“), also eine Dichtefunktion mit $\mathrm{K}_h(t) \geq 0$ für alle t und

$$\int\limits_{-\infty}^{\infty} \mathrm{K}_h(t)\mathrm{d}t = 1 \,.$$

Häufig wird der sogenannte *Epanechnikov-Kern* (sprich: Epanetschnikow-Kern) benutzt,

$$\mathrm{K}_h(t) = \begin{cases} \frac{3}{4h}\left(1 - \frac{t^2}{h^2}\right) & \text{für } |t| \leq h \\ 0 & \text{sonst} \end{cases} \,.$$

Bild 2.10 zeigt den Epanechnikov-Kern.

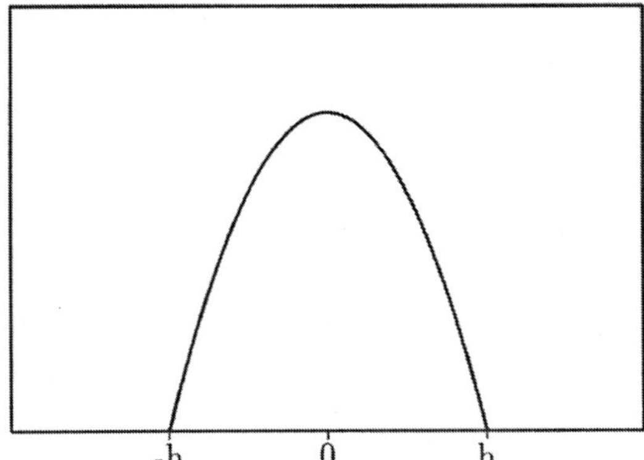

Bild 2.10 Darstellung des Epanechnikov-Kerns mit der Bandweite h. Bei dem Nadara-naya-Watson-Schätzer wird ein Messwert, der im Zentrum der Kurve liegt, durch einen der Kurve entsprechenden „Impuls" ersetzt. Die Fläche unter der Kurve ist gleich Eins

Die Formel (2.16) kann folgendermaßen interpretiert werden: Jeder x-Wert x_i wird durch den „Impuls" $\mathrm{K}_h(x - x_i)$ ersetzt. Somit ist in einer gewissen Umgebung von x_i ein Einfluss von x_i vorhanden. Dementsprechend ist der Wert $f(x)$ ein gewogener Mittelwert aus den y-Werten zu den x_i, die auf x einen Einfluss ausüben. Die Gewichte sind gleich

$$\frac{\mathrm{K}_h(x - x_i)}{\sum\limits_{i=1}^{n} \mathrm{K}_h(x - x_i)} \quad \text{für } i = 1, \ldots, n\,.$$

Wenn x weit von den x_i-Werten entfernt ist, kann der Nenner gleich Null werden. Dann setzt man auch das Gewicht gleich Null.

Die Bandweite h beeinflusst die Glattheit der Ausgleichskurve $f_h(x)$. Bei großem h ergeben sich glatte, Einzelheiten vernachlässigende Kurven; bei kleinem h dagegen erhält man raue, möglicherweise zu raue Kurven. Für $h \to \infty$

kommt man zu der konstanten Funktion $f_\infty(x) = \overline{y}$, während für $h \to 0$ eine Funktion f_0 erhalten wird mit $f_0(x_i) = y_i$ und $f_0(x) = 0$ sonst.

Zur optimalen Wahl der Bandweite gibt es theoretische Untersuchungen, vgl. Härdle (1990a). Sie beruhen auf Genauigkeitsbetrachtungen des Schätzers $f_h(x)$ für als bekannt angenommenes $f(x)$, das für Abschätzungen durch $f_h(x)$ ersetzt wird. Die Bandweite h wird als optimal zu wählender Parameter angesehen. Der Umweltstatistiker kann hier auf keine eindeutige Antwort hoffen. Er sollte verschiedene Bandweiten benutzen und die erhaltenen Ergebnisse vergleichen und schließlich denjenigen Wert wählen, der das ihm am vernünftigsten erscheinende Ergebnis liefert.

Beispiel 2.3 Geysir.

Fortsetzung des Beispiels 2.3 von Seite 85.

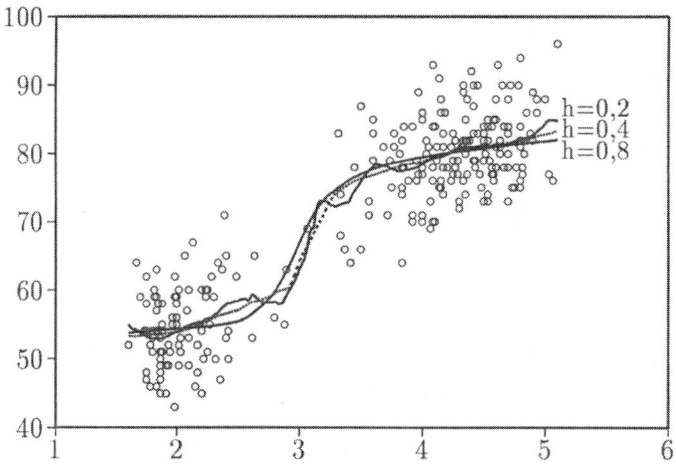

Bild 2.11 Drei Ausgleichskurven nach dem Nadaranaya-Watson-Schätzer für die Geysir-Daten mit verschiedenen Bandweiten. Die Kurve für h = 0,8 erscheint als besonders gut passend

Bild 2.11 zeigt den Zusammenhang zwischen den Dauern der Ausstoßzeiten (x) und den Wartezeiten bis zum nächsten Ausbruch (y) in Form dreier

Ausgleichskurve, die nach dem Nadaranaya-Watson-Schätzer für verschiedene Bandweiten erhalten worden ist. Es ist deutlich zu sehen, dass der Zusammenhang nicht linear ist: Bei Werten um $x = 3$ Minuten gibt es einen ziemlich starken Anstieg der Wartezeiten, während der Kurvenverlauf bei $x = 2$ Minuten bzw. $x = 4 \ldots 5$ Minuten fast waagerecht ist. Für die kleine Bandweite von 0,2 gibt es an verschiedenen Stellen offensichtlich sinnlose kleine Zacken und Knicke. Für $h = 0{,}4$ und $h = 0{,}8$ ergeben sich dagegen vernünftige glatte Kurven, wobei die Kurve für $h = 0{,}8$ als recht angenehm erscheint.

Auch die Darstellung der Residuen in Bild 2.12 zeigt, dass eine akzeptable Ausgleichskurve vorliegt, dass also ein Fortschritt im Verhalten der Residuen gegenüber dem bei der Ausgleichsgeraden von Seite 82 erzielt worden ist. Allerdings lässt sich die Darstellung (2.16) für weiterführende „theoretische" Betrachtungen nur schwer verwenden.
Fortsetzung des Beispiels 2.3 auf Seite 102.

Andere Verfahren der nicht parametrischen Glättung verwenden variable Bandweiten h. Schließlich werden auch Spline-Methoden benutzt. Vergleiche hierzu Härdle (1990a, b).

2.4.4 Multiple lineare Regression

Wurden bisher nur zwei Variable betrachtet, sollen es jetzt m Variable $X_1, \ldots, X_m$ sein. Dabei wird oft X_m als Y bezeichnet, wenn man glaubt, dass X_m von $X_1, \ldots, X_{m-1}$ abhängt. Diese Annahme kann auf Fachwissen beruhen, durch vorangehende statistische Analysen gestützt sein oder durch die Aufgabenstellung bedingt sein, wenn man eine Variable durch die anderen ausdrücken will. Deshalb wird von Y als „abhängige" und von $X_1, \ldots, X_{m-1}$ als „unabhängige" Variable gesprochen.

Es wird zunächst angenommen, dass Y von den X_i linear abhängt, d. h.

$$Y = \beta_0 + \beta_1 X_1 + \ldots + \beta_r X_r + \varepsilon\,, \quad \text{wobei } r = m - 1\,, \tag{2.17}$$

und ε ein unabhängiger zufälliger Fehler ist. Gesucht sind Schätzwerte für $\beta_0, \beta_1, \ldots, \beta_r$ nach der Methode der kleinsten Quadrate. Dazu sind Messwerte y_i und x_{ij} für $i = 1, 2, \ldots, n$ und $j = 1, \ldots, r$ gegeben. Zur Lösung dieser Aufgabe benutzt man üblicherweise die Statistikprogrammpakete. Daher werden hier die Formeln gar nicht angegeben, sondern es wird nur auf die Literatur verwiesen.

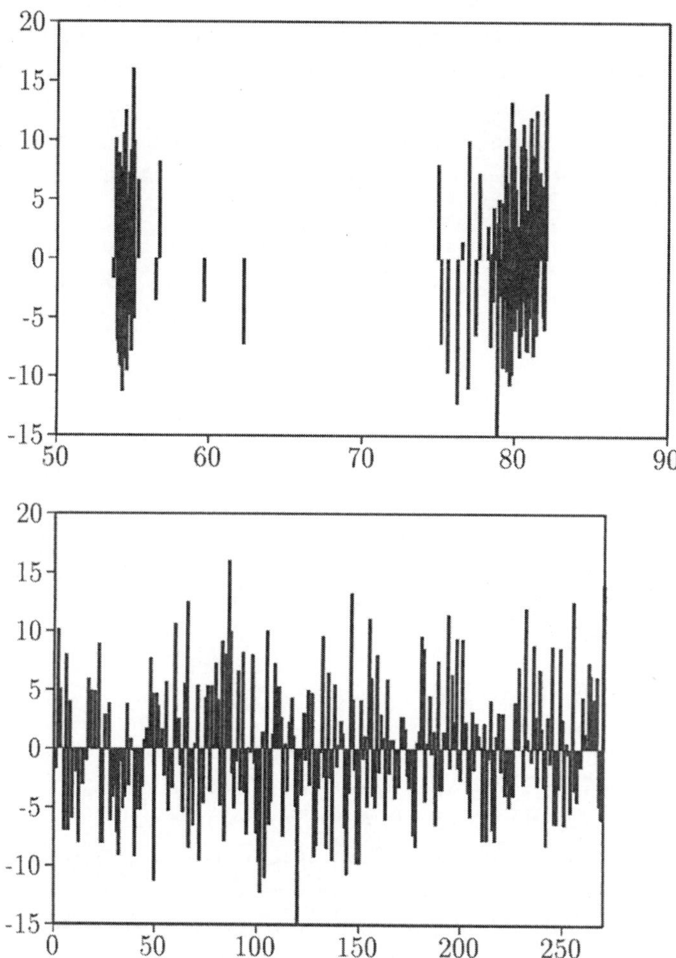

Bild 2.12 Residuen zu der Ausgleichskurve für $h = 0{,}8$ für die Geysir-Daten, oben über den $\hat{y}_i$-Werten, unten über den x-Werten

Die Programme liefern zunächst die geschätzten Regressionskoeffizienten β_0 (engl. *intercept*), β_1, ..., β_r. Darüber hinaus werden Größen angegeben, die die Qualität der Anpassung des linearen Datensatzes an die Daten charakterisieren. Dabei geht man von den Residuen e_i aus,

$$e_i = y_i - \hat{y}_i$$

mit

$$\hat{y}_i = \beta_0 + \beta_1 x_{i1} + \ldots + \beta_r x_{ir}\,.$$

Wenn man von dem sog. Standardmodell ausgeht, bei dem die Fehler unkorrelierte Zufallsgrößen mit dem Mittelwert Null und der für alle i gleichen Varianz σ^2 sind, dann ist

$$s^2 = \frac{1}{n-r-1}\mathrm{SS_E} = \frac{1}{n-r-1}\sum_{i=1}^{n}(y_i - \hat{y}_i)^2$$

ein erwartungstreuer Schätzwert für σ^2 ($\mathrm{SS_E}$ von engl. *error sum-of-squares*).

Es ist ferner instruktiv die Gesamtstreuung

$$\sum_{i=1}^{n}(y_i - \overline{y})^2 = (n-1)s_y^2 \quad \text{mit } \overline{y} = \frac{1}{n}\sum_{i=1}^{n} y_i$$

in zwei Terme zu zerlegen:

$$\text{Gesamtstreuung} = \mathrm{SS_E} + \sum_{i=1}^{n}(\hat{y}_i - \overline{y})^2$$

oder

$$\text{Gesamtstreuung} = \mathrm{SS_E} + \text{erklärte Streuung}\,.$$

Als Qualitätsmaß für die Anpassung der linearen Funktion dient das *Bestimmtheitsmaß* (engl. *coefficient of determination*)

$$R^2 = \frac{\sum\limits_{i=1}^{n}(\hat{y}_i - \overline{y})^2}{\sum\limits_{i=1}^{n}(y_i - \overline{y})^2} = 1 - \frac{\mathrm{SS_E}}{\sum\limits_{i=1}^{n}(y_i - \overline{y})^2}\,.$$

Es liegt zwischen 0 und 1. Große Werte von R^2 weisen auf eine gute Anpassung der linearen Funktion an die Daten hin.

Man kann übrigens zeigen, dass R gleich dem multiplen Korrelationskoeffizienten $r_{Y(\cdot)}$ ist. Zusätzlich zum Bestimmtheitsmaß wird auch das *adjustierte Bestimmtheitsmaß* R_a^2 angegeben. Es hängt mit R^2 gemäß

$$R_a^2 = 1 - \frac{n-1}{n-r-1}(1 - R^2)$$

zusammen und soll der Tatsache Rechnung tragen, dass i. Allg. $\mathrm{SS_E}$ bei gleichen y-Werten, aber größerer Anzahl r von Variablen X_i kleinere Werte annehmen wird, was zur Folge hat, dass R^2 wächst.

Neben der zahlenmäßigen Einschätzung der Güte der Regression ist es nützlich die Residuen e_i graphisch darzustellen. Das kann sowohl in Bezug auf die Nummern der Datensätze wie in Bild 2.14 als auch bezüglich der y-Werte geschehen. So ist es möglich Ausreißer festzustellen und die Annahme des Standardmodells zu prüfen.

Die Statistikprogrammpakete geben schließlich noch Werte für verschiedene Tests an. Sie beruhen auf dem Standardmodell mit der Zusatzannahme normalverteilter Fehler. Die getesteten Nullhypothesen besagen, dass die Parameter β_j gleich Null sind (einzeln oder alle gemeinsam).

Es sei darauf hingewiesen, dass mit den Methoden der multiplen linearen Regression auch nicht lineare Zusammenhänge analysiert werden können (vgl. auch S. 100). Ein Beispiel ist der polynomiale Ansatz

$$Y = \gamma_0 + \gamma_1 X_1 + \gamma_2 X_2 + \gamma_{11} X_1^2 + \gamma_{12} X_1 X_2 + \gamma_{22} X_2^2 .$$

Hier fasst man X_1^2, X_1X_2 und X_2^2 als neue Variable auf und rechnet dann eine lineare Regression mit fünf Variablen durch. Das Wort „linear" meint in dem hier betrachteten Zusammenhang, dass die *Koeffizienten* linear auftreten.

Die multiple lineare Regression wird oft benutzt, um *fehlende Daten* zu beschaffen. In der multivariaten Statistik kommt es vor, dass für einzelne Objekte nicht alle Variablenwerte vorliegen. Nicht immer möchte man diese Objekte einfach aus der statistischen Analyse ausscheiden. Stattdessen kann man Schätzwerte durch multiple lineare Regression bestimmen:
Beim i-ten Objekt möge die j-te Variable fehlen. Man fasst dann X_j als Y auf und stellt durch lineare Regression Y in der Form

$$Y = \beta_0 + \beta_1 X_1 + \ldots + \beta_r X_r$$

dar, wobei natürlich X_j auf der rechten Seite fehlt. Für die Berechnung der Regressionskoeffizienten werden nur die Objekte herausgezogen, für die alle Variablenwerte vorliegen. Dann nimmt man die Messwerte für das i-te Objekt und berechnet x_{ij} gemäß

$$x_{ij} = \beta_0 + \beta_1 x_{i1} + \ldots + \beta_r x_{ir} .$$

Beispiel 2.4 Hydrogeologische Daten.

Im Rahmen hydrogeologischer Untersuchungen sind etwa 100 Wasserproben genommen worden. Für jede Probe sind der Ca-, der Cl- und der NO_3-Gehalt (jeweils in mg/l) sowie die elektrische Leitfähigkeit des Wassers bestimmt worden. Unter anderem wegen fehlender Werte müssen einige Proben verworfen werden, und es bleiben $n = 91$ Proben. Ein Ziel der Untersuchungen besteht darin, Zusammenhänge zwischen den vier Parametern zu ermitteln und zu quantifizieren; vor allem aber soll der Ca-Gehalt durch die drei anderen Größen ausgedrückt werden. Daher werden ab jetzt der Ca-Gehalt mit Y, die Leitfähigkeit mit X_1, der Cl-Gehalt mit X_2 und der NO_3-Gehalt mit X_3 bezeichnet.

Im Folgenden werden statistische Ergebnisse dargelegt, die sich auf die mehrdimensionalen Zusammenhänge dieser vier Variablen beziehen.

Die gewöhnlichen und partiellen Korrelationskoeffizienten sind in den Tabellen 2.4 und 2.5 zusammengestellt.

Tabelle 2.4 Empirische Korrelationskoeffizienten für die hydrologischen Parameter

	Ca	Lf	Cl	NO_3
Ca	1	0,51	0,72	0,43
Lf	0,51	1	0,46	0,20
Cl	0,72	0,46	1	0,59
NO_3	0,43	0,20	0,59	1

Tabelle 2.5 Partielle Korrelationskoeffizienten für die hydrologischen Parameter

	Ca	Lf	Cl	NO_3
Ca	1	0,30	0,54	0,04
Lf	0,30	1	0,19	−0,11
Cl	0,54	0,19	1	0,47
NO_3	0,04	−0,11	0,47	1

Die partiellen Korrelationskoeffizienten zeigen, dass nicht besonders enge Zusammenhänge der X_i mit Y vorliegen. Andererseits bestehen recht starke Korrelationen zwischen den Cl- und NO_3-Gehalten; die Variablen $X_1, \ldots, X_3$ können also nicht als unabhängig angesehen werden.

Der multiple Korrelationskoeffizient $r_{Y(\cdot)}$ für Y, der den Zusammenhang von Y mit X_1, X_2 und X_3 charakterisiert, ist gleich

$$r_{Y(\cdot)} = 0{,}74\,.$$

Dieser relativ hohe Wert ermutigt den Statistiker, Y mittels linearer Regression durch X_1, X_2 und X_3 auszudrücken.

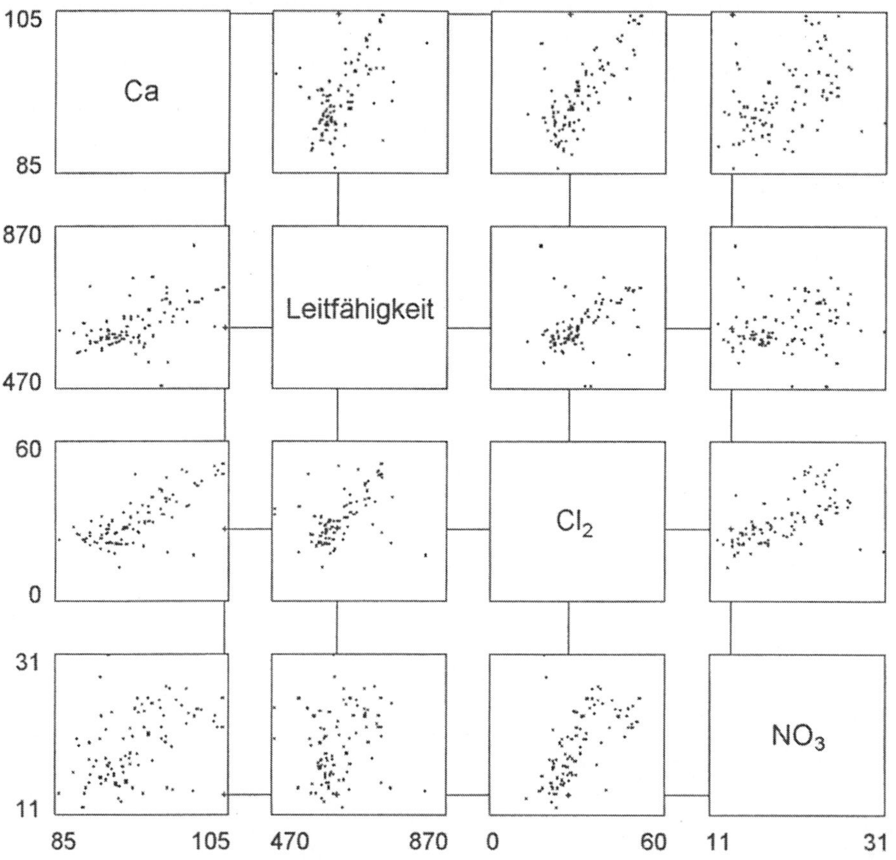

Bild 2.13 Zusammenstellung der Streudiagramme für die vier Variablen der hydrogeologischen Daten. Die Linien außerhalb der Rechtecke weisen auf den Ausreißer-Datensatz 59 hin

Bild 2.13 zeigt die mittels Unistat erhaltenen 12 Streudiagramme für die vier Variablen. Man erkennt, dass in einigen Fällen näherungsweise lineare Zusammenhänge zwischen den Variablen bestehen. Das gilt erfreulicherweise insbesondere für Y und X_1, X_2 und X_3, wobei der Zusammenhang zwischen Y und X_3 relativ lose ist, was sich auch in den oben angegebenen Korrelationskoeffizienten zeigt. Der Zusammenhang zwischen X_2 und X_3 ist möglicherweise nicht linear.

Es scheint jedenfalls einiges für den Ansatz

$$Y = \beta_0 + \beta_1 X_1 + \beta_2 X_2 + \beta_3 X_3$$

zu sprechen. Mittels Unistat sind Schätzwerte für die Modellparameter $\beta_0, \ldots, \beta_3$ nach der Methode der kleinsten Quadrate ermittelt worden. Sie lauten

$$\begin{aligned} \beta_0 &= 73{,}8\,, \\ \beta_1 &= 0{,}0178\,, \\ \beta_2 &= 0{,}292\,, \\ \beta_3 &= 0{,}033\,. \end{aligned}$$

Mit diesen Parametern ist eine näherungsweise Berechnung der y-Werte aus den x_i-Werten möglich. Bild 2.14 zeigt für die 91 Datensätze die Residuen, also die Differenzen zwischen den wahren y-Werten y_i und den mittels linearer Regression bestimmten $\hat{y}_i$. Dabei fallen die Datensätze 59 und 84 mit besonders großen Abweichungen auf. Wenn man den Datensatz 59 weglässt, erhält man im linearen Fall die neuen Werte

$$\begin{aligned} \beta_0 &= 72{,}8\,, \\ \beta_1 &= 0{,}0180\,, \\ \beta_2 &= 0{,}280\,, \\ \beta_3 &= 0{,}089\,, \end{aligned}$$

das heißt, es verändert sich vor allem β_3.

Die Abweichungsmaße haben für die volle Datenmenge folgende Beträge:

$$\mathrm{SS_E} = 790{,}2\,, \quad s = 3{,}01\,, \quad R^2 = 0{,}555 \quad \text{und} \quad R_a^2 = 0{,}539\,.$$

Der Wert $s = 3{,}01$ stimmt recht gut mit den Schwankungen der Residuen in Bild 2.14 auf der nächsten Seite überein. Man erkennt das, indem man aus den Formeln auf Seite 91 die Standardabweichung s_y berechnet. Das ist die Standardabweichung oder der Fehler, der sich ergibt, wenn man für den Ca-Gehalt einfach den mittleren Ca-Gehalt aller 91 Proben nimmt, ohne Rücksicht auf die übrigen Variablen. Sie ist gleich 4,44, also nicht sehr viel größer als 3,01. Das Bestimmtheitsmaß von 0,555 ist allerdings relativ niedrig.

Ohne den Datensatz 59 verbessern sich natürlich die Abweichungsmaße etwas. Sie haben jetzt die Werte

$$\mathrm{SS_E} = 656{,}1\,, \quad s = 2{,}76\,, \quad R^2 = 0{,}607 \quad \text{und} \quad R_a^2 = 0{,}593\,.$$

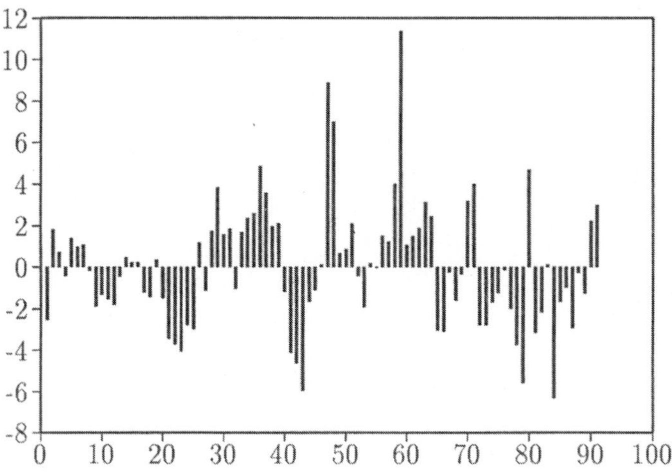

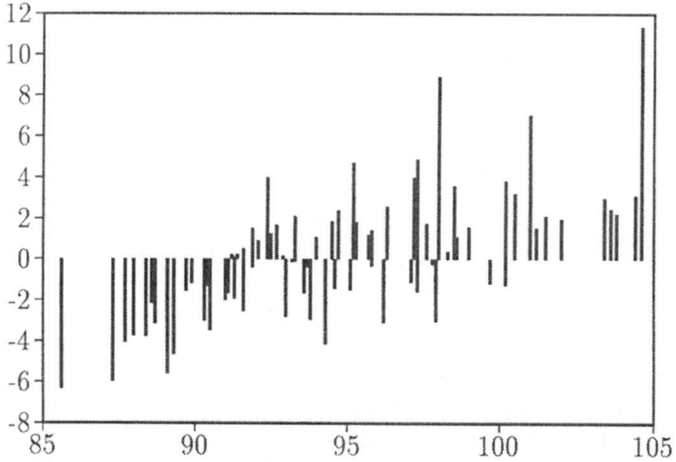

Bild 2.14 Darstellung der Residuen der Ca-Gehalte bei linearer Regression, oben in Abhängigkeit vom Ca-Gehalt, unten in Abhängigkeit von der Probennummer

Da der lineare Ansatz keine besonders guten Ergebnisse liefert, liegt es nahe einen polynomialen Ansatz zu probieren:

$$\begin{aligned} Y &= \gamma_0 + \gamma_1 X_1 + \gamma_2 X_2 + \gamma_3 X_3 + \gamma_{11} X_1^2 + \gamma_{12} X_1 X_2 + \gamma_{13} X_1 X_3 + \\ &\quad + \gamma_{22} X_2^2 + \gamma_{23} X_2 X_3 + \gamma_{33} X_3^2 . \end{aligned}$$

Mittels Unistat sind nach der Methode der kleinsten Quadrate die Parameter γ_0 bis γ_{33} berechnet worden:

$$\begin{aligned} \gamma_0 &= 179{,}9 , \\ \gamma_1 &= -0{,}2456 , \\ \gamma_2 &= 0{,}0246 , \\ \gamma_3 &= -1{,}849 , \\ \gamma_{11} &= 0{,}000180 , \\ \gamma_{12} &= -0{,}000184 , \\ \gamma_{13} &= 0{,}00189 , \\ \gamma_{22} &= 0{,}00404 , \\ \gamma_{23} &= 0{,}00557 , \\ \gamma_{33} &= 0{,}0138 . \end{aligned}$$

Natürlich gilt nicht $\beta_0 = \gamma_0$, $\beta_1 = \gamma_1$ usw.

Bild 2.15 zeigt die nun erreichten Residuen. Sie sind etwas kleiner geworden, aber auch hier erscheinen die Datensätze 59, 84 und 47 als Ausreißer.

Die Abweichungsmaße lauten jetzt

$$SS_E = 667{,}1 , \quad s = 2{,}87 , \quad R^2 = 0{,}624 \quad \text{und} \quad R_a^2 = 0{,}582 .$$

Sie sind geringer als im linearen Fall, aber ein Durchbruch ist offensichtlich nicht erreicht worden, vermutlich deswegen, weil die Ca-Gehalte noch durch weitere, hier nicht berücksichtigte Größen bestimmt werden oder weil die Ansätze physikalisch wenig sinnvolle Approximationen sind.

Die Autoren danken Herrn Prof. B. Merkel vom Institut für Geologie der TU Bergakademie Freiberg für die freundliche Überlassung der hydrogeologischen Daten.

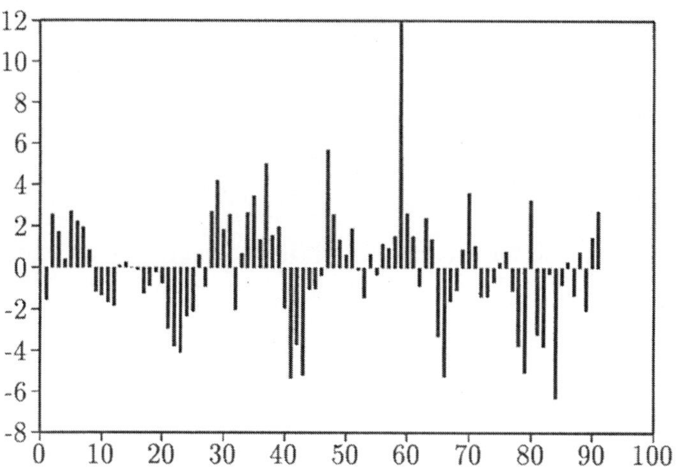

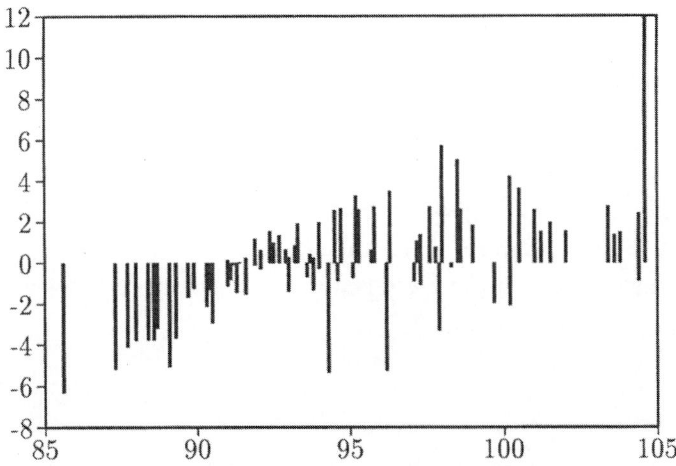

Bild 2.15 Darstellung der Residuen der Ca-Gehalte bei polynomialer Regression, oben in Abhängigkeit vom Ca-Gehalt, unten in Abhängigkeit von der Probennummer

Ende des Beispiels 2.4 •

2.4.5 Nicht lineare Regression

Die in den Abschnitten 2.4.2 und 2.4.4 behandelten linearen Zusammenhänge zwischen Variablen sind bestenfalls Approximationen. Die meisten realen Zusammenhänge in der Umweltstatistik und in vielen anderen Gebieten der angewandten Statistik dürften vielmehr nicht linear sein. Beispiel 2.3 hat gezeigt, dass primitive lineare Ansätze fragwürdige Ergebnisse liefern können. Dieser Abschnitt soll nun einige Methoden beschreiben, mit denen nicht lineare Zusammenhänge analysiert werden. Dabei sollen immer nur zwei Variable betrachtet werden, also der Fall

$$y = f(x)\,,$$

wie z. B.

$$y = a + bx + cx^2 \tag{2.18}$$

und

$$y = \alpha + \beta \mathrm{e}^{\gamma x}\,. \tag{2.19}$$

Zunächst werden zwei Tricks besprochen, die dem Nutzer das Formelrechnen ersparen, indem man nicht lineare Probleme auf lineare Probleme zurückführt.

Transformation von Variablen

Im Fall des Ansatzes (2.19) gibt es bei unbekanntem α gewisse Probleme. Wenn jedoch $\alpha = 0$ gilt, dann vereinfacht sich die Gleichung (2.19) zu

$$y = \beta \mathrm{e}^{\gamma x}\,.$$

Logarithmiert man beide Seiten dieser Gleichung, so ergibt sich

$$\ln y = \ln \beta + \gamma x\,.$$

Damit ist man beim Problem der Bestimmung einer Ausgleichsgeraden angekommen, man muss nur in den Formeln (2.13) und (2.14) anstelle der y_i die Werte $\ln y_i$ einsetzen. Die berechneten Ergebnisse a und b sind passend zu interpretieren:

$$\ln \beta = a\,, \quad \text{also} \quad \beta = \mathrm{e}^a\,,$$

und

$$\gamma = b\,.$$

Allerdings muss angemerkt werden, dass die erhaltene Lösung nicht identisch mit derjenigen ist, die man erhalten würde, wenn man die Methode der kleinsten Quadrate exakt anwenden könnte. Es wird ja die Summe der quadratischen Abweichungen der transformierten Größen minimiert und nicht die Summe der eigentlichen quadratischen Abweichungen.

Zurückführung auf die multiple lineare Regression

In vielen Ansätzen tritt die Variable x mehrfach auf, wie z. B. in (2.18) und allgemeiner in Polynom-Ansätzen. Hier kann man neue Variable einführen, im Fall der Gleichung (2.18) mittels

$$x_1 = x$$

und

$$x_2 = x^2 .$$

Damit wird aus Gleichung (2.18) die lineare Gleichung

$$y = a + bx_1 + cx_2 ,$$

in der sowohl die Variablen als auch die Koeffizienten linear auftreten. Mit den Verfahren der multiplen linearen Regression erhält man die Werte a, b und c nach der Methode der kleinsten Quadrate. Beispielsweise in Göhler (1987), S. 112, findet man die Formeln für a, b und c, die allerdings recht kompliziert sind.

Dieses Verfahren klappt immer dann, wenn die in den Ansätzen vorkommenden *Koeffizienten* a, b, c usw. *linear* auftreten, also als Faktoren von Ausdrücken, die von x abhängen. Das ist für das γ in (2.19) nicht der Fall.

Lösung der Normalgleichung

Wenn eine Rückführung auf den linearen Fall nicht möglich ist, kann man — mathematische Fertigkeiten vorausgesetzt — selbst versuchen Formeln aufzustellen.

Der zu betrachtende Zusammenhang zwischen x und y sei

$$y = f(x, \theta_1, \ldots, \theta_r) ,$$

wobei θ_1, ..., θ_r die unbekannten Parameter sind, wie z. B. a, b und c bzw. α, β und γ in den Beziehungen (2.18) bzw. (2.19). Die Summe der Abweichungsquadrate $S(\theta_1, \ldots, \theta_r)$ wird gemäß

$$S(\theta_1, \ldots, \theta_r) = \sum_{i=1}^{n} (y_i - f(x_i, \theta_1, \ldots, \theta_r))^2$$

definiert. Durch partielle Differentiation nach $\theta_1, \ldots, \theta_r$ und Nullsetzen ergeben sich die Normalgleichungen

$$\frac{\partial S(\theta_1, \ldots, \theta_r)}{\partial \theta_1} = 0,$$

$$\vdots$$

$$\frac{\partial S(\theta_1, \ldots, \theta_r)}{\partial \theta_r} = 0.$$

Sie bilden ein i. Allg. nicht lineares Gleichungssystem für die Unbekannten $\theta_1, \ldots, \theta_r$. Hinweise zu seiner Lösung findet man in Draper und Smith (1981), S. 458 ff. Oft ist es leider nicht formelmäßig lösbar, sondern es müssen numerische Auflösungsverfahren angewendet werden.

Marquardt-Prozedur

Wegen der Schwierigkeiten bei der Lösung der Normalgleichungen ist es oft sinnvoll auf ihre Aufstellung zu verzichten und von vornherein numerisch zu arbeiten. Dazu sollte man die Marquardt-Prozedur anwenden, die in den Statistikprogrammpaketen üblicherweise vorhanden ist. Sie ist ein numerisches Verfahren zur Bestimmung der Regressionskoeffizienten $\theta_1, \ldots, \theta_r$ mit der Methode der kleinsten Quadrate. Bei der Marquardt-Prozedur muss der Nutzer dem Computer lediglich die Formel für $y = f(x)$ mitteilen, z. B. $f(x) = \alpha + \beta e^{\gamma x}$. Außerdem — und das ist mitunter problematisch — sind Startwerte für die Koeffizienten $\theta_1, \ldots, \theta_r$ einzugeben. Der Computer bestimmt dann iterativ Werte, die die Summe der Abweichungsquadrate minimieren. Dabei kann übrigens die Forderung berücksichtigt werden, dass die Regressionskoeffizienten positiv sein müssen, was manchmal aus inhaltlichen Gründen notwendig ist.

Bei der Anwendung der Marquardt-Prozedur kann es vorkommen, dass verschiedene Startwerte auf verschiedene Ergebnisse führen; mit gedankenlos gewählten Startwerten kann sogar Unsinn herauskommen. (D. Marquardt hat bei der Entwicklung seines Algorithmus' großen Wert darauf gelegt, dass er „robust“ ist, also das Minimum von möglichst vielen verschiedenen Startwerten aus liefert.) Es sei deshalb empfohlen wenigstens über die Startwerte nachzudenken (wozu dann doch mit Formeln gerechnet werden muss) und ein erhaltenes, als akzeptabel erscheinendes Ergebnis dadurch abzusichern, dass untersucht wird, was bei ganz anderen Startwerten passiert. Die vom Computer angegebenen Summen der Abweichungsquadrate sind natürlich für die Auswahl der optimalen Parameter entscheidend. Man vergleiche die Diskussion in Draper und Smith (1981), S. 471 ff.

Beispiel 2.3 Geysir.

Fortsetzung des Beispiels 2.3 von Seite 89.
Für die Geysir-Daten wird jetzt ein formelmäßiger nicht linearer Ansatz probiert. Es wird die sogenannte logistische Funktion benutzt, nämlich

$$y = f(x) = a + \frac{b}{1 + \exp(c - d(x - x_0))} \quad \text{für} \quad -\infty < x < \infty$$

mit den Parametern a, b, c, d und x_0.

Offensichtlich gilt

$$f(-\infty) = a$$

und

$$f(\infty) = a + b$$

sowie

$$a \le f(x) \le a + b\,.$$

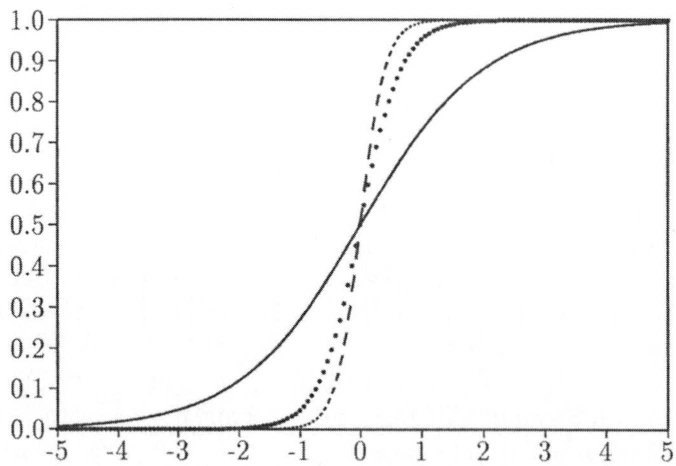

Bild 2.16 Graphen der logistischen Funktion mit den Parametern $a = 0$, $b = 1$, $c = 0$, $d = 1$ (durchgezogen), $d = 3$ (gepunktet) und $d = 5$ (gestrichelt) und $x_0 = 0$

Bild 2.16 zeigt drei Kurven für $a = 0$ und $b = 1$ mit $x_0 = 0$. Es ergeben sich S-förmige Verläufe, die der Darstellung auf Bild 2.11 auf Seite 88 ähneln.

Der gewählte Ansatz erscheint als zu kompliziert für eine analytische, formelmäßige Anwendung der Methode der kleinsten Quadrate. Daher wird die numerische Marquardt-Prozedur benutzt, um die fünf Parameter a, b, c, d und x_0 zu ermitteln. Als Startwerte für die Iteration sind die folgenden Werte gewählt worden:

$$\begin{aligned} a &= 50\,, \\ b &= 35\,, \\ c &= 0{,}5\,, \\ d &= 2\,, \\ x_0 &= 3\,. \end{aligned}$$

Damit sind die folgenden optimalen Werte erhalten worden:

$$\begin{aligned} a &= 51{,}6\,, \\ b &= 30{,}9\,, \\ c &= 3{,}38\,, \\ d &= 2{,}28\,, \\ x_0 &= 1{,}59\,. \end{aligned}$$

Experimentell wurde festgestellt, dass sich sehr ähnliche Ergebnisse auch dann ergeben, wenn ganz andere Startwerte gewählt werden.

Bild 2.17 auf der nächsten Seite hat nochmals die Punktwolke von Bild 2.6 gezeigt und den Graph der logistischen Funktion mit den optimalen Werten. Die Anpassung erscheint als brauchbar. Das wird auch durch die in Bild 2.18 dargestellten Residuen bestätigt.
Fortsetzung des Beispiels 2.3 auf Seite 249.

Eine sehr lesenswerte Anwendung der Techniken der Regressionsanalyse bietet die Arbeit Vereecken u. a. (1989). Dort geht es um den volumetrischen Bodenwassergehalt θ (gemessen in $\mathrm{cm}^3/\mathrm{cm}^3$) in Abhängigkeit von der Bodenwasserspannung. Nach einer Gleichung von van Genuchten gilt

$$s_e = (1 + (\alpha h)^n)^{-m} \tag{2.20}$$

mit

$$s_e = \frac{\theta - \theta_r}{\theta_s - \theta_r}\,.$$

Hier bezeichnen θ_r den Restbodenwassergehalt bei 15000 hPa, θ_s den gesättigten Bodenwassergehalt bei 0 hPa und h die Druckstufe bzw. das Matrixpotential (in hPa); α, m und n sind Formparameter des Zusammenhangs zwischen h und θ.

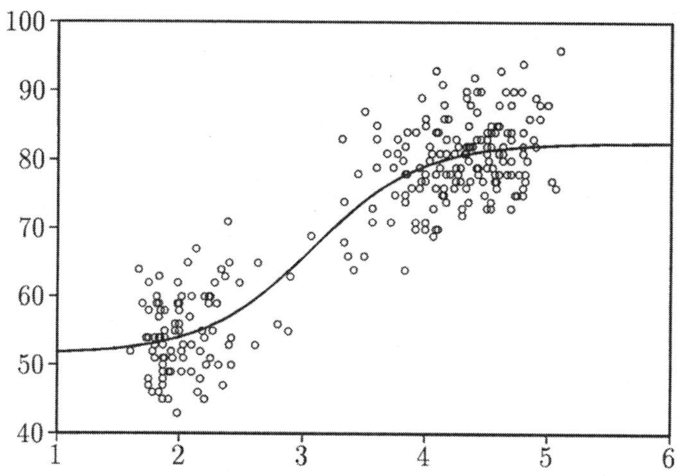

Bild 2.17 Punktwolke für die Ausstoßzeiten (x_i) und die Wartezeiten bis zum nächsten Ausstoß (y_i) mit der nach der Marquardt-Prozedur ermittelten logistischen Funktion

Bei den nicht linearen Regressionsrechnungen werden θ_r, θ_s, α, m und n als Modellparameter angesehen. Sie werden mit Hilfe der Marquardt-Prozedur bestimmt. In weiteren Rechnungen werden diese Parameter mittels multipler linearer Regression durch Bodenparameter wie Rohdichte (trocken), Kohlenstoff- und Sandgehalt sowie Charakteristiken der Korngrößenverteilung ausgedrückt.

Interessant in der Arbeit sind auch die Vergleiche des Ansatzes (2.20) mit einfacheren Ansätzen, zum Beispiel einem, wo m kein Modellparameter ist, sondern durch $m = 1$ fixiert ist.

2.4.6 Literatur zur Regressionsanalyse

Die Regressionsanalyse wird in den meisten Büchern über multivariate Statistik mehr oder weniger ausführlich dargestellt. Es seien hier Backhaus u. a. (1990), Fahrmeir und Hamerle (1984), Falk u. a. (1995) sowie Hartung und Elpelt (1992) genannt. Der Spezialfall von Ausgleichsgeraden wird schon in

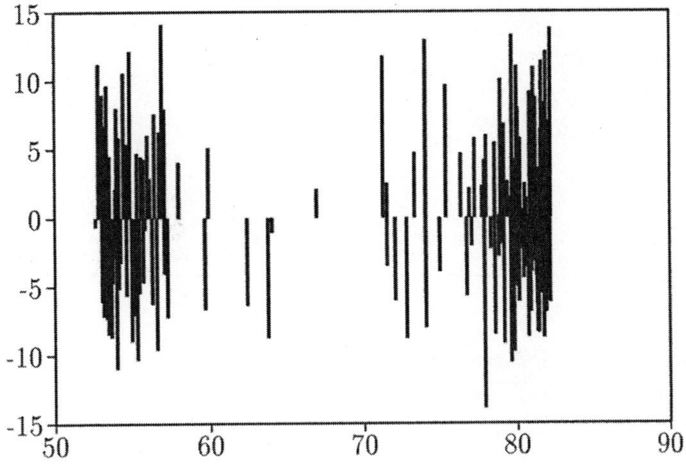

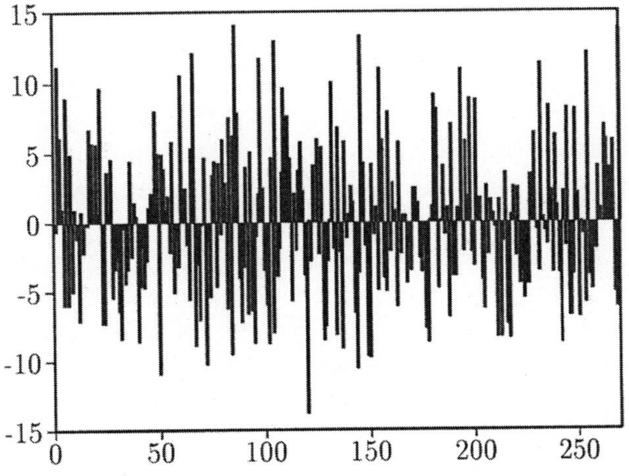

Bild 2.18 Residuen für die logistische Funktion von Bild 2.17, oben in Abhängigkeit von den vorhergesagten y-Werten $\hat{y}_i$, unten in Abhängigkeit von den x-Werten in wachsender Folge

Grundlagenbüchern ausführlich dargestellt, vgl. z. B. Storm (1995). Eine ausführliche Gesamtdarstellung der Methoden bieten Draper und Smith (1981). Die nicht parametrischen Verfahren werden umfassend in den Büchern von Härdle (1990a, b) behandelt.

2.5 Hauptkomponenten- und Faktorenanalyse

2.5.1 Einleitung

Wichtige Verfahren zur Analyse der in der Korrelationsmatrix enthaltenen Information sind die Hauptkomponenten- und Faktorenanalyse. Sie können dazu dienen die Datenstrukturen dadurch übersichtlicher zu machen, dass Gruppen von Variablen gewissermaßen „gebündelt", das heißt zu neuen Variablen zusammengefasst werden. Diese neuen Variablen werden *Faktoren* oder *Hauptkomponenten* genannt.

Nach der Korrelationsanalyse im Beispiel 2.1 kann man beispielsweise zu dem Schluss kommen, dass die Variablen X_1 bis X_9 ein solches Bündel bilden, da sie in dem Korrelationsgraphen von Bild 2.5 einen isolierten Teilgraphen bilden. Ähnliches könnte man von den Variablen X_{11}, X_{12}, X_{15} und X_{17} vermuten. Auch das Fachwissen des Umweltstatistikers kann zu Hypothesen über mögliche Variablengruppen führen. Im Falle des Beispiels 2.1 sind das Kenntnisse über die historische sächsische Hütten- und Metallindustrie.

Die in diesem Abschnitt dargestellten Verfahren gestatten es derartigen Vermutungen nachzugehen und sie zu bestätigen oder zu widerlegen. Vor allem aber dienen die Verfahren dazu, Bündelungshypothesen aufzustellen und dem Umweltstatistiker zu helfen, Zusammenhänge zwischen den Variablen zu finden.

Die Hauptkomponenten- und Faktorenanalyse sind *lineare* Verfahren, sie versagen also bei vorhandenen (starken) Nichtlinearitäten. Die erforderlichen Berechnungen sind trotz der Linearitätsannahme sehr aufwendig und erfordern den Einsatz von Computern. Daher werden, dem Charakter dieses Buches entsprechend, die Rechenformeln nicht angegeben. Wie bisher dient Beispiel 2.1 als Demonstrationsobjekt; die Berechnungen sind mit SPSS durchgeführt worden.

Die Hauptkomponentenanalyse kann als Spezialfall der Faktorenanalyse aufgefasst werden. Allerdings wird in der Hauptkomponentenanalyse nicht die Existenz gemeinsamer Faktoren vorausgesetzt, sondern die ursprünglichen Variablen werden nur neu „kombiniert" und „gebündelt", unter Sammelbegriffen zusammengefasst. Es sind vor allem didaktische Gründe, dass beide Methoden nacheinander und getrennt beschrieben werden. Die Hauptkomponentenanalyse läuft weitgehend automatisch ab, der Statistiker kommt in eine Entscheidungssituation nur bei der Wahl der Anzahl der Hauptkomponenten. Die

Faktorenanalyse erfordert dagegen einige Entscheidungen mehr, was allerdings bei Verwendung der Statistikprogrammpakete dadurch verhüllt wird, dass dem Nutzer Standardschritte nahegelegt werden. Jedenfalls hat das Wort „Analyse" bei der Faktorenanalyse eine weitergehende Bedeutung als bei der Hauptkomponentenanalyse.

2.5.2 Die Hauptkomponentenanalyse

Obwohl die Hauptkomponentenanalyse üblicherweise nur auf Rechnungen mit der Korrelationsmatrix beruht, soll hier bei ihrer Erläuterung dennoch mit den Messwerten x_{ij} begonnen werden. Diese Zahlen werden zunächst der Z-Transformation unterworfen, so dass nach Formel (2.1) die Zahlen z_{ij} ($i = 1,\ldots,n$, $j = 1,\ldots,m$) entstehen. Ihnen entsprechen n Punkte im m-dimensionalen Raum. Wenn sie zu einer m-dimensionalen Normalverteilung gehören, dann hat die Punktwolke die Gestalt eines Ellipsoids. Dieser Annahme entspricht es die z_{ij} als Realisierungen von normalverteilten Zufallsgrößen Z_j mit dem Mittelwert 0 und der Varianz 1 anzusehen; die Z_j bilden gemeinsam einen normalverteilten Zufallsvektor.

Die Idee ist nun die, ein neues Koordinatensystem zu wählen, dessen Ursprung im Mittelpunkt des Ellipsoids liegt und dessen Achsen den Hauptachsen des Ellipsoids entsprechen. Dabei interessieren letztlich natürlich vor allem die längeren Hauptachsen, die die wesentliche Variation der Datenwerte widerspiegeln.

Die mathematische Lösung der eben beschriebenen geometrischen Aufgabe läuft auf eine Analyse der Korrelationsmatrix hinaus. (Die z_{ij} gehen dabei nur indirekt ein, über die empirischen Korrelationskoeffizienten r_{ij}.) Es sind ihre Eigenwerte $\lambda_1 \geq \lambda_2 \geq \cdots \geq \lambda_m$ zu bestimmen, die wegen der Symmetrie und positiven Definitheit der Korrelationsmatrix alle nicht negativ sind. Durch die Eigenwerte wird die Geometrie des obigen Ellipsoids bestimmt: Seine Hauptachsenlängen sind proportional zu $\sqrt{\lambda_j}$ ($j = 1,\ldots,m$).

Die zugehörigen Eigenvektoren liefern die Hauptachsenrichtungen des Ellipsoids und damit das neue Koordinatensystem. Ihnen entsprechen m unkorrelierte normalverteilte Zufallsgrößen F_l ($l = 1,\ldots,m$) mit dem Mittelwert 0 und den Varianzen λ_l, so dass gilt

$$Z_j = \sum_{l=1}^{m} c_{jl} F_l \quad \text{für } j = 1,\ldots,m \tag{2.21}$$

mit geeigneten Koeffizienten c_{jl}. Die F_l heißen *Hauptkomponenten* oder, in Analogie zur Faktorenanalyse, *Faktoren*.

Die c_{jl} stellt man in der Form

$$c_{jl} = \frac{a_{jl}}{\sqrt{\lambda_l}} \tag{2.22}$$

dar. Die neuen Koeffizienten a_{jl} heißen *Faktorladungen*. Die aus den a_{jl} gebildete Matrix heißt *Faktormuster* oder *Faktormatrix*.

Die Summe der Eigenwerte ist gleich m, und somit gilt

$$\sum_{l=1}^{m} \mathbf{var} F_l = \sum_{l=1}^{m} \lambda_l = m = \sum_{j=1}^{m} \mathbf{var} Z_j \,. \tag{2.23}$$

Der Anteil der Varianz der Hauptkomponente F_l an der Gesamtvarianz m wird durch λ_l/m gegeben. Die Eigenwerte liefern somit Aufschlüsse darüber, welche der Hauptkomponenten für die Datenbeschreibung zu nutzen sind und welche eventuell nicht. Die Idee dabei ist die, solche Hauptkomponenten zu vernachlässigen, deren zugehörige Eigenwerte „klein“ sind.

Für die Aussonderung der Hauptkomponenten gibt es verschiedene „Rezepte“, die in der Literatur beschrieben werden. So wird empfohlen, nur diejenigen F_l zu benutzen, zu denen Eigenwerte größer als Eins gehören („Kaiser-Kriterium“, nach H. F. Kaiser). Man kann auch die Zahlen

$$\sum_{j=1}^{r} \frac{\lambda_j}{m} \cdot 100\,\%$$

beobachten und die ersten r Hauptkomponenten nehmen, so dass 90 % oder 95 % der Gesamtvarianz m erfasst werden. Schließlich kann der sogenannte Scree-Test angewendet werden, vergleiche das Beispiel auf Seite 110.

2.5.3 Interpretation der Ergebnisse der Hauptkomponentenanalyse

Die Statistikprogrammpakete liefern im Rahmen der Hauptkomponentenanalyse die Eigenwerte für alle Variablen und die obigen Prozentsätze. Darüber hinaus werden die Faktorladungen a_{jl} ausgedruckt. Sie sagen nach Formel (2.21) dem Anwender, wie die alten Variablen Z_j aus den Hauptkomponenten F_l hervorgehen. Für die a_{jl} ist nämlich noch eine andere, mehr statistische Deutung möglich, die für die Interpretation der Hauptkomponenten wichtig ist: Sie sind gleich den Korrelationskoeffizienten zwischen den Z_j und den F_l.

Wenn die Ergebnisse der Computerberechnungen vorliegen, beginnt die Arbeit des Statistikers. Er hat zunächst mit den oben beschriebenen Methoden die geeignete Anzahl r der Hauptkomponenten zu bestimmen. Aus Gründen der Übersichtlichkeit und visuellen Darstellbarkeit ist man oft bestrebt, mit $r = 2$ oder $r = 3$ auszukommen.

Danach sind die Hauptkomponenten inhaltlich zu interpretieren. Das ist mehr eine Kunst als eine Wissenschaft. Hilfreich dabei sind die a_{jl}, die Korrelationskoeffizienten zwischen Z_j und F_l. Es ist ja natürlich anzunehmen, dass die Hauptkomponente F_l eine ähnliche Bedeutung hat wie die Variable Z_j, wenn a_{jl} „groß" ist. In der Literatur wird empfohlen alle Variablen Z_j in die Interpretation der Hauptkomponenten F_l mit einzubeziehen, für die a_{jl} betragsmäßig größer als ein Schwellenwert ist, der z. B. als 0,5 oder 0,7 gewählt werden kann. Deutlich negative a_{jl} sagen: Wenn Z_j steigt (fällt), dann fällt (steigt) F_l. Wenn eine Variable auf mehreren Hauptkomponenten große Ladungen hat, muss das beachtet werden; die Variable ist zur Interpretation aller dieser Hauptkomponenten heranzuziehen.

Der Anschaulichkeit dient die graphische Darstellung der Z_j im Koordinatensystem der F_l, wie sie für das Beispiel der Mulden-Daten demonstriert wird, vergleiche das dreiteilige Bild 2.20 ab Seite 112.

Beispiel 2.1 Muldenwasser.

Fortsetzung des Beispiels 2.1 von Seite 75.
Die Hauptkomponentenanalyse mittels SPSS hat zunächst die in Tabelle 2.6 zusammengestellten Ergebnisse geliefert. Dort sind nur die ersten fünf Eigenwerte angegeben.

Tabelle 2.6 Eigenwerte für das Muldensystem

HK	Eigenwert	% erklärter Varianz	% kumulativ
1	7,83	35,6	35,6
2	5,04	22,9	58,5
3	2,34	10,6	69,1
4	1,18	5,4	74,5
5	0.98	4,5	79,0

Die übrigen 17 Hauptkomponenten sind weggelassen worden; sie repräsentieren aber immerhin noch 21 % der Gesamtvarianz. Selbst fünf Hauptkomponenten sind noch ziemlich viele. Das Kaiser-Kriterium legt nahe mit vier Hauptkomponenten zu arbeiten. Wenn man die Eigenwerte über ihrer Nummer aufträgt, ergibt sich die Darstellung von Bild 2.19 auf der nächsten Seite. Sie ähnelt der Situation am Fuße einer steilen Böschung, an der sich eine flache Halde von Geröll (engl. *scree*) gebildet hat. Zu dieser Halde gehören hier alle Eigenwerte mit einer Nummer größer als 4. Wenn man beschließt, diese alle wegzulassen, dann könnte man mit vier Hauptkomponenten arbeiten. (SPSS schlägt ebenfalls vier Hauptkomponenten vor, und auch in Kluge u. a., 1996, benutzt man vier Faktoren.)

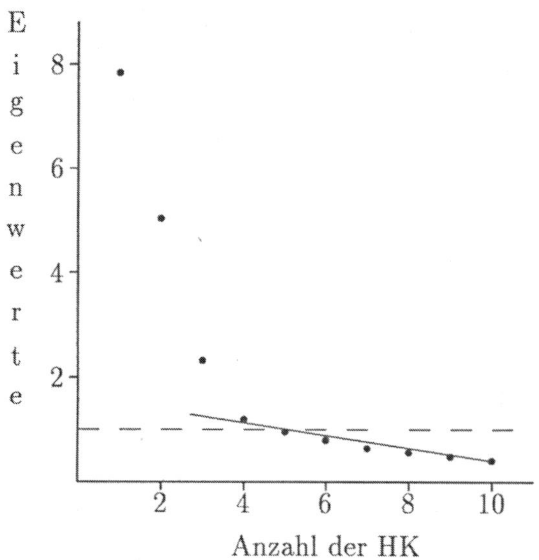

Bild 2.19 Scree-Test und Kaiser-Kriterium für das Muldensystem. Vergleiche auch die Seite 108

Als nächstes werden die Faktorladungen a_{jl} in Tabelle 2.7 angegeben.

Die Werte in Tabelle 2.7 können benutzt werden, um zu versuchen die Hauptkomponenten zu deuten. Dazu werden die Faktorladungen als Korrelationskoeffizienten interpretiert. Beachtet man nur die Faktorladungen, die dem Betrage nach größer als 0,6 und in Tabelle 2.7 fett gedruckt sind, dann kommt man zu den folgenden Deutungen:

Hauptkomponente 1 hängt eng mit den Variablen X_1 bis X_9 zusammen, also mit

$$\text{Lf, pH, SO}_4\text{ W, Cl W, HCO}_3\text{ W, Ca W, K W, Mg W und Na W}.$$

Tabelle 2.7 Faktorladungen zur Hauptkomponentenanalyse für das Muldensystem

			F_1	F_2	F_3	F_4
1	Lf		**0,95**	−0,19	−0,01	0,15
2	pH		**0,65**	−0,12	0,02	0,00
3	SO_4	W	**0,83**	−0,02	−0,02	0,21
4	Cl	W	**0,90**	−0,20	−0,01	0,06
5	HCO_3	W	**0,75**	−0,39	0,08	0,08
6	Ca	W	**0,90**	−0,22	−0,11	0,24
7	K	W	**0,87**	−0,10	−0,18	0,07
8	Mg	W	**0,74**	−0,28	0,21	0,23
9	Na	W	**0,91**	−0,19	0,06	−0,03
10	Pb	W	0,20	0,45	−0,28	−0,49
11	Cd	W	0,05	**0,77**	−0,42	0,18
12	Zn	W	0,34	**0,78**	0,19	−0,05
13	As	S	0,00	**0,83**	0,16	0,04
14	Pb	S	0,35	**0,76**	−0,31	0,06
15	Cd	S	0,31	**0,82**	−0,07	−0,12
16	Cu	S	0,49	0,60	0,25	0,05
17	Zn	S	0,51	**0,76**	0,01	−0,36
18	Fe	S	−0,11	0,28	0,56	0,02
19	Co	S	−0,22	0,32	**0,80**	0,21
20	Mn	S	−0,35	0,38	0,41	−0,42
21	Cr	S	0,58	0,05	0,36	0,46
22	Ni	S	0,30	0,13	**0,74**	0,37

Diese Variablen bilden den oberen, isolierten Teil des Korrelationsgraphen von Bild 2.5 auf Seite 74. Es ist somit recht befriedigend all diese Größen mit einer Hauptkomponente verbunden zu sehen. Kluge u. a. (1996) deuteten den Faktor 1 als Ausdruck der *anthropogenen Belastung*, vor allem der Belastung durch kommunale Abwässer. Dass dieser Faktor dominiert, ist sicher plausibel.

Hauptkomponente 2 hängt eng mit den Variablen X_{11} bis X_{17} zusammen, also mit

Cd W, *Zn W*, As S, Pb S, *Cd S*, Cu S und *Zn S*.

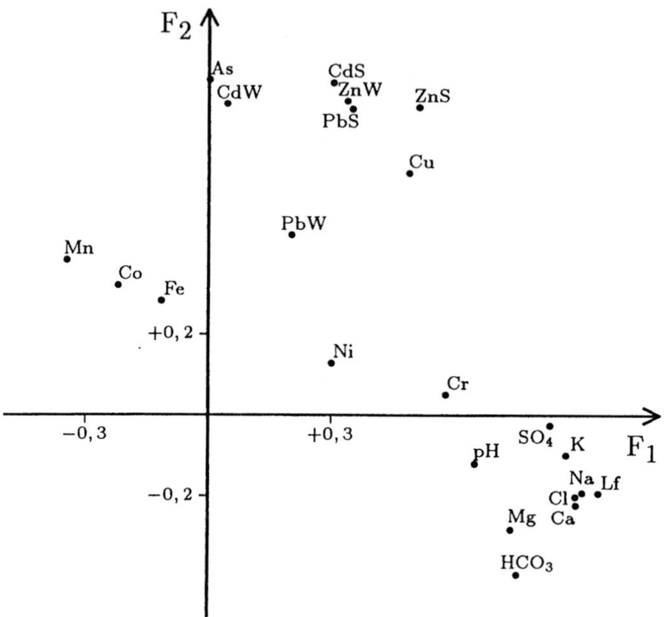

Bild 2.20a Graphische Darstellung der Faktorladungen bzw. der Zuordnung der Variablen Z_j im Koordinatensystem der F_l, ausgehend von den Ergebnissen der Hauptkomponentenanalyse (F_1, F_2)

Die kursiv gedruckten Größen bilden den zweiten isolierten Teil des Korrelationsgraphen, die übrigen entstammen dem dritten Teil. Aus Sicht der partiellen Korrelationskoeffizienten ist diese Gruppenbildung vielleicht nicht ganz verständlich. Von der Bedeutung der Variablen — es handelt sich im Wesentlichen um Schwermetalle — her erscheint aber diese Vereinigung zu einer Hauptkomponente als plausibel. Kluge u. a. (1996) verknüpften sie mit der sächsischen Metallindustrie, genauer mit der Buntmetallverhüttung und der Metallverarbeitung, die ja im Erzgebirgsbereich eine lange Tradition haben.

Hauptkomponente 3 hängt nur mit den beiden Variablen X_{19} und X_{22} zusammen, also mit

$$\text{Co S und Ni S}. \tag{2.24}$$

Das ist sicherlich ein unerwartetes Ergebnis, das aus dem Korrelationsgraphen nicht ablesbar war. Kluge u. a. (1996) sehen hier einen Zusammenhang mit der Nickelverhüttung und Galvanikindustrie.

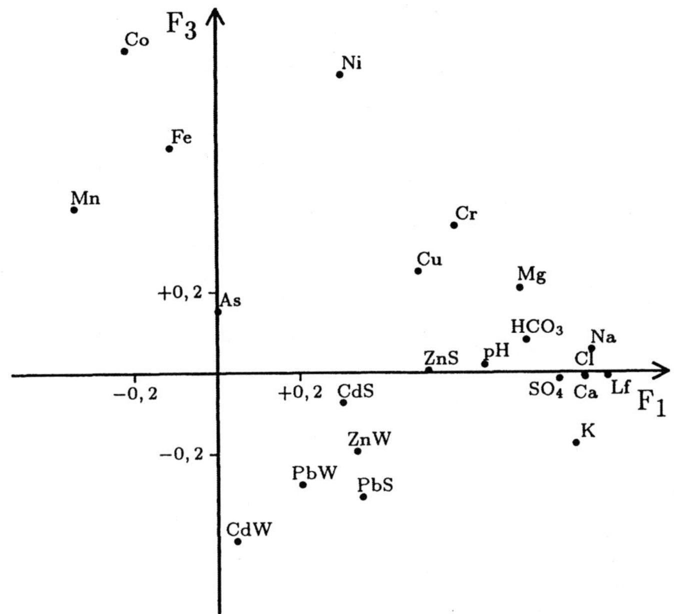

Bild 2.20b Graphische Darstellung der Faktorladungen bzw. der Zuordnung der Variablen Z_j im Koordinatensystem der F_l, ausgehend von den Ergebnissen der Hauptkomponentenanalyse (F_1, F_3)

Hauptkomponente 4 hängt mit keiner der Variablen eng zusammen, da keine der Ladungen dem Betrage nach größer als 0,6 ist. Erst weiter unten, wenn die weitergehenderen Methoden der Faktorenanalyse angewendet werden, wird es möglich sein, die dort auftretenden vier Faktoren zu interpretieren.

Die Variable X_{10} ist mit keiner der Hauptkomponenten enger verknüpft, was nicht überrascht, da X_{10} auch im Korrelationsgraphen isoliert ist.

Schließlich werden noch die Variablen X_1 bis X_{22} (genauer: Z_1 bis Z_{22}) im Koordinatensystem der Hauptkomponenten F_1, F_2 und F_3 dargestellt. Da drei Hauptkomponenten betrachtet werden, sind drei Punktmuster erforderlich, zu (F_1, F_2), (F_1, F_3) und (F_2, F_3). Jeder Variablen entspricht in den Bildern 2.20a bis 2.20c ein Punkt, die Koordinaten sind die Faktorladungen.

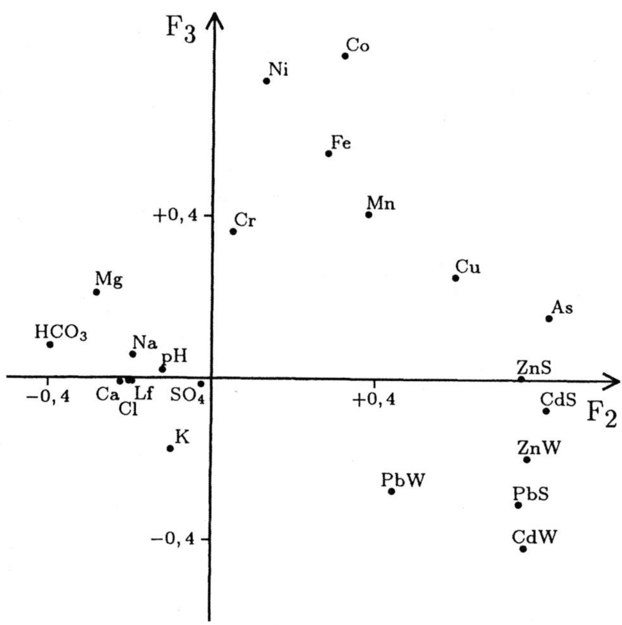

Bild 2.20c Graphische Darstellung der Faktorladungen bzw. der Zuordnung der Variablen Z_j im Koordinatensystem der F_l, ausgehend von den Ergebnissen der Hauptkomponentenanalyse (F_2, F_3)

Fortsetzung des Beispiels 2.1 auf Seite 117.

2.5.4 Faktorwerte bei der Hauptkomponentenanalyse

Die Ergebnisse der Hauptkomponentenanalyse können auch dazu benutzt werden, die Messwerte z_{ij} in die Betrachtungen einzubeziehen und mit den Hauptkomponenten in Beziehung zu setzen.

Die Gleichung (2.21) ist als eine Beziehung für die Zufallsgrößen Z_j erklärt worden. Mit den aus dem Eigenwertproblem für die empirische Korrelationsmatrix stammenden Ladungen gilt für jeden Messwert z_{ij} die Beziehung

$$z_{ij} = \sum_{l=1}^{m} c_{jl} f_{il} \quad \text{für } i = 1, \ldots, n, \ j = 1, \ldots, m \,. \tag{2.25}$$

Die in Gleichung (2.25) auftretenden Gewichte f_{il} heißen *Hauptkomponenten-* oder *Faktorwerte* (oder *Faktorscores*). Man beachte den Unterschied in der Benennung der a_{jl}, die Faktor*ladungen* heißen. In der Sprache der Zufallsgrößen sind die Faktorladungen deterministische Konstanten, während die Faktorwerte Realisierungen der Zufallsgrößen F_l sind. Der Faktorwert f_{il} charakterisiert die Wirkstärke der l-ten Hauptkomponente auf das i-te Objekt.

Die Faktorwerte können ebenfalls mit den Statistikprogrammpaketen bestimmt werden. Da sie mit den Objekten zusammenhängen, können sich sehr lange Listen ergeben. Daher ist eine graphische Darstellung besonders nützlich. Mit ihr werden die Objekte als Punkte im Koordinatensystem der Hauptkomponenten dargestellt:

Die Koordinate des Objekts i bezüglich der l-ten Hauptkomponente ist f_{il}. Das ermöglicht weitere Datenanalysen:

1. Die Deutung der Hauptkomponenten kann verbessert werden, indem zu Darstellungen wie in den vorangegangenen Bildern 2.20a bis 2.20c noch solche wie in den auf den weiter hinten gezeigten Bildern 2.22a bis 2.22c hinzugenommen werden.

2. Extreme Punkte können als Ausreißerobjekte interpretiert werden.

3. Die Objekte können den Hauptkomponentenwerten folgend klassifiziert werden. Die l-te Klasse besteht aus den Objekten i, auf die die Hauptkomponente F_l den größten Einfluss hat, wo also f_{il} größer als die f_{im} ist, $m \neq l$.

In einer kompakteren Darstellung können auch Gruppen von Objekten dargestellt werden, die z. B. aus dem gleichen Gebiet stammen.

In der nächsten Fortsetzung von Beispiel 2.1 wird die Anwendung der Faktorwerte im Rahmen der Faktorenanalyse ausführlicher behandelt, vergleiche Bild 2.22 ab Seite 121.

2.5.5 Die Faktorenanalyse

Im Folgenden werden die Grundideen der Faktorenanalyse dargestellt.

Im Vergleich zu dem Ansatz (2.21) wird jetzt allgemeiner geschrieben:

$$Z_j = \sum_{l=1}^{r} c_{jl} F_l + U_j \quad \text{für } j = 1, \ldots, m\,. \tag{2.26}$$

Dabei ist $r < m$, und die U_j sind weitere untereinander und von den F_l unabhängige Zufallsgrößen, die Fehler und nicht berücksichtigte weitere Einflüsse rerpräsentieren. Man ist bestrebt, die m Merkmale Z_j durch wenige — nämlich r — allgemeine *Faktoren* F_l und je einen spezifischen Faktor U_j zu erklären. Der Ansatz (2.26) ist sehr allgemein und lässt verschiedene Lösungen zu. Die

Faktoren F_l sind hypothetische, übergeordnete Zusammenhänge ausdrückende Variable, die die beobachteten Variablen Z_j „steuern“.

Der Grad, in dem die Faktoren die Variablen erklären, wird durch die sogenannten *Kommunalitäten* h_j charakterisiert. Sie liegen zwischen 0 und 1 (bzw. 0 % und 100 %) und sind gleich den Anteilen der Varianzen der Zufallsgrößen Z_j, die von den F_l herrühren,

$$h_j = 1 - \frac{\mathbf{var}U_j}{\mathbf{var}Z_j} \quad \text{für } j = 1, \ldots, m\,.$$

Erwünscht sind Kommunalitäten nahe an Eins. Bei den Rechnungen der Faktorenanalyse werden sie zunächst vom Statistiker geschätzt bzw. gewählt (sofern er das nicht dem Statistikprogrammpaket überlässt). Hierfür gibt es verschiedene Methoden, die in der Literatur beschrieben und in den Statistikprogrammpaketen realisiert werden. Man kann z. B. die Kommunalitäten einfach gleich 1 setzen, wie es bei der Hauptkomponentenanalyse geschieht. Ferner kann man als Kommunalität h_j den größten der Korrelationskoeffizienten r_{ij} wählen. Bei der Hauptachsenmethode kommen dann die gewählten Kommunalitäten in die Hauptdiagonale der Korrelationsmatrix. Danach sind einige Analyseschritte dieselben wie bei der Hauptkomponentenanalyse:

Berechnung der Eigenwerte der erhaltenen Matrix,

Festlegung der Anzahl der Faktoren, die in die weitere Betrachtung einbezogen werden sowie

Berechnung der Faktorladungen.

Die Faktorladungen hängen bei der Faktorenanalyse von der Anzahl der berücksichtigten Faktoren ab. Sie sind wieder die Korrelationskoeffizienten zwischen den Z_j und den F_l, wobei auch hier Formel (2.22) gilt. Man kann dementsprechend schon die ersten vom Computer errechneten Faktorladungen benutzen, um eine Interpretation der Faktoren zu versuchen.

Wenn man nicht mit dem Ergebnis zufrieden ist, sollte man die weiteren, leistungsfähigeren Methoden der Faktorenanalyse einsetzen. Sie erzeugen neue unkorrelierte Faktoren mit gleichen Streuungen durch Drehung des Koordinatensystems der bisherigen Faktoren. (Daher heißen die Verfahren zum Beispiel Varimax-Rotation oder ähnlich.) Dabei wird das Ziel verfolgt, dass für jeden Faktor einige wenige Variable hohe Ladungen haben. Das ermöglicht eine verbesserte Interpretation der Faktoren, die wie in Abschnitt 2.3.5 geschieht. Der endgültige Ausdruck des Computers liefert die *rotierte Faktormatrix*, also die Korrelationskoeffizienten der Variablen und neuen Faktoren. Dazu werden die schließlich erreichten Kommunalitäten ausgewiesen.

Für das Verständnis der Ergebnisse ist es schließlich bedeutungsvoll, dass auch *Faktorwerte* angegeben werden können, also Koeffizienten f_{il} in einer Gleichung (2.25) entsprechenden Darstellung der z_{ij}. Damit kann für jedes Objekt der Zusammenhang zu den Faktoren charakterisiert werden: Dem i-ten Objekt entspricht ein Punkt im Koordinatensystem der Faktoren F_l mit den Koordinaten f_{il} $(l = 1, \ldots, r)$. Das hilft einerseits bei der Interpretation der Faktoren, andererseits kann so Struktur in die Messwerte gebracht werden. Nicht selten werden ausgehend von der hier gegebenen Koordinatendarstellung Cluster von Objekten gebildet, z. B. mit Methoden der Clusteranalyse.

Übrigens können die f_{il} im Gegensatz zur Situation bei der Hauptkomponentenanalyse nicht exakt bestimmt werden. Die Beziehung (2.26) ist bei gegebenen Messwerten z_j und gegebenen Ladungen c_{jl} eine Regressionsgleichung mit unbekannten „Parametern“ f_{il}, und man kann diese Faktorwerte f_{il} zum Beispiel als Kleinste-Quadrat-Schätzungen bestimmen. Zu beachten ist noch, dass oft die Faktorwerte von den Statistikprogrammen in standardisierter Form geliefert werden. Das heißt, die Faktorwerte f_{il} zum gleichen Faktor F_l werden einer Z-Transformation unterworfen. Das erleichtert die graphische Darstellung und weitere statistische Analysen.

Beispiel 2.1 Muldenwasser.

Fortsetzung des Beispiels 2.1 von Seite 114.
Die aus der Hauptkomponentenanalyse erhaltenen Ergebnisse in Tabelle 2.7 auf Seite 111 können nicht voll befriedigen, da der vierte Faktor nicht interpretierbar ist. Deshalb ist versucht worden mittels Varimax-Rotation das Ergebnis zu verbessern.

Tabelle 2.8 auf der nächsten Seite zeigt, dass das in der Tat gelungen ist. Es gibt jetzt für alle vier Faktoren höher korrelierte Variable. Die Interpretation der Faktoren ist nunmehr wie folgt:

Faktor 1 wie auf Seite 110.

Faktor 2 im wesentlichen wie auf Seite 111. Die Variable X_{16} (Cu S) erreicht nicht ganz 0,6, dafür aber hat auch X_{10} (Pb W) einen relativ hohen Wert, nämlich 0,55.

Faktor 3 hat gegenüber Seite 112 seine Bedeutung verändert. Er ist jetzt hoch korreliert mit den Variablen X_{18}, X_{19} und X_{20}. Der Interpretation in Kluge u. a. (1996) folgend kann hier ein Zusammenhang gesehen werden mit dem Prozess der Fe-, Co- und Mn-Auswaschung in das Sediment aus versauerten Waldböden.

Faktor 4 hängt nun, der Veränderung von Faktor 3 folgend, mit den Variablen X_2, X_{16} und X_{21} zusammen. Man kann ihn offensichtlich so interpretieren wie

Faktor 3 auf Seite 112.

Tabelle 2.8 Faktorladungen zur Faktoranalyse nach Varimax-Rotation für das Muldensystem

			F_1	F_2	F_3	F_4
1	Lf		**0,97**	0,09	−0,11	0,10
2	pH		**0,62**	0,07	−0,13	0,18
3	SO_4	W	**0,84**	0,22	0,01	0,02
4	Cl	W	**0,89**	0,07	−0,16	0,15
5	HCO_3	W	**0,82**	−0,17	−0,13	0,13
6	Ca	W	**0,94**	0,05	−0,08	0,03
7	K	W	**0,84**	0,21	−0,23	0,04
8	Mg	W	**0,83**	−0,12	0,10	0,10
9	Na	W	**0,89**	0,06	−0,15	0,24
10	Pb	W	0,06	0,55	−0,08	−0,06
11	Cd	W	−0,16	**0,84**	−0,04	−0,17
12	Zn	W	0,11	**0,86**	0,07	0,06
13	As	S	−0,16	**0,70**	0,47	0,08
14	Pb	S	0,12	**0,88**	−0,07	0,06
15	Cd	S	0,04	**0,85**	0,12	0,19
16	Cn	S	0,19	0,59	0,08	**0,63**
17	Zn	S	0,23	**0,83**	0,09	0,33
18	Fe	S	−0,19	0,05	**0,78**	0,01
19	Co	S	−0,19	−0,03	**0,83**	0,32
20	Mn	S	−0,29	0,12	**0,68**	−0,06
21	Cr	S	0,39	0,08	−0,10	**0,74**
22	Ni	S	0,16	−0,05	0,28	**0,85**

Bild 2.21 liefert eine graphische Darstellung der Faktorladungen. Man erkennt im Vergleich mit Bild 2.20 sehr schön den Effekt der Varimax-Rotation: Viele der Punkte, die den Variablen entsprechen, liegen jetzt dicht an den Faktorachsen.

Bild 2.22 schließlich gibt die Proben als Punkte im Koordinatensystem der Faktoren wider. Zur Darstellung werden die Faktorwerte benutzt.

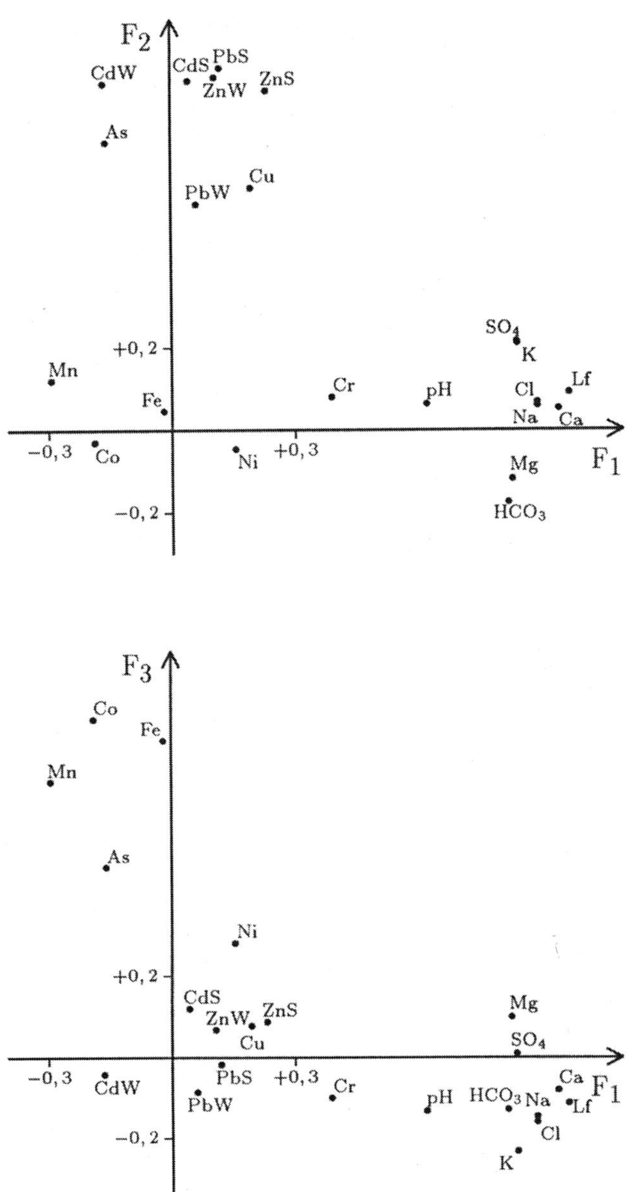

Bild 2.21a Graphische Darstellung der Faktorladungen bzw. der Zuordnung der Variablen Z_j im Koordinatensystem der F_l, ausgehend von den Ergebnissen der Faktorenanalyse nach Varimax-Rotation. Dabei ist zu beachten, dass vor der Rotation eine etwas von Bild 2.20 abweichende Konfiguration vorgelegen hat; oben: (F_1, F_2), unten: (F_1, F_3)

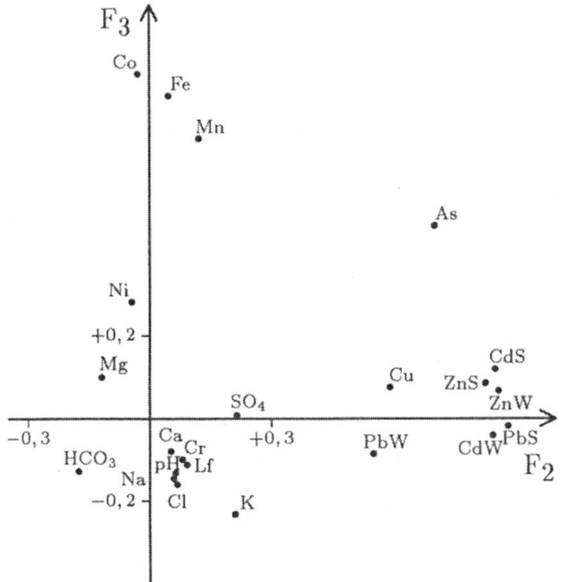

Bild 2.21b Graphische Darstellung der Faktorladungen bzw. der Zuordnung der Variablen Z_j im Koordinatensystem der F_l, ausgehend von den Ergebnissen der Faktorenanalyse nach Varimax-Rotation. Dabei ist zu beachten, dass vor der Rotation eine etwas von Bild 2.20 abweichende Konfiguration vorgelegen hat (F_2, F_3)

Die drei den Flussbereichen entsprechenden Punktwolken sind erwartungsgemäß nicht sehr deutlich voneinander getrennt. Mit etwas räumlichem Vorstellungsvermögen erkennt man aber vielleicht, dass sich die der Freiberger Mulde entsprechende Wolke aus ∘ längs der positiven F_2-Achse erstreckt und einen Klumpen in der Umgebung des Koordinatenursprungs bildet, der im Wesentlichen unter der Ebene $F_3 = 0$ liegt. Die der Zwickauer Mulde entsprechende Wolke aus × ist entlang der F_1-Achse verteilt mit einem Klumpen um den Nullpunkt. Bei negativen F_1-Werten treten überwiegend positive F_3-Werte auf.

Schließlich liegt die der Vereinigten Mulde entsprechende Punktwolke aus • um die positive F_1-Achse herum.

Damit zeigen sich die Auswirkungen des Buntmetallbergbaus und der Buntmetallverhüttung und -verarbeitung im Freiberger Revier auf das Muldenwasser. Dagegen erweist sich das Wasser der Zwickauer und Vereinigten Mulde als überwiegend durch kommunale Abwässer beeinflusst. In Kluge u. a. (1996) wird mit feineren Analysemethoden dieses Ergebnis detaillierter in Karten des Flussgebietes dargestellt. Eine vereinfachte Version einer solchen Karte ist Bild 2.23. A. Kluge hat das Fluss-System in Abschnitte eingeteilt, die durch die Probenahme gegeben sind. Die Zuordnung zu den vier Gruppen erfolgte

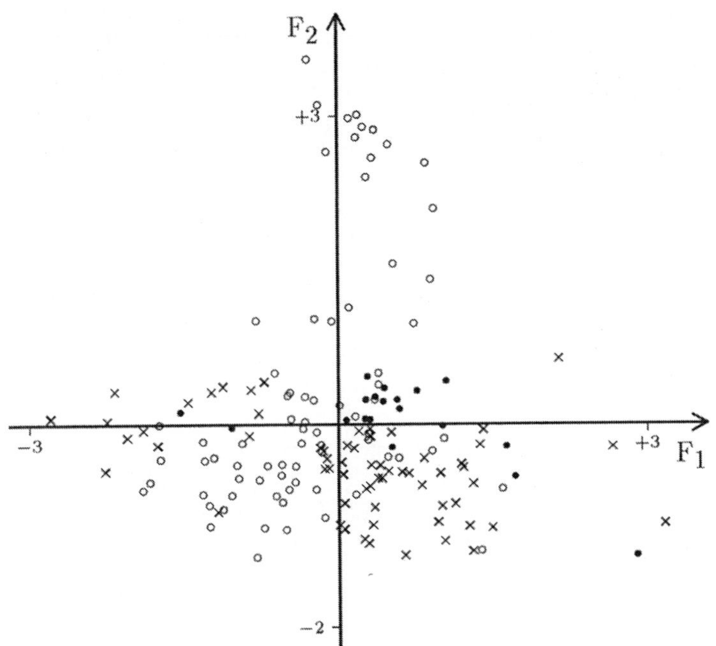

Bild 2.22a Graphische Darstellung von 157 Proben als Punkte im Koordinatensystem der Faktoren. ∘ = Freiberger Mulde, 75 Proben; × = Zwickauer Mulde, 63 Proben; • = Vereinigte Mulde, 19 Proben (F_1, F_2)

entsprechend den Faktorenwerten der Proben. Eine Probe ist von A. Kluge der Gruppe i zugeordnet worden, wenn ihr i-ter Faktorenwert (Koordinate im Koordinatensystem der Faktoren) unter den vier vorliegenden Faktorwerten der größte ist, unter Berücksichtigung der Vorzeichen. Somit werden die Gruppen wie die Faktoren interpretiert.

Als Alternative zu der von der Faktorenanalyse ausgehenden Einteilung in Teilgebiete ist auch eine Clusteranalyse versucht worden. Es ergab sich eine Einteilung, die sich teilweise, aber nicht wesentlich von der oben beschriebenen unterscheidet. Bild 2.24 auf Seite 125 zeigt die Vier-Cluster-Lösung im Koordinatensystem der Faktoren F_1 und F_2.

Die Autoren danken Herrn Dr. A. Kluge vom Institut für Mineralogie der TU Bergakademie Freiberg für die freundliche Überlassung der Daten und für anregende Diskussionen über die Interpretation der Ergebnisse der statistischen Analysen.

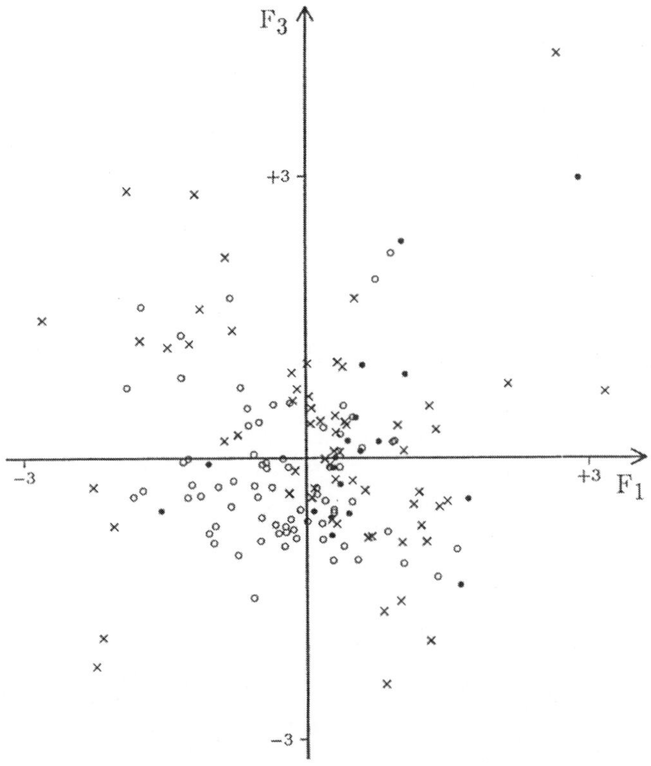

Bild 2.22b Graphische Darstellung von 157 Proben als Punkte im Koordinatensystem der Faktoren. ∘ = Freiberger Mulde, 75 Proben; × = Zwickauer Mulde, 63 Proben; • = Vereinigte Mulde, 19 Proben (F_1, F_3)

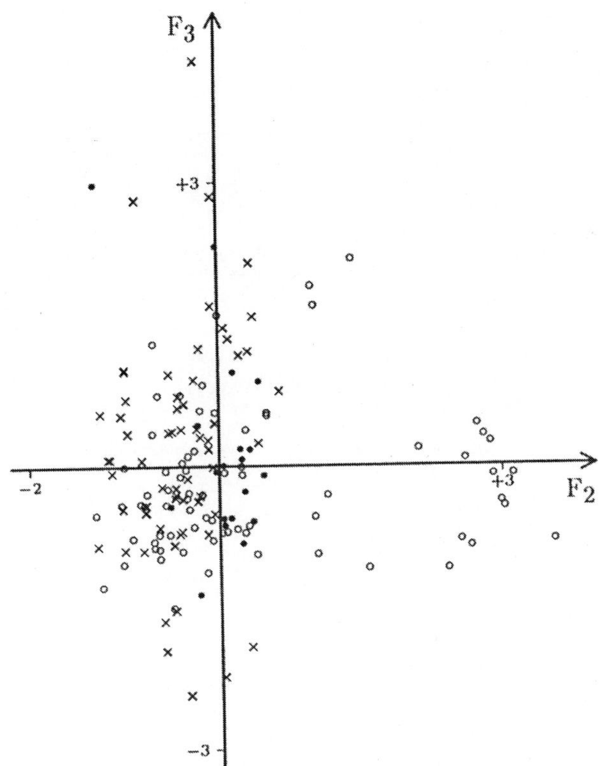

Bild 2.22c Graphische Darstellung von 157 Proben als Punkte im Koordinatensystem der Faktoren. ∘ = Freiberger Mulde, 75 Proben; × = Zwickauer Mulde, 63 Proben; • = Vereinigte Mulde, 19 Proben (F_2, F_3)

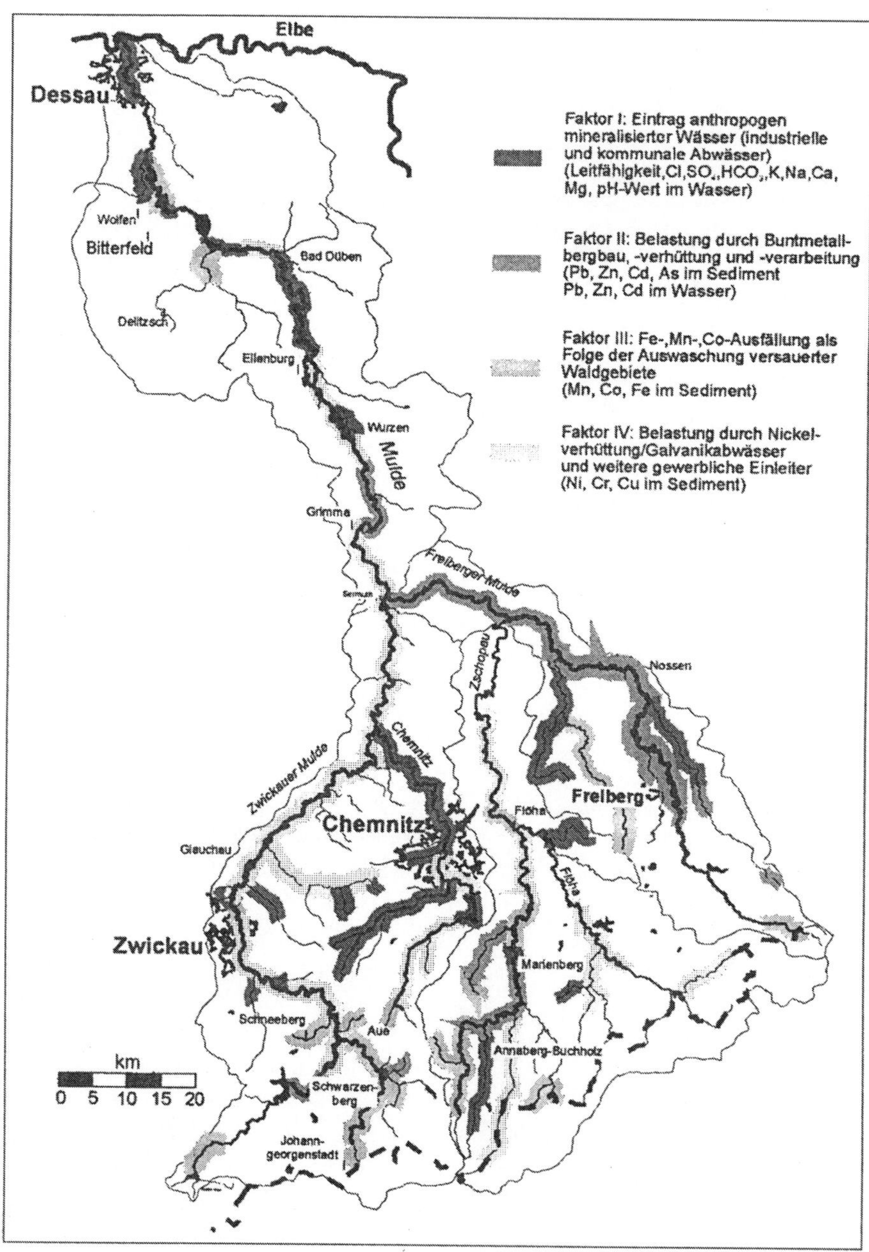

Bild 2.23 Darstellung des Fluss-Systems der Mulde mit Zuordnung der Flussabschnitte zu den Faktoren F_1 bis F_4 (nach A. Kluge)

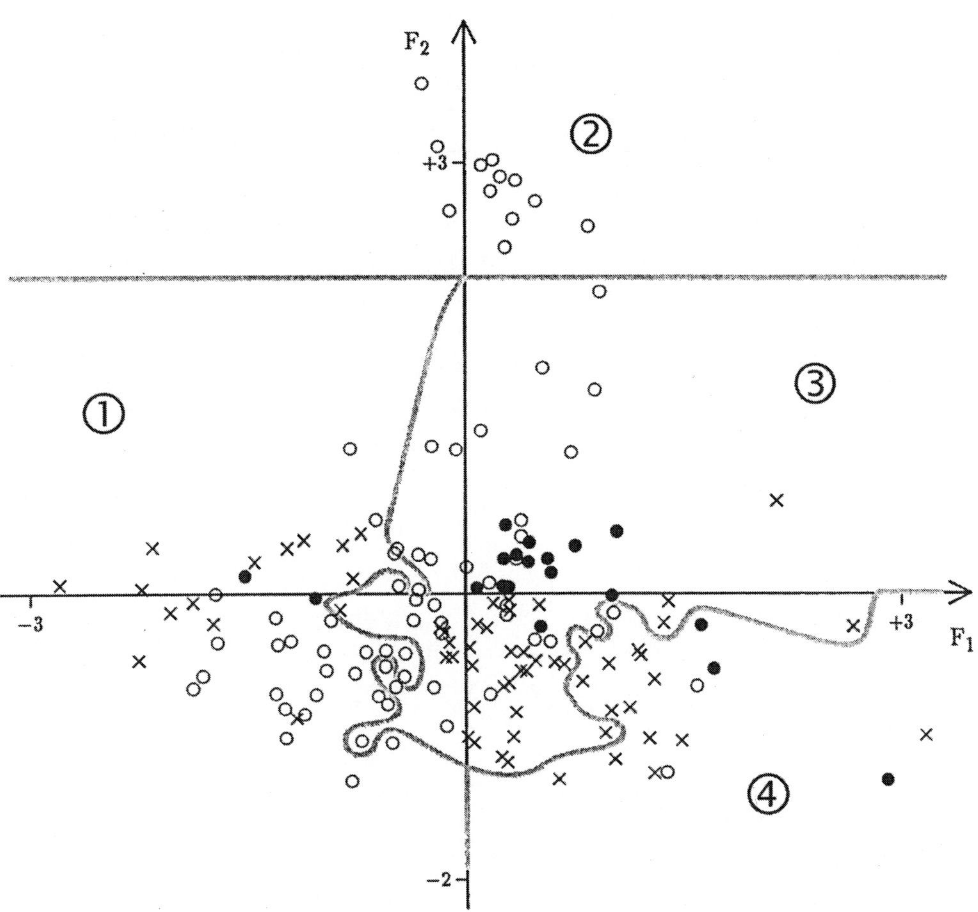

Bild 2.24 Darstellung der vier Cluster, die sich bei einer Clusteranalyse für das Muldensystem mittels Ward-Algorithmus ergeben haben. Das erste Cluster liegt unterhalb der waagerechten Linie und links von der unregelmäßigen Linie und der F_2-Achse; das zweite liegt oberhalb der waagerechten Linie (um die positive F_2-Achse); das dritte Cluster liegt unterhalb der waagerechten Linie und rechts oberhalb der unregelmäßigen Linie; das vierte liegt unterhalb der unregelmäßigen Linie und rechts von der negativen F_2-Achse

Ende des Beispiels 2.1 •

2.5.6 Literatur und Programme zur Hauptkomponenten- und Faktorenanalyse

Ausführlichere Darstellungen der Faktorenanalyse findet man zunächst in den Büchern über multivariate Statistik. Es seien hier genannt: Backhaus, Erichson, Plinke und Weiber (1990), Dillon und Goldstein (1984), Fahrmeir und Hamerle (1984), Falk, Becker und Marohn (1995) sowie Hartung und Elpelt (1984). Interessenten, die noch tiefer in die Theorie eindringen wollen, seien auf das klassische Buch von Überla (1972) verwiesen.

Ein sehr schönes Beispiel der Anwendung der Faktorenanalyse in den Geowissenschaften (zur Faziesanalyse) ist Kühl, Schreiber und Scheffler (1996).

2.6 Clusteranalyse

2.6.1 Einleitung

Das Ziel der Clusteranalyse besteht darin Objekte aus einer Menge von Objekten zu Gruppen oder Clustern zusammenzufassen. Sie dient damit der Datenreduktion, weil Gruppen ähnlicher Objekte in weiteren Analysen eventuell als neue „Oberobjekte" oder Klassen betrachtet werden können. Große Umweltdatenstrukturen können so übersichtlicher gemacht werden.

Wie in Abschnitt 2.1 sollen n Objekte und m Variable betrachtet werden. Das i-te Objekt ist durch die Variablenwerte x_{ij} $(i = 1, \ldots, n,\ j = 1, \ldots, m)$ charakterisiert. Es sei daran erinnert, dass Objekte zum Beispiel Mess-Stellen oder Lebewesen sind. Im Gegensatz zu der Betrachtungsweise in den Abschnitten 2.2 und 2.3 wird jetzt nicht angenommen, dass die Objekte „homogen" sind, in dem Sinne, dass sie gleichartige Lieferanten von Variablenwerten sind, aus denen man getrost Mittelwerte und Streuungen berechnen kann. Vielmehr kommt es jetzt auf die Unterschiede und Ähnlichkeiten der Objekte an, um zu einer sinnvollen Einteilung der Objekte in Gruppen zu gelangen. Solche Gruppen werden weiter unten aus sächsischen Stadt- und Landkreisen nach ihrem Abfallaufkommen gebildet. Schon auf Seite 125 ist das Ergebnis einer Clusteranalyse dargestellt worden, die Einteilung der Probenahmestellen des Muldensystems in vier Cluster. Bild 2.6 zeigt zwei Cluster, die zu langen und kurzen Zyklen des Old Faithful Geysirs gehören.

Bei der Clusterbildung spielen die Variablenwerte eine entscheidende Rolle: Man wird natürlich Objekte mit ähnlichen Variablenwerten gleichen Clustern zuordnen. Dafür gibt es unterschiedliche Herangehensweisen, die auch auf unterschiedliche Ergebnisse führen können. Man könnte zum Beispiel von

„Repräsentationsobjekten“ ausgehen und die Objekte den Variablenwerten entsprechend den Clustern zuordnen.

In den meisten Anwendungen werden sogenannte hierarchische und agglomerative Verfahren benutzt. Sie arbeiten iterativ, schrittweise werden die Objekte zu immer größeren Clustern zusammengefasst. Zunächst bildet jedes Objekt für sich allein ein Cluster. (Somit spricht man in den weiteren Rechenschritten nur noch von Clustern und nicht mehr von Objekten.) In jedem Schritt werden gerade die beiden Cluster zu einem neuen, größeren Cluster zusammengefasst, die in einem bestimmten Sinne am nächsten zueinander liegen, zu denen die kleinste „Proximität“ gehört. Die Zusammenfassung der Cluster zu größeren Clustern wird solange fortgesetzt, bis nur noch zwei Cluster vorhanden sind, die dann ohne weitere Diskussion zu einem Cluster zusammengefasst werden können.

Man erkennt, dass „Abstände“ oder „Proximitäten“ eine wichtige Rolle spielen, sowohl für die Objekte als auch für die im Verlaufe der Rechnungen entstehenden Cluster.

Im Folgenden wird eine Skizze gegeben, um dem Anfänger einen Eindruck von den Möglichkeiten der Clusteranalyse zu geben. Dabei werden nur metrische Variable betrachtet; die Clusteranalyse ist aber auch in der Lage, nichtmetrische Daten zu verarbeiten. Auch hier ist zu sagen, dass man ohne einen leistungsfähigen Computer verloren ist, da langwierige, viele Datenwerte benutzende Rechnungen erforderlich sind.

2.6.2 Proximitäten und Fusionsalgorithmen

Theoretisch gibt es viele Möglichkeiten für die quantitative Bewertung der Unterschiede zweier Objekte O_i und O_k. Zwei Beispiele für die Proximität $d(O_i, O_k)$ sind

$$d_1(O_i, O_k) = \sum_{j=1}^{m} |x_{ij} - x_{kj}|$$

und

$$d_2(O_i, O_k) = \sqrt{\sum_{j=1}^{m} (x_{ij} - x_{kj})^2}\,.$$

Im ersten Fall spricht man von der City-Block-Metrik. Hier werden die Absolutbeträge der Differenzen der Variablenwerte der beiden Objekte addiert. Der zweite Abstand ist die Euklidische Distanz.

In den meisten Anwendungen benutzt man allerdings nur eine einzige Form der Abstandsbewertung, nämlich die quadrierte Euklidische Distanz

$$d_s(O_i, O_k) = \sum_{j=q}^{m} (x_{ij} - x_{kj})^2 \,. \tag{2.27}$$

Hierbei können allerdings einzelne größere Differenzen von Variablenwerten eine große Rolle spielen.

Meist wird empfohlen vor der Berechnung der Proximitäten eine Z-Transformation der Variablenwerte durchzuführen. Damit sollen Skalierungsunterschiede ausgeglichen werden. In der Tat hat ja die Skalierung einen gewaltigen Einfluss auf die quadrierte Euklidische Distanz.

Beispiel. Es seien vier Objekte durch je zwei Variablenwerte charakterisiert:
$x_{11} = 25$, $x_{21} = 19$, $x_{31} = 12$, $x_{41} = 13$,
$x_{12} = 2$, $x_{22} = 9$, $x_{32} = 8$, $x_{42} = 3$.
Alle vier Objekte haben, als Punkte des zweidimensionalen Raumes mit den Koordinaten $(x_{i1}; x_{i2})$ aufgefasst, ziemlich große quadrierte Euklidische Abstände; der kleinste dieser Werte ist der quadrierte Abstand 26 zwischen dem 3. und 4. Punkt. Wenn die erste Variable neu skaliert wird, nämlich die Zahlenwerte durch 10 geteilt werden, dann ergeben sich die neuen Variablenwerte
$x_{11} = 2{,}5$, $x_{21} = 1{,}9$, $x_{31} = 1{,}2$, $x_{41} = 1{,}3$,
$x_{12} = 2$, $x_{22} = 9$, $x_{32} = 8$, $x_{42} = 3$.
Jetzt liegen die Objekte O_1 und O_4 sowie O_2 und O_3 dicht beieinander. Ihre quadrierten Euklidischen Abstände sind gleich 2,44 bzw. 1,49.

Die einzelnen hierarchischen und agglomerativen Clusteranalysealgorithmen unterscheiden sich dadurch, wie der bisher noch nicht erklärte Begriff der „Proximität zweier Cluster“ definiert ist, d. h. wie Abstände von Clustern berechnet werden. Beispielhaft seien hier die Verfahren Average Linkage und Ward-Algorithmus erklärt.

Average Linkage

Es seien C_r und C_s zwei Cluster, die in einem Schritt des Algorithmus' zu dem neuen Cluster C_u vereinigt werden sollen. Ferner sei C_t ein weiteres Cluster, das in diesem Schritt unverändert bleibt. Wenn $d(C_r, C_t)$ beziehungsweise $d(C_s, C_t)$ die Proximität von C_r zu C_t beziehungsweise von C_s zu C_t bezeichnet, ergibt sich die Proximität des neuen Clusters C_u zu C_t gemäß

$$d(C_u, C_t) = \frac{1}{2}(d(C_r, C_t) + d(C_s, C_t)) \,. \tag{2.28}$$

Die Mittelwertsbildung nach Formel (2.28) kann verfeinert werden, indem für $d(C_u, C_t)$ der Mittelwert der Proximitäten für alle Paare von Objekten aus den beiden vereinigten Clustern genommen wird.

Ward-Algorithmus

Mit den gleichen Bezeichnungen wie beim Average Linkage Verfahren gilt hier

$$\begin{aligned} d(C_u, C_t) &= \frac{1}{n}|(n_r + n_t)d(C_r, C_t) + \\ &\quad + (n_s + n_t)d(C_s, C_t) - n_t d(C_r, C_s)| \,. \end{aligned} \tag{2.29}$$

Dabei sind n_r, n_s und n_t die Anzahlen der Objekte, die zu den Clustern C_r, C_s und C_t gehören. Ferner ist $n = n_r + n_s + n_t$.

Die komplizierte Formel bewirkt, dass ziemlich homogene Cluster mit geringen Abständen der Objekte zu den Clusterzentren erzielt werden, wenn quadrierte Euklidische Distanzen verwendet werden.

Das Ergebnis einer hierarchischen und agglomerativen Clusteranalyse ist ein „Dendrogramm“, wie es zum Beispiel in Bild 2.25 auf Seite 132 dargestellt ist. Das Dendrogramm zeigt, bei welchen Distanzen jeweils welche Objekte oder Cluster zu größeren Clustern zusammengefasst werden.

Damit wird die Hierarchie der Clusterstruktur gut sichtbar. Man erkennt, welche Cluster sich ergeben, wenn man einen bestimmten Wert d_0 der Distanz vorgibt: Das sind alle Cluster, die an Dendrogrammlinien hängen, die von der zu d_0 gehörenden Geraden geschnitten werden. Wenn eine bestimmte Anzahl von Clustern vorgeschrieben worden ist, kann man durch Wahl eines passenden d_0 leicht die gesuchten Cluster ermitteln.

Beim Ward-Algorithmus ist es üblich, anstelle der Distanzen, bei denen die Clusterfusionen stattfinden, Werte von sogenannten Fehlerquadratsummen anzugeben. Das ist natürlich, weil hinter dem Verfahren ein Varianz-Kriterium steht, vgl. Backhaus u. a. (1990) und Steinhausen und Langer (1977). Die Clusterstruktur wird dadurch aber nicht beeinflusst, da ja die nach Formel (2.29) bestimmten Abstände für die Fusionierung der Cluster maßgeblich sind.

Von den kommerziellen Programmen werden die Dendrogramme meist in vereinfachter Form dargestellt. Dabei werden die Abstände skaliert (bei SPSS auf das einheitliche Intervall 0 ... 25), und die Abstände werden auf ganzzahlige Werte gerundet. Die wahren Fusionierungsabstände können einer vom Computer ausgedruckten Tabelle entnommen werden. Ferner werden Listen der Objekte für die 2-, 3-, ..., n-Cluster-Lösungen erstellt.

Die verschiedenen Clusteranalysealgorithmen liefern i. Allg. verschiedene Lösungen. Dabei haben die einzelnen Verfahren charakteristische Eigenschaften, die in der Fachliteratur diskutiert werden. Speziell dem Ward-Algorithmus wird die Eigenschaft zugeschrieben, „gute“, „homogene“ Cluster zu liefern, wenn keine Ausreißer vorliegen und die „wahren“ Cluster etwa gleich groß sind. Wenn sich für die gleichen Daten mit verschiedenen Algorithmen ähnliche Lösungen ergeben, sollte das das Vertrauen in den Wert der erhaltenen Clustereinteilung erhöhen.

Für die Interpretation der einzelnen Cluster kann es hilfreich sein die Mittelwerte der Variablen für die zu den einzelnen Clustern gehörigen Objekte zu bestimmen. Man erkennt dann möglicherweise, welche Variablen oder welche Variablenbereiche für die Clusterbildung bedeutungsvoll sind.

Beispiel 2.5 Abfallaufkommen im Regierungsbezirk Chemnitz (Freistaat Sachsen).

Im Landesabfallwirtschaftsbericht 1993 von Sachsen (= Abfall (1995)) findet man statistische Angaben zum Abfallaufkommen in den damals existierenden Stadt- und Landkreisen. Tabelle 2.9 zeigt die einwohnerbezogenen Werte für den Regierungsbezirk Chemnitz, wobei der Kreis Zwickau-Land wegen einer fehlenden Angabe weggelassen worden ist. (Es ist nur dieser Regierungsbezirk betrachtet worden, um eine übersichtliche Darstellung zu erreichen.) Dabei werden vier Abfallarten berücksichtigt, nämlich

Restabfälle,
sperrige Abfälle,
biologisch abbaubare organische Abfälle und
DSD-Altstoffe,

wobei die Angaben in kg je Einwohner und Jahr gemacht werden.

Es ist zu beachten, dass das Jahr 1993 noch in der Übergangsphase nach der Wiedervereinigung liegt, in der gewaltige Veränderungen im Abfallaufkommen im Vergleich zur DDR-Zeit stattgefunden haben. Anfang der neunziger Jahre haben zum Beispiel viele Ostdeutsche ihre alten DDR-Möbel und Hausgeräte abgestoßen und neue gekauft. Es hat damals (und in bestimmtem Maße gibt es sie auch heute noch) große Unterschiede zum Abfallaufkommen in den westlichen Bundesländern gegeben.

Mittels Clusteranalyse soll untersucht werden, ob sich die Kreise zu Gruppen mit strukturell ähnlichem Abfallaufkommen zusammenfassen lassen. Dabei wird bewusst die Einwohnerdichte nicht mit als Variable berücksichtigt; es soll nicht von vornherein unterstellt werden, dass zwischen Einwohnerdichte und Abfallaufkommen je Einwohner ein Zusammenhang besteht.

Bild 2.25 zeigt das nach dem Average-Linkage-Algorithmus erhaltene

Tabelle 2.9 Abfallaufkommen für 1993 im Regierungsbezirk Chemnitz ohne den Kreis Zwickau-Land, Angaben in kg je Einwohner und Jahr

Kreis	Abk.	Rest-müll	Sperr-müll	Duales System	Bio-	Einwohner-dichte
Annaberg	ANA	352	74	63	46	198
Aue	AU	305	75	84	78	299
Auerbach	AE	146	27	91	42	272
Brand-Erbisdorf	BED	228	55	103	6	99
Chemnitz	C-L	418	87	99	8	321
Flöha	FLÖ	248	99	83	6	189
Freiberg	FG	167	210	102	117	242
Glauchau	GC	148	65	53	72	347
Hainichen	HC	416	128	80	18	190
Hohenstein-E.	HOT	378	292	63	72	417
Klingenthal	KLI	181	64	95	17	138
Marienberg	MAB	210	107	101	52	138
Oelsnitz	OEL	183	56	102	13	102
Plauen	P-L	164	116	58	8	89
Reichenbach	RC	466	120	78	25	329
Rochlitz	RL	290	65	45	235	148
Schwarzenberg	SZB	229	38	85	9	278
Stollberg	STL	130	49	47	51	377
Werdau	WDA	380	25	76	40	313
Zschopau	ZP	246	35	57	7	240
Chemnitz-Stadt	C-S	335	119	82	48	2165
Plauen-Stadt	P-S	352	119	67	76	1206
Zwickau-Stadt	Z-S	355	118	84	58	1819

Dendrogramm. Dabei ist ein privates Clusteranalyseprogramm benutzt worden, das eine etwas feinere Darstellung als manche kommerziellen Programme (z. B. SPSS) liefert.

Das nach dem Ward-Algorithmus erhaltene Dendrogramm ist auf Bild 2.26 dargestellt. Die Skala unterhalb des Dendrogramms zeigt wie in Steinhausen und Langer (1977) die Abstände, bei denen jeweils die Teilcluster vereinigt worden sind. Kommerzielle Programme wie z. B. SPSS zeigen stattdessen die Werte der

Fehlerquadratsummen. Das hat aber auf die erhaltenen Cluster keinen Einfluss.

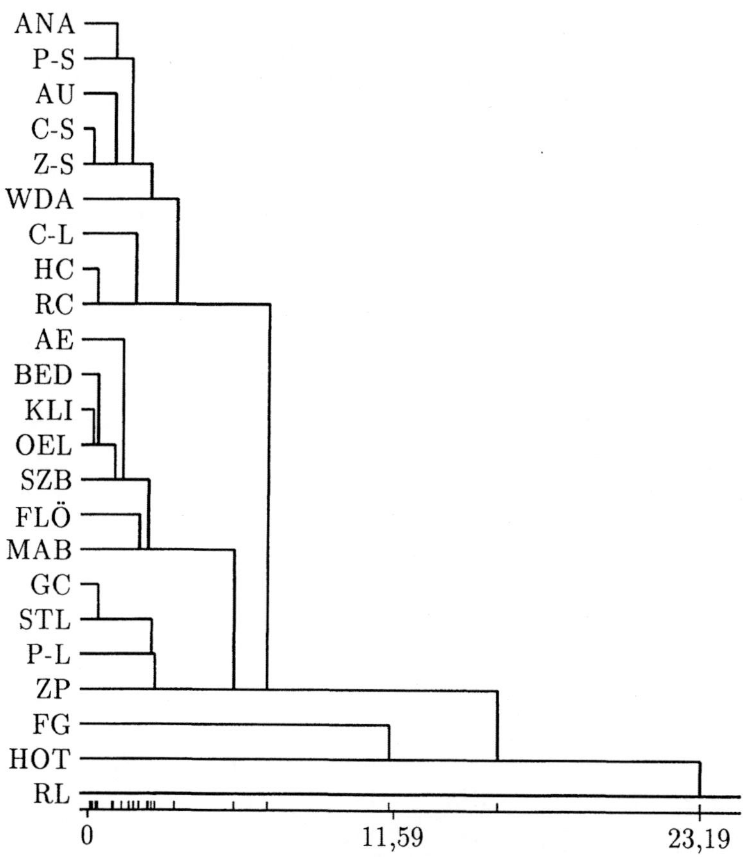

Bild 2.25 Dendrogramm nach dem Average-Linkage-Algorithmus für das Abfallaufkommen im Regierungsbezirk Chemnitz ohne den Kreis Zwickau-Land

Wenn man beide Dendrogramme vergleicht, stellt man erfreulicherweise fest, dass trotz gewisser äußerlicher Unterschiede die Clusterstruktur sehr ähnlich ist. Der Einfluss des Clusterbildungsverfahrens ist hier also gering, was die Glaubwürdigkeit des Ergebnisses erhöhen mag.

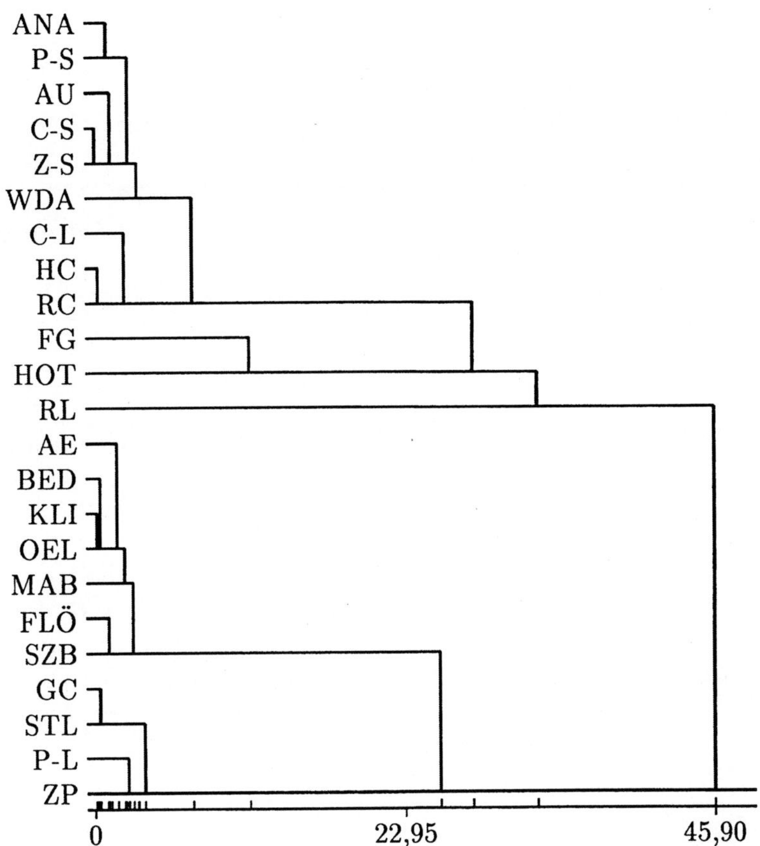

Bild 2.26 Dendrogramm nach dem Ward-Algorithmus für das Abfallaufkommen im Regierungsbezirk Chemnitz ohne den Kreis Zwickau-Land

Mit beiden Algorithmen kommt man zu drei großen Clustern. Das erste besteht aus den Kreisen

Annaberg-Buchholz,
Aue,
Chemnitz-Land,
Chemnitz-Stadt,
Hainichen,

Plauen-Stadt,
Reichenbach,
Werdau und
Zwickau-Stadt.

Dieses Cluster enthält alle drei Stadtkreise des Regierungsbezirkes Chemnitz; die mittlere Einwohnerdichte der neun Kreise beträgt 760 Einwohner/km^2. In diesem Cluster treten sehr hohe Restabfallmengen auf; das mittlere Aufkommen beträgt 375 kg/E. Auch die mittlere Menge sperriger Abfälle ist mit 96 kg/E ziemlich groß. Man könnte hier an ein Cluster mit Kreisen mit einem städtisch geprägten Altstoffaufkommen denken.

Das zweite Cluster besteht aus den Landkreisen

Auerbach,
Brand-Erbisdorf,
Flöha,
Klingenthal,
Marienberg,
Oelsnitz und
Schwarzenberg.

Das sind stärker landwirtschaftlich geprägte Kreise mit einer mittleren Einwohnerdichte von 174 E/km^2. Vermutlich sind das geringe mittlere Restabfallaufkommen von 203 kg/E und das geringe mittlere Aufkommen sperriger Abfälle von 21 kg/E mit der geringen Bevölkerungsdichte erklärbar (vgl. auch Abfall, 1995, S. 118); offenbar werden in diesen Kreisen besonders viele Abfälle kompostiert oder im Ofen verbrannt.

Das dritte Cluster besteht aus den Landkreisen

Glauchau,
Stollberg,
Plauen-Land und
Zschopau.

Hier beträgt die mittlere Einwohnerdichte 263 E/km^2. Es liegen bei allen vier Abfallsorten geringe Mittelwerte vor; das mittlere Restabfallaufkommen beträgt 172 kg/E und die mittlere DSD-Menge 54 kg/E.

Freiberg hat relativ hohe Aufkommenswerte in allen Abfallsorten. (Die Werte im Jahr 1995 haben bei 154, 73, 30 und 123 gelegen, in der Summe also schon nahe an dem westdeutschen Durchschnittswert von 350 kg/E.) *Hohenstein-Ernstthal* zeigt extrem große Werte bei sperrigen Abfällen mit 292 kg/E. Der heute nicht mehr bestehende Kreis *Rochlitz* schließlich hat einen besonders hohen Wert von 235 kg/E beim Aufkommen biologisch abbaubarer Abfälle. Dieser kann durch ein flächendeckendes Entsorgungssystem erklärt werden, in dem zugleich mit Biomüll auch Papier gesammelt worden ist. Veränderungen in der

Erfassung haben dazu geführt, dass im Jahre 1996 nur noch etwa 150 kg/E registriert worden sind.

Es sei noch angemerkt, dass eine Clusteranalyse derselben Daten unter Hinzunahme der Einwohnerdichte dieselben Cluster liefert — nur die drei Stadtkreise bilden dann ein eigenes Cluster.

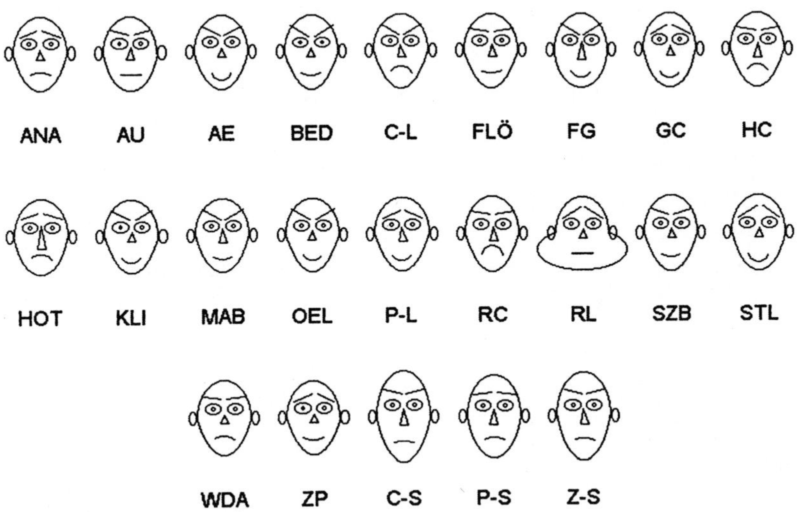

Bild 2.27 Charakterisierung des Müllaufkommens der 23 Kreise durch Chernoff-Gesichter

Bild 2.27 zeigt schließlich noch die 23 Kreise in der Darstellung als Chernoff-Gesichter. Von den 18 verfügbaren Variablen, die alle bestimmte Teile des Gesichts bestimmen, wurden die folgenden benutzt:

1. Mundstellung; ∪ = wenig, ∩ = viel Restmüll;
2. Winkel der Augenbrauen; /\ = wenig, \/ = viel DSD-Altstoffe;
4. Exzentrizität der unteren Gesichtshälfte; Beziehung zur Biomüllmenge, RL hat ein großes Biomüllaufkommen;
5. Nasenlänge; lange Nase = viel Sperrmüll;
11. Gesichtslänge; kurz = gering, lang = hohe Einwohnerdichte.

Ihnen sind die Abfallaufkommenswerte von Tabelle 2.9 zugeordnet worden. Die Anwendung des Statistikprogrammpakets Unistat hat gewisse Tricks erfordert. Für die erste Variable (Restmüll) sind die Werte gespiegelt worden, um zu erreichen, dass die Mundstellung wie gewünscht erhalten wird. Für die nicht benutzten Variablen sind konstante Werte eingesetzt worden. Da aber alle

Variablen eine Streuung aufweisen müssen, sind zwei zusätzliche „Kreise“ eingeführt worden, die in den für die richtigen Kreise konstanten Variablen andere Werte haben.
Ende des Beispiels 2.5 •

Literatur und Programme zur Clusteranalyse

Die Bücher über multivariate Statistik enthalten i. Allg. Kapitel über Clusteranalyse. Es seien hier genannt Backhaus u. a. (1990), Falk u. a. (1995) und Dillon und Goldstein (1984). Spezialbücher über Clusteranalyse sind u. a. Steinhausen und Langer (1977), welches Fortran-Programme zur Clusteranalyse enthält, und Mucha (1992).

Die gängigen Statistikprogramme enthalten auch die Algorithmen zur Clusteranalyse.

2.7 Weitere multivariate Verfahren

In den folgenden beiden Abschnitten werden Ideen der Varianzanalyse und der Mustererkennung skizziert. Das sind die beiden Verfahren der multivariaten Statistik, die nach Ansicht der Verfasser neben den bisher beschriebenen besonders wichtig sind und die der Umweltstatistiker wenigstens oberflächlich kennen und bezüglich ihrer Möglichkeiten einschätzen können sollte. Weitere Verfahren können aus Platzgründen nicht mehr behandelt werden.

Die Darstellung ist kurz und lässt mathematische Einzelheiten weg. Sie soll auf die Fachliteratur hinlenken und die Benutzung der Software erleichtern.

Für den Anfänger ist es zunächst vor allem wichtig zu prüfen, ob sein Problem mittels dieser Verfahren lösbar ist. Er wird dann die Statistikprogrammpakete einsetzen und versuchen die erhaltenen Ergebnisse zu interpretieren.

2.7.1 Varianzanalyse

Die meisten Leser dieses Buches dürften den Test der Hypothese

$$H_0 : \mu_1 = \mu_2$$

auf Gleichheit der Mittelwerte zweier normalverteilter Grundgesamtheiten bei unbekannten Streuungen kennen. Er wird z. B. im Abschnitt 6.4.2 angewendet, um nachzuweisen, dass Verkehrsbeschränkungen zu einer Verminderung des NO_x- und O_3-Gehalts der Luft führen. Man spricht manchmal vom Welch-Test.

Es gibt nun viele Probleme, wo nicht nur zwei Grundgesamtheiten oder *Stufen* vorliegen, sondern p. Dann ist die Hypothese

$$H_0: \mu_1 = \mu_2 = \ldots = \mu_p \tag{2.30}$$

zu testen. Die Alternativhypothese H_1 ist $\mu_r \neq \mu_s$ für wenigstens ein Paar von Stufen r und s.

Der Weg, diese Hypothese in viele Einzelhypothesen zu zerlegen (z. B. $H_{0,1,p}$: $\mu_1 = \mu_p$ und $H_{0,p-1,p}$: $\mu_{p-1} = \mu_p$) wird im Allgemeinen nicht gegangen, sondern es wird die *Varianzanalyse* (engl. *analysis-of-variance*, ANOVA) angewendet.

Die Stufen können ähnlich wie bei der Regressionsanalyse mit einer ordinalen Variablen zusammenhängen, vielleicht im Sinne von wenig/mittel/viel/sehr viel. Sie können aber auch mit einer nominalen Variablen verbunden sein und z. B. verschiedenen Bodenarten oder -nutzungstypen (Wald/Wiese/Acker) entsprechen. Wie oft in der Statistik ist auch hier die Hypothese H_0 eine Nullhypothese, die man eher ablehnen möchte, um nachzuweisen, dass Zusammenhänge bestehen, dass gewisse Mittelwerte μ_i von den übrigen abweichen.

Zum Test der Hypothese werden für jede Stufe n Messungen durchgeführt, so dass schließlich np Messwerte y_{ij} $(i = 1, \ldots, p; j = 1, \ldots, n)$ vorliegen.

Für diese wird der Ansatz

$$y_{ij} = \mu_i + \varepsilon_{ij} \tag{2.31}$$

gemacht, wobei die ε_{ij} Realisierungen unabhängiger normalverteilter Zufallsgrößen mit dem Mittelwert 0 und der von i unabhängigen Varianz σ^2 sind.

Die Hypothese (2.30) wird getestet, indem die Mittelwerte $\overline{y}_i$,

$$\overline{y}_i = \frac{1}{n} \sum_{j=1}^{n} y_{ij} \quad \text{für } i = 1, \ldots, p,$$

berechnet und die Streuungen der Messwerte untersucht werden. Die Gesamtvariation (engl. *total-sum-of-squares*, $\mathrm{SS_T}$) der einzelnen Messwerte bezogen auf den Gesamtmittelwert $\overline{y}$ wird in zwei Teile zerlegt, wobei

$$\overline{y} = \frac{1}{np} \sum_{i=1}^{p} \sum_{j=1}^{n} y_{ij}$$

und

$$\mathrm{SS_T} = \sum_{i=1}^{p} \sum_{j=1}^{n} (y_{ij} - \overline{y})^2 .$$

Dann ist

$$SS_T = SS_R + SS_E$$

und

$$SS_E = \sum_{i=1}^{p} \sum_{j=1}^{n} (y_{ij} - \overline{y}_i)^2 .$$

Die Summe SS_R (engl. *regression sum-of-squares*) beschreibt die Variation zwischen den Gruppen, während SS_E (engl. *error sum-of-squares*) die Variation innerhalb der Gruppen beschreibt. Wenn SS_R im Vergleich zu SS_E groß ist, wird man an der Nullhypothese zweifeln.

Die Rechenergebnisse der Varianzanalyse werden in einer ANOVA-Tabelle zusammengefasst.

Tabelle 2.10 ANOVA-Tabelle der einfaktoriellen Varianzanalyse

Varianzursachse	SQ	FG	F-Statistik
zwischen den Stufen	SS_R	$p-1$	$\frac{SS_R/(p-1)}{SS_E/p(n-1)}$
Rest	SS_E	$p(n-1)$	
Total	SS_T	$np-1$	

SQ = Summe der Abweichungsquadrate,
FG= Freiheitsgrade.

Wenn die F-Statistik (engl. *F-ratio*) größer als der F-Wert (gehörig zur Fisherschen F-Verteilung) $F_{p-1,p(n-1),\alpha}$ ist, dann erfolgt die Ablehnung der Nullhypothese. Hierbei ist, wie üblich, α die Irrtumswahrscheinlichkeit. (Die Statistikprogrammpakete drucken meist den zugehörigen P-Wert aus. Wenn der größer als α ist, wird H_0 nicht angelehnt.)

Natürlich gibt es Modifikationen dieses Tests für den Fall, dass die Anzahlen der Messwerte je Stufe nicht gleich sind.

Wenn die Nullhypothese (2.30) abgelehnt worden ist, wird man die Mittelwerte $\overline{y}_i$ inspizieren, um herauszufinden, welche Stufen für die Ablehnung verantwortlich sind. Das kann in gewissen Fällen offensichtlich sein. Wenn das nicht der Fall ist, sind *multiple Mittelwertsvergleiche* erforderlich, vgl. Fahrmeier und Hamerle (1984), S. 164 ff.

Mit ähnlichen Methoden kann man auch Probleme analysieren, in denen *zwei* (und mehr) *Faktoren* auf bestimmten Stufen Einfluss haben. Das können

z. B. bei der Untersuchung von Bodenproblemen die geologischen Verhältnisse (Löß, Keuper, ...), die Nutzungsarten (Wald, Wiese, Acker, ...) und die morphologischen Verhältnisse (Hanglage, Tallage, ...) sein.

In Verallgemeinerung von (2.31) schreibt man im Fall zweier Faktoren A und B

$$y_{ijk} = \mu + \alpha_i + \beta_j + (\alpha\beta)_{ij} + \varepsilon_{ijk}\,. \tag{2.32}$$

Der Wert α_i repräsentiert den Einfluss (Haupteffekt) des Faktors A auf der i-ten Stufe. Analog repräsentiert β_j den Einfluss (Haupteffekt) des Faktors B auf der j-ten Stufe. Der Wechselwirkungsterm $(\alpha\beta)_{ij}$ repräsentiert einen Effekt, der durch das Zusammentreffen der Faktoren A und B auf den Stufen i und j entsteht. Die ε_{ijk} sind Realisierungen unabhängiger normalverteilter Zufallsgrößen mit dem Mittelwert 0 und der Streuung σ^2. Zu jeder Kombination (i, j) werden n Messungen durchgeführt, k durchläuft also die Zahlen von 1 bis n.

In diesen Situationen sind mehrere Hypothesen von Interesse, nämlich

$$\begin{aligned} H_{\alpha\beta}: &\quad (\alpha\beta)_{ij} = 0 \quad \text{mit } i = 1, \ldots, p \text{ und } j = 1, \ldots, q\,, \\ H_\alpha: &\quad \alpha_i = 0 \quad \text{mit } i = 1, \ldots, p\,, \end{aligned}$$

und

$$H_\beta: \quad \beta_j = 0 \quad \text{mit } j = 1, \ldots, q\,.$$

Üblicherweise prüft man zunächst $H_{\alpha\beta}$. Auch hier liefern die Statistikprogrammpakete ANOVA-Tabellen mit P-Werten.

Probleme, in denen gewisse Variable wie bei der Varianzanalyse in Stufen auftreten, andere aber wie bei der Regressionsanalyse stetig sind, kann man mittels der *Kovarianzanalyse* bearbeiten.

Schließlich sei noch auf die *multivariate Varianzanalyse* (MANOVA) verwiesen, vgl. Fahrmeier und Hamerle (1984), S. 199 ff. Hier sind die Messergebnisse mehrdimensional. Man betrachtet also z. B. nicht nur den aktuellen Ertrag, sondern beispielsweise auch noch den Ertrag des Vorjahres, Bodenerosionsparameter und hydrologische Kennwerte in Abhängigkeit von Düngung, Saatgut und Unkrautbekämpfungsverfahren.

Literatur zur Varianzanalyse

Eine sehr gute Einführung ist Fahrmeier und Hamerle (1984), ein klassisches deutsches Buch gibt es von Ahrens und Läuter (1974). Auch die meisten Bücher über multivariate Statistik enthalten Kapitel über die Varianzanalyse. Das gleiche gilt für Bücher über Versuchsplanung wie Bandemer und Bellmann (1994) und Myers und Montgomery (1995). Auch Leser mit geringen mathematischen Vorkenntnissen dürften mit den Kapiteln 11 und 12 in Montgomery und Runger (1994) gut zurecht kommen.

2.7.2 Klassifizierungsverfahren

Klassifizierungsverfahren verfolgen das Ziel, Objekte gewissen gegebenen Klassen zuzuordnen. Beispiele sind die taxonomische Bestimmung von Pflanzen oder Tieren, die Klassifizierung von Wetterlagen, Wasserproben oder Schadstoffemissionen nach ihrer Herkunft oder Gefährlichkeit. Viele solcher Probleme kann der Mensch ohne technische Hilfsmittel elegant lösen, ohne genau sagen zu können, wie das geschieht. Oft ist ein Lernprozess erforderlich. Bei anderen Aufgaben muss auch der Mensch so vorgehen, wie es Maschinen machen würden.

Dem zu untersuchenden Objekt werden m (messbare) Variable (hier engl. *features*) zugeordnet und mit Hilfe dieser Variablen erfolgt die Klassifizierung. Bei Wasserproben könnten das zum Beispiel einige der in Beispiel 2.1 behandelten Parameter sein. Auf Grund zufälliger Schwankungen, aber auch wegen der oft unvermeidbaren (und vernünftigen) Grobheit der Klasseneinteilung bilden die zu verschiedenen Objekten derselben Klasse gehörigen Punkte im m-dimensionalen Raum Punktwolken, die sich mit den Punktwolken zu anderen Klassen überlappen. Somit ist die Zuordnung der Objekte oft ein schwieriges Problem, bei dessen Lösung Fehler unvermeidbar sind, wenn wirklich nur die m Variablen betrachtet werden und keine Zusatzinformation vorliegt.

Die Klassen sind dabei üblicherweise vorgegeben. Sie sind oft selbstverständlich, manchmal werden sie in vorangegangenen Analyseschritten erst festgelegt, z. B. mittels Clusteranalyse oder durch multidimensionale Skalierung.

Sicher ist dem Leser klar, dass die Auswahl der zur Klassifizierung benutzten Variablen den Erfolg bei der Klassifizierung wesentlich beeinflusst. Es gibt geschickt gewählte und unzweckmäßige. Bei der Klassifizierung von wildlebenden Blütenpflanzen sind Blütenfarbe, Blütezeit und Blütengröße nützliche Variable, wenn sie auch das Problem der Klassifizierung nicht vollständig lösen, während die Anzahl der Blätter oder die Wurzellänge weniger geeignet sind. Der Traum manchen Statistikers ist sicher das Finden einer einzigen Variablen, deren Werte allein die Klassifizierung ermöglichen. Es wird jedenfalls viel Forschungsarbeit aufgewendet, um „aussagekräftige Variable“ zu finden, die das Wesen der Klassenzuordnung erfassen. Sie können oft nur bei sehr gutem Verständnis der Gesamtproblemstellung gefunden werden.

Wenn für ein Objekt die m Variablen $x_1, \ldots, x_m$ gegeben sind, dann erfolgt mit dem durch den Statistiker aufgestellten Klassifikator die Klassifizierung zu

- der Klasse l (eine von k Klassen insgesamt),
- keiner der Klassen („Ausreißer“),

oder die Klassifizierung wird als zu schwer abgelehnt. Der Klassifikator sollte eine niedrige Fehlerrate haben (nur wenig Fehlklassifizierungen), und es ist auch empfehlenswert, ihn den Nutzern gut zu erklären, damit sie Vertrauen zu ihm haben.

Klassifikatoren werden üblicherweise mit Hilfe von Trainingsmengen von Objekten aufgestellt. Das sind Objekte, deren genaue Klassifizierung man kennt und deren Variablen gemessen worden sind. Der Klassifikator wird so konstruiert, dass er für die Trainingsobjekte möglichst die richtigen Ergebnisse liefert.

Zur Klassifikation (im Englischen meist als *pattern recognition* bezeichnet) gibt es viele verschiedene Verfahren. Ein ausgezeichnetes modernes Buch hierzu ist Ripley (1996).

Rechnerisch läuft die Klassifikation eines Objekts i. Allg. folgendermaßen ab. Aus den Variablen $x_1, \ldots, x_m$ wird für jede Klasse nach einer bestimmten Formel (oder einem bestimmten Algorithmus) eine Zahl berechnet. Das Objekt wird dann derjenigen Klasse zugeordnet, für die sich der größte Zahlenwert ergeben hat.

Die bekannteste Methode ist die lineare Diskriminanzanalyse (engl. *discriminant analysis*). Hier werden für die Klassen Ausdrücke der Form

$$\mathrm{LDA}_l = a_{1l}x_1 + \cdots + a_{ml}x_m \quad \text{für } l = 1, \ldots, k$$

bezeichnet. Die Werte LDA_l hängen mit gewissen Abständen zusammen. Man nimmt oft an, dass die Objekte der Klasse l zu einer m-dimensionalen Normalverteilung mit dem Zentrum (d. h. Mittelwert) μ_l gehören. Dann liegt es nahe, ein zu klassifizierendes Objekt derjenigen Klasse zuzuordnen, deren Zentrum μ_l am „nächsten" zu dem als Punkt im m-dimensionalen Raum interpretierten Objekt liegt. Mit dem entsprechenden Abstand hängt LDA_l eng zusammen. Die Koeffizienten a_{jl} spielen in gewisser Weise die Rolle des „Unbewussten" bei der Klassifizierung durch den Menschen.

Diese lineare Klassifizierung ist in vielen Fällen als ziemlich primitiv anzusehen. Nicht lineare Klassifizierungsverfahren können wirkungsvoller sein und geringere Fehlerquoten haben.

Ein einfach zu erklärendes Verfahren dieser Art funktioniert wie folgt. Den k Klassen wird je eine Wahrscheinlichkeitsverteilung im m-dimensionalen Raum mit der Dichtefunktion $f_l(x_1, \ldots, x_m)$ zugeordnet. Dann wird die Maximum-Likelihood-Methode angewendet, die im hier behandelten Fall darauf hinausläuft, die Werte

$$f_l(x_1, \ldots, x_m) \quad \text{für } l = 1, \ldots, m$$

für die Variablen $x_1, \ldots, x_m$ des zu klassifizierenden Objekts zu berechnen und das Objekt derjenigen Klasse zuzuordnen, für die sich der größte Wert ergibt.

Die in der Regel unbekannten Dichtefunktionen werden aus den Daten der Trainingsmengen geschätzt. Dazu können beispielsweise Kernschätzer benutzt werden, vgl. Silverman (1986), S. 120, Ripley (1996), S. 181.

In Gibbons (1994) werden zwei interessante Beispiele aus dem Bereich der Abfallwirtschaft mit Methoden der Diskriminanzanalyse behandelt, wobei die klassische, auf Normalverteilungsannahmen beruhende und die nicht parametrische Methode miteinander verglichen werden. Es geht dabei um die Frage, ob bestimmte Abfallströme oder -typen statistisch anhand von Typen, Häufigkeiten und Konzentrationen gewisser gefährlicher Anteile unterschieden werden können.

Neuere Verfahren benutzen auch neuronale Netze (engl. *neural networks*). Sie werden sehr gut in Ripley (1996) erklärt. (Der Name „neuronale Netze" weist auf einen biologischen Kontext hin, der für die Klassifizierung aber uninteressant ist.) Mit ihrer Hilfe können komplizierte, nicht lineare Funktionen dargestellt werden. Ein Beispiel für die Anwendung dieser Methode wird im Folgenden gegeben.

Beispiel 2.6 Klassifizierung von Grundwässern.

Bei hydrologischen Untersuchungen interessiert u. a. die Herkunft von Grundwässern. Es kann zweckmäßig sein, zu ihrer Klassifizierung quantitativ messbare Größen zu benutzen, z. B. die Aktivität des Radiokohlenstoffs a_{C14} (Einheit: pMC = percent Modern Carbon = 0,266 Bq/g) und die Teufenlage (in m).

Bild 2.28 zeigt Punkte, die 36 Wasserproben aus dem Geiseltal entsprechen, die den drei geologischen Horizonten Tertiär (T), Oberer Buntsandstein (O) und Mittlerer Buntsandstein (M) entstammen. Wie man sieht, überlappen sich die entsprechenden Punktwolken, so dass die Klassifizierung keine einfache Aufgabe ist.

Bild 2.29 zeigt dieselben Punkte, jetzt aber zusätzlich die Entscheidungsgebiete, die der linearen Diskriminanzanalyse entsprechen. Es gibt offensichtlich etliche Fehlklassifikationen. Die Klassifizierung einer Grundwasserprobe könnte an Hand der Teufe x_1 und des a_{C14}-Werts x_2 so erfolgen, dass man den Punkt (x_1, x_2) in das Diagramm in das Bild 2.29 einträgt und feststellt, in welches der drei Gebiete er fällt. Rechnerisch könnte man so vorgehen, dass man die folgenden Größen berechnet

$$\begin{aligned} z_{12} &= -245{,}03 + 2{,}806x_1 - x_2\,, \\ z_{13} &= 615{,}22 - 5{,}078x_1 - x_2 \quad \text{und} \\ z_{23} &= 160{,}42 - 0{,}909x_1 - x_2 \end{aligned}$$

und die Probe

1. als „T" klassifiziert, wenn $z_{12} < 0$ und $z_{13} > 0$,

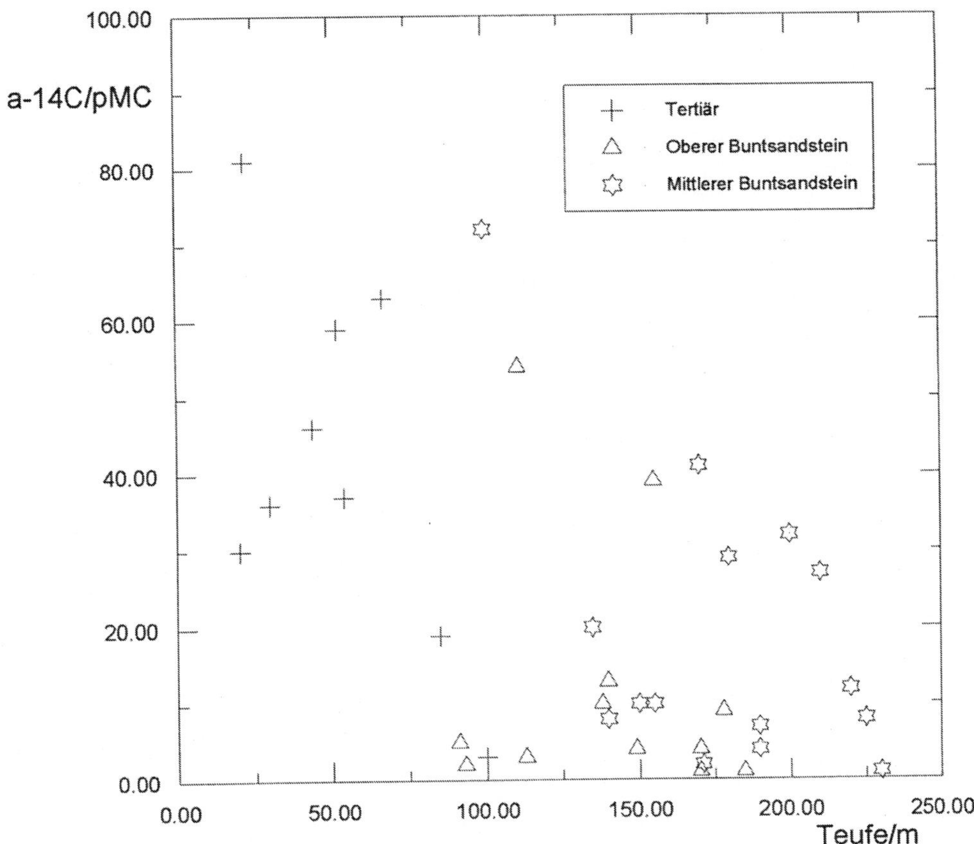

Bild 2.28 Darstellung von 36 Wasserproben im Koordinatensystem (Teufe, a_{C14})

2. als „O", wenn $z_{12} > 0$, und $z_{23} > 0$ und
3. als „M", wenn $z_{13} < 0$ und $z_{23} < 0$.

Schließlich sind auf Bild 2.30 die Entscheidungsgebiete dargestellt, die sich mit Hilfe eines neuronalen Netzwerks ergeben haben.

Es handelt sich um ein sogenanntes Softmax-Netzwerk mit 10 verborgenen Einheiten und schichtüberspringenden Verbindungen.

Ausgehend von den Werten $\xi_1 = x_1/100$ und $\xi_2 = x_2/100$ (sie gehören zur „Eingabeschicht" des Netzwerks) werden zunächst zehn Hilfswerte y_3 bis y_{12}, die zu der „versteckten Schicht" (engl. *hidden layer*) gehören, berechnet:

$$y_3 = \mathrm{LG}(-3{,}23 + 1{,}92\xi_1 + 2{,}08\xi_2)\,,$$

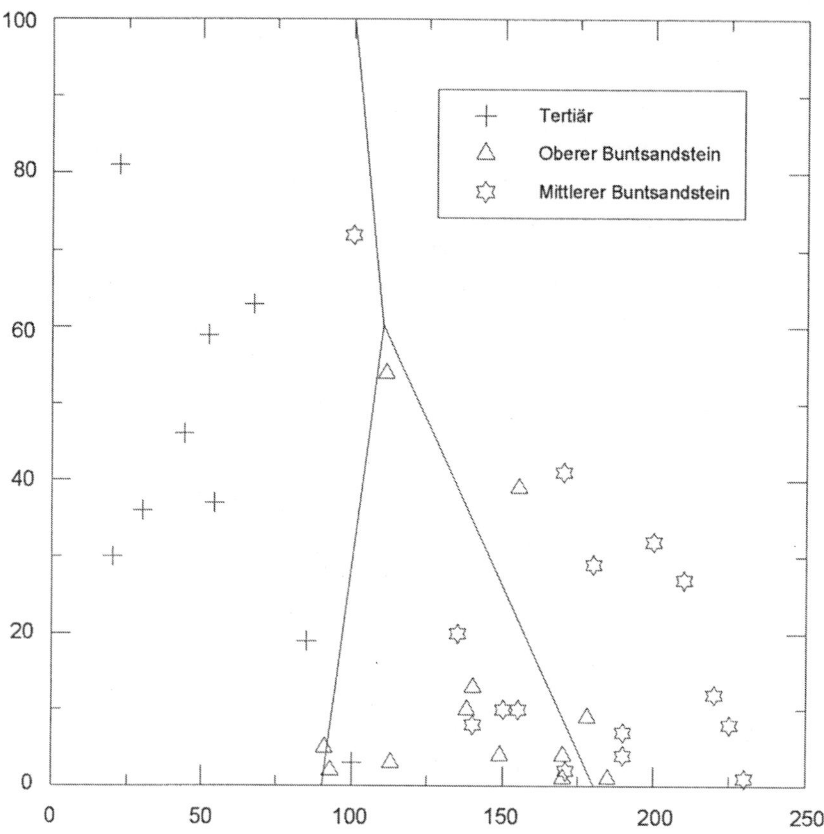

Bild 2.29 Entscheidungsgebiete für die Grundwässer zur linearen Diskriminanzanalyse

$$\begin{aligned}
y_4 &= \mathrm{LG}(5{,}21 - 6{,}17\xi_1 + 6{,}53\xi_2)\,,\\
y_5 &= \mathrm{LG}(15{,}11 - 7{,}82\xi_1 - 3{,}80\xi_2)\,,\\
y_6 &= \mathrm{LG}(2{,}60 - 7{,}79\xi_1 + 7{,}77\xi_2)\,,\\
y_7 &= \mathrm{LG}(14{,}48 - 12{,}63\xi_1 - 5{,}38\xi_2)\,,\\
y_8 &= \mathrm{LG}(2{,}23 - 1{,}38\xi_1 - 9{,}62\xi_2)\,,\\
y_9 &= \mathrm{LG}(12{,}85 - 13{,}73\xi_1 - 9{,}27\xi_2)\,,\\
y_{10} &= \mathrm{LG}(-3{,}00 + 1{,}80\xi_1 + 1{,}98\xi_2)\,,\\
y_{11} &= \mathrm{LG}(4{,}55 - 2{,}57\xi_1 - 2{,}47\xi_2) \quad \text{und}\\
y_{12} &= \mathrm{LG}(23{,}97 - 13{,}69\xi_1 - 11{,}24\xi_2)\,.
\end{aligned}$$

Hier ist die Abkürzung $\mathrm{LG}(z) = \frac{e^{-z}}{1-e^{-z}}$ benutzt worden.

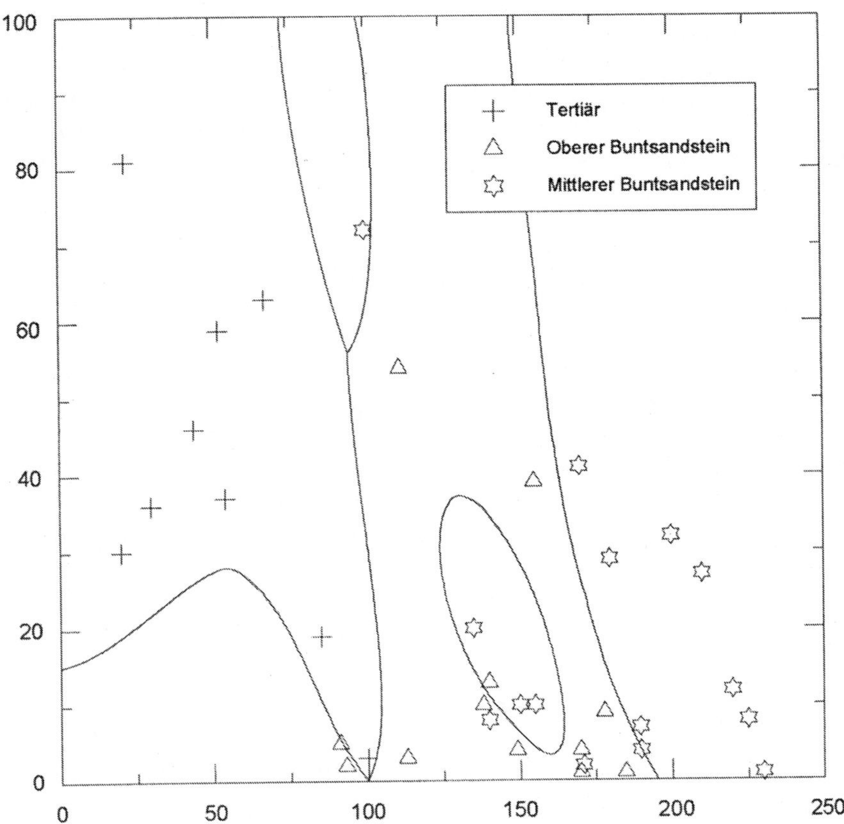

Bild 2.30 Entscheidungsgebiete für die Grundwässer zur Klassifizierung mittels eines neuronalen Netzwerks

Daraus werden die Werte y_M, y_O und y_T berechnet, die zur „Ausgabeschicht" gehören:

$$\begin{aligned}
y_M &= -0{,}05 - 4{,}22\xi_1 - 0{,}35\xi_2 - 2{,}09y_3 - 0{,}07y_4 + 0{,}05y_5 + \\
&\quad + 3{,}33y_6 + 12{,}30y_7 - 3{,}55y_8 - 9{,}61y_9 - 2{,}03y_{10} + 2{,}17y_{11} + \\
&\quad + 0{,}61y_{12}\,, \\
y_O &= 0{,}69 - 1{,}67\xi_1 - 1{,}57\xi_2 - 1{,}53y_3 + 5{,}53y_4 + 11{,}90y_5 + \\
&\quad - 9{,}67y_6 - 11{,}19y_7 + 7{,}66y_8 + 9{,}82y_9 - 1{,}36y_{10} + 3{,}11y_{11} + \\
&\quad - 10{,}15y_{12} \quad \text{und} \\
y_T &= -0{,}64 + 5{,}89\xi_1 + 1{,}92\xi_2 + 3{,}62y_3 - 5{,}46y_4 - 11{,}95y_5 + \\
&\quad + 6{,}35y_6 - 1{,}11y_7 - 4{,}11y_8 - 0{,}21y_9 + 3{,}39y_{10} - 5{,}28y_{11} + \\
&\quad + 9{,}54y_{12}\,.
\end{aligned}$$

Das Auftreten der Größen ξ_1 und ξ_2 in den letzten drei Formeln erklärt das Wort „schichtüberspringende Verbindungen“. Ausgehend von den Werten y_M, y_O und y_T werden die Proben klassifiziert. Dazu werden die drei Zahlen p_M, p_O und p_T berechnet,

$$\begin{aligned} p_M &= \frac{\exp(y_M)}{\exp(y_M)+\exp(y_O)+\exp(y_T)}, \\ p_O &= \frac{\exp(y_O)}{\exp(y_M)+\exp(y_O)+\exp(y_T)} \quad \text{und} \\ p_T &= \frac{\exp(y_T)}{\exp(y_M)+\exp(y_O)+\exp(y_T)}. \end{aligned}$$

Eine Probe wird als „M“ klassifiziert, wenn p_M größer als p_O und p_T ist usw. (Mit dieser Regel hängt das Wort „Softmax“ zusammen.)

Die Zahlen in den Formeln sind durch einen sogenannten Lernalgorithmus ermittelt worden, wobei das Ziel darin bestanden hat möglichst viele Objekte der Trainingsmenge auf Bild 2.28 richtig zu klassifizieren. Wie Bild 2.30 zeigt, werden auch mit dem komplizierten nicht linearen Klassifizierungsverfahren nicht alle Proben richtig zugeordnet.

Die Autoren danken Herrn Dr. O. Nitzsche vom Institut für Angewandte Physik der TU Bergakademie Freiberg für die freundliche Überlassung der Grundwasserdaten und Herrn Prof. B. D. Ripley von der Universität Oxford für die Herstellung und Erklärung von Bild 2.30.

Ende des Beispiels 2.6 •

Kapitel 3

Zeitreihenanalyse

Es ist sehr schwer, eine genaue Voraussage zu machen,
vor allem über die Zukunft.
(Niels Bohr)

3.1 Einleitung

Wenn Umweltparameter wie Temperatur, Schadstoffgehalt oder Abfallanfall während längerer Zeiträume wiederholt gemessen werden, ergeben sich *Zeitreihen* (engl. *time series*). Bei ihrer statistischen Analyse tritt das Problem der zeitlichen Abhängigkeit auf. Im Allgemeinen kann man nämlich nicht davon ausgehen, dass die Messwerte untereinander unabhängig sind, dass sie regellos schwanken. Vielmehr bestehen zeitliche Abhängigkeiten, die oft recht kompliziert sind. Sie entstehen durch Überlagerungen und Verknüpfungen von „Trends", periodischen Schwankungen und kurzzeitigen, zufälligen Einflüssen.

Beispiel 3.1 Chemnitzer Umweltdaten.

Im Bild 3.1 auf den nächsten Seiten sind Zeitreihen aus den Daten einer Messcontainerstation in Chemnitz für November 1993 dargestellt. Ursprünglich sind die Werte jeweils zur vollen und halben Stunde gemessen worden. Das sind demzufolge für jede Messgröße in diesem Monat 1440 Werte. Derartige Zahlenkolonnen sind nur mit Computertechnik auswertbar, und auch ihre graphische Darstellung ist ohne diese Technik kaum möglich. Es müssen diverse Auswahloperationen und Wertetransformationen durchgeführt werden. Zur Demonstration sind die 9-Uhr-Werte und die Tagesmittelwerte ausgewählt worden.

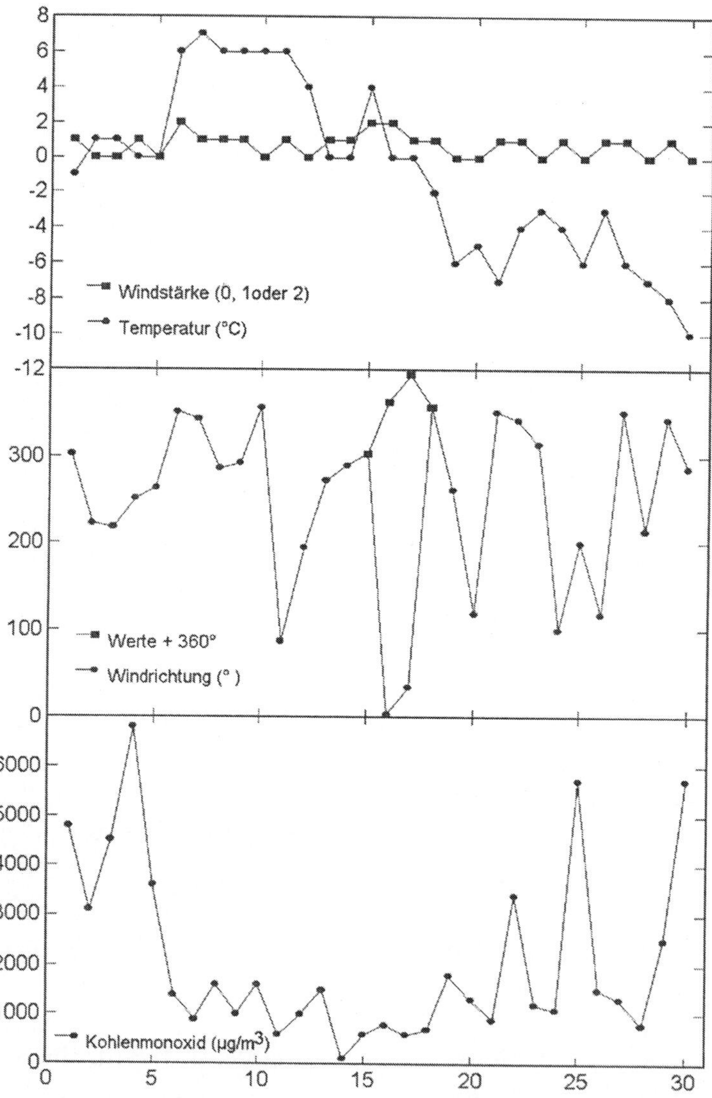

Bild 3.1a 9-Uhr-Werte für Temperatur, Windstärke und -richtung und CO-Gehalt der Luft in Chemnitz im Monat November 1993

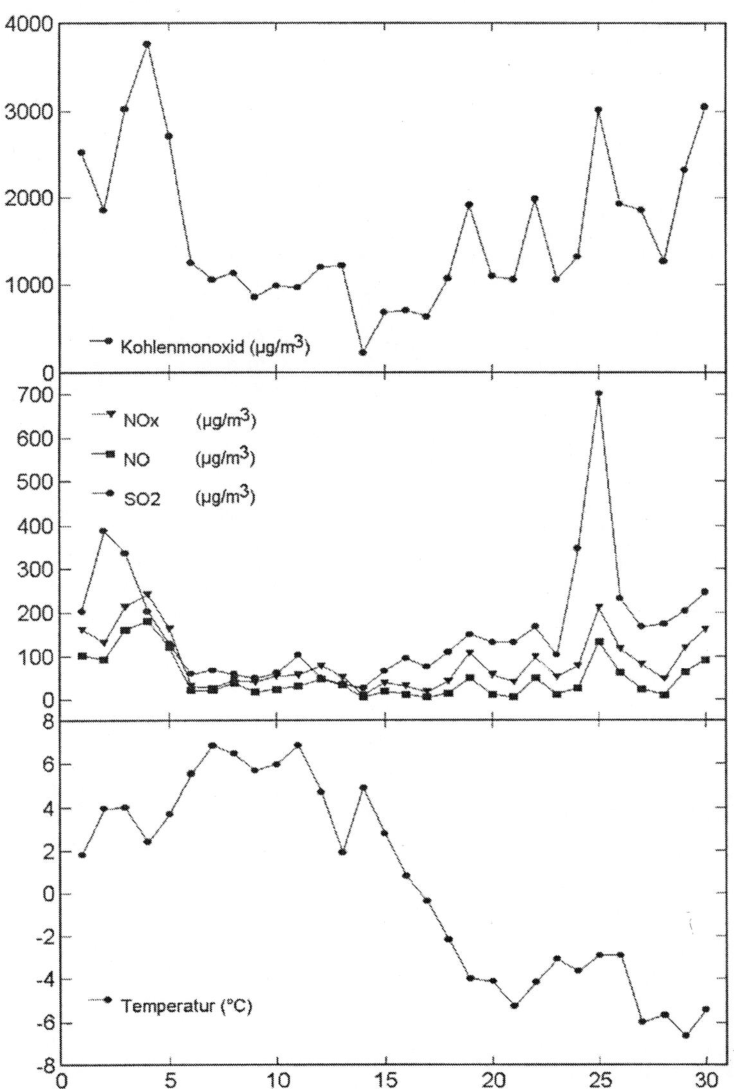

Bild 3.1b Tagesmittelwerte für Schwefeldioxid-, Stickoxid- und CO-Gehalt der Luft und für die Temperatur in Chemnitz im Monat November 1993

Fortsetzung des Beispiels 3.1 auf Seite 164.

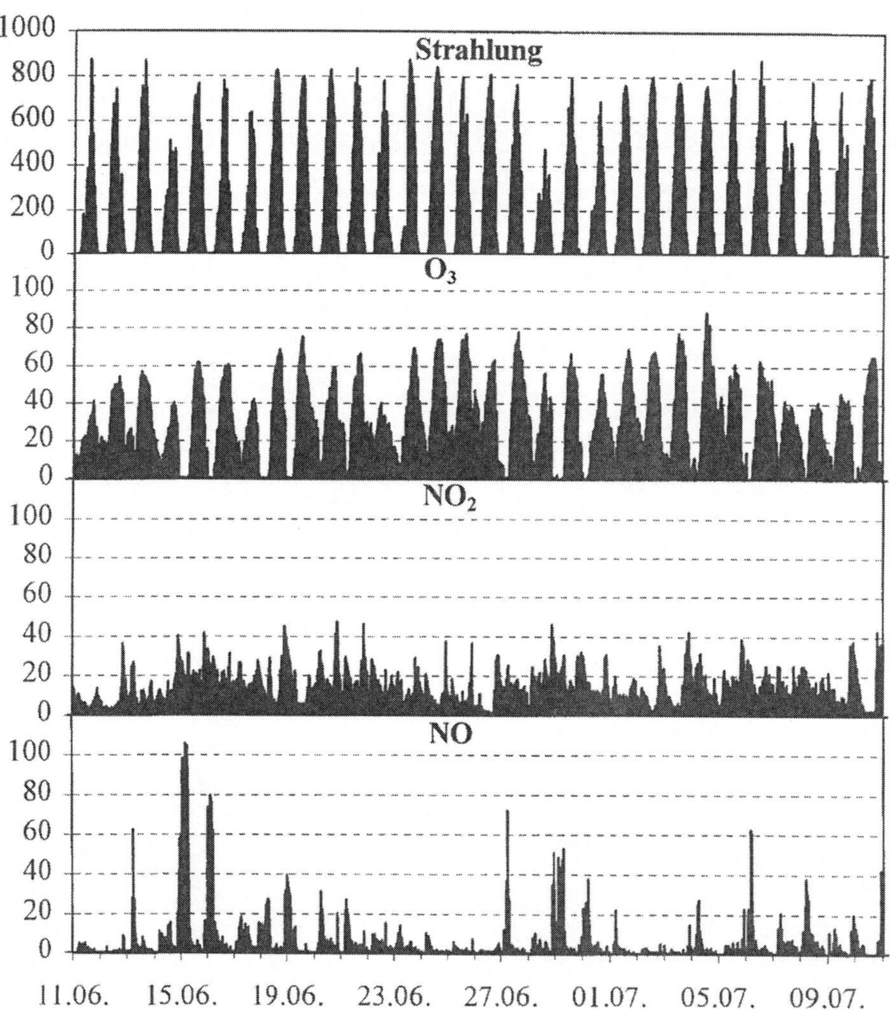

Bild 3.2 Strahlungs-, O_3-, NO_2- und NO-Verlauf der Mess-Station Neckarsulm vom 11. 6. bis zum 10. 7. 1994 (Graphik: Universität Stuttgart)

Die Auswertung und die Darstellung von Zeitreihen sind in diesem Kapitel mit dem Statistikprogrammpaket Unistat durchgeführt worden. Auch viele andere Statistik-Programme ermöglichen eine bequeme statistische Analyse von Zeitreihen; für dieses Buch waren die guten Möglichkeiten von Unistat zur Erzeugung von graphischen Darstellungen interessant. Eine andere Form der Zeitreihendarstellung zeigt Bild 3.2, das mittels Excel 5.0 erzeugt worden ist.

Man erkennt für die Chemnitzer Umweltparameter lang anhaltende Abhängigkeiten oder Trends, die offensichtlich über die Dauer einer Woche hinausreichen. Wären sie 1993 bekannt gewesen, hätte man sie zur Vorhersage benutzen können.

Natürlicherweise bleiben bei Tagesmittelwerten die Schwankungen der Messwerte innerhalb der Tage unsichtbar. Bild 3.3 zeigt die Schwankungen der Kohlenmonoxid-(CO-)Werte im Zeitraum 1. 11. 1993 bis 10. 11. 1993 in größerer Ausführlichkeit als in Bild 3.1b. Man erkennt einen Tageszyklus und sieht, dass die Witterungsbedingungen offenbar einen beachtlichen Einfluss haben.

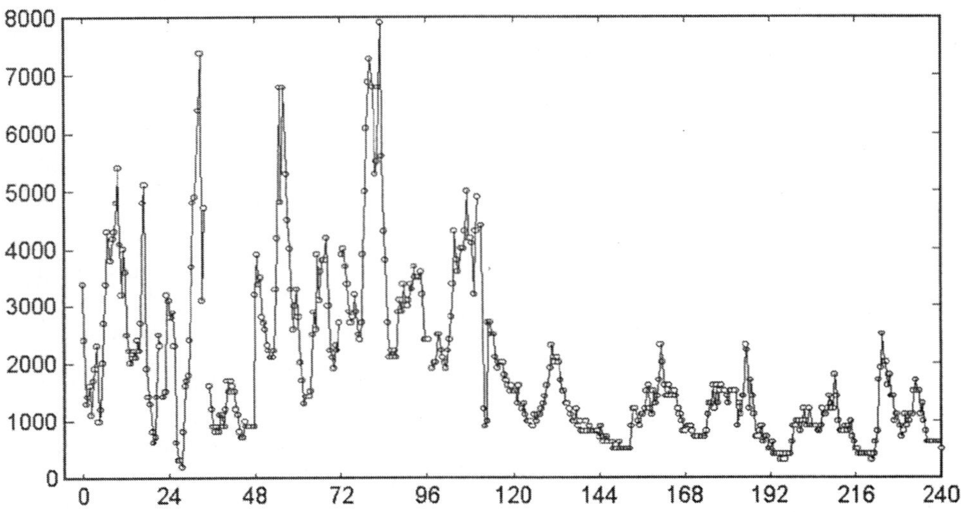

Bild 3.3 CO-Gehalte in 30-Minuten-Abständen an der Mess-Station Chemnitz in den ersten 10 Tagen des Monats November 1993

Die Zeitabstände der Messungen spielen bei der Analyse zeitabhängiger Vorgänge also eine große Rolle, sowohl bei der Darstellung als auch bei der Interpretation und Modellierung. Sie sollten konstant sein („äquidistante“ Messungen) und bekannten Zyklen angepasst sein. Große Zeitschritte können zu dem falschen Schluss führen, dass die Messwerte unabhängig sind, während bei kleinen Zeitschritten unwesentliche Fluktuationen dominieren können.

Wichtig ist eine lückenlose Aufzeichnung. Mitunter sind Aufzeichnungsabstände an (gesetzliche) Standards geknüpft; zum Beispiel ist der halbstündliche Abstand durch die TA Luft festgelegt. Im Fall fehlender Messwerte gibt es Schwierigkeiten. Die Rechnungen können dann i. Allg. nur mit verminderter Qualität ausgeführt werden, weil die Stichproben reduziert werden müssen. Das Einsetzen von geschätzten Werten ist problematisch und ohne Modellannahmen zweifelhaft.

Bewusst sind in den Bildern 3.1 und 3.2 die Zeitreihen der verschiedenen Umweltgrößen übereinander angeordnet worden. Dadurch werden sicher viele Leser über Zusammenhänge dieser Zeitreihen nachdenken und zu Hypothesen über deren Ursachen gelangen. Die *Entdeckung von Zusammenhängen* in Zeitreihen und zwischen verschiedenen Zeitreihen ist ein wesentliches Ziel der Zeitreihenanalyse. Davor kommt aber die Frage der *Darstellung* und der *explorativen Datenanalyse*. Zu viele Einzelheiten in der Darstellung können das Wesentliche überdecken, eine zu starke Vergröberung lässt interessante Details verschwinden. Wenn es gelingt, für Zeitreihen mathematische Modelle zu finden, ist ein wesentlicher Schritt für ihr Verständnis getan; manchmal ist dann auch eine *Vorhersage* möglich. Sie ist für viele Umweltphänomene sehr schwierig, man denke nur an Wettervorhersagen, deren Fehler uns oft ärgern. Man muss sich insbesondere damit abfinden, dass Trendveränderungen nur zeitverzögert feststellbar sind.

Bild 3.4 zeigt noch eine andere Form der Beschreibung der Zusammenhänge in einer Zeitreihe: den Lag-Δ Scatterplot. Die Werte der Zeitreihe zum Zeitabstand (engl. *lag*) Δ werden als Punkte dargestellt. Die Streuung der Punktwolke zeigt die Stärke des Zusammenhanges der aufeinanderfolgenden Werte und es können insbesondere Ausreißer (extreme Formen des Überganges) identifiziert werden.

Die Anwendung der anspruchsvolleren Methoden der Zeitreihenanalyse, die auf Modellannahmen beruhen und im Abschnitt 3.4 skizziert werden, ist für Umweltdaten sehr problematisch. Umweltzeitreihen sind selten stationär, oft kurz und durch Ausreißer und fehlende Werte in ihrer Qualität beeinträchtigt. Sie sind erheblichen qualitativen Schwankungen unterworfen und z. T. an chaotische Abläufe (insbesondere das Wettergeschehen) gekoppelt. Dadurch werden die Prozesse gewissermaßen ständig aus dem Rhythmus gebracht. Dem entspricht es, dass die Ergebnisse, die in Abschnitt 3.4 für die Chemnitzer CO-Werte präsentiert werden, nicht sehr beeindruckend sind. Das ist im Gegensatz zur üblichen Praxis von Statistikbüchern, in denen typischerweise erfolgreiche Analysen vorgeführt werden. (Als ein solches Beispiel hätte die Folge der Zyklusdauern bei dem in den Kapiteln 2 und 5 untersuchten Geysir dienen können.) Die Autoren meinen, so Enttäuschungen für die Anwender vermeiden zu helfen.

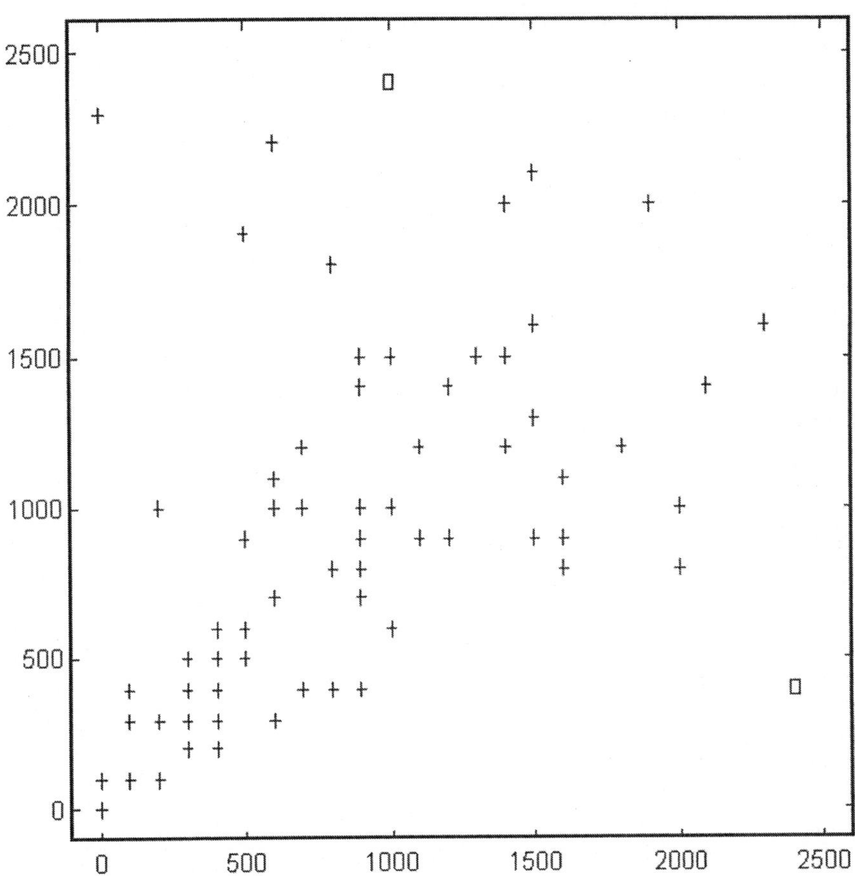

Bild 3.4 Lag-2h Scatterplot für die CO-Werte der 2. Novemberwoche 1993. Jeder Punkt entspricht zwei aufeinanderfolgenden Zeitpunkten mit dem Lag 2h. Der Ausreißerpunkt ganz oben gehört zum 12. November, Übergang von 6 zu 8 Uhr. Hier fand also ein sehr schneller Anstieg des CO-Wertes statt. Zwischen 8 und 10 Uhr fiel der CO-Wert dann wieder rasch ab, wie der Punkt rechts unten zeigt, der zum 12. November, Übergang von 8 zu 10 Uhr, gehört

Beim heutigen Stand der Entwicklung der Rechentechnik kann aber dennoch empfohlen werden die Zeitreihen-Programmpakete routinemäßig zur statistischen Analyse von Umweltzeitreihen anzuwenden. Das erfordert nicht viel Zeit und fördert in jedem Falle das Verständnis der Daten.

3.2 Glättung von Zeitreihen

3.2.1 Drei Glättungsmethoden

Eine einfache und wirksame Methode, um wesentliche und unwesentliche Schwankungen in Zeitreihen zu trennen, ist ihre *Glättung* (engl. *smoothing*) oder *Filtration*. Wenn man verschiedene Bandweiten oder Glättungsparameter benutzt, kann man sogar Informationen über die Maßstäbe der „Mikrowelt" (kleinere Störungen) und „Makrowelt" (größere, trendbestimmte Schwankungen) gewinnen.

Bild 3.5 zeigt die Tagesmittelwerte der CO-Gehalte an der Chemnitzer Mess-Station in drei verschiedenen Formen der Glättung:

a) mit Gleitmittelbildung,

b) mit Epanechnikov-Kernen,

c) mit exponentieller Glättung.

Die Idee der Glättung besteht in Folgendem:

Ausgehend von der Zeitreihe $x_0, x_1, \ldots, x_n$ erzeugt man durch „Filtration" eine neue Zeitreihe $y_0, y_1, \ldots, y_n$ gemäß

$$y_k = \sum_{j=k-l}^{k+r} g_{j-k} x_j \quad \text{für } k = l, l+1, \ldots, n-r \,. \tag{3.1}$$

Die neue Zeitreihe $y_l, y_{l+1}, \ldots, y_{n-r}$ entsteht also durch gewogene Mittelwertbildung aus der ursprünglichen Zeitreihe, wobei eine ähnliche Idee benutzt wird wie bei der nicht linearen Regression in Abschnitt 2.4.3. Am Anfang und Ende der Zeitreihe wird der „Filter" (die Transformationsregel) modifiziert, um das Problem der nicht vorhandenen Werte sinnvoll zu lösen.

Je nach der Wahl der „Gewichte" g_j entstehen verschiedene Filter. Dabei gilt die Beziehung

$$\sum_{j=-l}^{r} g_j = 1 \,. \tag{3.2}$$

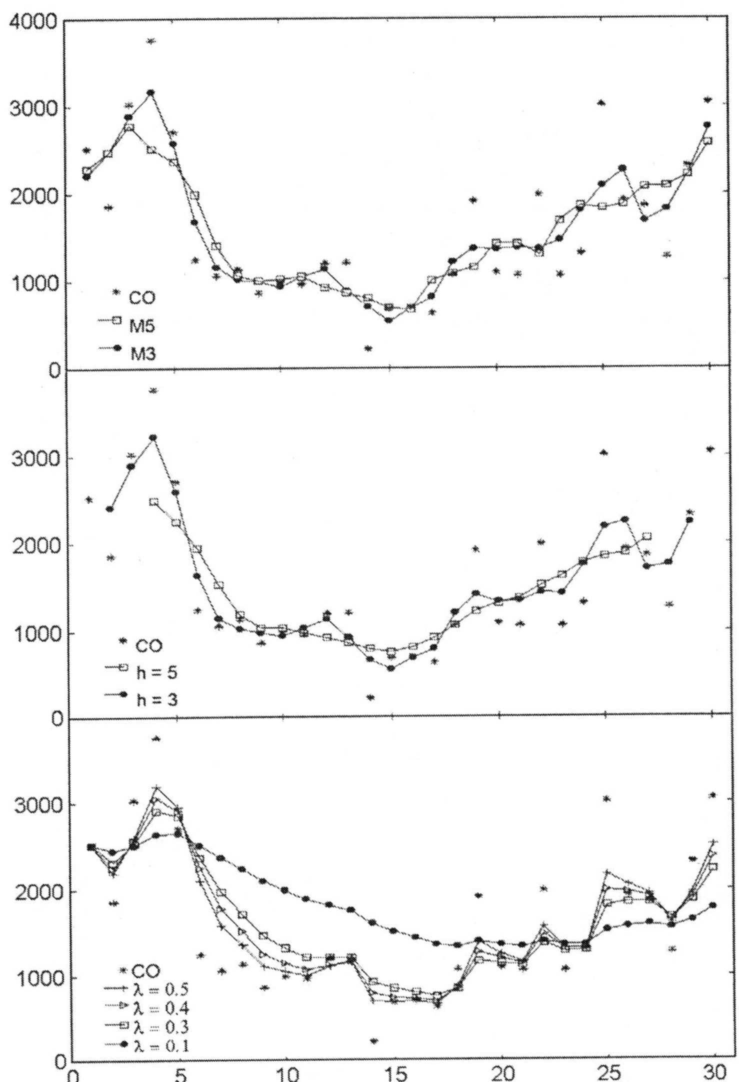

Bild 3.5 Tagesmittelwerte der CO-Gehalte an der Chemnitzer Mess-Station in verschiedenen Formen der Glättung. Gleitmittel, M3, M5 (oben). Epanechnikov-Kern mit $h = 3$ und $h = 5$ (Mitte). Exponentielle Glättung mit den Parametern $\lambda = 0{,}1$, $0{,}3$, $0{,}4$ und $0{,}5$ (unten)

Formal können die Gewichte g_j beliebig gewählt werden, also auch als negative Werte, solange nur die Beziehung (3.2) gültig bleibt. Daher existieren zahlreiche Glättungsfilter, die in vielen praktischen Fällen die zufälligen Schwankungen reduzieren oder eliminieren und eventuell auch Veränderungen im Trend aufzeigen. Praktische Erfahrungen (und auch Bild 3.5) zeigen, dass die spezielle Wahl der Gewichte g_j nicht so entscheidend ist, wenn sie nur mit betragsmäßig wachsendem Index j gegen Null gehen. Wichtiger ist die Wahl der „Bandweite“, also die Wahl von l und r; damit wird der Bereich der x-Werte festgelegt, die in die Mittelbildung eingehen. Wenn die Zeitreihe periodisch ist, muss die Glättung dem angepasst werden. Mit einer großen Bandweite kann die Periode „weggeglättet“ werden, während sie bei einer kleinen Bandweite erhalten bleibt.

Im Folgenden werden drei spezielle Ansätze diskutiert, die zunächst nur für die Glättung langer, in der Vergangenheit liegender Zeitreihen benutzt werden sollen. Fragen der Glättung und Vorhersage von Zeitreihen unmittelbar im Anschluss an Messungen werden in Abschnitt 3.2.3 diskutiert. In den Statistik-Programmpaketen werden noch viele andere Methoden der Glättung berücksichtigt, und es besteht auch die Möglichkeit die Gewichte g_j von Hand einzugeben.

Einfache l-Punkte-Glättung, Ml-Glättung, Gleitmittelbildung

Man benutzt den arithmetischen Mittelwert der benachbarten Werte der Zeitreihe, also

$$y_k = \frac{1}{3}(x_{k-1} + x_k + x_{k+1}) \quad \text{für } l = 3\,, \;\; M3\text{-Glättung}$$

und

$$y_k = \frac{1}{5}(x_{k-2} + x_{k-1} + x_k + x_{k+1} + x_{k+2}) \quad \text{für } l = 5\,, \;\; M5\text{-Glättung}$$

sowie allgemein für Ml-Glättung

$$g_j = \frac{1}{l} \quad \text{für } j = -h, \ldots, h \tag{3.3}$$

und

$$g_j = 0 \quad \text{sonst}\,.$$

Dabei ist l ungerade und wird in der Form $l = 2h + 1$ dargestellt. Die Zahlen l und r sind beide gleich h. Gelegentlich bezeichnet man die Glättung auch als m.a.h, also die $M3$-Glättung als m.a.1, wobei m.a. *moving average* bedeutet.

Glättung mit dem diskreten Epanechnikov-Kern

Bei dieser Form der Glättung erhält der Wert x_k ein relativ hohes Gewicht, und die näher an x_k liegenden Werte werden stärker berücksichtigt als die weiter entfernten. (Ähnliches geschieht zum Beispiel auch bei der Anwendung eines sogenannten Gaußschen Filters.) Die Gewichte g_j sind ähnlich wie auf Seite 86 gleich

$$g_j = \left(1 - \frac{j^2}{h^2}\right) a \quad \text{für } j = 0, \pm 1, \ldots, \pm(h-1)\,. \tag{3.4}$$

Die Zahlen l und r sind beide gleich $h - 1$. Der Parameter a ist durch

$$a = \left(1 + \frac{h-1}{3h}(4h+1)\right)^{-1}$$

gegeben. Er sichert die Gültigkeit von (3.2). Der andere Parameter des Kerns ist die natürliche Zahl h, die man wie in Abschnitt 2.4.3 die *Bandweite* des Kerns nennt.

Bei beiden Glättungsverfahren sind die Gewichte symmetrisch, der Wert y_k wird also gleichermaßen aus x-Werten vor k und nach k gebildet. Das bewirkt einen gewissen Ausgleich lokaler Schwankungen, wobei lokale Minima und Maxima abgeflacht und geringfügig nach vorn oder hinten verschoben werden. Allerdings berücksichtigen diese Methoden der Glättung nicht die Dynamik des Ablaufes; Zukunft und Vergangenheit werden gleichberechtigt behandelt. Je größer der Parameter l bzw. die Bandweite h ist, desto größer ist der Glättungseffekt, vgl. Bild 3.5 und Bild 5.2. Bei der praktischen Anwendung sollte mit verschiedenen Werten für h experimentiert werden.

Exponentielle Glättung

Bei dieser Form der Glättung werden nur die *vor* k liegenden x-Werte zur Berechnung von y_k benutzt, das heißt, nur die Vergangenheit wird bei der Glättung verwendet, was der Dynamik des Ablaufs entspricht. Die Gewichte g_j sind gleich

$$\begin{aligned} g_j &= 0 \quad \text{für } j = 1, 2, \ldots\,, \\ g_0 &= \lambda \end{aligned} \tag{3.5}$$

und

$$g_{-j} = \lambda(1-\lambda)^j \quad \text{für } j = 1, 2, \ldots\,. \tag{3.6}$$

Hier ist λ ein (Glättungs-)Parameter, der zwischen 0 und 1 liegt; die Zahlen l und r in Formel (3.1) sind gleich ∞ und 0.

Beim praktischen Rechnen verwendet man eine gestutzte Version des obigen Filters mit $l = n$, nämlich

$$\begin{aligned} g_j &= 0 \quad \text{für } j = 1, 2, \ldots, \\ g_0 &= b\lambda \end{aligned} \tag{3.7}$$

und

$$g_{-j} = b\lambda(1-\lambda)^j \quad \text{für } j = 1, 2, \ldots, \tag{3.8}$$

wobei b mit

$$b^{-1} = 1 - (1-\lambda)^{n+1}$$

so gewählt ist, dass die Bedingung (3.2) erfüllt ist.

Auch mit der Methode der exponentiellen Glättung erreicht man eine gute Glättung ursprünglich stark veränderlicher Zeitreihen. Der Grad, in dem das erreicht wird, hängt vor allem von dem Parameter λ ab: bei kleinem λ ist die Glättung stärker, da weiter zurückliegende x-Werte ein relativ starkes Gewicht haben, vgl. Bild 3.5. Lokale Minima und Maxima können etwas nach vorn verschoben werden. Auch bei der exponentiellen Glättung seien Experimente mit verschiedenen λ-Werten empfohlen. Dabei sollte man mit Werten zwischen 0,1 und 0,3 beginnen. Wegen der Formel (3.11) ist die exponentielle Glättung vorteilhaft ausführbar, da zur Berechnung von y_k nur der letzte geglättete Wert und der letzte aktuelle Wert benutzt werden.

Glättungsmethoden und andere Verfahren zur Analyse von Zeitreihen im Sinne der EDA findet man in Polasek (1994). Michels (1992) behandelt die nichtparametrische Analyse und Prognose mittels Kernmethoden.

3.2.2 Trendschätzungen

Zum Begriff des Trends

Der Begriff „Trend" ist historisch gewachsen und wird daher unterschiedlich benutzt. Hier wird zur Erklärung dieses Begriffs von einem Modell ausgegangen, bei dem einer deterministischen Zeitfunktion zufällige Störungen überlagert sind. Diese Zeitfunktion wird *Trend* genannt. Das Wort „überlagert" kann dabei unterschiedlich verstanden werden; so ist eine additive oder multiplikative Verknüpfung der beiden Anteile möglich.

Da die Trendfunktion natürlich nicht vorgegeben ist, muss sie statistisch ermittelt werden. Hierfür gibt es viele verschiedene Möglichkeiten. Speziell kann der Trend sehr glatt angesetzt werden, z. B. als lineare Funktion. Dann wird die verbleibende, als zufällig angesehene Komponente erhebliche Schwankungen aufweisen; ihre Korrelationen müssen die vorhandenen zeitlichen Abhängigkeiten erfassen. Umgekehrt werden nur geringe Zufallsschwankungen verbleiben, wenn die Trendfunktion Schwankungen der Zeitreihe gut angepasst ist. Beide Anteile, der Trend und die Zufallsschwankungen, sollten jedenfalls mathematisch gut handhabbar sein und inhaltliche Interpretationen unterstützen. Wesentlich ist auch die Frage, für welchen Zeitraum der Trend gültig sein soll.

Um ein Gefühl über die Abgrenzung von Trend und Zufall zu erhalten, sollte man sich reale Zeitreihen ansehen. Sehr instruktiv können auch Simulationsexperimente sein, bei denen bekannte Trendfunktionen mit zufälligen Störungen verknüpft werden. Die Bilder 3.6 und 3.7 auf den folgenden Seiten zeigen die Ergebnisse solcher Simulationen. Hier sind verschiedene Trendfunktionen benutzt worden, während für die zufälligen Störungen ein ganz einfaches stochastisches Modell benutzt worden ist, das sogenannte weiße Rauschen, siehe Seite 184. Das bedeutet, dass die zufälligen Störungen für alle Zeitpunkte stochastisch unabhängig sind, wobei für die Beispiele Normalverteilung mit dem Mittelwert 0 und der Streuung σ^2 angenommen worden ist. Bild 3.6 zeigt den Fall eines linearen Trends (Mitte), eines quadratischen Trends (unten) und eines Trends mit Sprung (oben). Im Fall des linearen Trends sind die Zufallsschwankungen bewusst so groß gewählt worden, dass der Trend streckenweise übersehen werden kann, wenn nur kurze Zeiträume betrachtet werden. Man könnte z. B. im vorderen Teil des Bildes irrtümlicherweise an ein stationäres Verhalten denken, also an eine konstante Trendfunktion.

Ausgehend von periodischen Abläufen entstandene Zeitreihen sind auf Bild 3.7 dargestellt. Im ersten Fall ist die Trendfunktion eine Sinusfunktion, im zweiten Fall eine Summe zweier Sinusfunktionen. In beiden Fällen ist die zufällige Störung additiv erfolgt, es gilt also z. B. im ersten Fall

$$x_i = \sin(\alpha i) + z_i \quad \text{für } i = 1, 2, \dots ,$$

wobei die z_i die Zufallsstörungen sind. Im dritten Fall dagegen werden die Störungen multiplikativ überlagert, es ist

$$x_i = z_i \sin(\alpha i) \quad \text{für } i = 1, 2, \dots .$$

Hier ist möglicherweise eine umgekehrte Betrachtungsweise eher angemessen, bei der man sich vorstellt, dass unabhängige zufällige Schwankungen durch eine Sinusfunktion moduliert werden. Nach der Transformation schwanken die Werte der Zeitreihe immer noch um 0 (wie es die Zufallswerte taten), aber entsprechend dem Verlauf der Sinusfunktion gibt es Bereiche mit großen und kleinen Schwankungen.

Man erkennt an Bild 3.7, wie schwer es praktisch ist, Perioden zu erkennen. Sehr lange Zeitreihen sind erforderlich, um Perioden nachzuweisen, die bisher

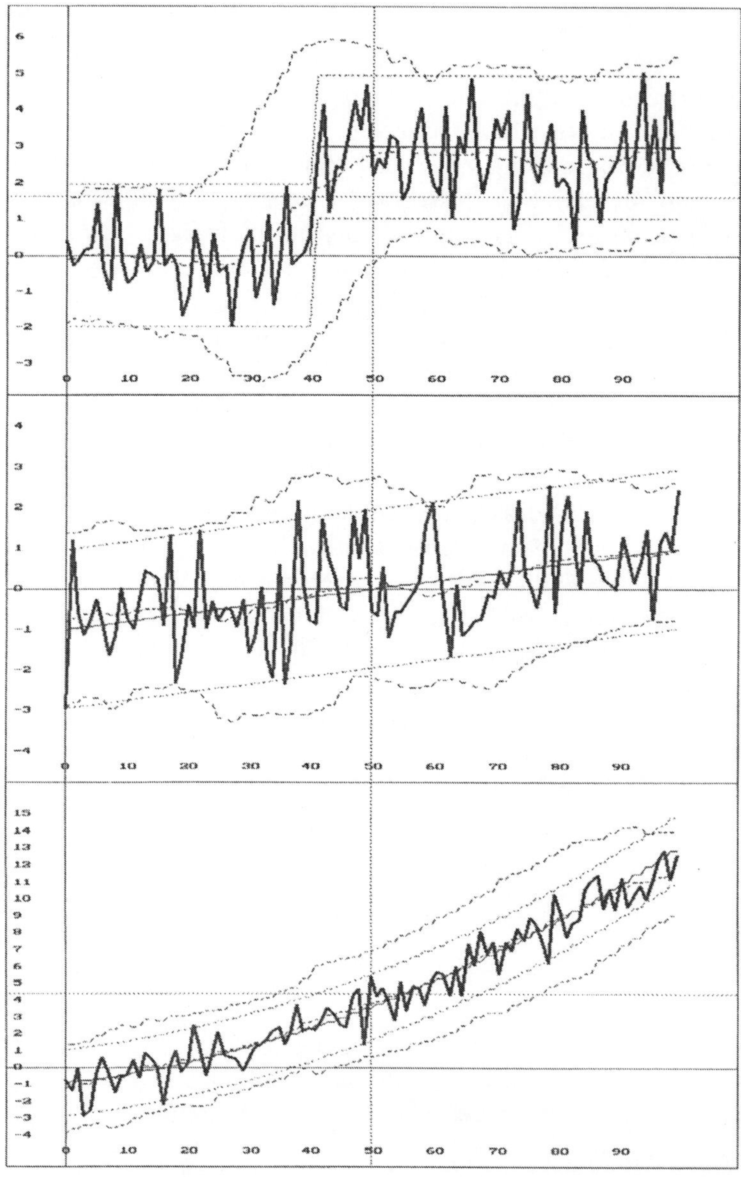

Bild 3.6 Überlagerung verschiedener Trendformen mit weißem Rauschen. Sprungfunktion (oben), linearer Trend (Mitte) und parabolischer Trend (unten)

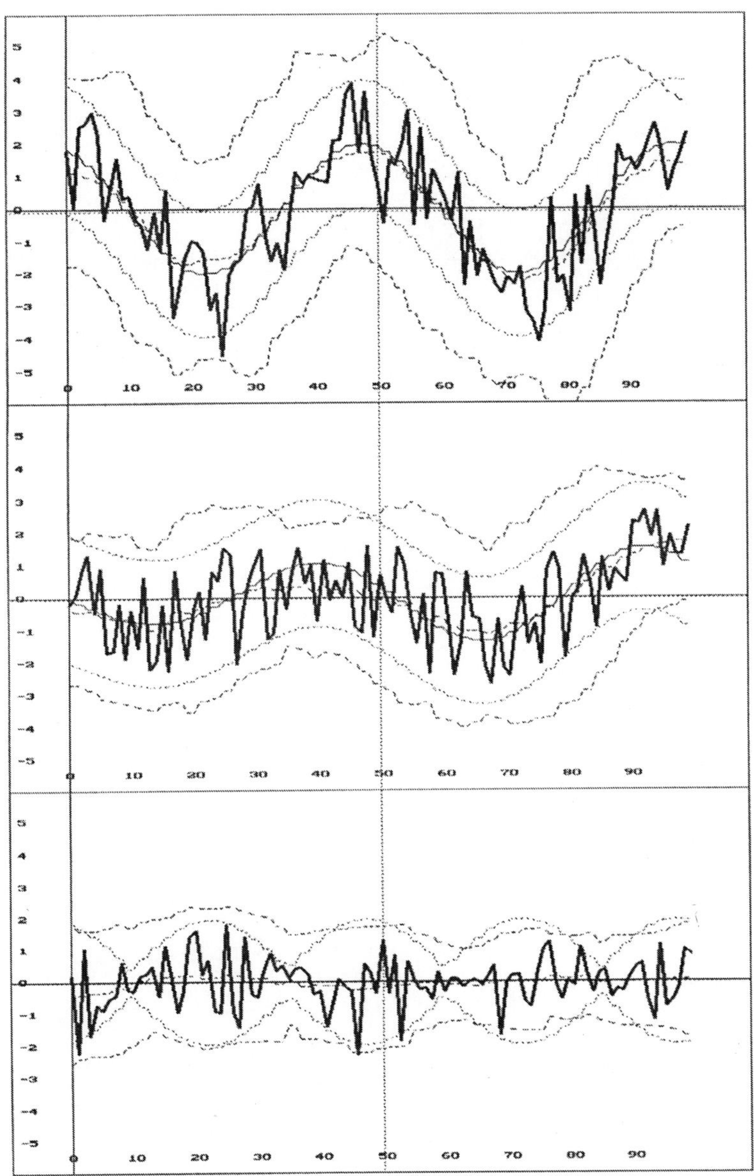

Bild 3.7 Überlagerung verschiedener periodischer Abläufe mit weißem Rauschen. Sinusfunktion (oben), Summe zweier Sinusfunktionen (Mitte) und multiplikative Überlagerung einer Sinusfunktion (unten)

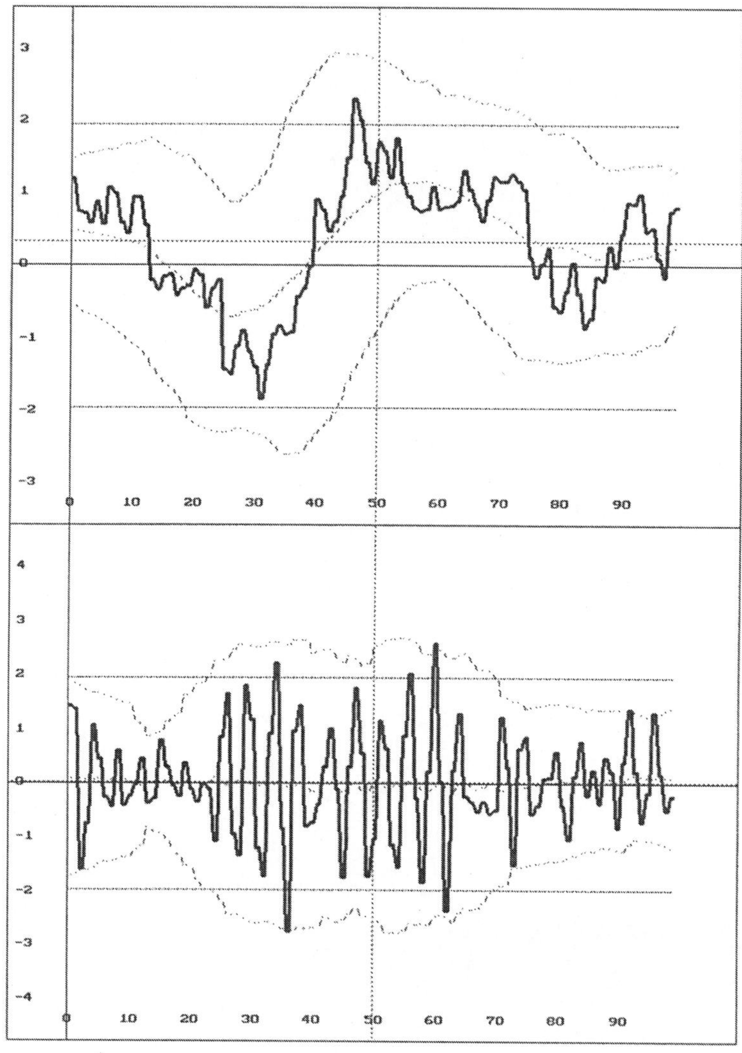

Bild 3.8 Zwei simulierte stationäre Zeitreihen mit stochastischen Abhängigkeiten im Zufallsmechanismus

unbekannt waren und nicht mit dem Tages-, Wochen- oder Jahreszyklus zusammenhängen.

Auch Bild 3.8 soll eine Warnung sein. Hier werden zwei simulierte Zeitreihen mit konstantem Trend dargestellt, die durch gewichtete Mittelbildung aus unabhängigen, identisch verteilten Zufallsgrößen z_i erhalten worden sind. Damit haben die Störungen im Gegensatz zu denen auf den Bildern 3.6 und 3.7 Korrelationen. Man könnte meinen, im ersten Fall eine Periodizität zu erkennen. Langsam, monoton abklingende Korrelationen führen typischerweise zu „sinusförmigen" Zeitreihen, wobei aber keine feste Periode existiert.

Trendtests

Eine wichtige Frage beim Studium von Zeitreihen ist diejenige, ob überhaupt ein (linearer) Trend vorliegt. Zur Prüfung der Nullhypothese, dass kein Trend vorliegt, gibt es verschiedene Tests. Hier sollen kurz zwei Beispiele erwähnt werden, der Text von Sen und der von Mann und Kendall, vgl. Gibbons (1994) und Gilbert (1987). Sie sind gut der Situation der Umweltstatistik angepasst, sie verkraften nämlich fehlende Daten und nicht äquidistante Zeitpunkte und erfordern keine Verteilungsannahmen.

Test von Sen

Die Messzeitpunkte seien $t_1, \ldots, t_n$ (wobei $t_1 < t_2 < \ldots < t_n$), die Messwerte $x_1, \ldots, x_n$. Man berechnet alle möglichen Anstiege

$$q = \frac{x_j - x_i}{t_j - t_i}$$

für alle i und j mit $t_j - t_i > 0$. Man erhält so eine Stichprobe von $\frac{n(n-1)}{2}$ Anstiegen. Als Schätzwert für den linearen Anstieg der Zeitreihe schlägt Sen den Median $\tilde{q}$ der q-Werte vor. Wenn $\tilde{q}$ hinreichend weit von Null entfernt ist, kann man von einem Trend in der Zeitreihe ausgehen.

Mit Hilfe einer Normalverteilungsapproximation (vgl. Gilbert, 1987, S. 218) kommt man zu einer einfachen Testregel.

Gänzlich ohne Verteilungsannahmen kommt man aus, wenn man statt dessen einen *Permutationstest* anwendet. Hierzu werden mittels Zufallszahlen aus der gegebenen Zeitreihe 999 (oder eine ähnlich große Anzahl) neue Zeitreihen gebildet, die aus denselben Werten $x_1, \ldots, x_n$ bestehen, die aber in zufällig veränderter Reihenfolge in den ursprünglichen Zeitpunkten auftreten. Man berechnet dann für jede der neuen Zeitreihen den Median $\tilde{q}_k$ ($k = 1, \ldots, 999$), so dass man schließlich, wenn auch der aus der beobachteten Zeitreihe stammende Wert $\tilde{q}$ benutzt wird, 1000 Mediane hat. Diese werden der Größe nach geordnet.

Wenn sich nun $\tilde{q}$ unter den 25 kleinsten oder den 25 größten der Mediane befindet, lehnt man die Hypothese ab, dass der Anstieg gleich Null ist. (Die Zahl 25 gehört zur Irrtumswahrscheinlichkeit $\alpha = 0{,}05$.)

Mit dem Computer ist dieser Test leicht ausführbar.

Beispiel. In Gilbert (1987), S. 212, wird folgende durch fehlende Werte lückenhafte Zeitreihe von U238-Kontaminationen in Grundwasser analysiert:

t_i	1	2	3	4	5	6	7	8	9	10	11
x_i	20	20	20	20	15	20	20	30	27	25	21

t_i	12	13	14	15	16	18	19	22	23	24	25
x_i	34	23	28	70	24	22	33	30	21	48	27

In dieser Zeitreihe liegt „offensichtlich“ ein schwacher Trend vor, die Werte wachsen tendenziell. Dementsprechend wird nach dem Test von Sen die Hypothese eines Nullwachstums für $\alpha = 0{,}05$ abgelehnt. Beim Permutationstest lag bei der ersten durchgeführten Simulation der Median $\tilde{q} = 0{,}408$ der Anstiege zu der gegebenen Zeitreihe auf Platz 987 der Rangfolge. Also wird auch bei dieser Verfahrensweise die Nullhypothese des Fehlens eines Trends abgelehnt.

Anders ist die Situation bei der folgenden ebenfalls aus acht Gliedern mit denselben Zeitpunkten wie oben bestehenden Zeitreihe:

$$6, 1, 6, 5, 10, 4, 3, 6\,.$$

Hier ist der Median der Anstiege gleich 0. Er lag bei der ersten durchgeführten Simulation mit 999 Permutationen auf den Plätzen 397 bis 574. Demzufolge sollte hier von der Nichtexistenz eines Trends ausgegangen werden.

Es muss aber vermerkt werden, dass es auch Zeitreihen gibt, bei denen die Hypothese nicht abgelehnt wird, obwohl sicher kein Trend vorliegt. Diese Schwäche des Tests kann abgebaut werden, indem man nur Zeitdifferenzen zur Berechnung der Anstiege heranzieht, die kleiner als ein vorgegebener Abstand sind.

Beim *Test von Mann und Kendall* beachtet man nur die Vorzeichen der Anstiege,

$$s = \begin{cases} 1 & \text{für } x_j - x_i > 0 \\ 0 & \text{für } x_j - x_i = 0 \\ -1 & \text{für } x_j - x_i < 0 \end{cases}\,.$$

Anstelle des Medians benutzt man im Test die Größe (Anzahl der positiven Zuwächse) – (Anzahl der negativen Zuwächse). In Gilbert (1987) wird auch der Fall behandelt, wo der Trend von saisonalen Schwankungen überlagert ist.

Trendschätzung

Man kann mit gutem Erfolg *Glättungsmethoden* anwenden, um Trendfunktionen zu bestimmen: die geglättete Zeitreihe kann einfach als Trend angesehen werden. Je größer die Bandweite h (im Fall des Epanechnikov-Kerns) oder je kleiner der Parameter λ (bei exponentieller Glättung) ist, desto glatter wird die Trendfunktion. Allerdings ist eine solche Trendfunktion nicht einfach formelmäßig angebbar, sondern sie ist nur durch die Folge der Werte der geglätteten Zeitreihe y_k gegeben.

Zu formelmäßig gegebenen Trendfunktionen führt die *parametrische Regression*, vergleiche Abschnitt 2.4. Ausgangspunkt dabei ist eine Menge $\mathcal{F}$ von Funktionen $f(t,p)$. Ein Beispiel sind die linearen Funktionen

$$f(t,p) = a + bt$$

mit dem zweidimensionalen Parameter $p = (a,b)$. Dabei ist es möglich, dass die Parameterwerte nur in gewissen vorgegebenen Mengen liegen dürfen. So kann es z. B. sein, dass im Fall linearer Funktionen die Werte a und b positiv sein müssen.

Durch ein Optimierungsverfahren wird aus $\mathcal{F}$ diejenige Funktion ausgewählt, die „am besten" zu den Werten der Zeitreihe „passt". Meist benutzt man die Methode der kleinsten Quadrate, die die folgende Größe minimiert:

$$\sum_{k=1}^{n}(x_k - f(t_k,p))^2 .$$

Hier sind diejenigen t_k die Zeitpunkte, an denen die Werte x_k gemessen worden sind. Mit $f(t_k,p)$ werden die „theoretischen" Werte bezeichnet, die nach der Trendfunktion berechnet werden. Gelegentlich wird die möglicherweise unterschiedliche Wichtigkeit der t_k durch „Gewichte" c_k berücksichtigt, und es wird die folgende gewichtete Summe der quadratischen Abweichungen betrachtet:

$$\sum_{k=1}^{n} c_k(x_k - f(t_k,p))^2 .$$

Beispielsweise können neuere, also „wichtigere" Zeitpunkte höhere Gewichte erhalten, während ältere und Zeitpunkte mit extremen oder untypischen Werten durch eine geringere Wichtung in ihrem Einfluss auf die Trendfunktion begrenzt werden. Übrigens können auch vorhergehende Glättungen von Zeitreihen als Wichtungen interpretiert werden.

In einigen Spezialfällen ist eine formelmäßige Ermittlung des Parameters p möglich, wie schon im Abschnitt 2.4.2 gezeigt worden ist. Das trifft insbesondere auf den *linearen Fall* zu, wo man wie folgt rechnen kann:

$$a = \bar{x} - b\bar{t}, \tag{3.9}$$

$$b = \frac{\sum_{k=1}^{n} (x_k - \bar{x})(t_k - \bar{t})}{\sum_{k=1}^{n} (t_k - \bar{t})^2 (t_k - \bar{t})}, \tag{3.10}$$

wobei

$$\bar{x} = \frac{1}{n} \sum_{k=1}^{n} x_k$$

und

$$\bar{t} = \frac{1}{n} \sum_{k=1}^{n} t_k .$$

Die hier gegebenen Formeln sind analog zu den Formeln (2.13) und (2.14) auf Seite 79, nur stehen hier t anstelle von x und x anstelle von y.

Wegen weiterer Methoden der Regression vergleiche man Abschnitt 2.4.

Die Bewertung der Genauigkeit der geschätzten Parameter a und b ist kein einfaches Problem, wenn man von einem Modell der Form

$$x_t = a + bt + y_t$$

ausgeht, wobei $\{y_t\}$ eine stationäre Zeitreihe ist. Die mathematische Theorie hierzu findet man in Hannan (1971, 1973) und Smith (1993), wobei letzterer Zeitreihen mit weitreichenden (engl. *long-memory*) Korrelationen betrachtete, ein Fall, der für die Klimatologie wichtig ist.

Andere Trendfunktionen kann man mit Hilfe der von den Statistikprogrammen angebotenen Methode der polynomialen Glättung (engl. *polynomial smoothing*) erhalten.

Beispiel 3.1 Umweltdaten.

Fortsetzung des Beispiels 3.1 von Seite 149.
Bild 3.9 zeigt Ausgleichskurven oder Trends für die Chemnitzer CO-Werte, die durch polynomiale Glättung erhalten worden sind.

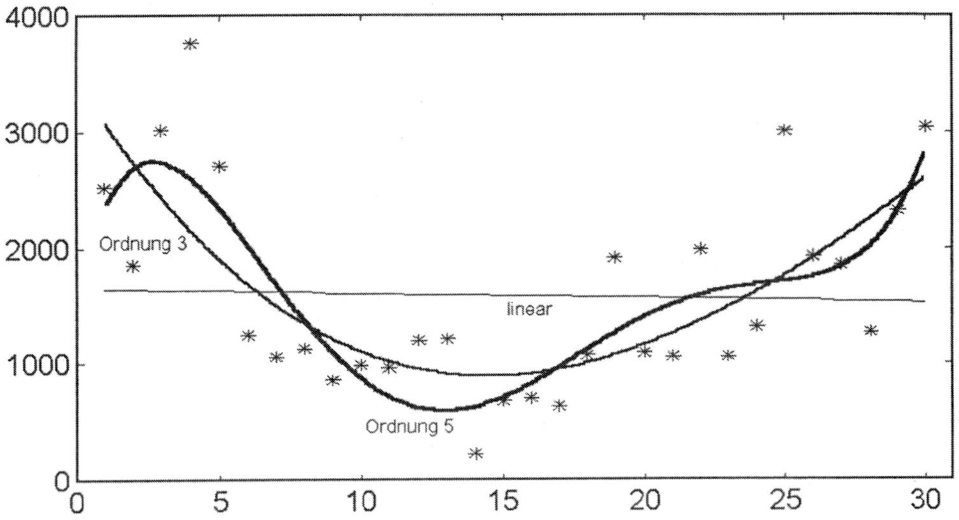

Bild 3.9 Ausgleichskurven für die Chemnitzer CO-Tagesmittelwerte (linearer Fall und Polynome dritten und fünften Grades)

Fortsetzung des Beispiels 3.1 auf Seite 170.

Die Festlegung der Funktionenmenge $\mathcal{F}$ erfolgt einerseits auf der Grundlage von Erfahrungen und Vorinformationen aus der entsprechenden Umweltfachliteratur, andererseits ausgehend von graphischen Darstellungen geglätteter Versionen der Zeitreihe.

Um einfache Formeln zu erhalten und um übersichtlich arbeiten zu können, ist manchmal eine *Zerlegung der Zeitachse* in Abschnitte mit jeweils verschiedenen Trendfunktionen sinnvoll. Ebenso ist eine *stufenweise Regression* möglich, indem zunächst für einen größeren Zeitraum eine grobe Trendfunktion bestimmt wird. Die verbleibenden Abweichungen oder „Residuen“ werden dann als neue Zeitreihe analysiert und eventuell wieder durch eine Trendfunktion beschrieben.

Sehr häufig werden in der Zeitreihenanalyse sogenannte *Komponentenmodelle* benutzt. Dort wird für die Werte x_k der Zeitreihe folgender Ansatz gemacht:

$$x_k = T_k + S_k + C_k + Z_k \quad \text{für } k = 0, 1, \ldots .$$

Dabei sind T_k die Trendkomponente, S_k die saisonale (periodische)

Komponente, C_k die Beschaffenheitskomponente (sie wird oft ignoriert bzw. vernachlässigt) und Z_k die zufällige Komponente. Die ersten drei Komponenten werden als deterministisch angesehen, nur die letzte Komponente beschreibt die zufälligen Schwankungen.

Die Trendkomponente wird mit den oben beschriebenen Verfahren bestimmt. Dabei ist zuvor ein Ausgleich der periodischen Schwankungen erforderlich, eine „Saisonbereinigung". Für die saisonale Komponente wird i. Allg. ein Fourieransatz gemacht, d. h.,

$$S_k = a_0 + \sum_{i=1}^{m}(a_i \cos(ik\omega) + b_i \sin(ik\omega)) \quad \text{für } k = 0, 1, \dots .$$

Der Wert m und die Koeffizienten a_i und b_i werden durch Regression bestimmt; ω ist gleich $2\pi/p$, wobei p eine Grundperiode ist, z. B. $p = 12$, 52 oder 365.

Die Beschaffenheitskomponente beschreibt den Einfluss äußerer Größen, d. h. anderer Zeitreihen. Wenn C_k durch die Werte B_0, B_1, ... einer anderen Zeitreihe bestimmt wird, kann man für C_k den folgenden Ansatz machen:

$$C_k = \sum_{i=0}^{n} c_i B_{k-i} .$$

Auch hier sind die Koeffizienten $c_0, \dots, c_n$ durch Regression zu bestimmen.

Die zufällige Komponente wird als stationäre Zeitreihe angesetzt und mit den in den Abschnitten 3.3 und 3.4 beschriebenen Methoden analysiert.

Ein schönes Beispiel für die Anwendung eines Komponentenmodells wird in Lehmann und Weber (1997) gegeben. Darin werden Wasserbeschaffenheitsgrößen der Elbe, gemessen an der Mess-Stelle Magdeburg, analysiert. Bei der Analyse des Sauerstoffgehalts des Elbewassers sind als Beschaffenheitsvariable die Wassertemperatur und der Durchfluss verwendet worden.

3.2.3 Laufende Glättung und kurzfristige Vorhersage

Die exponentielle Glättung ist ein wertvolles Hilfsmittel zur laufenden, zeitlich parallelen (engl. *on-line*) Glättung (engl. *updating*) von Zeitreihen, da nur Werte der Vergangenheit benutzt werden. Ausgehend von der beobachteten Zeitreihe x_k ergibt sich die geglättete Zeitreihe y_k gemäß

$$y_k = \lambda x_k + (1 - \lambda) y_{k-1} \quad \text{für } k = 2, 3, \dots . \tag{3.11}$$

Dabei werden der zur Zeit t_{k-1} vorliegende geglättete Wert y_{k-1} und der zur Zeit t_k neu beobachtete Wert miteinander verknüpft. Der Wert y_{k-1} ist auf die gleiche Art und Weise aus den früheren Werten entstanden usw., wobei in der fernen Vergangenheit irgendwann $y_0 = x_0$ war. Durch (3.11) erhält man eine ständig an das aktuelle Geschehen angepasste Vorstellung von der Beziehung der aktuellen Werte zu einem Trend. Ein zum Ansatz (3.11) passender Vorhersagewert für y_{k+1} ist

$$m_{k+1|k} = y_k \,.$$

Die Vorhersage ist hier also sehr primitiv: Der letzte durch Glättung erhaltene (Trend-)Wert y_k wird als Vorhersagewert benutzt.

Eine Verfeinerung ist die lineare Methode von Holt, in der sukzessive der Anstieg der Komponente T_k geschätzt wird. Dabei werden geglättete Werte y_k gemäß

$$y_k = \lambda_m x_k + (1 - \lambda_m)(y_{k-1} + b_{k-1}) \tag{3.12}$$

berechnet. Durch b_{k-1} wird der Anstieg von T_k in die Betrachtungen aufgenommen, der sozusagen linear extrapoliert wird. Dabei rechnet man gemäß

$$b_k = \lambda_b(y_k - b_{k-1}) + (1 - \lambda_b)b_{k-1} \,,$$

also auch der Trend wird durch eine Art exponentielle Glättung bestimmt.

Zum Ansatz (3.12) gehört die Vorhersageformel

$$m_{k+1|k} = y_k + b_k \,.$$

Eine noch stärkere Modifikation der exponentiellen Glättung ist bei periodischen Zeitreihen erforderlich. Häufig wird hier die saisonal-additive Methode von Winter benutzt, bei der auch die saisonale Komponente S_k laufend aktualisiert wird. Dabei ist die Periodenlänge vorzugeben. Hier lauten die Formeln

$$\begin{aligned} y_k &= \lambda_m(x_k - c_{k-p}) + (1 - \lambda_m)(y_{k-1} - b_{k-1}) \,, \\ b_k &= \lambda_b(y_k - y_{k-1}) + (1 - \lambda_b)b_{k-1} \,, \\ m_{k+1|k} &= y_k + b_k + c_{k+1-p} \,. \end{aligned}$$

Mit Hilfe der Größen c_i können Periodizitäten berücksichtigt werden. Die Periodenlänge ist p, und man rechnet nach

$$c_k = \lambda_c(x_k - y_k) + (1 - \lambda_c)c_{k-p} \,.$$

In den Gleichungen treten verschiedene λ-Werte auf. Sie bestimmen jeweils die Stärke der Glättung. Je kleiner die λ-Werte gewählt werden, desto stärker ist die Glättung. Bei größeren λ-Werten folgt das Niveau (engl. *level*) deutlicher der Zeitreihe.

Für die Wahl der λ-Werte gilt Ähnliches wie für die Wahl des λ in der Formel (3.11). Man sollte zunächst mit den Vorgabewerten der Programmpakete arbeiten. Danach sollte man durch Probieren Werte ermitteln, die den eigenen Vorstellungen über die Trennung von Trend und Zufall möglicherweise besser entsprechen.

Ein Problem ist schließlich noch die Wahl der Anfangswerte y_0, b_0 und $c_{-p}, c_{-p+1}, \ldots, c_0$. Hierfür werden die lineare Regression oder spezielle Schätzverfahren eingesetzt, die meist Werte aus dem vorderen Teil der Zeitreihe benutzen.

Alle drei beschriebenen Verfahren sind in den Programmpaketen zur Zeitreihenanalyse berücksichtigt, in denen auch Verfahren zur Wahl der Anfangswerte enthalten sind. Für hinreichend genaue Prognosen ist oft umfangreiches Fachwissen erforderlich, das zum Beispiel besondere lokale Eigenschaften der Umweltprozesse betrifft. Zufällige „Perioden" (jahreszeitliche Einflüsse) und deterministische Perioden (wie der Wochenzyklus) verhalten sich bei statistischen Analysen durchaus unterschiedlich.

Beispiel 3.1 Umweltdaten.

Fortsetzung des Beispiels 3.1 von Seite 167.

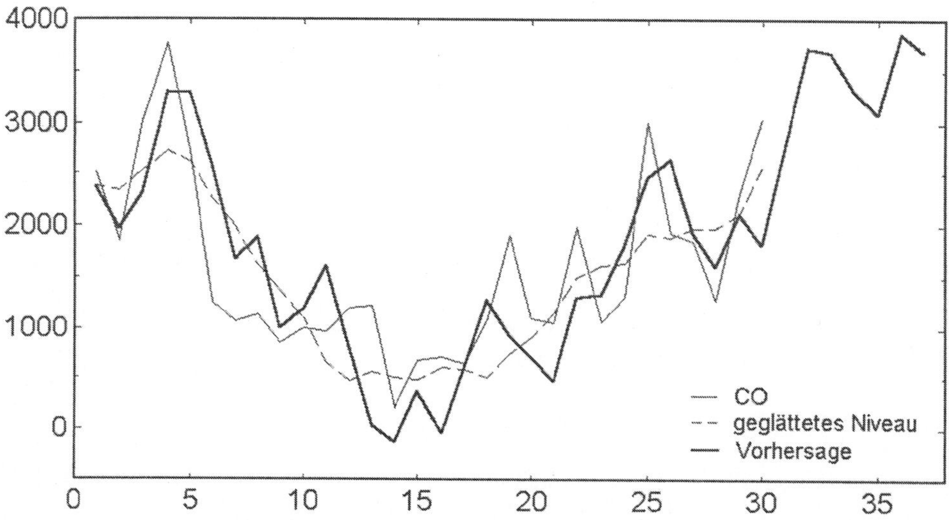

Bild 3.10 Vorhersage der CO-Tagesmittelwerte mit der Methode von Winter unter Berücksichtigung der Wochenperiode

Auf die Zeitreihe der täglichen Mittelwerte der CO-Werte ist die Methode von Winter mit den Parametern $\lambda_m = 0{,}3$, $\lambda_b = 0{,}5$ und $\lambda_c = 0{,}1$ angewendet und für eine Vorhersage (engl. *forecast*) der Folgewoche benutzt worden. Bild 3.10 zeigt die mit Unistat erhaltenen Ergebnisse, insgesamt eine ziemlich befriedigende Vorhersage.
Fortsetzung des Beispiels 3.1 auf Seite 185.

3.3 Grundbegriffe aus der Theorie der stochastischen Prozesse

3.3.1 Stochastische Prozesse und Zeitreihen

Zur mathematischen Modellierung von Zeitreihen sind Ideen aus der Theorie der stochastischen Prozesse unerlässlich. Im Folgenden wird dazu eine kurze Einführung gegeben.

Ein *stochastischer Prozess* ist eine Folge oder Familie von Zufallsgrößen $X_1, X_2, \ldots, X_n$ oder $(X_t)_{0 \leq t < \infty}$. Im ersten Fall spricht man von diskreter, im zweiten von stetiger Zeit. Viele Zeitreihen der Umweltstatistik ergeben sich durch Diskretisierung aus kontinuierlichen Verläufen, wie z. B. derjenigen der Lufttemperatur oder des NO_x-Gehalts der Luft. Andere sind von Natur aus „Reihen", also Folgen diskreter Zahlenwerte, wie z. B. die Anzahl der schweren Stürme pro Jahr in einem bestimmten Gebiet. Im Folgenden wird zunächst der zeitstetige Fall dargestellt. Im Abschnitt 3.4 werden dann allerdings einige Modelle mit diskreter Zeit diskutiert.

Die in den Abschnitten 3.1 und 3.2 betrachteten konkreten Zeitreihen können als *Realisierungen* von stochastischen Prozessen interpretiert werden. So wie eine konkrete Augenzahl bei einem Würfelexperiment eine Realisierung der Zufallsgröße „Augenzahl" ist, wird eine konkrete Zeitreihe als eine Realisierung eines stochastischen Prozesses aufgefasst. Anders als beim Würfel ist es bei Umweltproblemen aber i. Allg. so, dass eine Reproduzierbarkeit der Messungen, Beobachtungen oder zeitlichen Verläufe nicht gegeben ist. Somit ist es fast ein philosophisches Problem, ob Methoden der Stochastik zur Analyse und Modellierung von Umweltprozessen überhaupt sinnvoll sind. Den Autoren erscheint es aber als richtig die Argumente von Matheron (1989) auch hier zu benutzen. Matheron hat begründet, wieso stochastische Methoden bei der statistischen Analyse von geologischen Lagerstätten sinnvoll sind. Ein wesentliches

Argument Matherons ist die Idee der „Mikroergodizität". Das bedeutet in unserem Fall, dass die Schwankungen der Zeitreihe nach Abziehen der zeitlich weitreichenden Trends überall gleichartig sind; eine statistische Analyse eines bestimmten Zeitabschnitts soll es also gestatten, über die Art der kurzzeitigen Schwankungen insgesamt richtige allgemeingültige Aussagen zu treffen. Ohne diese oder eine ähnliche Argumentation ist keine Analyse des Zufalls möglich.

Von diesem Standpunkt aus ist es auch sinnvoll, von *Stationarität* zu sprechen. Inhaltlich bedeutet Stationarität, dass statistische Beobachtungen in Zeitintervallen gleicher Länge gleiche Ergebnisse liefern, egal, wo die Zeitintervalle liegen. Verschiebungen der Zeitachse ändern also nichts am statistischen Verhalten. Dementsprechend lautet die mathematische Definition der Stationarität wie folgt.

Ein stochastischer Prozess $(X_t)_{0\leq t<\infty}$ heißt *streng stationär* oder *stationär im engeren Sinne*, wenn für beliebiges n und τ und beliebige Zeiten t_1, t_2, $\ldots$, t_n die Zufallsvektoren $(X_{t_1}, X_{t_2}, \ldots, X_{t_n})$ und $(X_{t_1+\tau}, X_{t_2+\tau}, \ldots, X_{t_n+\tau})$ dieselbe Verteilung haben. Diese scharfe Forderung ist praktisch kaum nachprüfbar. Oft werden abgeschwächte Versionen benutzt, insbesondere die auf Seite 174 erklärte Eigenschaft der schwachen Stationarität.

3.3.2 Mittelwerts- und Kovarianzfunktion

Definitionen

Dem Erwartungs- oder Mittelwert einer Zufallsgröße entspricht die *Mittelwertsfunktion*

$$m(t) = \mathbf{E}\left((X_t)\right) . \tag{3.13}$$

Es bezeichnet also $m(t)$ den Mittelwert des stochastischen Prozesses zur Zeit t. Beispielsweise entspricht ein langjähriger Temperaturmittelwertsverlauf ungefähr solch einer Mittelwertsfunktion; $m(t)$ ist dann für t = 26. November die mittlere Temparatur am 26. November. (Langfristige Klimaschwankungen stören die Vorstellung, dass die Temparaturverläufe verschiedener Jahre einen einheitlichen, gewissermaßen ewig-gültigen Mittelwert liefern.) Sicherlich kann man für Größen wie den CO-Gehalt der Luft an einer Mess-Stelle in einer Stadt nach Abzug von jahreszeitlichen Trends einen mittleren Wochenablauf erstellen, der eine Näherung für solch eine Mittelwertsfunktion darstellt.

Die Größe der Schwankungen wird durch die *Varianzfunktion* $\sigma^2(t)$ und die Kovarianzfunktion $K(t_1, t_2)$ beschrieben. Man setzt analog zu der Definition

(3.13)

$$\sigma^2(t) = \mathbf{var}(X_t)\,,$$

d. h., $\sigma^2(t)$ ist die Streuung des Prozesses zur Zeit t. Im Allgemeinen wird die Streuung wirklich von der Zeit abhängen. So weiß man z. B. aus meteorologischen Beobachtungen, dass die Temperaturschwankungen im Winter größer sind als im Sommer. Aus langjährigen statistischen Untersuchungen der Tagesmitteltemperaturen in Potsdam resultieren folgende Werte:

31. Januar

Mittelwert:	−0,77 ,
Standardabweichung:	5,82 ,
10 %-Quantil:	−9,60 ,
90 %-Quantil:	+5,10 .

31. Juli

Mittelwert:	18,49 ,
Standardabweichung:	3,53 ,
10 %-Quantil:	14,50 ,
90 %-Quantil:	23,70 .

Die Schiefen der Verteilungen der Tagesmitteltemperaturen für die beiden Tage sind interessanterweise entgegengesetzt, nämlich leicht positiv im Sommer und stark negativ im Winter, wobei es einen fast stetigen Übergang im Verlauf des Jahres gibt. (Wir danken Dr. F. W. Gerstengarbe und Dr. P. C. Werner vom Potsdamer Institut für Klimafolgenforschung für die freundliche Überlassung der Daten.)

Die *Kovarianzfunktion* eines stochastischen Prozesses ist durch

$$K(t_1, t_2) = \mathbf{E}\left((X_{t_1} - m(t_1))\,(X_{t_2} - m(t_2))\right) \tag{3.14}$$

gegeben. Diese Funktion beschreibt die Zusammenhänge der Werte des Prozesses für verschiedene Zeitpunkte. Wenn man (3.14) mit Formel (2.2) vergleicht, erkennt man, dass $K(t_1, t_2)$ bis auf einen Faktor gleich dem Korrelationskoeffizienten $\varrho(t_1, t_2)$ für die Zufallsgrößen X_{t_1} und X_{t_2} ist:

$$\varrho(t_1, t_2) = \frac{K(t_1, t_2)}{\sigma(t_1)\sigma(t_2)}\,. \tag{3.15}$$

Für $t_1 = t_2 = t$ erhält man

$$K(t, t) = \sigma^2(t)\,. \tag{3.16}$$

Manchmal nennt man die Kovarianzfunktion auch *Autokovarianzfunktion*. Man will mit dieser Bezeichnung darauf hinweisen, dass derselbe Prozess an zwei Zeitpunkten betrachtet wird und gewissermaßen mit sich selbst in Beziehung gesetzt wird. Wenn dagegen $(X_t)_{0\leq t<\infty}$ und $(Y_t)_{0\leq t<\infty}$ zwei stochastische Prozesse sind, die gleichzeitig betrachtet werden (z. B. Lufttemperatur und CO-Gehalt), dann wird neben den beiden Autokovarianzfunktionen auch die sogenannte *Kreuzkovarianzfunktion* benutzt. Sie ist durch die Werte

$$K_{XY}(t_1,t_2) = \mathbf{E}\left((X_{t_1} - m_X(t_1))(Y_{t_2} - m_Y(t_2)\right) \tag{3.17}$$

gegeben.

Oft möchte man vor allem die Dauer und Stärke des Vorhandenseins von Korrelationen in verschiedenen Zeitreihen vergleichen. Dann ist es zweckmäßig die *Korrelationsfunktion* $\varrho(t_1,t_2)$ zu benutzen. Sie ergibt sich aus der Kovarianzfunktion durch Normierung mit den Standardabweichungen,

$$\varrho(t_1,t_2) = \frac{K(t_1,t_2)}{\sigma(t_1)\sigma(t_2)}.$$

Der Funktionswert $\varrho(t_1,t_2)$ ist gleich dem Korrelationskoeffizienten der Zufallsgrößen X_{t_1} und X_{t_2}. Die Korrelationsfunktion ist immer gleich Eins für $t_1 = t_2$. Natürlich benutzt man auch Korrelationskoeffizienten im Zusammenhang mit der Kreuzkovarianzfunktion.

Eine weitere Momentenfunktion 2. Ordnung wird ohne Bezug auf die Erwartungswertsfunktion $m(t)$ (und damit gewissermaßen ohne Kenntnis des Trends) definiert. Sie ist ursprünglich in der Geostatistik verwendet worden, vgl. Kapitel 4.

Die Funktion

$$\gamma(t_1,t_2) = \frac{1}{2}\mathbf{E}\left((X_{t_2} - X_{t_1})^2\right) \tag{3.18}$$

heißt *Semi-Variogramm* oder einfach *Variogramm*.

Da man in der Statistik für stochastische Prozesse und Zeitreihen besonderen Wert auf Mittelwerte, Streuungen und Kovarianzen legt, ist die folgende abgeschwächte Stationaritätsdefinition natürlich und praktisch. Ein stochastischer Prozess 2. Ordnung (für den die genannten Größen alle endlich sind) heißt *schwach stationär* oder *stationär im weiteren Sinne*, wenn $m(t)$ und $\sigma^2(t)$ konstant sind, das heißt,

$$\begin{aligned} m(t) &\equiv m, \\ \sigma^2(t) &\equiv \sigma^2, \end{aligned}$$

und wenn die Kovarianzfunktion nur vom Abstand oder *Lag* $\tau = |t_2 - t_1|$ der Zeitpunkte t_1 und t_2 abhängt. Letzteres drückt man als

$$K(t_1,t_2) = K_s(|t_2 - t_1|) = K_s(\tau) \tag{3.19}$$

aus, wobei die Funktion $K_s(\tau)$ auf der rechten Seite nur von einer Variablen, nämlich τ, abhängt. Oft lässt man den Index „s" weg und nennt auch die Funktion $K(\tau)$ Kovarianzfunktion, obwohl sie nur von einer Variablen abhängt. Analog zur Beziehung (3.16) gilt

$$K(0) = \sigma^2 .$$

Natürlich ist dann auch die Korrelationsfunktion nur vom Lag τ abhängig. Wir benutzen dann das Symbol $\varrho(\tau)$.

Dass bei konstanter Mittelwerts- und Streuungsfunktion die Kovarianzfunktion von der Zeitdifferenz abhängt, ist sicherlich natürlich. Zwischen den Werten des Prozesses zu verschiedenen Zeiten bestehen Zusammenhänge. Diese werden in vielen Fällen besonders dann sehr eng sein, wenn die betrachteten Zeitpunkte dicht beisammenliegen. Dem entspricht es, dass man für kleine Zeitdifferenzen große Korrelationskoeffizienten und große Werte der Kovarianzfunktion erwarten kann.

Im stationären Fall hängt auch das Variogramm nur vom Betrag der Zeitdifferenz $t_1 - t_2$ ab. Die entsprechende Funktion wird mit $\gamma(\tau)$ bezeichnet.

Für jeden schwach stationären Prozess gilt die folgende wichtige Beziehung zwischen Variogramm und Kovarianzfunktion:

$$\gamma(\tau) = \sigma^2 - K(\tau) . \tag{3.20}$$

Die Bilder 3.11 bis 3.13 zeigen drei typische Kovarianz- und Korrelationsfunktionen und Variogramme, jeweils für dieselben stochastischen Prozesse.

Wenn alle Zufallsgrößen X_t normalverteilt sind und wenn für alle Zahlen n und $t_1, \ldots, t_n$ die Zufallsvektoren $(X_{t_1}, X_{t_2}, \ldots, X_{t_n})$ n-dimensionale Normalverteilungen haben, nennt man den stochastischen Prozess einen *Gauß-Prozess*. Im Fall von Gauß-Prozessen vereinfachen sich Verteilungsaussagen. Die eindimensionale Normalverteilung ist ja bekanntlich durch Mittelwert und Streuung eindeutig bestimmt; bei der n-dimensionalen Normalverteilung benötigt man für denselben Zweck die Mittelwerte der beteiligten Zufallsgrößen und die sogenannte Korrelationsmatrix, vgl. Abschnitt 2.3.2. Dem entspricht es bei Gaußschen Prozessen, dass die Mittelwertfunktion $m(t)$ und die Kovarianzfunktion $K(t_1, t_2)$ die Verteilung eindeutig bestimmen. Daraus folgt übrigens, dass im Fall von Gaußschen Prozessen die Begriffe „streng stationär" und „schwach stationär" dasselbe bedeuten. Wegen der häufigen Anwendung der Normalverteilung in statistischen Untersuchungen ist damit die Begriffsbildung der schwachen Stationarität zusätzlich gerechtfertigt.

Statistische Schätzungen

Zur Erleichterung des Verständnisses werden jetzt die Formeln für die statistische Ermittlung der Parameter für stationäre Prozesse angegeben. Dabei wird von einer Zeitreihe ausgegangen, also einer Serie von n Messwerten $x_1, \ldots, x_n$, die zu diskreten, äquidistanten (gleichabständigen) Zeitpunkten gehören; die Zeitdifferenz sei h. Es ist naheliegend, dass man den Prozessmittelwert m durch den *Stichprobenmittelwert* $\overline{x}$ schätzt,

$$\overline{x} = \frac{1}{n} \sum_{k=1}^{n} x_k \,. \tag{3.21}$$

Dieser lineare Schätzer ist nicht unbedingt der beste unter den erwartungstreuen Schätzern. Wenn die Kovarianzfunktion bekannt ist, können bessere Schätzer konstruiert werden, ähnlich wie das in Kapitel 4 auf Seite 214 beschrieben wird. Ein Schätzwert für die Prozessvarianz σ^2 ist die *Stichprobenstreuung* s^2,

$$s^2 = \frac{1}{n-1} \sum_{k=1}^{n} (x_k - \overline{x})^2 \,. \tag{3.22}$$

Zur Schätzung der Kovarianzfunktion gibt es zwei verschiedene Möglichkeiten. Eine geht von der empirischen Kovarianz aus und ist sicher für viele unserer Leser zunächst natürlicher. Danach ist ein Schätzwert für $K(\tau)$ für den Lag $\tau = jh$ der Wert

$$\hat{K}(\tau) = \frac{1}{n-j} \sum_{k=1}^{n-j} (x_k - \overline{x})(x_{k+j} - \overline{x}) \,. \tag{3.23}$$

Dieser Ausdruck ist ein Gegenstück zu dem Erwartungswert auf der rechten Seite in Formel (3.14). $\hat{K}$ heißt *empirische Kovarianzfunktion.*

Analog wird die Kreuzkovarianzfunktion geschätzt:

$$\hat{K}_{XY}(\tau) = \frac{1}{n-j} \sum_{k=1}^{n-j} (x_k - \overline{x})(y_{k+j} - \overline{y}) \,. \tag{3.24}$$

Die empirische Korrelationsfunktion $r(\tau)$ und die empirische Kreuzkorrelationsfunktion sind gleich

$$r(\tau) = \frac{\hat{K}(\tau)}{s^2}$$

und

$$r_{XY}(\tau) = \frac{\hat{K}_{XY}(\tau)}{s_X s_Y} \,. \tag{3.25}$$

Die Darstellung von $r(\tau)$ in Abhängigkeit von τ nennt man *Korrelogramm.*

Die eben beschriebenen Schätzverfahren sollten nur auf Zeitreihen angewendet werden, die als Realisierungen stationärer Zeitreihen angesehen werden. Anderenfalls würden sie nur Trends widerspiegeln.

Wenn kleine Werte von $r(\tau)$ bzw. $r_{XY}(\tau)$ beobachtet werden, sollte geprüft werden, ob die Abweichungen von Null signifikant sind oder nicht. Man möchte ja einerseits statistisch gesicherte Werte der Korrelationsfunktion verwenden und andererseits wissen, für welche Lags gar keine Korrelation vorliegt, um die Reichweite der Korrelation zu erfassen. Die Vorgehensweise ist bei der Korrelationsfunktion und der Kreuzkorrelationsfunktion unterschiedlich.

Für die Korrelationsfunktion benutzt man den *Test von Kendall und Stuart*: Werte von $r(\tau)$, die außerhalb des Bereiches $-1/n \pm 2/\sqrt{n}$ liegen, werden als signifikant von Null verschieden angesehen. Die Irrtumswahrscheinlichkeit α dieses Tests der Hypothese, dass keine Korrelation in der Zeitreihe vorliegt, beträgt ungefähr $\alpha = 0,05$. Die Statistik-Programmpakete bieten auch weitere Tests für diese Hypothese an.

Für die Kreuzkorrelationsfunktion kann der in Abschnitt 2.1 erklärte Test der Hypothese $\rho = 0$ benutzt werden. Dabei ist die dort auftretende Größe n hier mit $n - j$ zu identifizieren.

Man beachte dabei Folgendes: Wenn man diese Tests für $\alpha = 0,05$ anwendet und die Werte für $r(\tau)$ für 20 verschiedene Lags τ ermittelt, dann ist es ganz natürlich, dass für einen der 20 Lag-Werte die Hypothese $\varrho = 0$ abgelehnt wird, auch wenn theoretisch für alle 20 Werte $\varrho(\tau)$ gleich Null ist. (Ein Zwanzigstel ist dasselbe wie 5 %.) Man lasse sich also nicht von einer Ablehnung bei einem großen τ-Wert beeindrucken. Es lohnt sich aber, darüber nachzudenken, ob der zur Ablehnung der Hypothese führende große Wert von $|r(\tau)|$ beziehungsweise $|r_{XY}(\tau)|$ eventuell inhaltlich erklärbar ist.

Ein konzeptionell einfacher Test ohne jegliche Verteilungsannahmen ist der folgende *Permutationstest*, der allerdings Computereinsatz erfordert.

Aus der gegebenen Zeitreihe werden 19 neue Zeitreihen gebildet, die aus denselben Werten wie die zu analysierende Zeitreihe bestehen, die aber in rein zufälliger Reihenfolge auftreten. Man berechnet dann für jede der neuen Zeitreihen die empirische Korrelationsfunktion. Somit hat man für jeden τ-Wert 19 Werte für $r(\tau)$. Hierfür ermittelt man die Maximal- und Minimalwerte $r_{\max}(\tau)$ und $r_{\min}(\tau)$. Wenn die zu der ursprünglichen Zeitreihe gehörigen Werte von $r(\tau)$ für alle τ zwischen den Grenzen $r_{\max}(\tau)$ und $r_{\min}(\tau)$ liegen, wird man die Hypothese, dass in der Zeitreihe keine Korrelation vorliegt, akzeptieren. Der Wert 19 hängt mit dem Wert $\alpha = 0{,}05$ zusammen; der Fehler 1. Art dieses Tests ist allerdings nicht exakt gleich $\alpha = 0{,}05$, sondern wahrscheinlich etwas größer.

Man kann natürlich auch viel mehr neue Zeitreihen erzeugen und dann ähnlich wie beim Trendtest auf Seite 163 vorgehen; vgl. auch Seite 253.

Ein schwieriges Problem ist bei Zeitreihen der *Vergleich der Mittelwerte*. Wenn zwei stationäre Zeitreihen mit den Mittelwerten m_1 und m_2 gegeben sind, soll mitunter die Hypothese H_0: $m_1 = m_2$ getestet werden. Es ist nicht korrekt, hierzu den üblichen t-Test auf Gleichheit zweier Mittelwerte (Welch-Test, vgl. Stoyan, 1993, S. 174) anzuwenden. Verschiedene Varianten für den Test der Hypothese H_0, bei denen die vorhandenen Abhängigkeiten der Messwerte berücksichtigt werden, werden in Zwiers und von Storch (1995) diskutiert.

Gerade für die Umweltstatistik hat die Verwendung des Variogramms gewisse Vorteile gegenüber dem Arbeiten mit der Kovarianzfunktion, vergleiche auch Thiéry u. a. (1996) und Wackernagel u. a. (1997). So hat das Variogramm noch Sinn für gewisse instationäre Prozesse, nämlich für Prozesse mit stationären Zuwächsen. Ferner zeigt das Variogramm bei groben Abweichungen von der Stationaritätsannahme (insbesondere bei einem linearen Trend) eher und stärker als die Kovarianzfunktion ein abnormales Verhalten. Beim Arbeiten mit dem Variogramm wird zunächst die folgende Größe $\hat{\gamma}(\tau)$ als ein Schätzwert für $\gamma(\tau)$ benutzt,

$$\hat{\gamma}(\tau) = \frac{1}{2(n-j)} \sum_{k=1}^{n-j} (x_k - x_{k+j})^2 \quad \text{für } \tau = jh\,.$$

Dann wird $K(\tau)$ ausgehend von Formel (3.20) gemäß

$$\hat{K}(\tau) = s^2 - \frac{n}{n-1}\hat{\gamma}(\tau) \tag{3.26}$$

geschätzt. Daraus ergibt sich für die Korrelationsfunktion zusätzlich zu $r(\tau)$ der folgende Schätzer

$$\hat{\varrho}(\tau) = 1 - \frac{\hat{\gamma}(\tau)}{s^2}\,. \tag{3.27}$$

Beispiel 3.2 Stürme auf Island und Niederschläge in Los Angeles in den Jahren 1912 bis 1980.

In den Jahren von 1912 bis 1980 sind die in Tabelle 3.1 angegebenen Anzahlen von Stürmen auf Island pro Jahr (x_i) und Niederschlagsmengen in Los Angeles pro Jahr in Zoll (y_i) festgestellt worden.

Ob hier ein Zusammenhang besteht? Immerhin werden in beiden Fällen Wettererscheinungen auf der Nordhalbkugel betrachtet, die beide durch gleiche globale Wetterfaktoren bestimmt sein könnten.

Tabelle 3.1 Stürme auf Island und Niederschläge in Los Angeles

i	x_i	y_i	i	x_i	y_i	i	x_i	y_i
1912	7	11,60	1913	16	13,42	1914	10	23,65
1915	0	17,05	1916	9	19,92	1917	9	15,26
1918	5	13,86	1919	2	8,58	1920	6	12,52
1921	3	13,65	1922	5	19,66	1923	10	9,59
1924	8	6,67	1925	9	7,94	1926	11	17,56
1927	6	17,76	1928	4	9,77	1929	8	12,66
1930	14	11,52	1931	10	12,53	1932	4	16,95
1933	12	11,88	1934	8	14,55	1935	10	21,66
1936	5	12,07	1937	6	21,44	1938	6	23,43
1939	0	13,07	1940	4	19,21	1941	10	32,76
1942	10	11,18	1943	11	18,17	1944	9	19,22
1945	4	11,59	1946	9	11,65	1947	12	12,66
1948	8	7,22	1949	3	7,99	1950	10	10,60
1951	8	8,21	1952	14	26,21	1953	19	9,46
1954	19	11,99	1955	4	11,94	1956	19	16,00
1957	13	9,54	1958	6	21,13	1959	8	5,58
1960	3	8,18	1961	11	4,85	1962	11	18,79
1963	9	8,38	1964	6	7,93	1965	13	12,68
1966	19	20,44	1967	17	22,00	1968	11	16,58
1969	11	27,47	1970	12	7,70	1971	9	12,32
1972	10	7,17	1973	16	21,26	1974	18	14,92
1975	22	14,35	1976	11	7,22	1977	5	12,31
1978	6	33,40	1979	8	19,67	1980	10	26,98

Die empirische Kreuzkovarianzfunktion zu den Daten ist in Tabelle 3.2 auf der nächsten Seite wiedergegeben. Sie ist zweimal berechnet worden, indem die Rollen von X und Y vertauscht worden sind.

Die Werte sind so gering, dass man schwerlich an einen gesicherten statistischen Zusammenhang glauben kann. Dementsprechend liefert eine formale Anwendung des Tests der Hypothese $\varrho = 0$ für alle angegebenen Werte $r_{XY}(\tau)$ eine Annahme bei $\alpha = 0{,}05$ (und erst recht bei $\alpha = 0{,}01$). Der kritische Wert für n zwischen 54 und 69 ist nämlich in der Größenordnung von 0,25. Der etwas große Wert für $\tau = 12$ ist wohl kaum ernst zu nehmen. Auch dass die beiden Schätzungen für die Kreuzkovarianzfunktion so stark voneinander abweichen und ziemlich unregelmäßig um Null schwanken, stützt die Annahme, dass keine

Korrelation zwischen den beiden Zeitreihen besteht.

Tabelle 3.2 Werte der empirischen Kreuzkorrelationsfunktionen $r_{XY}(\tau)$ und $r_{YX}(\tau)$ für die Stürme und Niederschläge

Lag	Stürme Regen	Regen Stürme
0	0,0860	0,0860
1	−0,0921	−0,0017
2	−0,0284	−0,0991
3	−0,0007	−0,1398
4	0,1276	−0,0795
5	0,1158	−0,1940
6	0,0738	−0,0678
7	−0,1704	−0,0291
8	0,0841	−0,1138
9	−0,0135	0,0939
10	0,1093	−0,0876
11	0,1389	−0,1061
12	0,2596	−0,0027
13	0,1765	0,1130
14	0,0989	−0,1207
15	0,1698	0,1790

Ende des Beispiels 3.2 •

Die nach den obigen Formeln erhaltenen Schätzungen für die Kovarianz- und Korrelationsfunktion haben leider nicht in jedem Fall die Eigenschaften, die ihre theoretischen Gegenstücke haben müssen. Sie sind insbesondere ungenau für große Werte von τ bei kurzen Zeitreihen. Die Genauigkeit der erhaltenen Ergebnisse ist nur schwer abschätzbar, und mit wachsender Länge der Zeitreihe müssen die Ergebnisse nicht notwendig genauer werden.

3.3.3 Formeln, Beziehungen und Eigenschaften für Kovarianz- und Korrelationsfunktionen

Die Kovarianzfunktion eines stationären Prozesses ist eine sehr interessante Größe, die wichtige Aspekte der Zusammenhänge in Zeitreihen und stochastischen Prozessen widerspiegelt. Daher ist es lohnend einige ihrer Eigenschaften zu kennen.

Zunächst werden einige häufig benutzte theoretische Ansätze für Kovarianzfunktionen gegeben.

$$\sigma^2 \exp(-\alpha\tau) \quad \text{(vgl. Bild 3.11)},$$
$$\sigma^2 \exp(-\alpha\tau^2),$$
$$\sigma^2 \exp(-\alpha\tau)\cos(b\tau) \quad \text{(vgl. Bild 3.12)},$$
$$\sigma^2 \exp(-\alpha\tau^2)\cos(b\tau),$$
$$\sigma^2 \times \begin{cases} \left(1 - \frac{\tau}{a}\right) & \text{für } \tau \leq a \\ 0 & \text{sonst} \end{cases},$$
$$\sigma^2 \times \begin{cases} \left(1 - \frac{3}{2}\frac{\tau}{a} + \frac{1}{2}\left(\frac{\tau}{a}\right)^3\right) & \text{für } \tau \leq a \quad \text{(sphärisches Modell)} \\ 0 & \text{sonst} \quad \text{(vgl. Bild 3.13)} \end{cases}.$$

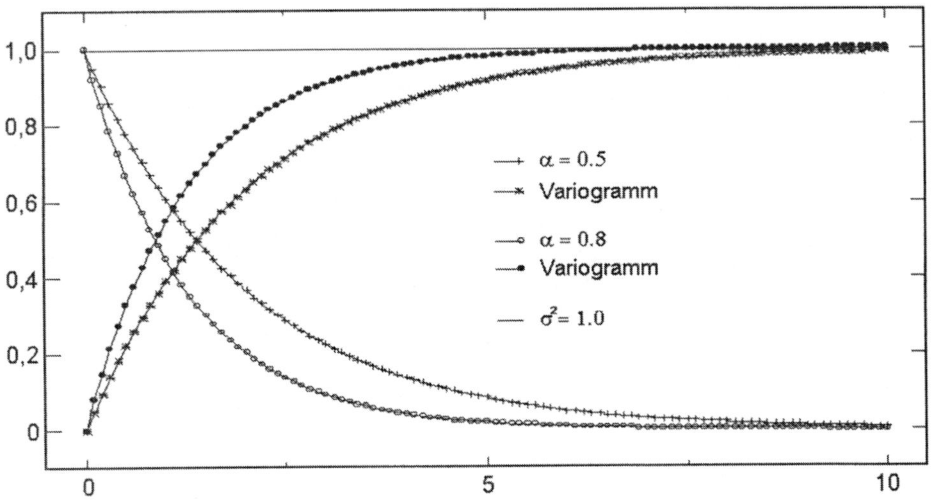

Bild 3.11 Korrelationsfunktion und Variogramm für den Fall der Kovarianzfunktion $K(\tau) = \sigma^2 \exp(-\alpha\tau)$

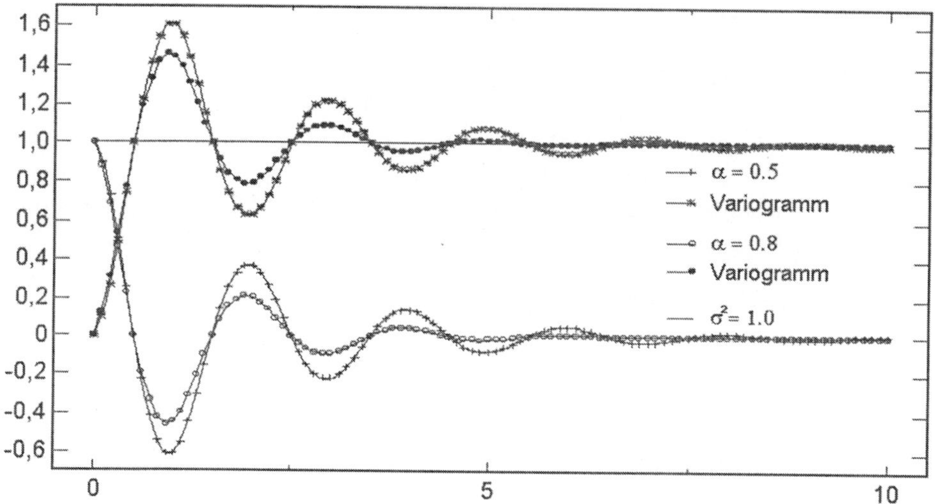

Bild 3.12 Korrelationsfunktion und Variogramm für den Fall der Kovarianzfunktion $K(\tau) = \sigma^2 \exp(-\alpha\tau)\cos(b\tau)$

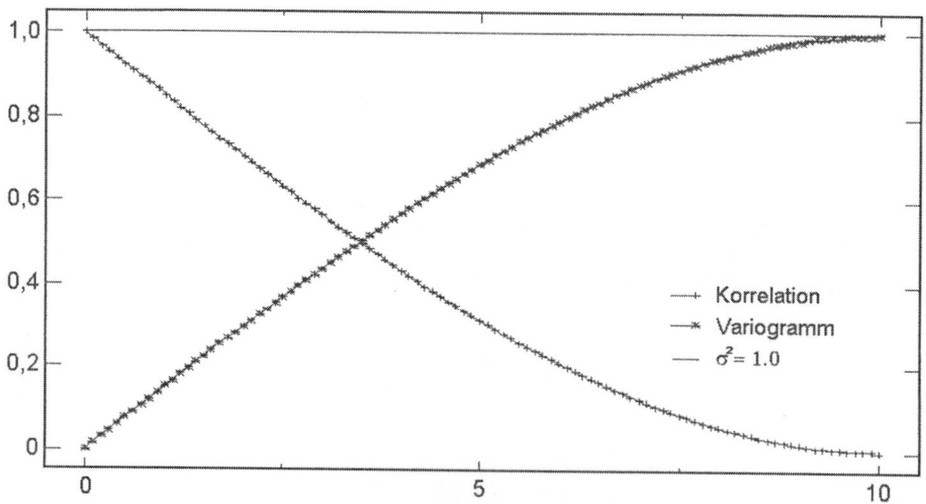

Bild 3.13 Korrelationsfunktion und Variogramm für das sphärische Modell. Beide Funktionen sind für Werte von τ größer als $a = 10$ konstant

Die ersten beiden Funktionen beschreiben ein exponentielles Abklingen der Korrelation, wie es häufig beobachtet wird. Wenn übrigens der untersuchte Prozess auch Gaußsch und *Markovsch* ist, dann muss die Kovarianzfunktion die Gestalt

$$K(\tau) = \sigma^2 \exp(-\alpha\tau)$$

haben. Die Kosinusterme bei der dritten und vierten Funktion hängen mit einem über kürzere Zeiträume gegebenen periodischen Verhalten des Prozesses zusammen. Schließlich gehören die beiden letzten Funktionen zu Zeitreihen mit „endlicher Reichweite " (engl. *finite range*). Oft ist es angenehm, annehmen zu können, dass über eine bestimmte Entfernung a hinaus gar keine Korrelationen mehr bestehen. Die letzte Kovarianzfunktion beruht übrigens auf einer geometrischen Überlegung, die in Kapitel 4 erklärt wird, vgl. Seite 209.

Wenn man annehmen kann, dass eine der angegebenen Funktionen als (Näherung für die) Kovarianzfunktion benutzt werden kann, vereinfacht das die Beschreibung der Zufälligkeit der Zeitreihe erheblich. Beispielsweise im Fall der Funktion $K(\tau) = \sigma^2 \exp(-\alpha\tau)$ beschreibt der Parameter σ die Größe der zufälligen Schwankungen, während α die Stärke der Korrelationen charakterisiert: Bei großem α klingen die Korrelationen in der Zeitreihe schnell ab, schon nach kurzer Zeit bestehen kaum noch Zusammenhänge, während bei kleinem α noch lange Korrelationen bestehen.

Es sei schließlich noch auf Kovarianzfunktionen hingewiesen, die bei Prozessen mit weitreichenden Korrelationen (vgl. Beran, 1994, und Taqqu, 1987, Montanari u. a., 1997) auftreten, wie sie z. B. für meteorologische und hydrologische Prozesse typisch sind. Hier nimmt die Kovarianzfunktion relativ langsam entsprechend einer Potenzfunktion ab, während bei den obigen Modellen die Abnahme sehr schnell, nämlich exponentiell (oder ähnlich), erfolgt.

In der Wahrscheinlichkeitstheorie kann man beweisen, dass nicht jede Funktion $K(\tau)$ die Kovarianzfunktion eines schwach stationären Prozesses sein kann. Zwei Eigenschaften müssen vorhanden sein, nämlich

$$|K(\tau)| \leq K(0) = \sigma^2 \quad \text{für alle } \tau \tag{3.28}$$

und die nicht-negative Definitheit, d. h.

$$\sum_{i=1}^{k} \sum_{j=1}^{k} a_i a_j K(t_i - t_j) \geq 0 \,,$$

für alle k, alle $t_1, \ldots, t_k$ und alle reellen Zahlen $a_1, \ldots, a_k$.

Die erste Bedingung ist gut zu verstehen: Die Kovarianzfunkton nimmt ihren größten Wert für $\tau = 0$ an. Daraus folgt, dass sie mit wachsendem τ zunächst fällt. Allerdings sind Schwankungen der Kovarianzfunktion möglich, wie die Kovarianzfunktion $K(\tau) = \sigma^2 \exp(-\alpha\tau)\cos(b\tau)$ zeigt.

So wie in Kapitel 2 partielle Korrelationskoeffizienten benutzt worden sind, werden auch für Zeitreihen *partielle Korrelationsfunktionen* verwendet, vgl. Brockwell und Davis (1991). Sie gestatten es den Einfluss der Zufallswerte zwischen zwei betrachteten Zeitpunkten t_1 und t_2 auf die Werte X_{t_1} und X_{t_2} zu erkennen. Mit Hilfe partieller Korrelationsfunktionen können also mitunter noch nicht bekannte Periodizitäten entdeckt werden.

Bei der Analyse stationärer Prozesse ist es sehr beliebt, mit der *Spektraldichte* zu arbeiten. Die Spektraldichte ist eine Art Gegenstück zur Kovarianzfunktion, das insbesondere für physikalisch Gebildete sehr anschaulich ist. Sie ist ein wichtiges Hilfsmittel zum Finden verborgener Periodizitäten. Für viele Anwendungen, insbesondere in der Geophysik, Meteorologie (vergleiche zum Beispiel Breckling, 1989; Frankignoul, 1995) und Ozeanographie, kann es sinnvoller und praktikabler sein die Spektraldichte direkt zu messen und nicht die Zeitreihe zu dokumentieren. Dies hängt insbesondere mit den verwendeten messtechnischen Methoden zusammen, die auf einer Umwandlung der Signale in elektrische Impulse beruhen. Elektrische Filter arbeiten direkt im Frequenzbereich.

In der Umweltstatistik ist die Anwendung der *Spektralanalyse* wohl in vielen Fällen fragwürdig, da hier Instationaritäten eine große Rolle spielen.

In Analogie zur Optik spricht man von *weißem Rauschen* (engl. *white noise*) oder *rotem Rauschen* (engl. *red noise*). Das weiße Licht entsteht durch Überlagerung von Licht verschiedener Frequenzen. Dementsprechend spricht man von weißem Rauschen im Fall einer konstanten Spektraldichte. Bei stetiger Zeit ergeben sich dann allerdings Probleme mit der Interpretation, weil der Prozess eine unendliche Varianz haben müsste. Somit ist in der Natur ein weißes Rauschen mit stetiger Zeit nur näherungsweise möglich. Im Fall diskreter Zeit versteht man unter weißem Rauschen eine Folge identisch verteilter, unkorrelierter Zufallsgrößen.

Der Begriff des *roten Rauschens* wird auf Zeitreihen angewendet, bei denen die Spektraldichte für kleine ω („langwelliges Licht“) große Werte hat.

3.4 Einige Modelle für stationäre Zeitreihen

3.4.1 Einleitung

Wenn man zu einer Zeitreihe den Trend und den periodischen Anteil ermittelt hat, kann man sie durch Subtraktion um diese Anteile bereinigen. Es bleiben dann die aus dem Zufallsanteil resultierenden Schwankungen übrig. Diese Residuen sollten bildlich dargestellt werden, um anschaulich prüfen zu können, ob dann wirklich nur noch zufällige Schwankungen übrig sind und Trends und Periodizitäten keine Rolle mehr spielen. Wenn das der Fall ist, wird man oft annehmen, dass nun eine Realisierung einer stationären Zeitreihe vorliegt.

Eine andere Methode, um ausgehend von einer nichtstationären Zeitreihe zu einer Zeitreihe zu gelangen, die sich ähnlich wie eine stationäre Zeitreihe verhält, ist die Differenzbildung. Die neue Zeitreihe ergibt sich also gemäß

$$y_k = x_k - x_{k-1}\,.$$

Durch Differenzbildung kann man glatte Trends eliminieren. Schließlich kann man Zeitreihen auch in Stücke zerlegen, die jeweils als stationär angesehen werden können. Man spricht dann von „lokaler Stationarität".

Beispiel 3.1 Umweltdaten.

Fortsetzung des Beispiels 3.1 von Seite 171
Bild 3.14 zeigt die Differenzen der Chemnitzer CO-Tagesmittelwerte. Die Schwankungen sind relativ unregelmäßig, und es erscheint als gerechtfertigt anzunehmen, dass die Werte zu einer stationären Zeitreihe gehören. Die Schätzwerte der Korrelationsfunktion $\hat{r}(\tau)$ für kleine Lags lauten

$$\begin{aligned}
\hat{r}(1) &= -0{,}122\,,\\
\hat{r}(2) &= -0{,}346\,,\\
\hat{r}(3) &= +0{,}094\,,\\
\hat{r}(4) &= -0{,}002\,,\\
\hat{r}(5) &= -0{,}042\,.
\end{aligned}$$

Diese Werte liegen so dicht bei Null, dass man der Einfachheit halber Unkorreliertheit annehmen kann. Damit hat hier die Differenzbildung zu einem sehr einfachen Modell geführt. Für kürzere Zeiträume, z. B. für die 2h-Werte, sind ähnliche Ergebnisse erhalten worden. Offensichtlich gibt es bei den CO-Gehalten also keine interessanten zeitlichen Korrelationen. Somit kann man zu der

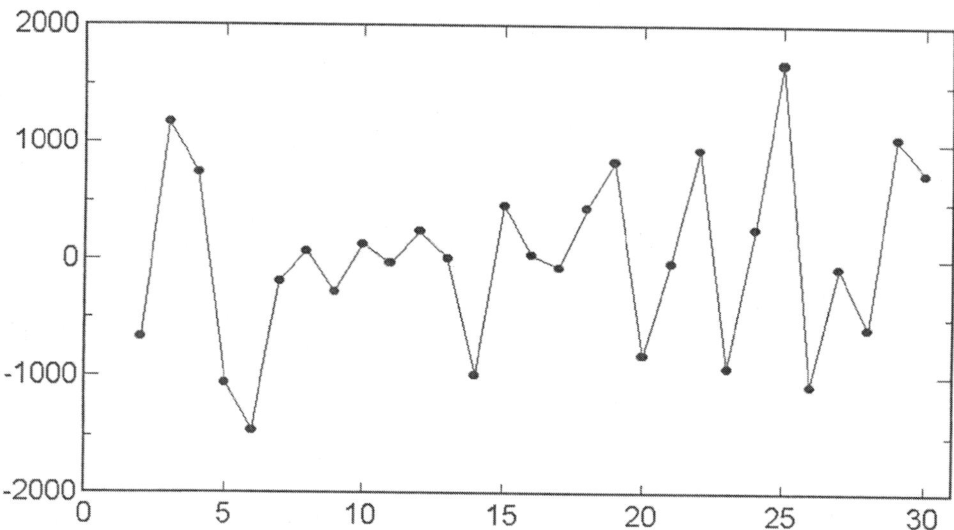

Bild 3.14 Differenzen der Chemnitzer CO-Tagesmittelwerte

Vorstellung kommen, dass ein ziemlich glatter (periodischer) Trend vorliegt, dem unabhängige Zufallsstörungen überlagert sind.
Ende des Beispiels 3.1 •

Ein interessantes Beispiel für das Studium einer Zeitreihe, die aus den Residuen einer Zeitreihe mit Trend entstanden ist, wird in Smith und Chen (1996) behandelt. Dabei geht es um Jahresdurchschnittstemperaturen. Die Residuen scheinen hier eine Zeitreihe mit weitreichenden Korrelationen zu bilden. Bei derartigen, so stark abhängigen Residuen, muss man mit beachtlichen Fehlern bei der Trendberechnung rechnen.

Im Folgenden wird davon ausgegangen, dass eine Zeitreihe vorliegt, deren Modellierung durch einen stationären Prozess sinnvoll ist. Es kann sich um eine Zeitreihe handeln, die direkt aus der Datenerfassung kommt, es kann aber auch eine Zeitreihe von Residuen sein oder eine Zeitreihe, die durch Differenzenbildung aus der ursprünglichen Zeitreihe entsteht. In den letzten beiden Fällen ist der Mittelwert der Zeitreihe gleich Null, im ersten Fall kann man von den Werten der Zeitreihe den Mittelwert subtrahieren. Somit ist es sehr natürlich, wenn im Folgenden angenommen wird, dass der Mittelwert der betrachteten Zeitreihe gleich Null ist. Ferner wird angenommen, dass der Zeitschritt konstant gleich Eins ist.

3.4.2 MA(q)-Prozess oder Gleitmittelprozess

Es wird zunächst der Gleitmittelprozess der Ordnung 1 oder MA(1)-Prozess erklärt. Die zugehörige Zeitreihe $\{X_n\}$ wird ausgehend von einer Basisfolge $\{Z_n\}$ identisch verteilter, unabhängiger Zufallsgrößen mit dem Mittelwert Null und der Varianz σ_Z^2 konstruiert:

$$X_n = Z_n + \alpha Z_{n-1} \quad \text{für } n = 0, \pm 1, \ldots . \tag{3.29}$$

Dabei ist α ein Modellparameter. Man kann die Formel (3.29) z. B. so deuten, dass der untersuchte Prozess in einer „zufälligen Umgebung" abläuft, die durch die Z-Werte beschrieben wird. Die Umgebung wirkt nicht nur unmittelbar auf den Prozess ein, sondern über den Term αZ_{n-1} auch noch mit einer zeitlichen Verzögerung. Weil immer auf dieselben Z-Werte zurückgegriffen wird, sind die X_n korreliert. Es gilt

$$\begin{aligned} &\mathbf{E}\,(X_n) \equiv 0\,, \\ &\mathbf{var}\,(X_n) \equiv \sigma^2 = \left(1 + \alpha^2\right) \sigma_Z^2 \end{aligned} \tag{3.30}$$

und die Kovarianzfunktion ist durch

$$K(1) = \alpha \sigma_Z^2 \tag{3.31}$$

und

$$K(\tau) = 0 \quad \text{für } \tau = 2, 3, \ldots \tag{3.32}$$

gegeben.

Das Bild 3.15 zeigt simulierte MA(1)- und MA(2)-Zeitreihen. Die Z_n sind als normalverteilt angenommen worden.

Der Gleitmittelprozess der Ordnung q oder MA(q)-Prozess wird in Verallgemeinerung von Formel (3.29) gemäß

$$X_n = Z_n + \sum_{i=1}^{q} \alpha_i Z_{n-i} \tag{3.33}$$

definiert. Man erkennt, dass X_n ein gewogener Mittelwert von Z_n, Z_{n-1}, ..., Z_{n-q} ist. Das erklärt den Namen **M**oving **A**verage (gleitendes Mittel).

Aus formalen Gründen ist es zweckmäßig Formel (3.33) in der folgenden Form zu schreiben:

$$X_n = \sum_{i=0}^{q} \alpha_i Z_{n-i}\,, \tag{3.34}$$

wobei $\alpha_0 = 1$. Dann lautet die Streuung der Zeitreihe $\{X_n\}$

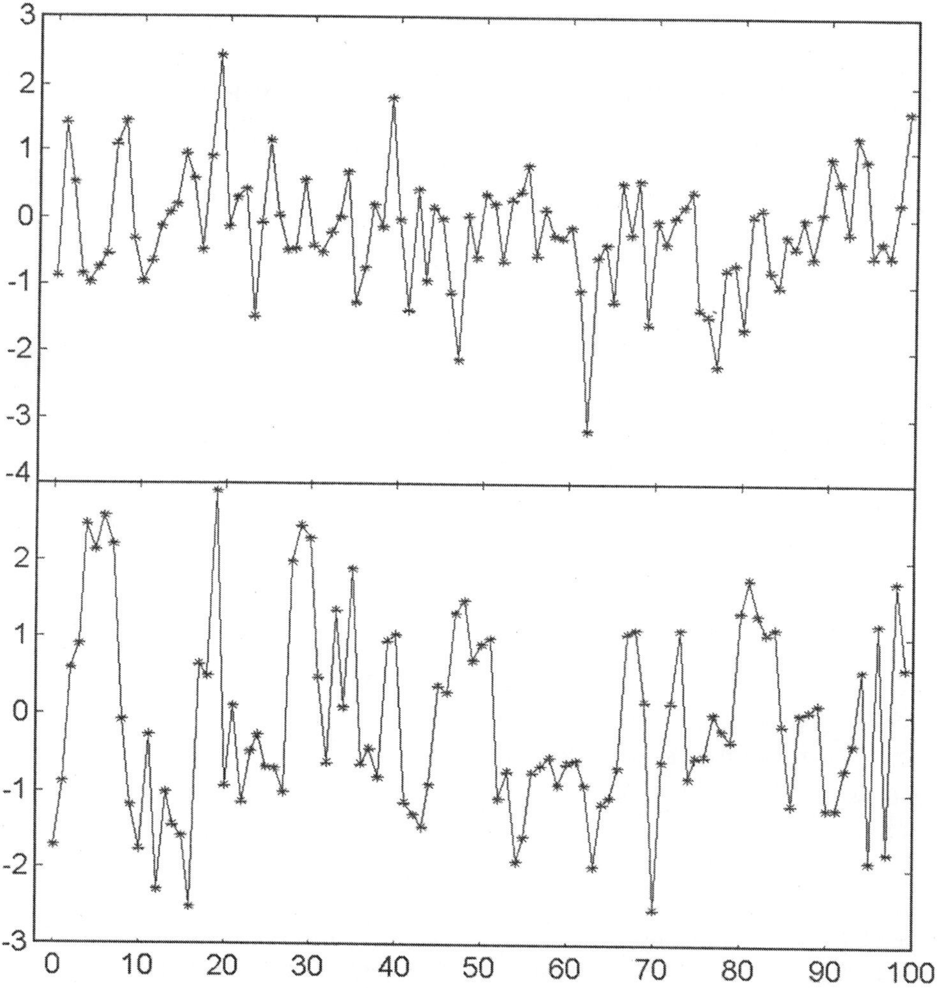

Bild 3.15 Simulierte Zeitreihen zum MA(1)-Modell mit $\alpha = 0{,}5$ und $\sigma_Z^2 = 1$ (oben) und zum MA(2)-Modell mit $\alpha_1 = \alpha_2 = 0{,}5$ und $\sigma_Z^2 = 1$ (unten). Man erkennt sicherlich die stärkeren Korrelationen im zweiten Fall

$$\sigma^2 = \sigma_Z^2 \sum_{i=0}^{q} \alpha_i^2 ,$$

und die Kovarianzfunktion ist gleich

$$K(\tau) = \begin{cases} \sigma_Z^2 \sum\limits_{i=0}^{q-\tau} \alpha_i \alpha_{i+\tau} & \text{für } \tau = 0, 1, \ldots, q \\ 0 & \text{für } \tau > q \end{cases} .$$

Kommerzielle Statistikprogrammpakete liefern für gegebene Zeitreihen Schätzwerte für die Gewichte α_i bei gegebenem q.

3.4.3 AR(p)-Prozess oder autoregressiver Prozess

Es wird zunächst der autoregressive Prozess der Ordnung 1 oder AR(1)-Prozess erklärt. Mit gleichen Bezeichnungen wie in Abschnitt 3.4.2 gilt für die Zeitreihe jetzt

$$X_n = \beta X_{n-1} + Z_n . \tag{3.35}$$

Der n-te Wert der Zeitreihe ergibt sich also im wesentlichen aus dem $(n-1)$-ten Wert plus einem Zufallsfehler.

Der Modellparameter β soll die Bedingung

$$|\beta| < 1$$

erfüllen. Es gilt nämlich

$$\sigma^2 = \mathbf{var} X_n = \sigma_Z^2 \left(1 + \beta^2 + \beta^4 + \ldots\right) = \sigma_Z^2 \Big/ \left(1 - \beta^2\right) . \tag{3.36}$$

Ferner ist

$$K(\tau) = \beta^\tau \sigma^2 \quad \text{für } \tau = 1, 2, \ldots . \tag{3.37}$$

Die Korrelation reicht hier also unendlich weit, sie nimmt aber exponentiell schnell ab.

AR(1)-Zeitreihen gelten als brauchbare Modelle für viele thermodynamische Größen in der freien Atmosphäre. Sie spielen auch eine gewisse Rolle im Zusammenhang mit Klimamodellen, vgl. Zwiers und von Storch (1995).

Bild 3.16 zeigt zwei durch Simulation des AR(1)-Modells erhaltene Zeitreihen, wobei wiederum die Z_n normalverteilt sind.

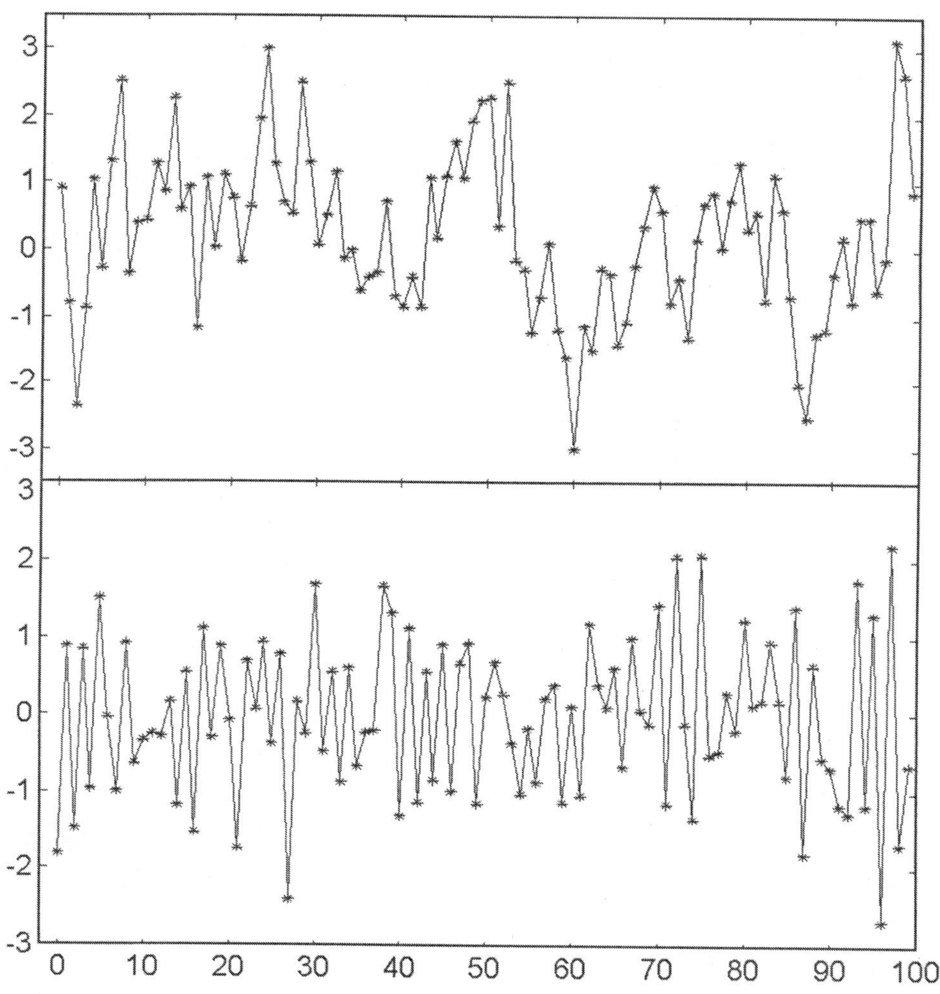

Bild 3.16 Zwei simulierte Zeitreihen zum AR(1)-Modell mit $\sigma_Z^2 = 1$ und $\beta = 0{,}5$ (oben) und $\beta = -0{,}5$ (unten). Bei $\beta = 0{,}5$ erkennt man recht weitreichende Abhängigkeiten, bei $\beta = -0{,}5$ sieht man das wegen des negativen Vorzeichens von β zu erwartende Alternieren der Werte

Wenn $\beta = 1$, dann ergibt sich die zufällige Irrfahrt

$$X_{n+1} = X_n + Z_n \quad \text{für } n = 0, \pm 1, \dots .$$

Sie ist *nicht* stationär.

Die Parameter β und σ_Z^2 eines AR(1)-Prozesses erhält man statistisch wie folgt:

$$\hat{\beta} = \frac{\hat{K}(1)}{s^2}, \tag{3.38}$$

$$\hat{\sigma}_z^2 = s^2(1 - \hat{\beta}^2). \tag{3.39}$$

Eine vernünftige Vorhersage für den Wert x_{n+1} einer AR(1)-Zeitreihe, ausgehend von den Werten x_n, x_{n-1}, ..., ist

$$x_{n+1} = \beta x_n .$$

Der allgemeine AR(p)-Prozess ergibt sich durch **A**uto-**R**egression der Länge p:

$$X_k = Z_k + \sum_{i=1}^{p} \beta_i X_{k-i} .$$

Seine Parameter sind die Zahl p und die Gewichte β_i. Letztere können aber nicht beliebige Werte annehmen; wie oben gezeigt worden ist, muss zum Beispiel $|\beta_1| < 1$ im Fall $p = 1$ gelten.

3.4.4 ARMA(p, q)-Prozess

Eine Zusammenfassung der oben beschriebenen Modelle liefert den ARMA(p, q)-Prozess:

$$X_n = Z_n + \sum_{j=1}^{q} \alpha_j Z_{n-j} + \sum_{i=1}^{p} \beta_i X_{n-i} . \tag{3.40}$$

Er hat bei festen p und q die $p + q$ Parameter α_1, ..., β_q. Durch geeignete Wahl der α_j und β_i kann man Modelle für Zeitreihen konstruieren, die Kovarianzfunktionen haben, welche vorgegebene Kovarianzfunktionen gut approximieren. Dabei kommt man oft bereits mit Werten für p und q unter drei aus. Das ermöglicht auch die Simulation von Zeitreihen mit vorgegebener Korrelationsfunktion. Wie man in Formel (3.40) erkennt, genügt es bei gegebenen

Koeffizienten unabhängige normalverteilte Zufallsgrößen Z_i zu erzeugen (vgl. hierzu z. B. Stoyan, 1993, S. 157) und dann die X_n iterativ zu berechnen.

In den Anwendungen gelingt es nicht immer die gegebenen Daten direkt durch einen ARMA-Prozess zu beschreiben. Vielmehr ist es oft erforderlich Differenzen oder gar höhere Differenzen zu benutzen. Falls ein Prozess durch d-fache Differenzenbildung in einen ARMA(p, q)-Prozess überführbar ist, heißt er ARIMA(p, d, q)-Prozess (von **A**uto-**R**egressive-**I**ntegrated-**M**oving-**A**verage). In den Statistikprogrammpaketen gibt es Prozeduren, die die Anpassung gegebener Zeitreihen an dieses Modell ermöglichen. Normalverteilungsannahmen über die Zufallsgrößen Z_n gestatten die Konstruktion von Teststatistiken und Konfidenzintervallen. Die theoretischen Grundlagen dafür werden in der Literatur über Zeitreihen dargestellt, vergleiche insbesondere Brockwell und Davis (1991).

In Breckling (1989) werden Zeitreihen für Richtungsdaten untersucht, für den Spezialfall von Windrichtungen. Für Richtungsdaten gibt es eine eigenständige Statistik, vergleiche zum Beispiel das Buch von Fisher, Lewis und Embleton (1987). Breckling schlägt Maße für die Korreliertheit von Richtungen vor und benutzt eine Variante des autoregressiven Prozesses zur Modellierung der Schwankungen der Windrichtungen.

3.5 Literatur und Programme zur Zeitreihenanalyse

Gute Einführungen sind die Bücher von Chatfield (1982), Schlittgen und Streitberg (1991) und Schmitz (1989). Eine gut verständliche Einführung in die Zeitreihenanalyse ist auch Kapitel 19 in Storm (1995), während Beichelt (1997) eine schöne Einführung in die Theorie der stochastischen Prozesse ist.

Die mathematischen Grundlagen der modernen Zeitreihentheorie sind in Brockwell und Davis (1991a) umfassend dargestellt, während Brockwell und Davis (1991b, 1994) ein Programmsystem zur Zeitreihenanalyse für theoretisch gut gebildete Statistiker ist. Ein modernisierter Klassiker ist das Buch Box u. a. (1994).

Nicht parametrische Methoden in der Analyse und Prognose von Zeitreihen werden in der Monographie von Michels (1992) ausführlich auf Umweltprobleme angewendet. Insbesondere werden die in den Kernmethoden (vergleiche die Abschnitte 2.4.3 und 2.3.1) enthaltenen Potenzen für Prognosen weiterentwickelt und an Problemen des Hochwasserschutzes sowie der Gewässer- und Luftbelastung demonstriert.

Kapitel 4

Geostatistik

Hinter der Hacke ist es duster.
(Bergmannsweisheit)

4.1 Einleitung

Viele Umweltdaten haben räumlichen Charakter. Sie entstehen durch Messungen an verschiedenen Messpunkten, die entweder gitterförmig angeordnet oder unregelmäßig verteilt sind. Dabei wird im Folgenden nur der ebene Fall betrachtet; die skizzierte Theorie ist auch auf den dreidimensionalen Fall verallgemeinerbar, während der eindimensionale Fall schon im Kapitel 3, unter der Überschrift „Zeitreihenanalyse", behandelt worden ist. Es werden „regionalisierte Variable" untersucht, also Größen, die im Prinzip im gesamten Beobachtungsgebiet vorhanden sind. Das ist z. B. beim Studium der Luftverschmutzung natürlich, nicht aber bei der statistischen Analyse von Baumbeständen, wo Merkmalswerte wie Stammdurchmesser oder Schädigungsgrad nur an den Baumstandorten vorliegen. Die statistische Analyse hat drei große Ziele:

(1) die anschauliche Darstellung der Messwertverteilung,
(2) das Verständnis der Daten sowie, wenn möglich und sinnvoll,
(3) ihre mathematische Modellierung.

Die räumliche Verteilung der untersuchten Merkmale soll durch Karten dargestellt werden, wobei als Hilfsmittel Isolinien, Grauwerte oder Farben dienen. Dazu ist räumliche Interpolation erforderlich. Es gilt, Trends in der Verteilung der Daten festzustellen und Gebiete mit ähnlichem Verhalten abzugrenzen; ferner sind Anomalien, Sprünge und Ausreißer zu identifizieren; schließlich sind die Stärke und die Reichweite der räumlichen Zusammenhänge festzustellen, was für den Entwurf von Messnetzen bedeutungsvoll sein kann.

Tabelle 4.1 SO_4-Gehalte von Trinkwasser in mg/l in einem (10 m × 10 m)-Messnetz

15	19	40	60	52	41	63	43	39	22	15	9	5	2	30,36
22	16	34	52	56	63	92	73	52	19	13	10	4	6	36,57
21	14	12	53	58	73	90	74	47	30	24	8	6	3	36,64
27	17	43	47	59	56	32	69	68	16	9	10	11	10	33,86
43	18	16	45	51	43	49	44	33	14	8	9	23	62	32,71
70	19	11	41	37	48	39	42	27	25	7	23	3	55	31,93
68	57	14	38	43	52	41	52	29	28	47	66	6	44	41,79
73	80	76	79	70	59	57	63	52	61	53	56	50	41	62,14
60	88	82	71	42	76	44	48	73	70	48	10	12	37	54,36
63	61	84	67	60	35	37	36	45	39	57	23	36	39	48,71
19	47	70	27	56	22	28	31	28	37	46	18	29	40	35,57
11	16	22	19	51	21	31	34	39	30	11	13	21	47	26,14
14	24	27	31	27	24	37	40	29	9	6	3	29	57	25,50
11	21	18	33	38	41	43	47	40	31	27	17	41	39	31,93
21	9	28	48	51	54	50	53	47	35	33	32	30	26	36,93
30	34	41	45	47	49	41	39	33	29	23	19	37	44	36,50
23	13	27	32	43	39	28	21	19	11	9	20	23	34	24,43
25	26	22	33	53	77	69	39	37	28	12	31	25	36	36,64
19	27	35	34	37	54	51	32	37	33	31	43	76	67	41,14
24	29	34	36	43	32	25	23	31	34	30	44	74	61	37,14
32,95	31,75	36,80	44,55	48,70	47,95	47,35	45,15	40,25	30,05	25,45	23,20	27,05	37,50	37,05 $= \overline{x}$

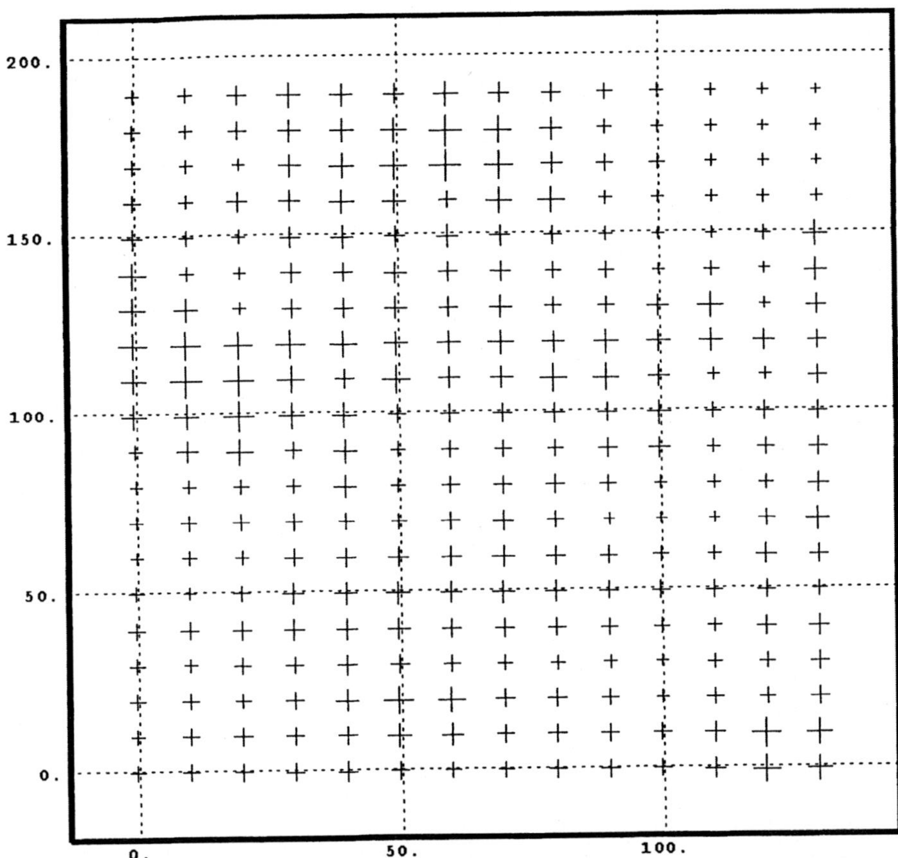

Bild 4.1 Graphische Darstellung der Messwerte von Tabelle 4.1. Die Größen der Kreuzchen sind proportional zu den SO_4-Gehalten

4.2 Homogene und isotrope Zufallsfelder

Die statistischen Methoden zur Lösung der in der Einleitung beschriebenen Aufgaben kursieren unter dem Namen *Geostatistik*. In der Tat sind ursprünglich geologische Daten in der Art und Weise behandelt worden, wie es im folgenden beschrieben wird. Heute wird die Geostatistik sehr vielfältig angewendet, insbesondere auch zur Untersuchung räumlich verteilter Umweltdaten; vergleiche zum Beispiel den Tagungsband, in dem die Arbeit Wackernagel u. a. (1997) publiziert worden ist.

Tabelle 4.2 x- und y-Koordinaten sowie Ozonwochenmittelwerte für 69 Luftmess-Stationen in der Woche vom 22. bis zum 28. Mai 1995. Punkt 1 liegt in Halle/Saale, die Punkte 31 bis 33 gehören zu Frankfurt/Main und Punkt 61 zu Nürnberg. Eine Längeneinheit beträgt etwa 21 km

Nr.	x	y	O_3-Gehalt	Nr.	x	y	O_3-Gehalt	Nr.	x	y	O_3-Gehalt
1	13,9	11,6	67	24	2,3	15,1	59	47	1,6	1,3	74
2	13,1	13,4	59	25	0,8	12,6	68	48	1,8	6,7	55
3	12,6	11,8	77	26	3,3	12,4	84	49	0,6	4,3	59
4	12,3	12,3	76	27	0,8	8,7	110	50	6,9	10,9	44
5	12,9	15,2	72	28	6,6	9,0	70	51	0,6	4,0	6
6	13,9	11,0	67	29	0,5	8,2	54	52	1,0	0,0	58
7	11,1	13,4	69	30	2,9	8,6	96	53	0,9	1,8	64
8	13,1	14,6	54	31	1,8	4,4	61	54	2,0	0,5	91
9	13,8	17,6	80	32	2,0	4,3	76	55	1,3	1,1	69
10	14,0	10,0	68	33	2,4	4,4	64	56	5,6	1,6	70
11	9,9	13,7	87	34	2,7	1,7	124	57	3,9	3,6	68
12	9,3	13,0	140	35	6,0	6,6	56	58	10,4	1,1	67
13	8,9	15,9	70	36	2,4	6,9	68	59	13,9	5,2	64
14	10,8	15,5	83	37	5,4	7,6	96	60	12,2	4,2	71
15	6,3	13,7	106	38	3,1	4,4	64	61	10,6	0,4	58
16	8,1	11,9	78	39	5,3	11,0	62	62	6,7	2,5	66
17	7,1	12,2	78	40	5,3	10,5	58	63	8,3	8,8	14
18	6,4	16,9	74	41	1,3	4,7	106	64	10,6	8,9	63
19	6,0	11,3	72	42	2,8	8,2	77	65	12,7	8,7	65
20	0,9	16,5	81	43	3,2	5,7	113	66	8,5	6,6	76
21	4,3	15,9	83	44	2,7	4,2	66	67	8,6	10,3	58
22	8,6	15,4	78	45	1,1	3,9	73	68	9,9	11,7	64
23	9,9	16,7	68	46	5,2	3,0	119	69	9,4	6,9	68

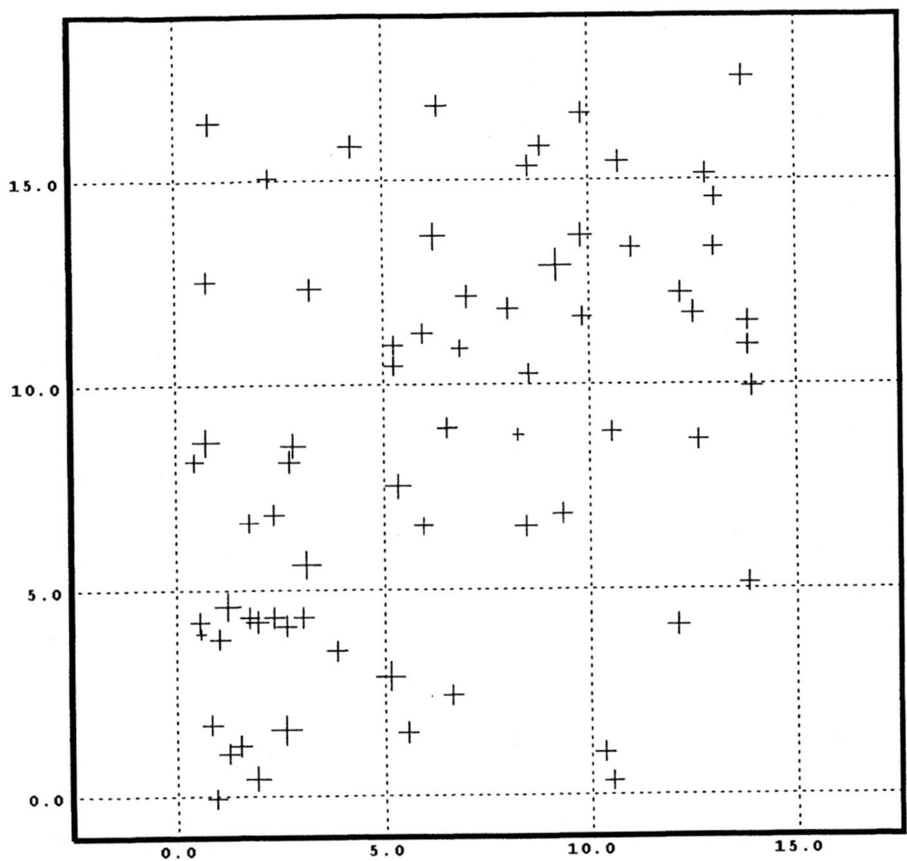

Bild 4.2 Graphische Darstellung der Ozonwochenmittelwerte und der Mess-Stationen von Tabelle 4.2. Die Größen der Kreuzchen sind proportional zu den O_3-Werten. Das Kreuzchen ganz rechts oben gehört zu Stendal, die beiden rechts unten zu Nürnberg und Fürth und das links oben zu Osnabrück. Einem Zentimeter auf der Karte entsprechen ungefähr 30 km

Beispiel 4.1 SO_4-Gehalt von Trinkwasser.

Tabelle 4.1 auf Seite 194 enthält 280 Zahlen, nämlich die SO_4-Gehalte von Trinkwasser (in mg/l), gemessen in einem Grundwasserhorizont in einem (10 m × 10 m)-Messnetz. Die Werte sind offensichtlich nicht völlig regellos verteilt; vielmehr scheinen nahe beieinander liegende Messwerte ähnlich zu sein. Das wird in der geometrischen Darstellung von Bild 4.1 noch deutlicher.
Fortsetzung des Beispiels 4.1 auf Seite 199.

Beispiel 4.2 Ozongehalte der Luft nach den „VDI-Nachrichten" für die Woche vom 22. bis zum 28. Mai 1995.

In den „VDI-Nachrichten" werden regelmäßig Angaben über die Luftverschmutzung auf der Grundlage von unregelmäßig in Deutschland verteilten Mess-Stationen publiziert. Bild 4.2 auf Seite 197 zeigt einen rechteckigen Ausschnitt im zentralen Deutschland und die dort berücksichtigten Mess-Stationen. Insgesamt liegen in dem Gebiet 83 Stationen, aber in der betrachteten Woche sind Ozongehalte nur für 69 Stationen angegeben worden. In Tabelle 4.2 findet man die zugehörigen 69 Ozonwochenmittelwerte. (Im Folgenden wird kurz von O_3-Werten gesprochen.) Entsprechend der dortigen Darstellung wird eine Längeneinheit benutzt, die im Text weggelassen wird; alle Entfernungsangaben in Beispiel 4.2 erscheinen immer in dieser Längeneinheit.
Fortsetzung des Beispiels 4.2 auf Seite 199.

Als Ergebnis einer Messung wie in den Beispielen 4.1 und 4.2 liegen n Messwerte $Z_1, \ldots, Z_n$ in einem Untersuchungsgebiet $\mathfrak{G}$ vor. Nach der in der Einleitung gemachten Annahme gibt es eine in ganz $\mathfrak{G}$ definierte Funktion, die dem Ort $\boldsymbol{x}$ in $\mathfrak{G}$ den Messwert $Z(\boldsymbol{x})$ zuordnet; für den Messpunkt $\boldsymbol{x}_i$ wird der Einfachheit halber $Z(\boldsymbol{x}_i) = Z_i$ geschrieben. Es wird angenommen, dass die $Z(\boldsymbol{x})$ zufällig sind. Damit ist das Grundmodell der Geostatistik ein *Zufallsfeld* $\{Z(\boldsymbol{x}); \boldsymbol{x} \in \mathfrak{G}\}$, das man auch *regionalisierte Variable* nennt. (Der nicht einheitlich definierte Begriff „Regionalisierung" bezeichnet die Untersuchung und Beschreibung solcher Zufallsfelder, aber auch die Ausdehnung von Informationen, die nur in Messpunkten gegeben sind, auf das gesamte Untersuchungsgebiet $\mathfrak{G}$.) Zu jedem Punkt $\boldsymbol{x}$ in dem Gebiet $\mathfrak{G}$ gehört eine Zufallsgröße $Z(\boldsymbol{x})$, und die Gesamtheit aller $Z(\boldsymbol{x})$ bildet das Zufallsfeld. Dabei bestehen zwischen den $Z(\boldsymbol{x})$ für verschiedene $\boldsymbol{x}$ stochastische Abhängigkeiten.

Zunächst wird vereinfachend angenommen, dass das Feld *homogen* und *isotrop* (im weiteren Sinn) ist. Das bedeutet insbesondere Folgendes:

Alle $Z(\boldsymbol{x})$ haben denselben Erwartungswert m und dieselbe Streuung σ^2,

$$\mathbf{E}\,(Z(\boldsymbol{x})) \equiv m, \tag{4.1}$$

$$\mathbf{var}\,(Z(\boldsymbol{x})) \equiv \sigma^2. \tag{4.2}$$

Zu den Bedingungen (4.1) und (4.2) kommt noch die am Anfang von Abschnitt 4.3 stehende Eigenschaft des Variogramms hinzu. Es gibt wegen der Identität (4.1) keinen Trend in dem Zufallsfeld, kein systematisches Anwachsen oder Abnehmen der Z-Werte in einer bestimmten Richtung.

Bei praktischen Anwendungen erfordert die Annahme der Homogenität und Isotropie oft einen gewissen Mut und jedenfalls ein Vertrautsein mit dem jeweiligen Problem.

Beispiel 4.1 Trinkwasser.

Fortsetzung des Beispiels 4.1 von Seite 198.
Die geologische Situation in dem Untersuchungsgebiet lässt die Homogenitäts- und Isotropieannahme für die SO_4-Gehalte als akzeptabel erscheinen. Die in Tabelle 4.1 gegebenen Mittelwerte der je 20 bzw. 14 Werte auf den Gitterlinien in O-W- bzw. N-S-Richtung schwanken ziemlich regellos um den Gesamtmittelwert $\overline{x} = 37{,}05$, was recht gut zu der Homogenitätsannahme passt. Eine Prüfung der Isotropieannahme hat für die Daten ein solches Ergebnis ergeben, das nicht zu ihrer Ablehnung geführt hat; Methoden dazu werden in Büchern über Geostatistik dargestellt (vgl. Wackernagel, 1995, Kap. 7).
Fortsetzung des Beispiels 4.1 auf Seite 202.

Beispiel 4.2 „VDI-Nachrichten“.

Fortsetzung des Beispiels 4.2 von Seite 198.
Die O_3-Werte folgen offensichtlich keinem Trend, und es scheint in dem Beobachtungsgebiet auch keine Richtungsabhängigkeit zu geben. Daher werden auch diese Daten im Folgenden mit den Methoden für homogene und isotrope Zufallsfelder analysiert.
Fortsetzung des Beispiels 4.2 auf Seite 205.

Bei der statistischen Analyse von Umweltdaten muss man allerdings mit Inhomogenitäten rechnen. Daher werden im Abschnitt 4.6 dafür geeignete statistische Methoden skizziert.

4.3 Variogramme

Die Korrelationen in einem Zufallsfeld beschreibt man am bequemsten mit Hilfe des *Variogramms* (genauer eigentlich *Semi-Variogramms*). Im Fall eines homogenen und isotropen Zufallsfeldes ist das Variogramm eine Funktion $\gamma(h)$ des Abstandes h. Es gilt

$$\gamma(h) = \frac{1}{2}\mathbf{E}\left(Z(\boldsymbol{x}) - Z(\boldsymbol{y})\right)^2 , \tag{4.3}$$

wobei $\boldsymbol{x}$ und $\boldsymbol{y}$ zwei beliebige Punkte sind, die den Abstand h voneinander haben. Die Annahme, dass das Zufallsfeld homogen und isotrop ist, impliziert, dass man den gleichen Wert für alle $\boldsymbol{x}$ und $\boldsymbol{y}$ erhält, egal wo sie liegen, wenn nur der Abstand gleich h ist. Formel (4.3) besagt, dass das Variogramm die halbierte mittlere quadrierte Differenz von Werten des Zufallsfeldes liefert. Sind deren Unterschiede gering, dann werden sich kleine Variogrammwerte ergeben, während bei großen Schwankungen in dem Zufallsfeld auch große Variogrammwerte auftreten. Meistens beobachtet man, dass sich bei kleinen Abständen (kleinen Werten von h) auch kleine Werte des Variogramms ergeben. Mit wachsendem h wachsen meist auch die Werte von $\gamma(h)$.

Nach Definition der Varianz einer Zufallsgröße X als

$$\mathbf{var}\,(X) = \mathbf{E}(X - \mathbf{E}(X))^2$$

gilt

$$\mathbf{var}\,(Z(\boldsymbol{x}) - Z(\boldsymbol{y})) = \mathbf{E}\left((Z(\boldsymbol{x}) - Z(\boldsymbol{y})) - (\mathbf{E}\,(Z(\boldsymbol{x})) - \mathbf{E}\,(Z(\boldsymbol{y})))\right)^2 .$$

Wegen

$$\mathbf{E}\,(Z(\boldsymbol{x})) = \mathbf{E}\,(Z(\boldsymbol{y}))$$

folgt

$$\gamma(h) = \frac{1}{2}\mathbf{var}\,(Z(\boldsymbol{x}) - Z(\boldsymbol{y})) .$$

Damit wird der Name „Semi-Variogramm“ verständlich. Man erkennt an den Formeln für das Variogramm, dass es nur von den Differenzen der Feldwerte abhängt.

Es sei an dieser Stelle an die Formel (3.20) erinnert. Auch für Zufallsfelder kann man eine Autokovarianzfunktion $K(h)$ definieren, die hier von der Variablen h abhängt,

$$K(h) = \mathbf{E}\,((Z(\boldsymbol{x}) - m)(Z(\boldsymbol{y}) - m)) .$$

Analog zu (3.20) gilt

$$\gamma(h) = \sigma^2 - K(h) \tag{4.4}$$

in der Symbolik dieses Kapitels, in der Abstände nicht mit τ, sondern mit h bezeichnet werden. Es sei darauf hingewiesen, dass im Allgemeinen eine zu Formel (4.4) analoge Beziehung mit statistisch geschätzten Größen nicht zu gelten braucht. Wenn man bei weiteren Rechnungen, zum Beispiel beim Kriging, anstelle $\gamma(h)$ und σ^2 die unten stehenden Schätzungen $\hat{\gamma}(h)$ und $\hat{\sigma}^2$ einsetzt, kann sich Unsinn ergeben.

Semi-Variogramme homogener und isotroper Zufallsfelder mit endlicher Varianz σ^2 haben folgende allgemeine Eigenschaft. Für große h streben die Werte des Variogramms $\gamma(h)$ gegen die Feldstreuung σ^2. Das ist aus folgendem Grund plausibel: Wenn bei großem h die Zufallsgrößen $Z(\boldsymbol{x})$ und $Z(\boldsymbol{y})$ unabhängig voneinander sind, dann ergibt sich durch Ausquadrieren

$$\mathbf{E}\left(Z(\boldsymbol{x}) - Z(\boldsymbol{y})\right)^2 = 2\left(\sigma^2 + m^2 - \mathbf{E}\left(Z(\boldsymbol{x})Z(\boldsymbol{y})\right)\right) = 2\sigma^2\,,$$

wobei ausgenutzt worden ist, dass im Fall der Unabhängigkeit gilt

$$\mathbf{E}\left(Z(\boldsymbol{x})Z(\boldsymbol{y})\right) = \mathbf{E}\left(Z(\boldsymbol{x})\right)\mathbf{E}\left(Z(\boldsymbol{y})\right) = m^2\,.$$

Man schreibt für diesen Sachverhalt auch

$$\gamma(\infty) = \sigma^2\,. \tag{4.5}$$

Manchmal gibt es schon einen endlichen Abstand h_{Korr}, von dem ab $\gamma(h)$ gleich σ^2 ist. Er heißt *Korrelationsreichweite* (engl. *range*). Der Grenzwert $\gamma(\infty)$ des Variogramms, der wie soeben erklärt, theoretisch gleich σ^2 ist, heißt oft *Schwellenwert* (engl. *sill*).

Die statistische Schätzung der bisher behandelten Kenngrößen erfolgt auf ganz natürliche Art und Weise, ausgehend von den Messergebnissen an n Punkten:

$$\hat{m} \;=\; \overline{Z} = \frac{1}{n}\sum_{i=1}^{n} Z_i\,, \tag{4.6}$$

$$\hat{\sigma}^2 \;=\; S^2 = \frac{1}{n-1}\sum_{i=1}^{n}\left(Z_i - \overline{Z}\right)^2\,, \tag{4.7}$$

$$\hat{\gamma}(h) \;=\; \frac{1}{2n_h}\sum\nolimits_h \left(Z_i - Z_j\right)^2\,. \tag{4.8}$$

In Abschnitt 4.5.1 wird gezeigt, wie der durch Gleichung (4.6) gegebene Schätzer verbessert werden kann. Die Summe in Gleichung (4.8) geht über alle

Punktepaare $(\boldsymbol{x}_i; \boldsymbol{x}_j)$ mit einem Abstand (ungefähr) gleich h; die Anzahl dieser Paare wird mit n_h bezeichnet. Man kann zum Beispiel alle Abstandswerte im Intervall $(h-\delta, h+\delta)$ heranziehen, für geeignet gewähltes δ. In einer verfeinerten Vorgehensweise wird eine Kernfunktion benutzt, ähnlich wie in Abschnitt 2.4.3, Seite 86. Im Fall eines idealen quadratischen Gitters von Messpunkten mit der Maschenweite d sind eigentlich nur die h-Werte d, $\sqrt{2}d$, $2d$, $\sqrt{5}d$, $2\sqrt{2}d$, $3d$, ... möglich. Oft ist bei großen h-Werten n_h klein, und die erhaltenen Schätzungen für das Semi-Variogramm werden dann ungenau. Es ist klar, dass die Anzahl n der Messpunkte nicht zu klein sein sollte. Man findet in der Literatur den Ratschlag, dass n größer als 30 sein sollte.

Es empfiehlt sich, den nach (4.7) erhaltenen Schätzwert $\hat{\sigma}^2$ mit den Werten des empirischen Variograms $\hat{\gamma}(h)$ für große h zu vergleichen. Entsprechend der Theorie sollten diese Werte um $\hat{\sigma}^2$ schwanken. Wenn dies nicht der Fall ist, wie etwa bei Beispiel 4.2, dann ist das ein Warnsignal, das darauf hinweist, dass die Homogenitäts- und Isotropieannahme nicht korrekt ist; man vergleiche auch das Beispiel 4.3 auf den Seiten 223 bis 229. Viele Geostatistiker empfehlen dann, als Schätzwert für σ^2 nicht das $\hat{\sigma}^2$ von Formel (4.7) zu nehmen, sondern den Mittelwert der Zahlen $\hat{\gamma}(h)$ für große h; dies insbesondere dann, wenn das Beobachtungsgebiet nicht sehr groß im Vergleich zu h_{Korr} ist. Die geostatistische Software liefert diesen empirischen Schwellenwert i. Allg. automatisch.

Beispiel 4.1 Trinkwasser.

Fortsetzung des Beispiels 4.1 von Seite 199.
Für die SO_4-Daten von Tabelle 4.1 haben sich nach (4.6) und (4.7)

$$\hat{m} = 37{,}13 \quad \text{und} \quad \hat{\sigma}^2 = 383{,}2$$

ergeben. Die nach Formel (4.8) mittels des Statistikprogrammpakets ISATIS (von Geovariances) geschätzten Werte des Semi-Variogramms sind in Bild 4.3 angegeben. (Auch die meisten anderen Berechnungen dieses Kapitels sind mit dieser Software durchgeführt worden.) Für d =10 m sind in dem benutzten quadratischen Gitter die Punktpaaranzahlen n_h gleich $n_d = 20\cdot 13+14\cdot 19 = 526$ und $n_{\sqrt{2}d} = 2\cdot 19\cdot 13 = 494$ für $h = \sqrt{2}d$.

Man stellt fest, dass $\hat{\gamma}(h)$ zunächst monoton wächst, um dann bei Werten ab etwa $h = 50$ m annähernd konstant zu werden. Für große h-Werte schwanken die Werte von $\hat{\gamma}(h)$ um einen festen Wert, den Schwellenwert, der für dieses Beispiel nur geringfügig größer ist als s^2. Die Werte von $\hat{\gamma}(h)$ liegen so, dass

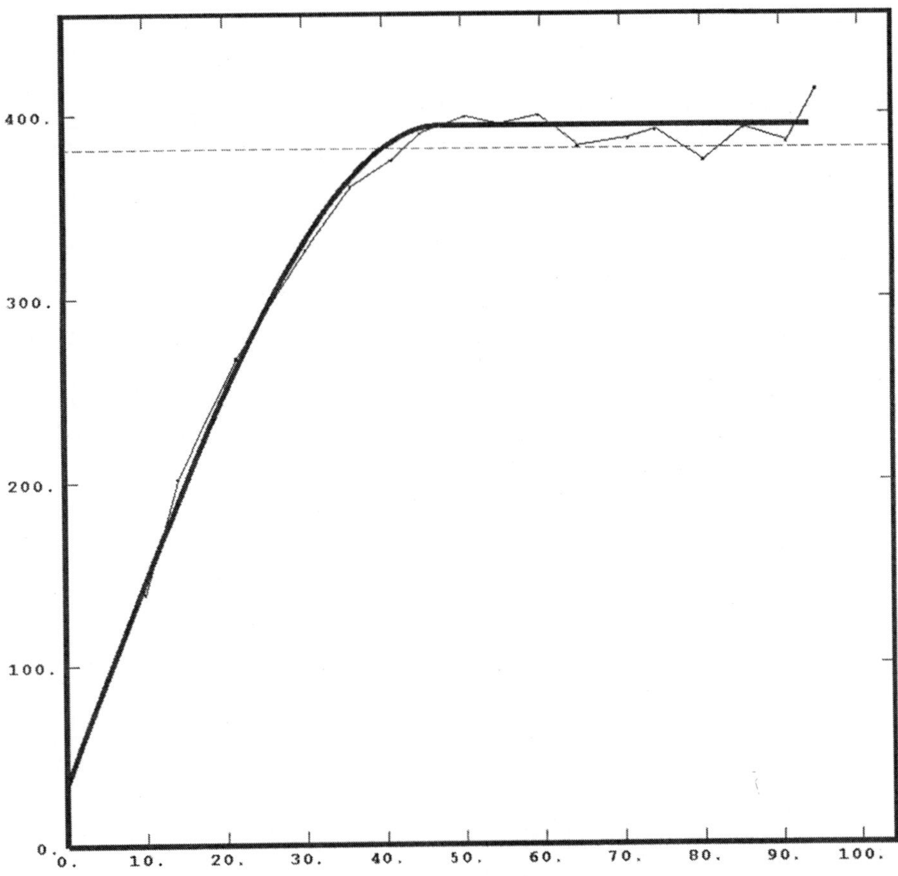

Bild 4.3 Empirische Variogramm-Werte für die SO_4-Gehalte, die mit dem Statistikprogrammpaket ISATIS ermittelt worden sind (dünner Streckenzug). Im Text wird erläutert, dass die Werte ein Verhalten haben, das der Theorie ziemlich gut folgt. Die dick gezeichnete Kurve gehört zu einem sphärischen Variogramm mit der Reichweite $a = 47{,}5$, der Nugget-Varianz $\sigma_F^2 = 34{,}2$ und der Feldstreuung $\sigma_I^2 = 359{,}8$. Die gestrichelte Linie markiert $s^2 = 383{,}2$

es ganz natürlich ist, eine Ausgleichskurve wie auf Bild 4.3 einzuzeichnen. Für $h = 0$ scheint sich $\hat{\gamma}(0) = 30\ldots 40$ zu ergeben.
Fortsetzung des Beispiels 4.1 auf Seite 208.

Auch das Verhalten des Variogramms nahe bei Null ist diskutierenswert. Natürlich gilt $\gamma(0) = 0$, da $X(\boldsymbol{x}) = X(\boldsymbol{y})$ für $\boldsymbol{x} = \boldsymbol{y}$. Aber $\gamma(\varepsilon)$ kann für sehr kleine Werte von ε beachtliche positive Werte annehmen.

Man stelle sich nämlich zwei Messpunkte $\boldsymbol{x}$ und $\boldsymbol{y}$ mit dem sehr kleinen Abstand ε vor (z. B. $\varepsilon = 0{,}01$ m bei geologischen Untersuchungen). Dann würde man $Z(\boldsymbol{x}) = Z(\boldsymbol{y})$ und $\gamma(\varepsilon) = 0$ erwarten. Wenn man den Ansatz

$$Z(\boldsymbol{x}) = Z^*(\boldsymbol{x}) + X(\boldsymbol{x}), \quad Z(\boldsymbol{y}) = Z^*(\boldsymbol{y}) + X(\boldsymbol{y}) \tag{4.9}$$

mit einem „Idealfeld" $\{Z^*(\boldsymbol{x}); \boldsymbol{x} \in \mathfrak{G}\}$ und überlagerten, unabhängigen (voneinander und vom Idealfeld) Zufallsschwankungen $\{X(\boldsymbol{x}); \boldsymbol{x} \in \mathfrak{G}\}$ mit dem Mittelwert 0 und der Streuung σ_F^2 macht, erhält man

$$\begin{aligned} 2\gamma(\varepsilon) &= \mathbf{E}(Z^*(\boldsymbol{x}) + X(\boldsymbol{x}) - Z^*(\boldsymbol{y}) - X(\boldsymbol{y}))^2 = \\ &\approx \mathbf{E}\,(X(\boldsymbol{x}) - X(\boldsymbol{y}))^2 = \\ &= \mathbf{E}(X(\boldsymbol{x}))^2 + \mathbf{E}(X(\boldsymbol{y}))^2 - 2\mathbf{E}\,(X(\boldsymbol{x})X(\boldsymbol{y})) = \\ &= \sigma_F^2 + \sigma_F^2 - 0 = 2\sigma_F^2\,. \end{aligned}$$

Es ergibt sich also $\gamma(\varepsilon) = \sigma_F^2$ und, weil ε beliebig klein sein kann,

$$\gamma(0+0) = \sigma_F^2\,. \tag{4.10}$$

Die Größe σ_F^2 heißt in der Geostatistik *Nugget-Varianz* oder *Klumpenkonstante* (engl. *nugget variance*).

Nach dem Obigen kann man die Streuung σ^2 des Zufallsfeldes zerlegen in der Form

$$\sigma^2 = \sigma_F^2 + \sigma_I^2\,.$$

Dabei spiegelt die Nugget-Varianz σ_F^2 Messfehler und Schwankungen bei kleinsten Entfernungen oder innerhalb von Proben wider, während die Feld-Varianz σ_I^2 die „eigentlichen", zu $\{Z^*(\boldsymbol{x}); \boldsymbol{x} \in \mathfrak{G}\}$ gehörigen, Schwankungen des Feldes beschreibt. Manchmal nennt man σ_I^2 *Teil-Schwellenwert* (engl. *partial sill*).

Bei der Ermittlung der Nugget-Varianz ist Vorsicht geboten. Im Allgemeinen liegen für sehr kurze Entfernungen gar keine oder nur sehr wenige Wertepaare vor, so dass riskante Extrapolationen erforderlich sind.

Beispiel 4.2 „VDI-Nachrichten".

Fortsetzung des Beispiels 4.2 von Seite 199.
Für den Mittelwert und die Streuung der O_3-Werte haben sich folgende Werte ergeben:

$$\hat{m} = 72{,}51 \quad \text{und} \quad \hat{\sigma}^2 = 431{,}96\,.$$

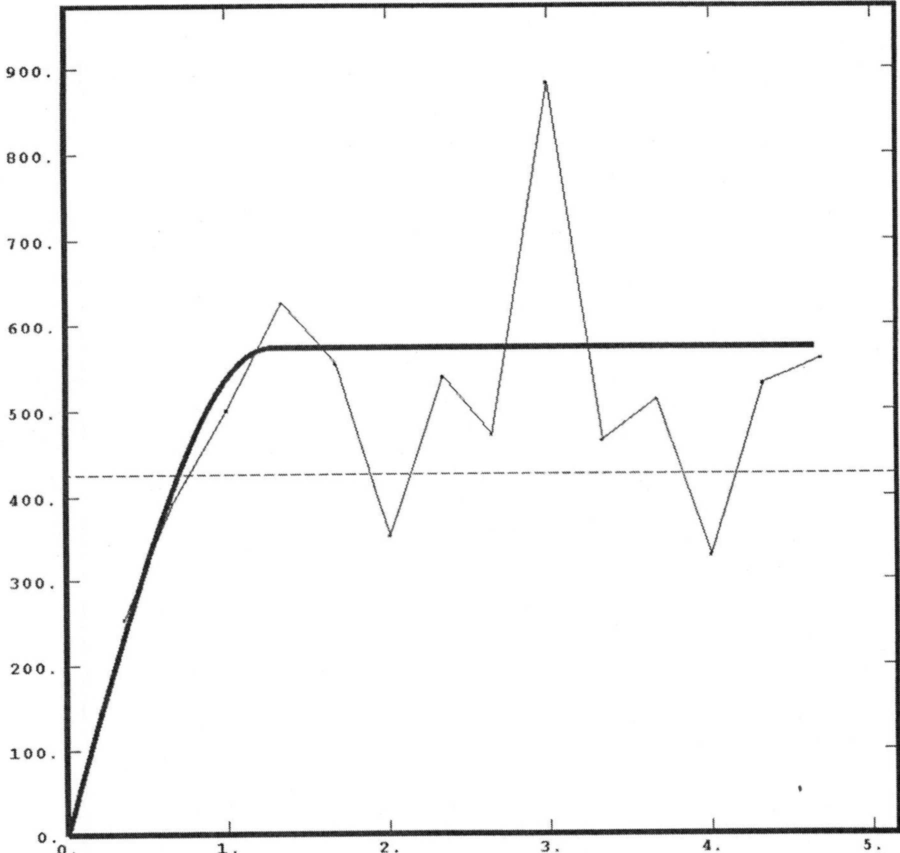

Bild 4.4 Empirische Variogramm-Werte für die O_3-Werte (dünner Streckenzug). Die dick gezeichnete Kurve gehört zu einem exponentiellen Variogramm mit den Parametern $\sigma_F^2 = 0$, $\sigma_I^2 = 573$ und $\alpha = 1{,}78$. Die gestrichelte Linie markiert $s^2 = 432$

Das empirische Variogramm ist im Bild 4.4 dargestellt. Seine Schwankungen sind beachtlich, aber vielleicht ist die eingezeichnete Ausgleichskurve doch

akzeptabel. Allerdings weicht der dazu passende Wert des Schwellenwerts erheblich von s^2 ab. Im Weiteren wird mit der Ausgleichskurve gearbeitet, die zu einem exponentiellen Variogramm gehört. Man erkennt, dass die Korrelationsweite in der Größenordnung von $h = 1 \dots 2$ (oder 20 ... 40 km) liegt; die O_3-Werte weisen also relativ weiträumige Korrelationen auf.
Fortsetzung des Beispiels 4.2 auf Seite 208.

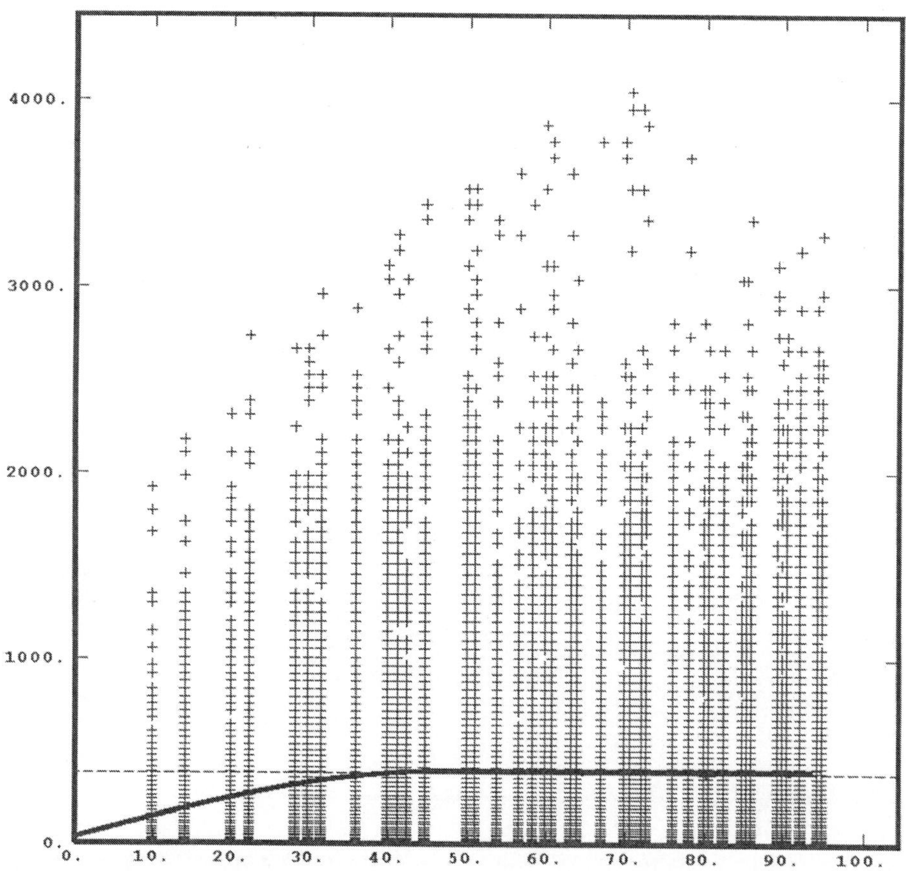

Bild 4.5 Variogrammwolke für die SO_4-Gehalte. Vergleiche die Erklärung im Text auf den folgenden beiden Seiten

Ein wertvolles Hilfsmittel zur statistischen Analyse der Variabilität eines empirisch gegebenen Zufallsfeldes ist die *Variogrammwolke*. Für alle

Messpunktpaare $(\boldsymbol{x}_i; \boldsymbol{x}_j)$ werden der Abstand h_{ij} und der Wert $g(h_{ij}) = \frac{1}{2}(Z_i - Z_j)^2$ bestimmt. Diese Werte führen nach Formel (4.8) auf das empirische Variogramm $\hat{\gamma}(h)$. Zur Erzeugung der werden sie jedoch nicht zusammengefasst, sondern einzeln in einem (h, g)-Koordinatensystem dargestellt. Die Bilder 4.5 und 4.6 zeigen solche Punktwolken.

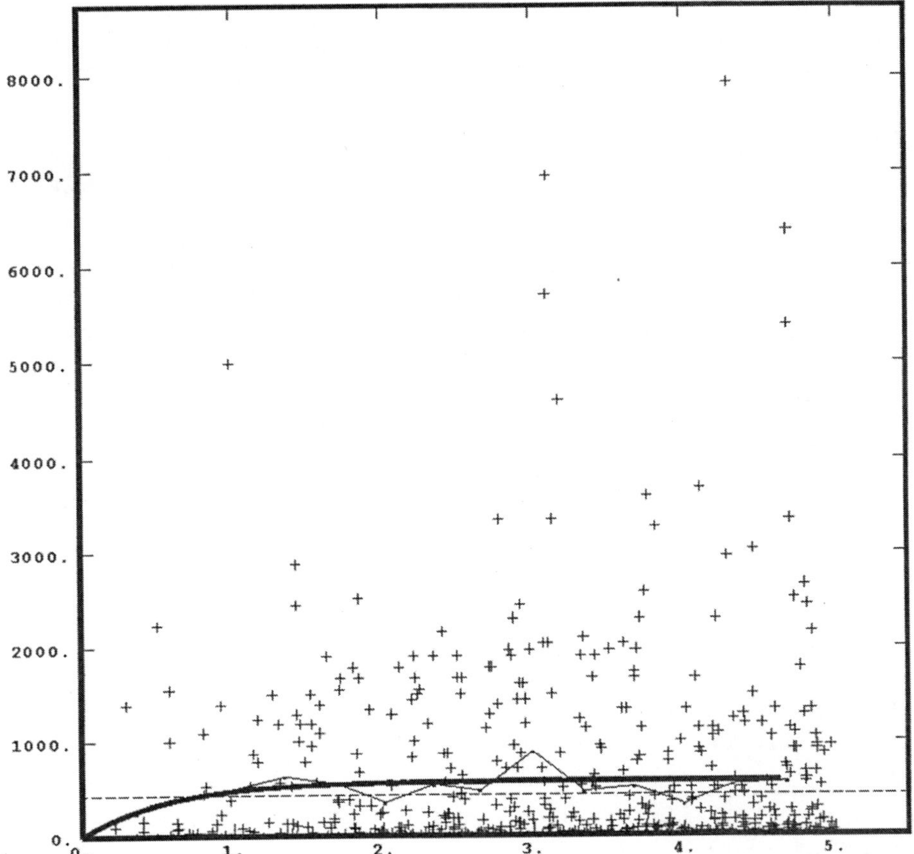

Bild 4.6 Variogrammwolke für die O_3-Werte. Vergleiche die Erklärung im Text unten und auf der nächsten Seite

Die Punkte von Variogrammwolken können mit den zugehörigen Punktepaaren in Beziehung gesetzt werden. Es ist also möglich Teile der Variogrammwolke geographisch zu orten. Das hilft die Schwankungen der räumlichen Daten besser zu verstehen. Große Werte von $g(h_{ij})$ bei kleinen h_{ij} weisen auf Anomalien und Inhomogenitäten hin. Haslett u. a. (1991), Haslett (1992) und Bradley und Haslett (1992) beschreiben die Anwendung der Variogrammwolke und ähnlicher

Darstellungen als Hilfsmittel für die explorative Datenanalyse für Zufallsfelder.

Beispiel 4.1 Trinkwasser.

Fortsetzung des Beispiels 4.1 von Seite 204.
Zusätzlich zum empirischen Variogramm in Bild 4.3 zeigt Bild 4.5 die Variogrammwolke für die SO_4-Daten. Wegen der gitterförmigen Messpunktanordnung sind viele h_{ij} gleich und somit liegen viele Punkte der Variogrammwolke senkrecht übereinander.

Die drei extremen Werte $g(h_{ij})$ für $h_{ij} = 10\,\text{m}$ resultieren aus den großen Unterschieden benachbarter Messpunkte: $76 \sim 14$, $66 \sim 6$ und $90 \sim 32$. Ähnlich führen die Wertepaare $80 \sim 14$, $79 \sim 14$ und $66 \sim 3$ zu den drei höchsten Punkten der Variogrammwolke für $h_{ij} = 14,1\,\text{m}$. Der Messwert 14 mg/l in der 3. Spalte der 7. Zeile hängt mit drei der extremen Punkte zusammen. Da er aber seinerseits einen Nachbarn mit dem Messwert 11 mg/l hat, ist weder ein Datenfehler noch eine hydrologische Anomalie wahrscheinlich.
Fortsetzung des Beispiels 4.1 auf Seite 210.

Beispiel 4.2 „VDI-Nachrichten".

Fortsetzung des Beispiels 4.2 von Seite 206.
Die Variogrammwolke für die O_3-Werte ist auf Bild 4.6 dargestellt. Da die Luftmess-Stationen unregelmäßig verteilt sind, ist die Punktwolke ebenfalls irregulär. Die vier extremen Werte von $g(h_{ij})$ für kleine h_{ij} gehören zu den Mess-Stationen

Raunheim und Mainz,
Rothaargebirge und Dillenburg,
Wiesbaden und Mainz,
Königstein und Höchst,

wobei zuerst die Stationen mit den hohen O_3-Werten genannt sind. Mainz (Nr. 51 in Tabelle 4.2) hat in der betrachteten Woche mit 6 einen extrem niedrigen Wert gehabt.
Fortsetzung des Beispiels 4.2 auf Seite 210.

4.4 Theoretische Variogramme

Besonders häufig werden in der Geostatistik die folgenden theoretischen Variogramme benutzt.

Sphärisches Variogramm

$$\gamma(h) = \sigma_F^2 + \sigma_I^2 \times \begin{cases} \left(\frac{3}{2}\frac{h}{a} - \frac{1}{2}\left(\frac{h}{a}\right)^3\right) & \text{für } h \leq a \\ 1 & \text{für } h > a \end{cases} . \tag{4.11}$$

Die Korrelationsweite h_{Korr} ist hier gleich a, σ_F^2 ist die Nugget-Varianz und $\sigma_F^2 + \sigma_I^2$ der Schwellenwert.

Das sphärische Variogramm mit $\sigma_F^2 = 0$ gehört zu einem leicht erklärbaren Zufallsfeld $\{Z(\boldsymbol{x})\}$.

Man stelle sich im dreidimensionalen Raum ein homogenes Poisson-Punktfeld der Intensität λ vor, vergleiche Kapitel 5. Um den Punkt $\boldsymbol{x}$ wird eine Kugel mit dem Radius R gelegt. Die zufällige Anzahl der darin angetroffenen Punkte des Punktfeldes wird mit $Z(\boldsymbol{x})$ bezeichnet. Es ist klar, dass man für verschiedene $\boldsymbol{x}$ auch verschiedene $Z(\boldsymbol{x})$ erhält, so dass in der Tat ein Zufallsfeld vorliegt. Aus der Konstruktion, die von einem homogenen Poisson-Punktfeld (das auch isotrop ist) ausgeht, ergibt sich die Homogenität und Isotropie von $\{Z(\boldsymbol{x})\}$. Die Parameter des sphärischen Variogramms hängen mit λ und R folgendermaßen zusammen:

$$\begin{aligned} a &= 2R\,, \\ \sigma_I^2 &= \lambda \frac{4}{3}\pi R^3\,. \end{aligned}$$

Exponentielles Variogramm

$$\gamma(h) = \sigma_F^2 + \sigma_I^2(1 - e^{-\alpha h})\,. \tag{4.12}$$

Bei diesem Variogramm ist die Korrelationsweite gleich $h_{\text{Korr}} = \infty$.

Das exponentielle Variogramm ist ein theoretischer Ansatz, mit dem es sehr gute praktische Erfahrungen gibt. Es besteht ein gewisser Zusammenhang zu Markovschen Prozessen, vergleiche auch Seite 183. Der Parameter α bestimmt die Stärke der räumlichen Korrelationen, die bei großem α schnell abklingen. Er hat die Dimension Länge^{-1}. Manchmal wird (fälschlicherweise) α^{-1} oder $3\alpha^{-1}$ als Korrelationsweite ausgewiesen.

Die Parameter dieser Variogramme können z. B. mit Approximationsverfahren der numerischen Mathematik bestimmt werden. Die geostatistische Software liefert sie automatisch. Für die Bestimmung der Parameter des sphärischen Variogramms gibt es ein einfaches graphisches Verfahren, das z. B. in Dutter(1985), Seite 81, und Akin und Siemes (1988), Seite 46/47, erklärt wird.

Beispiel 4.1 Trinkwasser.

Fortsetzung des Beispiels 4.1 von Seite 208.
Standardsoftware der Geostatistik hat für das exponentielle Variogramm die Werte

$$\hat{\sigma}_F^2 = 31\,, \quad \hat{\sigma}_I^2 = 362 \quad \text{und} \quad \alpha = 0{,}05\,\mathrm{m}^{-1}$$

geliefert und für das sphärische Variogramm

$$\hat{\sigma}_F^2 = 34\,, \quad \hat{\sigma}_I^2 = 360 \quad \text{und} \quad a = 47\,\mathrm{m}\,.$$

Wegen der Ähnlichkeit der Ergebnisse kann man also mit einer Nugget-Varianz von etwa $\sigma_F^2 = 30$ rechnen und außerdem eine „Eigenstreuung“ des Feldes von $\sigma_I^2 = 320 \ldots 370$ annehmen. Die Korrelationsweite liegt bei etwa 50 m; d. h., bei Entfernungen von mehr als 50 m kann man (wenn man großräumige Trends außer Acht lässt) Unabhängigkeit der SO_4-Werte annehmen.

Auf Bild 4.3 sind die Werte des empirischen Variogramms sowie die Kurve zum sphärischen Variogramm mit den geschätzten Parametern dargestellt. Wie es scheint, passt das sphärische Variogramm recht gut zu den Daten, und daher wird es im Folgenden bei weiteren Rechnungen benutzt.
Fortsetzung des Beispiels 4.1 auf Seite 220.

Beispiel 4.2 „VDI-Nachrichten“.

Fortsetzung des Beispiels 4.2 von Seite 208.
Standardsoftware der Geostatistik hat für das exponentielle Variogramm die Werte

$$\hat{\sigma}_F^2 = 0\,, \quad \hat{\sigma}_I^2 = 572{,}7 \quad \text{und} \quad \alpha = 1{,}78$$

und für das sphärische Variogramm

$$\hat{\sigma}_F^2 = 0\,, \quad \hat{\sigma}_I^2 = 572{,}7 \quad \text{und} \quad a = 1{,}32$$

geliefert. Hier wird also kein Nugget-Effekt ausgewiesen. Wie in Beispiel 4.1 sind die Unterschiede zwischen den beiden Variogramm-Typen gering. Vor allem aus didaktischen Gründen ist in Bild 4.4 gerade das exponentielle Variogramm dargestellt worden.

Auf Bild 4.4 sind die Werte des empirischen Variogramms sowie die Kurve zum exponentiellen Variogramm mit den geschätzten Parametern dargestellt. Fortsetzung des Beispiels 4.2 auf Seite 221.

Weitere theoretische Variogramme werden in der geostatistischen Literatur behandelt. Sie sollten aus den folgenden Gründen benutzt werden:

1. Sie stellen bewährte Modelle dar und können helfen, das Wesentliche in stark schwankenden empirischen Variogrammen zu erkennen.
2. Sie gestatten die Beschreibung der Variabilität der untersuchten Daten mit sehr wenigen Parametern. Beispielsweise beim exponentiellen Variogramm sind es drei, nämlich die Nugget-Varianz σ_F^2, die Feld-Varianz σ_I^2 des Feldes und der Parameter α, der die Reichweite der Korrelationen beschreibt.
3. Sie führen zu vernünftigen Ergebnissen bei weiteren Rechnungen, zum Beispiel beim Kriging. Im Gegensatz dazu kann die direkte Verwendung empirischer Variogramme unsinnige Resultate liefern.

Auch für Simulationen sind theoretische Variogramme nützlich. Zu gegebenem Mittelwert m und Variogramm $\gamma(r)$ kann man Zufallsfeldwerte simulieren, die um den Mittelwert m schwanken und sich wie Zufallsfelder mit dem Variogramm $\gamma(r)$ verhalten. Dabei werden i. Allg. Normalverteilungsannahmen gemacht. Simulationsverfahren werden in den Büchern über Geostatistik und speziell in Armstrong und Dowd (1994) erklärt.

Derartige simulierte Zufallsfelder werden zur graphischen Veranschaulichung der Variabilität, zum Studium extremer Situationen und zur Erprobung statistischer Verfahren benutzt. Besonders interessant ist der Fall, wo man vorgegebene Informationen berücksichtigen muss, z. B. Messwerte an bestimmten Mess-Stellen.

Die Güte geostatistischer Modelle kann durch *Kreuzvalidierung* bewertet werden. Für jeden Messpunkt $\boldsymbol{x}_i$ wird der Messwert $Z(\boldsymbol{x}_i)$ mit einem Vorhersagewert $\hat{Z}(\boldsymbol{x}_i)$ verglichen, der mit Hilfe des Modells durch Punktkriging (siehe Seite 215) ermittelt wird. Dabei werden die Messwerte von den anderen

Messpunkten (nur eben nicht von $\boldsymbol{x}_i$) herangezogen. Als Qualitätskriterium dient z. B. die Größe

$$\frac{1}{n}\sum_{i=1}^{n}(Z(\boldsymbol{x}_i) - \hat{Z}(\boldsymbol{x}_i)^2 .$$

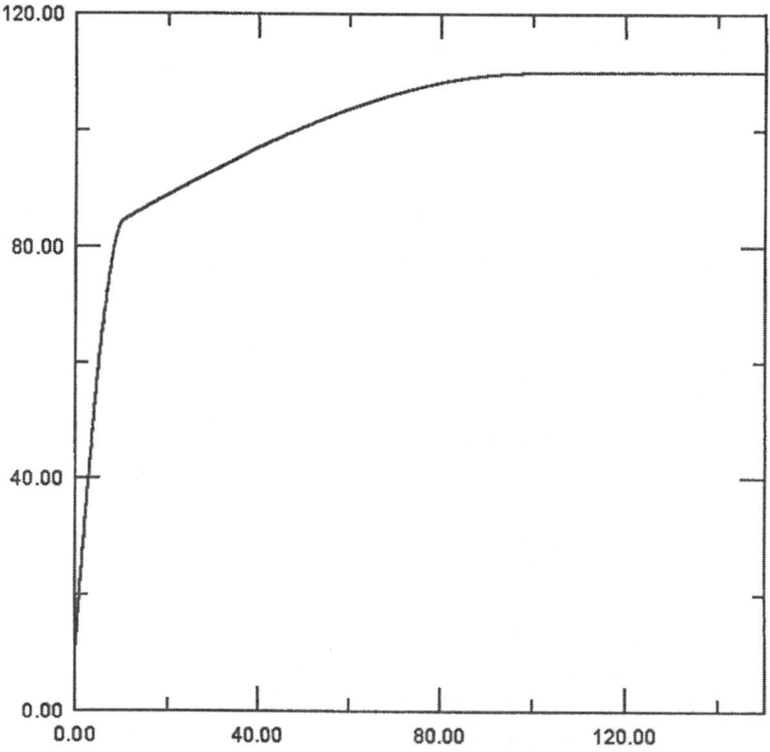

Bild 4.7 Darstellung eines Variogramms, das zu einem Zufallsfeld gehört, das durch Überlagerung zweier unabhängiger Zufallsfelder entstanden ist, die beide sphärische Variogramme haben, mit unterschiedlichen Streuungen $\sigma_I^2 = 30$ bzw. $\sigma_I^2 = 70$ und Reichweiten $a = 100$ bzw. $a = 10$. Die Nugget-Varianz σ_F^2 ist gleich 10

Oft ist es lohnend, ein gegebenes Zufallsfeld $\{Z(\boldsymbol{x})\}$ als Ergebnis der *Überlagerung* mehrerer unabhängiger homogener und isotroper Zufallsfelder $Z^{(i)}(\boldsymbol{x})$ anzusehen:

$$Z(\boldsymbol{x}) = Z^{(1)}(\boldsymbol{x}) + \ldots + Z^{(k)}(\boldsymbol{x}) .$$

Es genügt hier den Fall $k = 2$ zu betrachten, also die Überlagerung zweier Felder. Eins davon, $\{Z^{(1)}(\boldsymbol{x})\}$, kann zum Beispiel die kurzräumige Variabilität beschreiben, während das andere, $\{Z^{(2)}(\boldsymbol{x})\}$, die weiträumigen Schwankungen charakterisiert. (Akin und Siemes, 1988, sprechen daher von „geschachtelten Strukturen".) Ein Spezialfall ist übrigens der Ansatz (4.9). Dort ist der rein zufällige Anteil mit $\{Z^{(1)}(\boldsymbol{x})\}$ identifizierbar, während das in (4.9) mit $\{Z^{*}(\boldsymbol{x})\}$ bezeichnete Zufallsfeld $\{Z^{(2)}(\boldsymbol{x})\}$ entspricht.

Wichtige Parameter des homogenen und isotropen Summenfeldes $\{Z(\boldsymbol{x})\}$ ergeben sich durch Addition:

$$\begin{aligned} m &= m_1 + m_2 , \\ \sigma^2 &= \sigma_1^2 + \sigma_2^2 , \\ \gamma(h) &= \gamma_1(h) + \gamma_2(h) . \end{aligned}$$

Bild 4.7 zeigt ein Variogramm, das zur Überlagerung zweier Zufallsfelder mit sphärischen Variogrammen gehört. Wenn man bei statistischen Untersuchungen empirische Variogramme erhält, die dem auf diesem Bild ähneln, sollte man in Betracht ziehen, dass man ein durch Überlagerung entstandenes Zufallsfeld beobachtet. Es gibt übrigens statistische Verfahren, mit deren Hilfe der Anteil $\{Z^{(1)}(\boldsymbol{x})\}$ weggefiltert oder weggeglättet werden kann.

4.5 Räumliche Interpolation und Kriging

Die räumliche Interpolation ist eine wichtige Aufgabe in der Geostatistik. Mit ihrer Hilfe gelangt man zu Schätzwerten des beobachteten Zufallsfeldes an Stellen, an denen man nicht gemessen hat. Das ist die Voraussetzung für das Zeichnen von Karten, egal ob Isolinien- oder Grauwertkarten.

Es gibt verschiedene Verfahren der räumlichen Interpolation. Sie liefern Näherungen für unbekannte Werte des Feldes als gewogene Mittelwerte der Ergebnisse von benachbarten Messpunkten. Ein beliebtes Verfahren dieser Art ist die Verwendung der inversen quadrierten Abstände, vergleiche Seite 215. Das aber verbreitetste und theoretisch am besten begründete ist das nach dem südafrikanischen Geostatistiker D. G. Krige benannte Kriging. (In der Meteorologie heißt dies Verfahren „optimale Interpolation"; gelegentlich spricht man auch von der „Maximum-Entropie-Methode".) Für das Kriging gibt es vielfältige Software. Daher sollten sich die Leser nicht durch die mit den folgenden Formeln verbundene Rechenarbeit abschrecken lassen; das Anliegen des Textes ist die Erklärung der Grundideen, die ohne Formeln kaum möglich ist.

Es ist zu beachten, dass in den Formeln das Variogramm $\gamma(h)$ und die Varianz σ^2 auftauchen. Diese Größen müssen also zuerst aus den Daten geschätzt werden. Dabei wird empfohlen, das empirische Variogramm durch ein passendes theoretisches Variogramm zu approximieren.

4.5.1 Kriging des Mittelwertes

Auf Seite 201 ist für den Mittelwert m eines homogenen Zufallsfeldes der Schätzer

$$\hat{m} = \frac{1}{n}\sum_{i=1}^{n} Z_i$$

empfohlen worden, also der arithmetische Mittelwert der Messwerte. Das ist nicht die beste (genaueste) Schätzung. Mit etwas mehr rechnerischem Aufwand kann man genauere Ergebnisse erhalten, indem die Lage der Messpunkte berücksichtigt wird.

Man konstruiert für m den Schätzer

$$m^* = \sum_{i=1}^{n} g_i Z_i \,, \tag{4.13}$$

wobei die g_i Gewichte sind. Die Messwerte Z_i gehen bei diesem Ansatz linear in die Schätzung ein. Sie werden so gewählt, dass

$$\mathbf{E}(m - m^*)^2$$

minimal wird; das heißt, die mittlere quadratische Abweichung des geschätzten vom wahren Wert soll minimal sein. Damit die Schätzung erwartungstreu (es soll also gelten $\mathbf{E}(m^*) = m$) ist, verlangt man

$$\sum_{i=1}^{n} g_i = 1\,. \tag{4.14}$$

Zu den optimalen Gewichten g_i kommt man, indem man $\mathbf{E}(m - m^*)^2$ als Funktion der g_i minimiert unter der Nebenbedingung (4.14). Methoden der Differentialrechnung führen auf das lineare Gleichungssystem mit den Unbekannten $g_1, \ldots, g_n$ und ν

$$\begin{aligned} &\sum_{j=1}^{n} g_j \gamma(h_{ij}) + \nu = \sigma^2 \quad \text{für } i = 1, \ldots, n\,, \\ &\sum_{j=1}^{n} g_j = 1\,. \end{aligned} \tag{4.15}$$

Die Zahl ν ist gleich dem minimalen Wert von $\mathbf{E}(m - m^*)^2$. Die Werte h_{ij} sind die Abstände zwischen den Punkten $\boldsymbol{x}_i$ und $\boldsymbol{x}_j$.

4.5.2 Punktkriging

Die Zielstellung besteht jetzt darin den Wert des Zufallsfeldes an einem Punkt $\boldsymbol{x}$ zu schätzen, an dem man nicht gemessen hat. Analog zu der Formel (4.14) macht man den Ansatz

$$\hat{Z}(\boldsymbol{x}) = \sum_{i=1}^{n} g_i(\boldsymbol{x}) Z_i \,. \tag{4.16}$$

Wieder steht man vor der Frage, wie man die Gewichte $g_i(\boldsymbol{x})$ zu wählen hat. Erwartungstreue, das heißt $\mathbf{E}(\hat{Z}(\boldsymbol{x})) = \mathbf{E}(Z(\boldsymbol{x}))$, wird gesichert, wenn für die $g_i(\boldsymbol{x})$ die Beziehung (4.14) gefordert wird. Oft werden nicht alle n Messwerte benutzt, sondern nur solche, die zu Messpunkten gehören, die nahe an $\boldsymbol{x}$ liegen. Es sind also möglicherweise gewisse Gewichte von vornherein gleich Null.

Eine Alternative ist die Verwendung der inversen quadrierten Abstände. Dann lauten die Gewichte in Formel (4.16)

$$g_i(\boldsymbol{x}) = \frac{1}{h_i^2} \left(\sum_{j=1}^{n} \frac{1}{h_j^2} \right)^{-1} , \tag{4.17}$$

wobei h_i bzw. h_j den Abstand zwischen $\boldsymbol{x}$ und $\boldsymbol{x}_i$ bzw. $\boldsymbol{x}_j$ bezeichnet. Dieser Form der Interpolation liegt keine Modellannahme zugrunde.

Eine interessante vergleichende Studie verschiedener räumlicher Interpolationsverfahren ist Brus u. a. (1996). Darin sind neben Kriging und der Methode mit inversen quadrierten Abständen noch weitere Verfahren betrachtet worden. Für die untersuchten Beispiele hat sich kein großer Unterschied zwischen den beiden Verfahren gezeigt; Kriging ist etwas zuverlässiger als die Methode mit inversen quadrierten Abständen bei Punkten $\boldsymbol{x}$ nahe den Messpunkten $\boldsymbol{x}_i$ gewesen. Die Empfehlung von Brus u. a. (1996) ist, das Kriging-Verfahren anzuwenden, wenn genügend viele Messpunkte für eine vernünftige Schätzung des Variogramms vorhanden sind. Sonst sollte das Interpolationsverfahren mit inversen quadrierten Abständen benutzt werden.

Beim Punktkriging erhält man ähnlich wie beim Kriging des Mittelwerts das folgende Gleichungssystem für die Gewichte:

$$\begin{aligned} &\sum_{j=1}^{n} g_j(\boldsymbol{x})\gamma(h_{ij}) + \mu = \gamma(h_i) \quad \text{für } i = 1, \ldots, n \,, \\ &\sum_{j=1}^{n} g_j(\boldsymbol{x}) = 1 \,. \end{aligned} \tag{4.18}$$

Hier bezeichnet h_i wie oben den Abstand des Messpunktes $\boldsymbol{x}_i$ vom Interpolationspunkt $\boldsymbol{x}$ und h_{ij} den Abstand zwischen den Messpunkten $\boldsymbol{x}_i$ und $\boldsymbol{x}_j$. Man erkennt also, dass die Gewichte bei festem Variogramm nur von der Anordnung der Punkte $\boldsymbol{x}$ und $\boldsymbol{x}_1, \ldots, \boldsymbol{x}_n$ abhängen. Bei einem regelmäßigen Messnetz braucht also das Gleichungssystem nicht jedes Mal neu gelöst zu werden. Die mittlere quadratische Abweichung des wahren Wertes $Z(\boldsymbol{x})$ vom Interpolationswert $\hat{Z}(\boldsymbol{x})$ kann nach folgender Formel berechnet werden:

$$\sigma_P^2(\boldsymbol{x}) = \sum_{j=1}^{n} g_j(\boldsymbol{x})\gamma(h_j) + \mu \,. \tag{4.19}$$

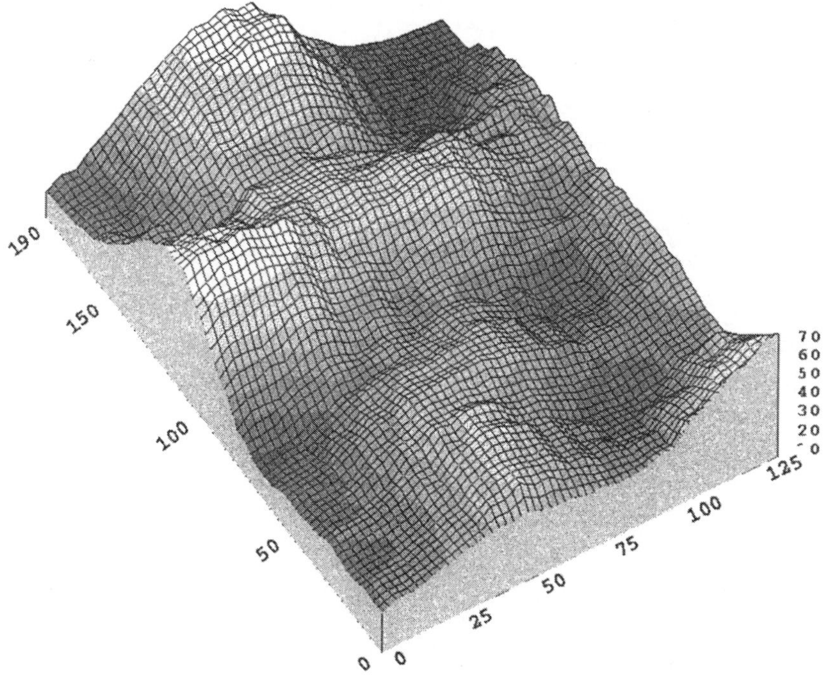

Bild 4.8 Darstellung der SO_4-Gehalte in dreidimensionaler Form und durch Grauwerte

Übrigens ist das Punktkriging ein „exaktes" Interpolationsverfahren in dem Sinne, dass für die Messpunkte $\boldsymbol{x}_i$ gilt

$$\hat{Z}(\boldsymbol{x}_i) = Z(\boldsymbol{x}_i) \,,$$

das Kriging liefert für sie also die Messwerte. (Im Falle eines Variogramms mit Nugget-Effekt ist diese Aussage mit Vorsicht zu genießen: In unmittelbarer Nähe zu einem Messpunkt $\boldsymbol{x}_i$ führt das Kriging auf deutlich andere Werte als $Z(\boldsymbol{x}_i)$.) Für die übrigen Punkte muss jeweils das Gleichungssystem (4.18) numerisch gelöst werden. Mit den modernen Computern ist das kein Problem; man kann es sich leisten am PC-Bildschirm das Kriging für jeden Pixelpunkt einzeln durchzuführen. Dabei erreicht man eine Beschleunigung der Rechnungen dadurch, dass man von vornherein die Gewichte $g_i(\boldsymbol{x})$ solcher Punkte $\boldsymbol{x}_i$ gleich Null setzt, die sehr weit vom Interpolationspunkt $\boldsymbol{x}$ entfernt sind (z. B. weiter als h_{Korr}).

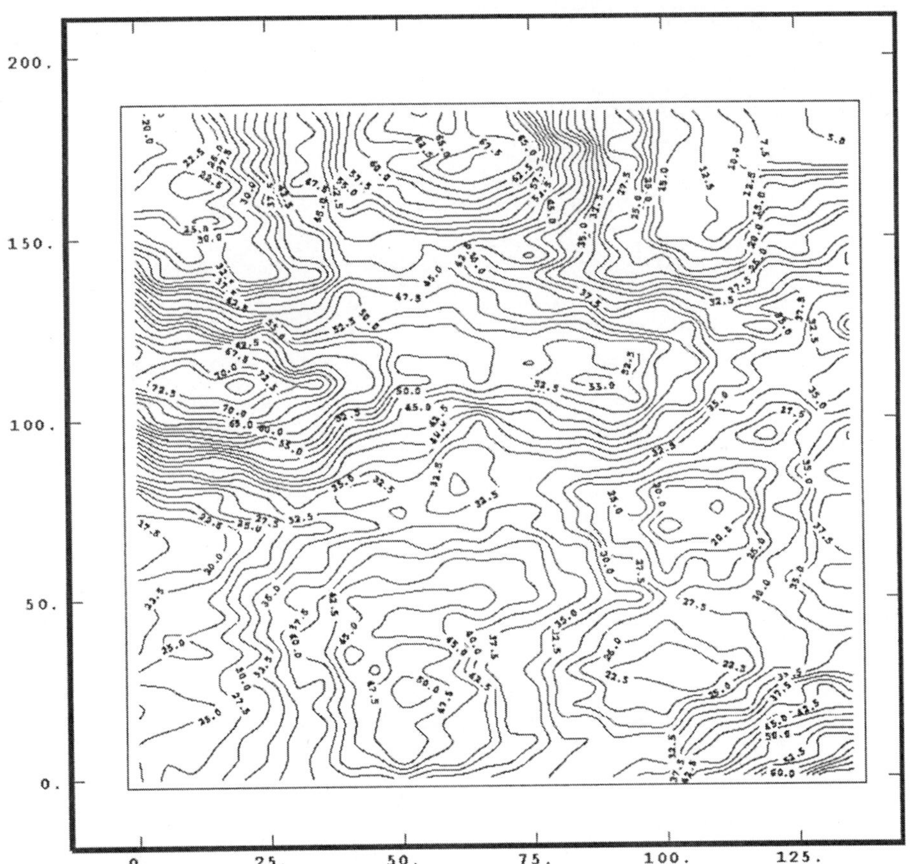

Bild 4.9 Darstellung der SO_4-Gehalte in einer Isolinienkarte. Die Linien sind sehr dicht, und so ist die Darstellung ziemlich unübersichtlich

Auf diese Art und Weise kann man *Landkarten* erzeugen. Ein beliebter Weg ist die Darstellung mit Hilfe von Grauwerten, vergleiche die Bilder 4.8 und 4.10, bei denen versucht worden ist die Anschaulichkeit noch durch räumliche Darstellung zu vergrößern. Viele Nutzer ziehen Isolinienkarten wie auf den Bildern

4.9 und 4.11 vor; es gibt natürlich auch noch die Möglichkeit, Isolinienkarten und Grauwertdarstellungen zu kombinieren.

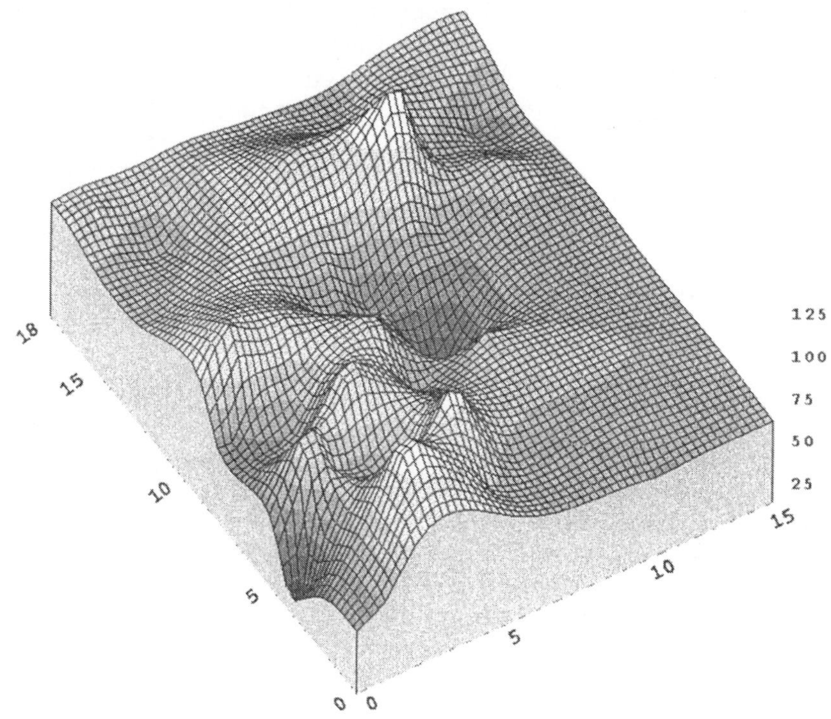

Bild 4.10 Darstellung der O_3-Werte in dreidimensionaler Form und durch Grauwerte

Wenn man das Kriging gründlich betreibt, kann man zusätzlich noch die durch Formel (4.19) gegebenen quadratischen Abweichungen $\sigma_P^2(\boldsymbol{x})$ (die Interpolationsfehler) in einer Karte darstellen, wie das in den Bildern 4.12 und 4.13 geschah. Man erkennt dann Gebiete, in denen die Interpolation genau ist (z. B. nahe den Messpunkten und in Bereichen hoher Messpunktdichte) und solche, in denen sie ungenau ist (wo z. B. die Messpunktdichte gering ist). Solche Darstellungen können möglicherweise bei der Verbesserung von Messnetzen helfen. Allerdings sehen solche Bilder im Allgemeinen nicht sehr interessant aus; man könnte von Spiegelei-Mustern sprechen, wo die Eidotter auf den Messpunkten liegen. Mit wachsendem Abstand von den Messpunkten wachsen nämlich die Interpolationsfehler oft nur sehr allmählich an. Es sei vermerkt, dass diese „Fehler" theoretisch berechnete Mittelwerte sind. Die wahren Fehler für ein konkretes Beispiel schwanken um diese Mittelwerte.

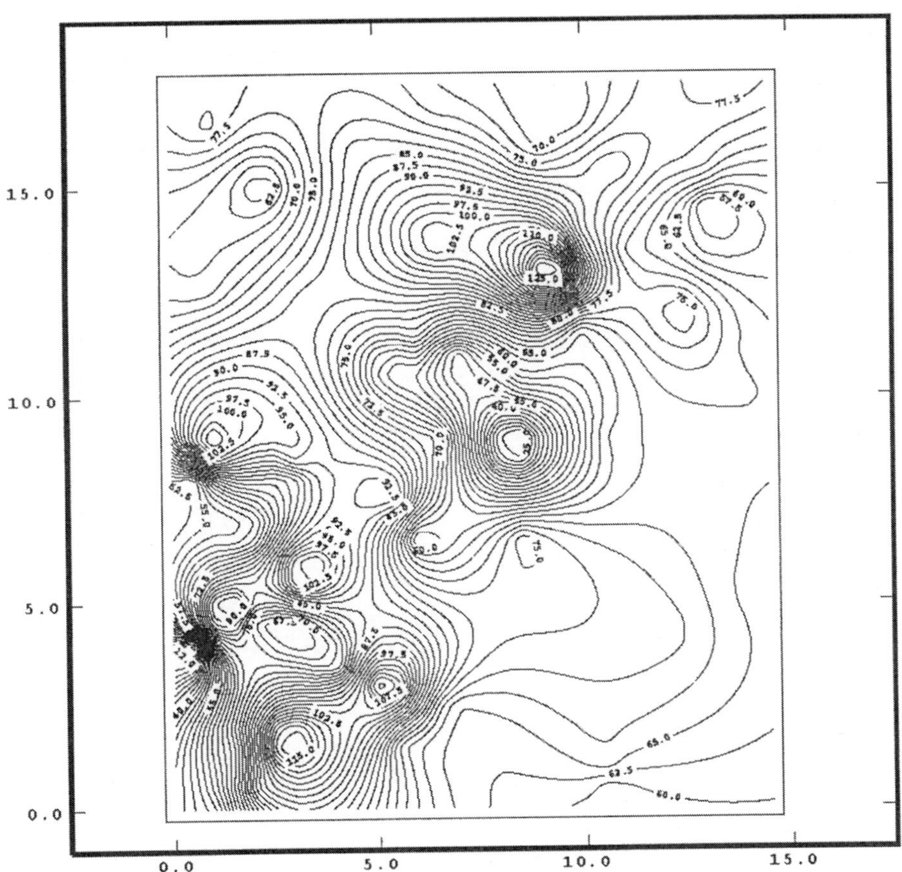

Bild 4.11 Darstellung der O_3-Werte in einer Isolinienkarte. Mit dem Ziel einer besseren Übersichtlichkeit werden hier etwas größere Abstände der Isolinien als in Bild 4.9 gewählt

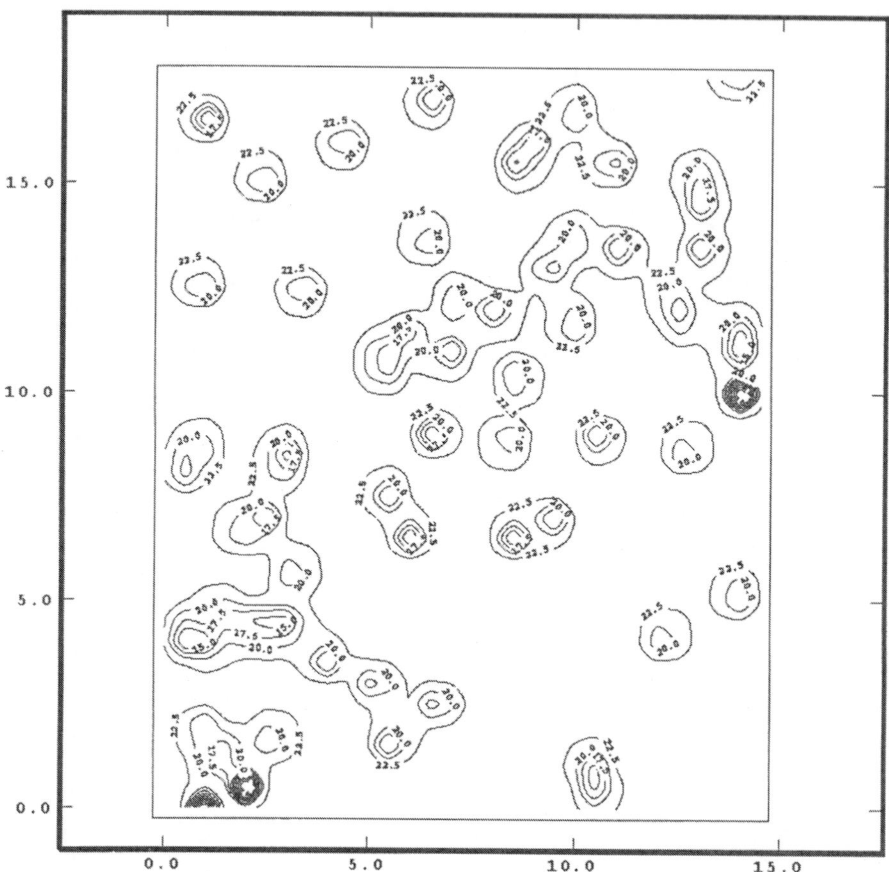

Bild 4.12 Isoliniendarstellung der Krige-Varianzen $\sigma_P^2(\boldsymbol{x})$ für die O_3-Werte

Beispiel 4.1 Trinkwasser.

Fortsetzung des Beispiels 4.1 von Seite 210.

Die Bilder 4.8 und 4.9 zeigen die räumliche Verteilung der SO_4-Gehalte als Ergebnis des Punktkrigings. Somit kann man jetzt für jeden Punkt des Untersuchungsgebietes einen SO_4-Gehalt angeben, bis auf einen unbekannten Interpolationsfehler natürlich.
Ende des Beispiels 4.1 •

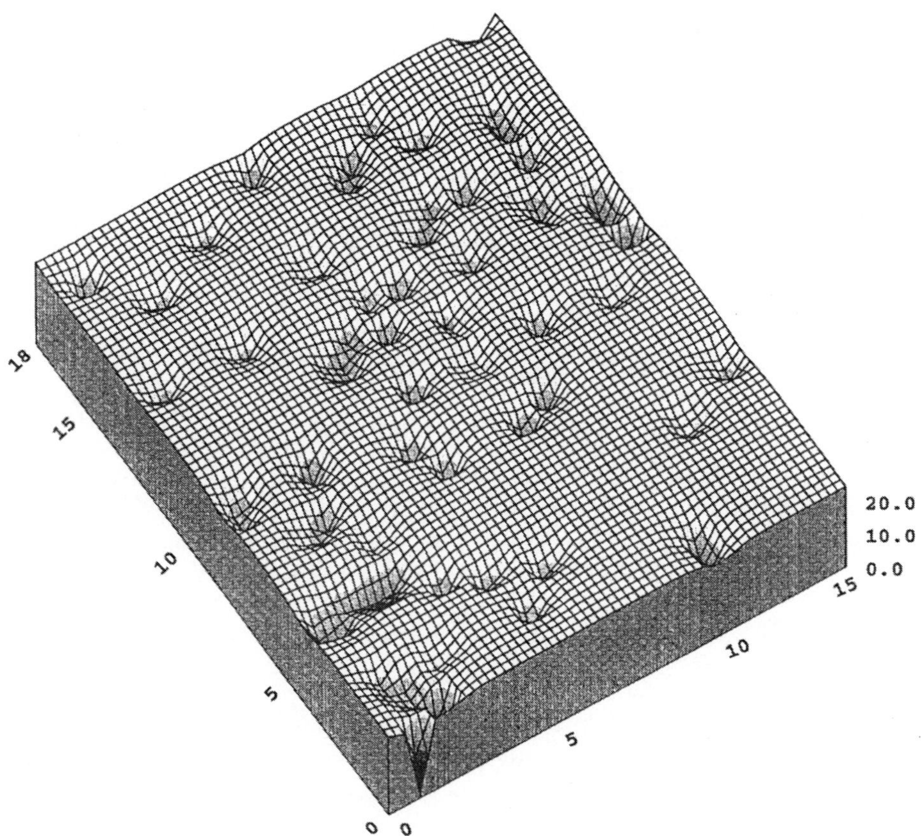

Bild 4.13 Dreidimensionale Darstellung der Krige-Varianzen von Bild 4.12. Die Löcher gehören jeweils zu Mess-Stationen oder Gruppen von Mess-Stationen

Beispiel 4.2 „VDI-Nachrichten".

Fortsetzung des Beispiels 4.2 von Seite 211.

Die Bilder 4.10 und 4.11 zeigen die räumliche Verteilung der O_3-Werte Ende Mai 1995 als Ergebnis des Punktkrigings. Markante Punkte sind die Ozon-Tiefs um Mainz (dem durchschnittliche Werte um Raunheim und Wiesbaden gegenüberstehen) und Eisenach sowie die Ozon-Hochs des Westharzes, des Odenwalds und des Spessarts. Für die Stadt Halberstadt, von der kein Ozon-Messwert vorgelegen hat, ergibt sich durch Kriging der Wert 73,6, der sehr nahe am Mittelwert $\overline{x} = 72{,}5$ des Gesamtgebietes liegt.

Die Bilder 4.12 und 4.13 zeigen schließlich die Krige-Varianzen. Man erkennt im wesentlichen nur die höhere Genauigkeit der Interpolation in der Umgebung der Mess-Stationen, während sonst Werte um 23,5 vorliegen.
Ende des Beispiels 4.2 •

4.5.3 Weitere Kriging-Verfahren

Block-Kriging

Die Geostatistik stellt auch Verfahren bereit, um den Mittelwert eines Zufallsfeldes in einem Teilgebiet B zu approximieren. Das heißt, ausgehend von Messergebnissen an diskreten Messpunkten soll der räumliche Mittelwert

$$\frac{1}{A(B)} \int_B Z(\boldsymbol{x})\mathrm{d}\boldsymbol{x}$$

bestimmt werden, wobei $A(B)$ die Fläche von B ist. Er ist eine Zufallsgröße, die von den lokalen Werten $Z(\boldsymbol{x})$ in B abhängt.

Multivariate Verfahren. Cokriging

Oft werden an den Messpunkten mehrere Werte zugleich gemessen, zum Beispiel bei Luftmessungen neben dem O_3-Gehalt auch der SO_2-Gehalt oder bei geologischen Untersuchungen die Teufen mehrerer übereinander liegender Horizonte. Dann interessieren auch die Korrelationen zwischen diesen Werten und das räumliche Verhalten der Korrelationen. Man benutzt dann Kreuzvariogramme $\gamma_{ij}(h)$, ähnlich wie Kreuzkorrelationsfunktionen bei Zeitreihen. Derartige multivariate Verfahren werden insbesondere in dem Buch von Wackernagel (1995) sehr gut beschrieben.

Ein der multivariaten Situation angepasstes Kriging-Verfahren ist das *Cokriging*. Beim Co-Punktkriging werden zur Vorhersage eines Merkmales in einem Punkt nicht nur die Messwerte dieses Merkmales an den Messpunkten benutzt, sondern auch die Messwerte der anderen Größen, indem man deren Korrelationen mit dem interessierenden Merkmal ausnutzt. So versucht man z. B. durch geophysikalische Messungen Informationen über die Kontamination von Böden zu erhalten.

4.6 Interpolation bei Inhomogenität

Bisher war immer vorausgesetzt worden, dass das untersuchte Zufallsfeld $\{Z(\boldsymbol{x})\}$ homogen und isotrop ist.

Zunächst soll noch an der Homogenität festgehalten werden. Anisotropien liegen sicherlich des öfteren vor. Wenn sie nicht vernachlässigbar sind, müssen die in der geostatistischen Literatur dargestellten Methoden benutzt werden, vergleiche zum Beispiel Wackernagel (1995), Seite 46 ff. Dann muss man unter anderem beachten, dass das Variogramm nicht mehr nur vom Abstand h abhängt, sondern auch von der Richtung, in der der Abstand gemessen wird. So kann es zum Beispiel sein, dass in Nord-Süd-Richtung die Korrelationsweite größer ist als in Ost-West-Richtung. Es verbleiben aber die Annahmen (4.1) und (4.2) sowie die, dass das Variogramm nur von dem Verbindungsvektor der Punkte $\boldsymbol{x}$ und $\boldsymbol{y}$ in Formel (4.3) abhängt.

In vielen Fällen ist auch die Homogenitätsannahme nicht zu halten.

Beispiel 4.3 Selen-Gehalt des Saalesediments.

Als ein Beispiel für die Anwendung geostatistischer Methoden bei der Analyse inhomogener eindimensionaler Daten werden jetzt die Se-Gehalte des Saalesediments (Durchschnittsgehalte des Sediments im Juni 1994, in mg/kg) untersucht, vergleiche auch Einax und Zwanziger (1997). Wegen der Eindimensionalität wird hier nicht von einem „Feld“ gesprochen, sondern von einem „Prozess“. Wie in der Geostatistik wird aber das Wort „homogen“ benutzt und nicht das zu stochastischen Prozessen passende „stationär“. Bild 4.14 zeigt die Originalwerte und die zugehörige Ausgleichsgerade, vergleiche auch Tabelle 4.3. Für die Originalwerte ist das Variogramm berechnet worden, obwohl hier sicherlich kein homogener Prozess vorliegt. Das Variogramm verhält sich, der Inhomogenität entsprechend, nicht ganz in der Weise, wie man es von einem Variogramm eines homogenen Prozesses erwartet. Seine Werte wachsen mit steigendem h näherungsweise linear an, vergleiche Bild 4.15.

Ergebnisse, die etwas besser den üblichen Verhältnissen der homogenen Geostatistik entsprechen, erhält man, wenn man die Residuen analysiert, also die Differenzen der Se-Gehalte zu der linearen Trendfunktion von Bild 4.14. Der Mittelwert der Residuen ist $\overline{x} = -0{,}00$ (wie zu erwarten), die Stichprobenstreuung $s^2 = 0{,}13$. Das zugehörige empirische Variogramm ist in Bild 4.16 dargestellt.

Bild 4.17 auf Seite 229 zeigt die Variogrammwolke. In ihr gibt es vier besonders stark abweichende Punkte. Sie hängen mit den Messpunktpaaren

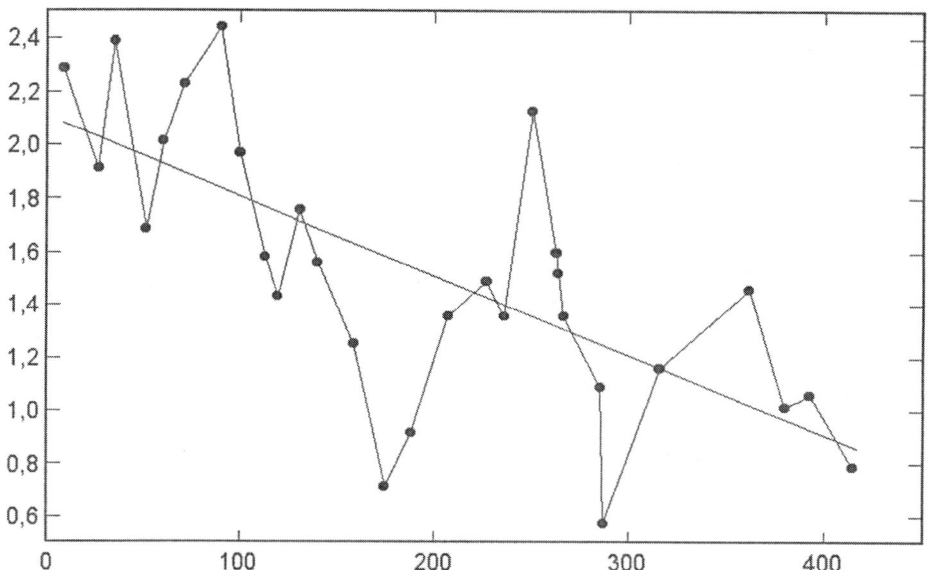

Bild 4.14 Se-Gehalte des Saalesediments mit der linearen Trendfunktion Se-Gehalt = 2,1 – 0,003 × Entfernung von der Saalequelle (in km)

(19, 24), (15, 19), (14, 19) und (7, 14) zusammen. Dabei ist das extremale Verhalten nicht überraschend: Die Messpunkte 19 (Uhlstädt, unterhalb Rudolstadt, charakterisiert durch die Grenze Schiefer-Trias) und 24 (Eichicht, unterhalb der Saaletalsperren) liegen nur 37 km auseinander, während die Unterschiede der Se-Gehalte außerordentlich groß sind. Im eindimensionalen Fall sind derartige Anomalien natürlich sehr leicht auch ohne Variogrammwolke erkennbar.

Das empirische Variogramm ist durch ein exponentielles Variogramm ohne Nugget-Effekt approximiert worden. Dabei haben sich die Werte

$$\sigma_I^2 = 0{,}13 \quad \text{und} \quad \alpha = 0{,}1\,\text{km}^{-1} \tag{4.20}$$

ergeben.

Auch im betrachteten eindimensionalen Fall kann man mittels Kriging interpolieren. Zu einfachen Formeln für den Interpolationswert genau in der Mitte zwischen zwei Messpunkten kommt man nach einem Vorschlag von Kalintschenko und Stoyan (1975). Danach wird ausgehend von den Werten $Z(0)$ und $Z(d)$ der Wert $Z\left(\frac{d}{2}\right)$ gemäß

$$\hat{Z}\left(\frac{d}{2}\right) = (1-\beta)m + \beta Z(0) + \beta Z(d)$$

Tabelle 4.3 Messpunkte und Se-Gehalte des Saalesediments

km Probenahmestelle	Se-Gehalt (in mg/kg)	km Probenahmestelle	Se-Gehalt (in mg/kg)
9	2,29	207	1,36
27	1,91	227	1,49
35	2,39	236	1,36
51	1,69	250	2,13
60	2,01	263	1,60
71	2,23	264	1,52
90	2,44	266	1,36
100	1,97	285	1,09
113	1,58	287	0,57
120	1,43	316	1,16
131	1,76	362	1,46
140	1,56	380	1,01
158	1,25	392	1,06
175	0,71	414	0,79
188	0,92		

angesetzt, wobei m der (durch $\overline{x}$ zu approximierende) Mittelwert des Prozesses ist und β ein noch zu bestimmendes Gewicht. Derjenige Wert von β, der den geringsten Vorhersagefehler sichert, ist

$$\beta = \frac{\sigma^2 - \gamma\left(\frac{d}{2}\right)}{2\sigma^2 - \gamma(d)}$$

und für ein exponentielles Variogramm mit Nugget-Effekt

$$\beta = \frac{\sigma_I^2 e^{-\alpha\frac{d}{2}}}{\sigma_I^2(1 + e^{-\alpha d}) + \sigma_F^2}\,.$$

Für die Probenahmestellen bei 316 km und 362 km ist $d = 46$. Nimmt man die obigen Werte $\sigma^2 = \sigma_I^2 = 0{,}13$, $\sigma_F^2 = 0$ und $\alpha = 0{,}1$, so erhält man $\beta = 0{,}099$. Wenn man die Residuenwerte interpoliert, erhält man

$$\hat{Z}(339) = 0{,}099(0{,}007 + 0{,}446) = 0{,}045\,,$$

also deutlich weniger als das arithmetische Mittel der Residuen. Der Wert $\hat{Z}(339)$ führt auf einen Se-Gehalt von 1,128 mg/kg an der Stelle 339 km. Dieser

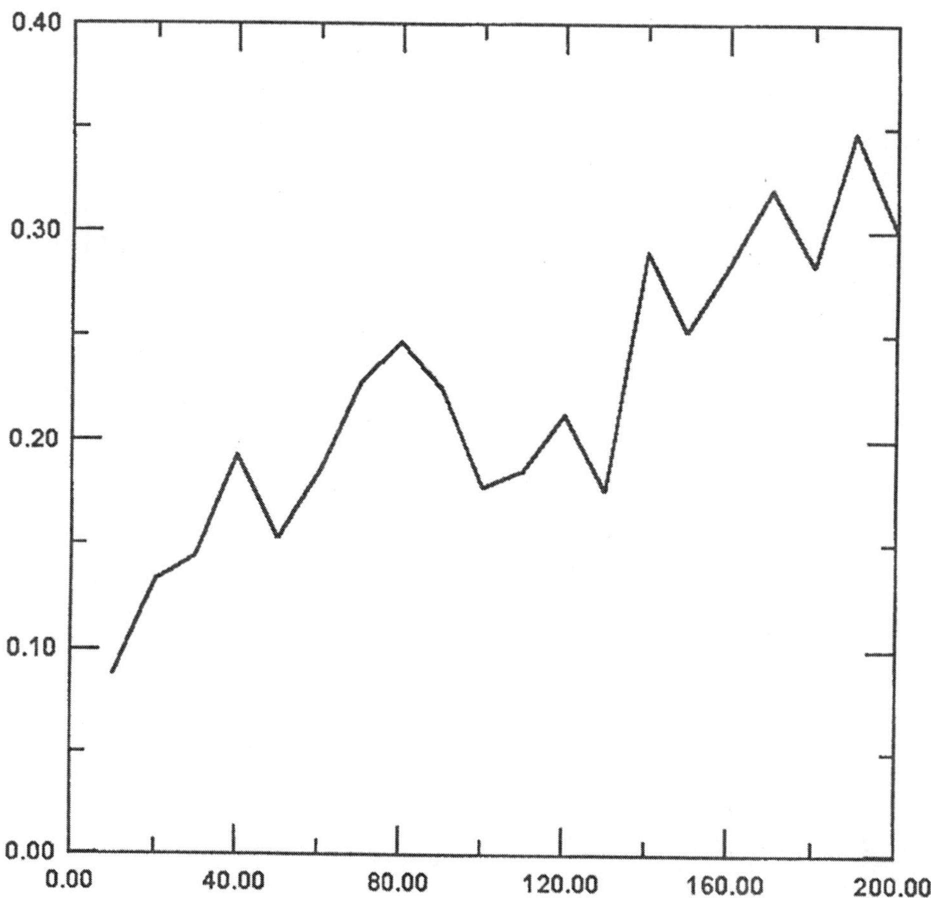

Bild 4.15 Empirisches Variogramm für die Se-Gehalte. Das lineare Anwachsen entspricht nicht dem Verhalten eines Variogramms für einen homogenen Prozess

Wert ist kaum glaubhaft; offenbar ist bei der Kriging-Interpolation zuviel globale Information benutzt worden. Eine gewöhnliche lineare Interpolation wäre hier vermutlich angemessener gewesen. Im Bereich der beiden Probenahmestellen liegt offenbar eine markante lokale Trendabweichung vor.

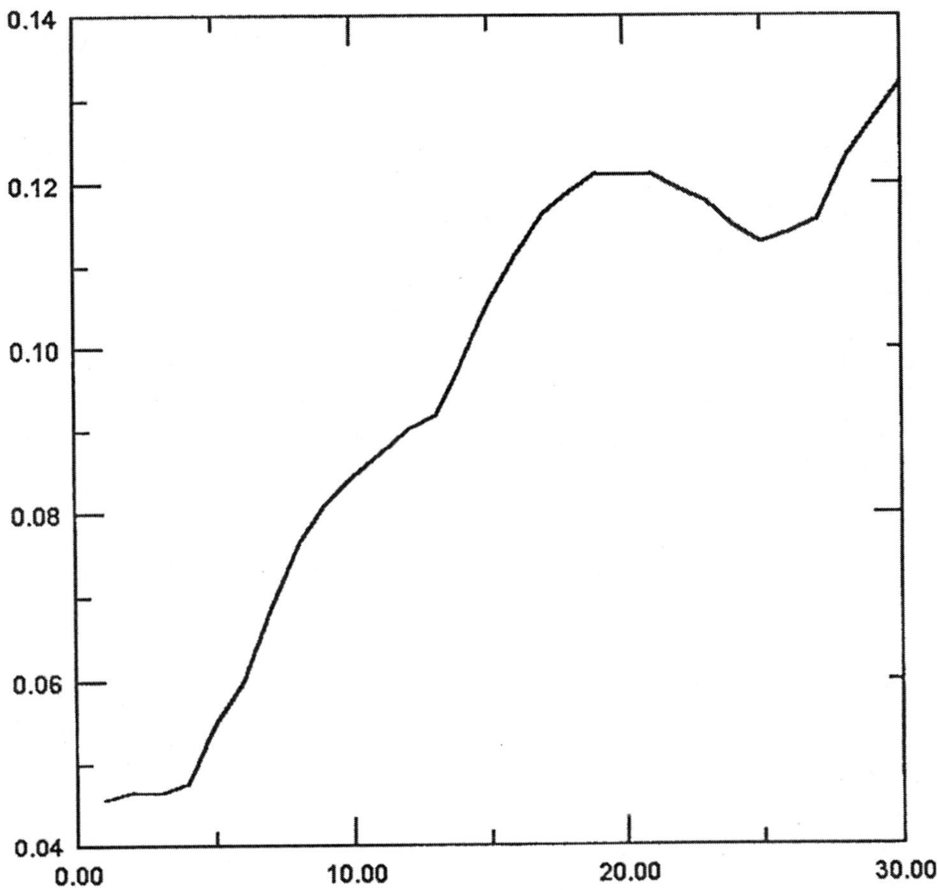

Bild 4.16a Empirisches Variogramm für die Residuen der Se-Gehalte, für $0 \leq h \leq 30\,\mathrm{km}$

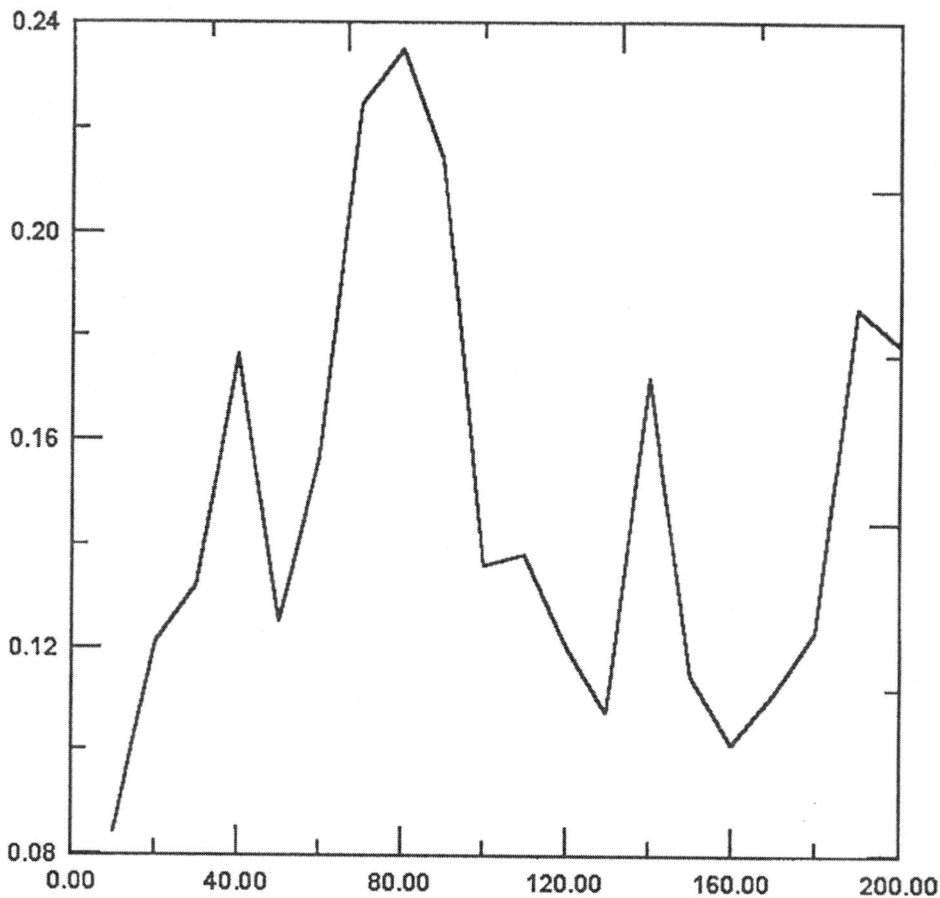

Bild 4.16b Empirisches Variogramm für die Residuen der Se-Gehalte, für $0 \leq h \leq 200$ km. Jetzt ist das Verhalten ähnlicher dem eines Variogramms für einen homogenen Prozess. Die Werte für großes h schwanken um $s^2 = 0{,}13$

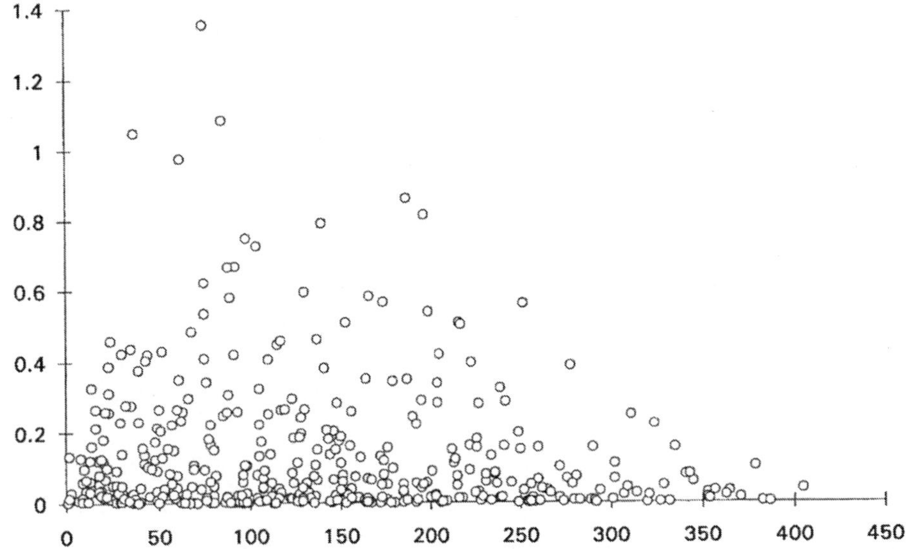

Bild 4.17 Variogrammwolke für die Residuen für die Se-Gehalte. Vergleiche den Kommentar im Text

Die Autoren danken Herrn Prof. Dr. J. Einax vom Institut für Anorganische und Analytische Chemie der Universität Jena für die freundliche Überlassung der Daten und für Kommentare zu den hier dargestellten Ergebnissen.
Ende des Beispiels 4.3 •

Die Methoden der inhomogenen Geostatistik sollten angewendet werden, wenn es deutliche deterministische Trends gibt, denen zufällige Schwankungen überlagert sind. (Das ist zumindest die übliche Vorstellung, die auch zu der in Abschnitt 3.2.2 analog ist.) Dem entspricht der Ansatz

$$Z(\boldsymbol{x}) = m(\boldsymbol{x}) + Y(\boldsymbol{x}),$$

wobei $m(\boldsymbol{x})$ den Trend oder die Drift (also die deterministische Grundfunktion) bezeichnet und $Y(\boldsymbol{x})$ die zufällige Störung. Dabei wird $\{Y(\boldsymbol{x})\}$ als ein homogenes und isotropes Zufallsfeld angenommen, dessen Mittelwert gleich Null ist. Folglich gelten die Beziehungen

$$\mathbf{E}(Z(\boldsymbol{x})) = m(\boldsymbol{x})$$

und

$$\mathbf{E}\left((Z(\boldsymbol{x}) - m(\boldsymbol{x}))(Z(\boldsymbol{x}+\boldsymbol{h}) - m(\boldsymbol{x}+\boldsymbol{h}))\right) = \mathbf{E}\left(Y(\boldsymbol{x})Y(\boldsymbol{x}+\boldsymbol{h})\right) = K_Y(\boldsymbol{h}),$$

wobei $K_Y(\boldsymbol{h})$ die Autokovarianzfunktion des Feldes $\{Y(\boldsymbol{x})\}$ ist.

Die Aufgaben des Statistikers bestehen hier in der Schätzung der Trendfunktion $m(\boldsymbol{x})$ und des Variogramms des Feldes $\{Y(\boldsymbol{x})\}$. Beide Aufgaben sind eng miteinander verbunden, so eng, dass man von einem „Teufelskreis“ spricht.

Ein naives Vorgehen ist schon in Beispiel 4.3 demonstriert worden, wo zu den Se-Gehalten des Saalewassers eine Trendfunktion berechnet worden ist und die zugehörigen Residuen mit geostatistischen Mitteln analysiert worden sind. Genauere Methoden werden in der geostatistischen Literatur beschrieben, siehe zum Beispiel Wackernagel (1995), Teil E, Cressie (1991) und Ripley (1981). Man versucht das Problem iterativ zu lösen.

Für $m(\boldsymbol{x})$ wird ein Ansatz ähnlich wie in der Regressionstheorie gemacht,

$$m(\boldsymbol{x}) = \sum_{l=0}^{L} a_l f_l(\boldsymbol{x})$$

mit geeignet gewählten Grundfunktionen $f_l(\boldsymbol{x})$. Ein Beispiel ist für $\boldsymbol{x} = (x_1, x_2)$

$$\begin{aligned}
f_0(\boldsymbol{x}) &= 1\,, \\
f_1(\boldsymbol{x}) &= x_1\,, \\
f_2(\boldsymbol{x}) &= x_2\,, \\
f_3(\boldsymbol{x}) &= x_1^2\,, \\
f_4(\boldsymbol{x}) &= x_2^2\,, \\
f_5(\boldsymbol{x}) &= x_1 x_2\,.
\end{aligned}$$

Damit reduziert sich das Schätzproblem für $m(\boldsymbol{x})$ auf die Bestimmung der Koeffizienten a_l, vergleiche hierzu auch Chauvet und Galli (1982), Seite 27.

Wenn das Variogramm des Feldes $\{Y(\boldsymbol{x})\}$ bekannt ist, kann man auch im inhomogenen Fall Kriging-Verfahren anwenden, die dann den Namen *universelles Kriging* tragen. Eine Alternative ist das Gleitfenster-Kriging von Haas, vgl. Guttorp und Sampson (1994).

4.7 Weitere Probleme und Anwendungen der Geostatistik

In der Geostatistik untersucht man sehr intensiv die Frage der *Gestaltung der Messnetze*. Ein wichtiges Problem besteht darin Messnetze zu finden, die vorgegebene Genauigkeiten unter Berücksichtigung von Kostenvorgaben garantieren. Es gibt Verfahren zur Verbesserung vorgegebener Netze. Bei gegebener Messnetzdichte spielt auch die Geometrie der Messnetze eine Rolle; mathematische

Untersuchungen haben gezeigt, dass unter bestimmten Bedingungen Dreiecksgitter zweckmäßig sind, während unter anderen Bedingungen hexagonale Gitter Vorteile haben. (Regelmäßige Messnetze erleichtern das Punktkriging, vgl. Seite 216.)

Mittels Ideen der Bayesschen Statistik ist es möglich *Vorinformationen und Expertenwissen* in die geostatistischen Verfahren einzubringen. Schon die Gewissheit, dass die Werte der beobachteten regionalisierten Variablen zwischen zwei bekannten Grenzen liegen, kann nutzbringend verwendet werden.

Spezielle Verfahren werden bei der geostatistischen Analyse von Richtungsdaten (z. B. räumlich verteilten Windrichtungen) angewendet. Eine Möglichkeit diesen Fall zu behandeln besteht darin, komplexwertige Zufallsfelder zu betrachten. In der Darstellung

$$Z(\boldsymbol{x}) = r(\boldsymbol{x})\mathrm{e}^{i\phi(\boldsymbol{x})}$$

können $r(\boldsymbol{x})$ die Windstärke und $\phi(\boldsymbol{x})$ die Windrichtung bezeichnen, vergleiche Wackernagel (1995). Lajaunie und Bejaoui (1991) führen für diese Vorgehensweise Beispiele vor.

Brown u. a. (1994) und Lajaunie (1984) sind zwei Arbeiten, in denen *Luftverschmutzungsprobleme* mit geostatistischen Methoden bearbeitet worden sind. Räumliche Zusammenhänge zwischen der Konzentration von FOK in der Luft und der Gesundheit der Atmungsorgane von Schulkindern in West Virginia werden in Donelly u. a. (1994) untersucht. Methoden der Geostatistik werden intensiv auch in der Boden- und Ertragskunde benutzt. *Bodenparameter* zeigen räumliche Variationen und sind daher mit geostatistischen Methoden studiert worden. Man vergleiche hierzu Brus u. a. (1996), Einax und Soldt (1995a), Einax und Zwanziger (1997), Meredieu u. a. (1997), Robertson (1987), Stein u. a. (1991), Trangmar u. a. (1985), Webster und Oliver (1990) und Webster u. a. (1994). Ein statistisches Problem ist hier die Existenz scharfer Grenzen zwischen verschiedenen Bodensorten und -schichten. In verschiedenen Arbeiten versucht man geostatistische Methoden anzuwenden, um Zusammenhänge zwischen den Bodenparametern und dem Ertrag von Nutzpflanzen oder die Größe von Bäumen zu finden. Beispiele hierfür sind Bhatti u. a. (1991), Bresler u. a. (1981) und Geiger u. a. (1994).

Eine interessante geostatistische Studie der Verteilung von *Niederschlägen* ist Saborowski und Stock (1994). Die Niederschläge im Harz werden bezüglich ihrer Anhängigkeit von der Höhe über NN sowie von der Lage (Luv oder Lee) analysiert, wobei sich interessante Abhängigkeiten zeigen.

Besondere Probleme gibt es bei der geostatistischen Analyse von *Altlasten* wie zum Beispiel Halden und ehemalige Industriestandorte. Auch erfahrene Geostatistiker müssen hier gelegentlich kapitulieren und kommen zu Aussagen wie der, dass „offensichtlich keine Struktur existiert“ (Einax und Soldt, 1995b); weder das deterministische noch das stochastische Verhalten kann sinnvoll modelliert werden. Die empirischen Variogramme können in solchen Fällen unsinnige Formen haben (fallend in h), bestenfalls sind sie konstant, was auf die räumliche Unabhängigkeit der betrachteten Merkmale hinweist. Damit sind lediglich Aussagen über Mittelwerte der untersuchten Größen im Bereich der Altlast möglich. Man muss nämlich damit rechnen, dass so starke Schwankungen auftreten, dass bereits nahe an den Probenahmepunkten die realen Verhältnisse wesentlich von den Messwerten abweichen.

4.8 Literatur und Programme zur Geostatistik

Bewährte Bücher zur Geostatistik sind Akin und Siemes (1988), Dutter (1985) sowie der Klassiker Journel und Huijbregts (1978). Sehr empfehlenswert sind auch Isaaks und Srinvastava (1989), Cressie (1993) und Wackernagel (1995). Speziell an Umweltstatistiker wenden sich Webster und Oliver (1997). Das Buch von Deutsch und Journel (1992) informiert über geostatistische Software, und spezielle Programmsysteme werden in Pannatier (1996) und Venables und Ripley (1994) behandelt.

Kapitel 5

Folgen von Ereignissen, Punktprozesse und Punktfelder

Wunder wiederholen sich nicht nach einem statistischen Zyklus.
(M. Reif im ZDF)

5.1 Einleitung

Der Umweltstatistiker beobachtet nicht selten Folgen von Ereignissen, z. B. von Unwettern, Stürmen, Lawinenstürzen, Hochwassern, Erdbeben, Temperaturmaxima, Erkrankungen oder Überschreitungen von Emissionsgrenzwerten. Auch solche Folgen können mit statistischen Methoden analysiert werden, wobei aber die Verfahren der Zeitreihenanalyse allein nicht ausreichend sind. Dort wird ja angenommen, dass die Zeitpunkte fest vorgegeben sind, und statistisch analysiert werden die in diesen Zeitpunkten beobachteten Werte.

Die Dauer der Ereignisse wird dabei vernachlässigt, was z. B. bei Erdbeben und Lawinenstürzen sicherlich angemessen ist. Wenn die Ereignisse eine größere Dauer haben, ist eine Darstellung wie auf Bild 5.3 auf Seite 249 zweckmäßig. Man betrachtet dann z. B. die Folge der Anfangszeitpunkte der Ereignisse. In Abschnitt 5.2.6 wird ein einfaches Modell für einen zweiphasigen oder alternierenden Prozess erwähnt.

Charakteristisch für viele Ereignisfolgen sind folgende zwei Eigenschaften:

Sie sind in bestimmtem Maße zufällig und es besteht eine gewisse Neigung zum Auftreten der Ereignisse in Klumpen oder Clustern; nicht selten treten mehrere Ereignisse kurz nacheinander ein.

Das Volk drückt diese Erfahrung auf seine Art aus. Nach dem „Jahrhunderthochwasser“ zu Weihnachten 1993 sagten Betroffene im Fernsehen optimistisch, dass sie nun sicher wären, dass sie nicht noch einmal von einem ähnlich schweren Hochwasser betroffen werden würden. Im Januar 1995 jammerten dann Geschädigte im Rheinland, dass sie nun wohl jedes Jahr schwere Wasserschäden beheben müssten.

Für statistische Analysen müssen Ereignisfolgen hinreichend lang sein; nur dann kann man verlässliche Schätzungen machen oder gar Vorhersagen. Für Umweltdaten ist es typisch, dass Ereignisfolgen periodisch geprägt sind, z. B. durch den wöchentlichen Arbeitszyklus oder den Ablauf der Jahreszeiten. Ereignisfolgen sind also meistens *instationär*. Der stationäre Fall wird in diesem Buch aber dennoch behandelt, weil er einfacher ist und so dem Verständnis dienen kann. Viele statistische Verfahren für instationäre Ereignisfolgen haben Vorbilder im stationären Fall.

5.2 Grundlagen der Theorie der Punktprozesse

5.2.1 Anzahlverteilungen

Die statistische Analyse von Ereignisfolgen beginnt mit der Analyse spezieller Zeitreihen, nämlich der Anzahlen der Ereignisse in aufeinander folgenden Zeitintervallen gleicher Länge. Dabei kann es zweckmäßig und lehrreich sein, simultan verschiedene Intervallängen zu betrachten. Bei großen Zeitintervallen ist damit zu rechnen, dass Zeitreihen entstehen, die sich wie stationäre Zeitreihen verhalten, während bei kleineren Zeitintervallen Instationaritäten oder zufällige Schwankungen deutlicher sichtbar werden.

Beispiel 5.1 Stürme auf Island.

Im Folgenden wird ein typisches Beispiel studiert, schwere Stürme auf Island in den Jahren 1912 bis 1992. Tabelle 5.1 zeigt den Beginn der Liste, die Stürme der Jahre 1912 und 1913. Die isländischen Sturmdaten sind durch Dr. Trausti Jonsson vom Isländischen Meteorologischen Büro zusammengestellt worden. Er wies darauf hin, dass die Art und Weise, in der die „Stärke“ der Stürme gemessen worden ist, Veränderungen unterworfen gewesen ist. Das hat zur Folge, dass ab 1949 die Anzahl und Stärke der Stürme scheinbar etwas anwachsen. Dr. Jonsson hat die Stärke der Stürme durch einen Intensitätsindex charakterisiert, der gleich $\frac{n_9}{n} \cdot 100\,\%$ ist, wobei n die Gesamtanzahl der Wetterstationen auf Island ist und n_9 die Anzahl aller derjenigen Stationen, die mindestens die Stärke 9 der Beaufort-Skala gemeldet haben. Ein Tag erscheint in der Liste, wenn dieser Index größer oder gleich 25 % ist oder ein zweiter Index, der analog mit n_{10} % gebildet ist, größer oder gleich 10 % ist. (Natürlich hat es weitere Stürme gegeben, aber sie erscheinen nicht in der Liste. Eine Konsequenz ist die, dass die Jahre 1915 und 1939 als sturmfrei ausgewiesen werden.)

Tabelle 5.1 Schwere Stürme auf Island in den Jahren 1912 und 1913

Jahr	Monat	Tag	Stärke	Richtung
1912	1	9	29	SO
1912	2	7	29	NO
1912	2	23	29	O
1912	2	26	29	N
1912	2	29	35	NO
1912	4	14	35	?
1912	11	10	38	N
1913	1	2	31	O
1913	1	6	25	?
1913	1	9	69	SO
1913	1	11	38	SO
1913	2	9	40	?
1913	2	12	69	SW
1913	2	14	31	S
1913	3	4	31	NO
1913	3	13	38	O
1913	3	14	31	?
1913	4	22	19	NO
1913	9	12	44	N
1913	10	19	31	N
1913	10	20	56	NO
1913	11	27	38	W
1913	12	18	31	W

Ein Fragezeichen in der letzten Spalte drückt aus, dass der Sturm aus unterschiedlichen Richtungen kommt.

Selbstverständlich finden die Stürme in verschiedenen Jahren zu verschiedenen, schwer vorhersagbaren Zeitpunkten statt, wobei eine Häufung in den Wintermonaten vorliegt.

Tabelle 5.2 und Bild 5.1 zeigen die Zeitreihe „Anzahl der Stürme in Island pro Jahr". Man stellt erhebliche Schwankungen fest, die die Anwendung statistischer Methoden rechtfertigen. Offensichtlich liegt kein deutlicher Trend vor, der zum Beispiel besagen würde, dass die jährliche Anzahl der Stürme pro Jahr seit 1912 gewachsen ist, und es ist auch keine klare Periodizität, etwa dem Sonnenfleckenzyklus folgend, sichtbar.

Übrigens besteht eine schwache Korrelation zwischen der Anzahl der Stürme pro Jahr und der mittleren Stärke der Stürme eines Jahres: Der zugehörige empirische Korrelationskoeffizient beträgt 0,39.

Tabelle 5.2 Anzahl der schweren Stürme in Island pro Jahr

Jahr	x_i	Jahr	x_i	Jahr	x_i	Jahr	x_i	Jahr	x_i	Jahr	x_i
1912	7	1926	11	1940	4	1954	19	1968	11	1982	14
1913	16	1927	6	1941	10	1955	4	1969	11	1983	11
1914	10	1928	4	1942	10	1956	19	1970	12	1984	18
1915	0	1929	8	1943	11	1957	13	1971	9	1985	5
1916	9	1930	14	1944	9	1958	6	1972	10	1986	14
1917	9	1931	10	1945	4	1959	8	1973	16	1987	6
1918	5	1932	4	1946	9	1960	3	1974	18	1988	7
1919	2	1933	12	1947	12	1961	11	1975	22	1989	15
1920	6	1934	8	1948	8	1962	11	1976	11	1990	14
1921	3	1935	10	1949	3	1963	9	1977	5	1991	18
1922	5	1936	5	1950	10	1964	6	1978	6	1992	23
1923	10	1937	6	1951	8	1965	13	1979	8		
1924	8	1938	6	1952	14	1966	19	1980	10		
1925	9	1939	0	1953	19	1967	17	1981	8		

Man erhält ganz andere Ergebnisse, wenn die Anzahl der Stürme an Tagen analysiert wird. Tabelle 5.3 enthält die empirischen Mittelwerte der Anzahl der Stürme für die 31 Tage des Januar. Diese Werte sind erhalten worden, indem für jeden Januartag die Gesamtanzahl der Stürme in den Jahren von 1912 bis 1992 ermittelt und durch 81 dividiert worden ist.

Diese Werte schwanken beträchtlich von Tag zu Tag, was sicherlich mehr an der Kürze des Betrachtungszeitraums von 81 Jahren liegt als an tatsächlichen meteorologischen Unterschieden. Man würde sicherlich einen glatten Verlauf erwarten. Es liegt daher nahe, eine Glättung vorzunehmen, wie das für Zeitreihen

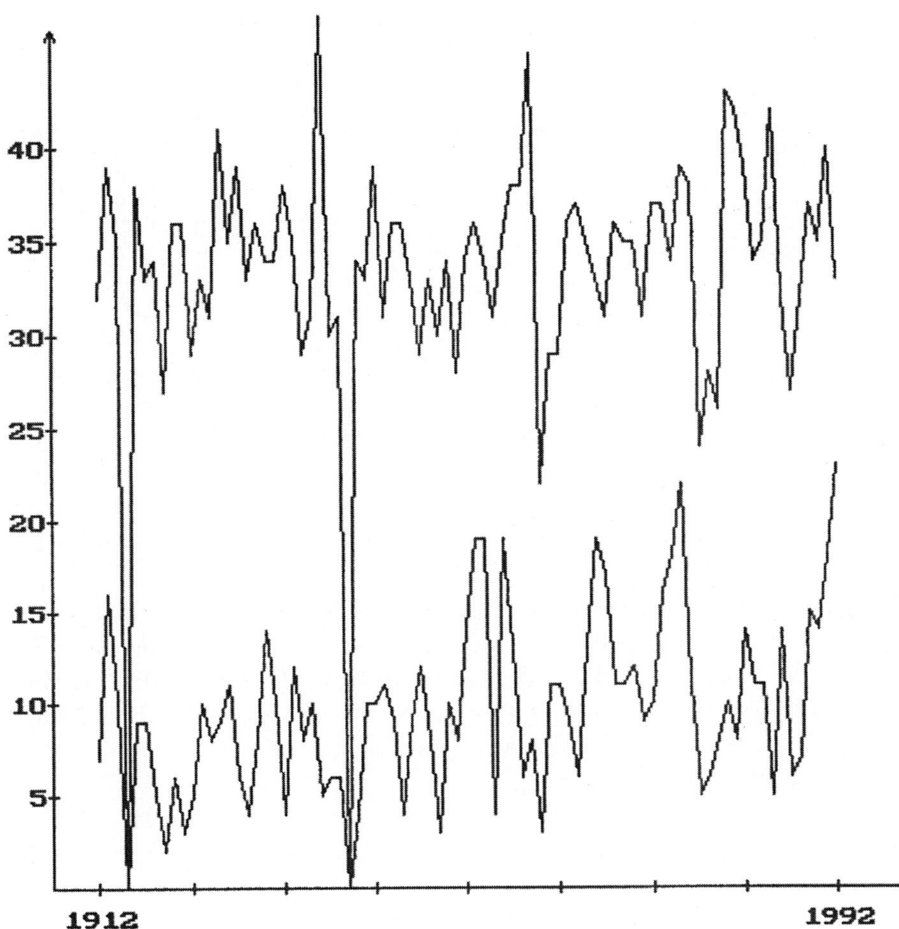

Bild 5.1 Graphische Darstellung der Zeitreihen „Anzahl“ (unten) und „mittlere Stärke“ (oben) der Stürme in Island pro Jahr in den Jahren 1912 bis 1992

Tabelle 5.3 Mittelwerte der Anzahl der Stürme auf Island für die 31 Tage des Januar in den Jahren 1912 bis 1992

Tag	x_i	Tag	x_i	Tag	x_i	Tag	x_i	Tag	x_i
1	0,025	7	0,025	13	0,099	19	0,049	25	0,037
2	0,086	8	0,062	14	0,086	20	0,049	26	0,062
3	0,049	9	0,111	15	0,074	21	0,037	27	0,062
4	0,025	10	0,037	16	0,062	22	0,062	28	0,062
5	0,099	11	0,136	17	0,049	23	0,025	29	0,049
6	0,074	12	0,086	18	0,086	24	0,049	30	0,062
								31	0,086

auf den Seiten 154 bis 158 erklärt worden ist. Tabelle 5.4 und Bild 5.2 auf den folgenden Seiten zeigen die Ergebnisse einer Glättung mit dem Epanechnikov-Kern für verschiedene Bandweiten für das ganze Jahr. Die Werte schwanken um den Mittelwert $787/81/365 = 0{,}02662$, der sich aus der Gesamtzahl aller Stürme und Tage ergibt.

Was soeben stillschweigend vorausgesetzt worden ist, wird im Folgenden immer angenommen. Die Jahre werden als gleichberechtigt angesehen und die Werte für ein bestimmtes Zeitintervall in verschiedenen Jahren werden als verschiedene Realisierungen ein und derselben Zufallsgröße betrachtet. Schalttage werden bequemerweise dem 28. Februar zugeschlagen.
Fortsetzung des Beispiels 5.1 auf Seite 241.

5.2.2 Punktprozesse

Es ist nun Zeit die empirische Datenanalyse zu unterbrechen und etwas Theorie zu bieten. Das stochastische Modell für eine Ereignisfolge ist ein *Punktprozess*.

Punktprozesse werden im Folgenden mit N, N_1, N_2 usw. bezeichnet. Die zufällige Anzahl der Ereignisse im Zeitintervall $[t_1, t_2)$ wird mit $N([t_1, t_2))$ bezeichnet. Das ist eine diskrete Zufallsgröße, die die Werte 0, 1, ... annehmen kann.

Tabelle 5.4 Empirische Intensitätsfunktion $\lambda(t)$ für die Stürme auf Island in den Jahren 1912 bis 1992. Glättung mit dem Epanechnikov-Kern für eine Bandweite von $h = 20\,\mathrm{d}$. (Durchschnittliche Sturmanzahlen für alle Tage des Jahres mit dem Faktor 10^3 multipliziert und zeilenweise angeordnet)

60	61	62	62	62	63	63	63	63	63	64	64	64	64	64
64	64	64	64	64	65	65	65	65	65	65	66	66	66	66
67	67	68	68	69	69	69	69	69	70	70	70	70	70	70
69	69	69	68	68	67	66	65	64	63	61	60	59	57	56
54	53	51	50	49	49	48	47	46	46	45	45	44	43	42
41	40	39	38	37	36	35	34	34	33	33	32	32	31	31
30	30	29	28	28	27	26	25	25	24	23	22	21	20	19
19	18	17	17	16	15	15	14	14	13	12	11	11	10	9
9	8	8	7	7	7	6	6	5	5	5	5	4	4	4
4	4	4	3	3	3	3	3	3	3	3	3	3	2	2
3	3	3	3	3	3	3	3	3	3	3	3	3	3	3
2	2	2	2	2	2	2	2	2	2	2	2	2	2	2
2	1	1	1	1	1	1	1	1	1	1	1	1	1	1
1	1	1	1	1	1	1	1	1	1	1	1	1	1	1
1	1	1	1	1	1	1	1	0	0	0	0	0	0	1
1	1	1	1	2	2	2	2	2	3	3	3	3	4	4
5	5	6	6	7	7	8	9	9	10	11	11	12	12	13
13	13	14	14	14	14	15	15	15	16	16	16	16	16	16
16	16	17	17	17	17	17	18	18	18	19	19	20	20	21
21	22	22	23	23	24	24	25	25	26	26	26	27	27	28
28	28	29	29	30	30	30	30	31	31	31	31	31	31	32
32	33	33	34	34	35	35	36	37	37	38	38	39	39	40
40	41	41	42	42	43	44	44	45	45	35	35	36	37	37
38	38	39	39	40	40	41	41	42	42	43	44	44	45	45
46	46	47	47	48	48	48	49	49	49	50	50	50	51	51
52	52	53	54	55	56	57	58	59	60					

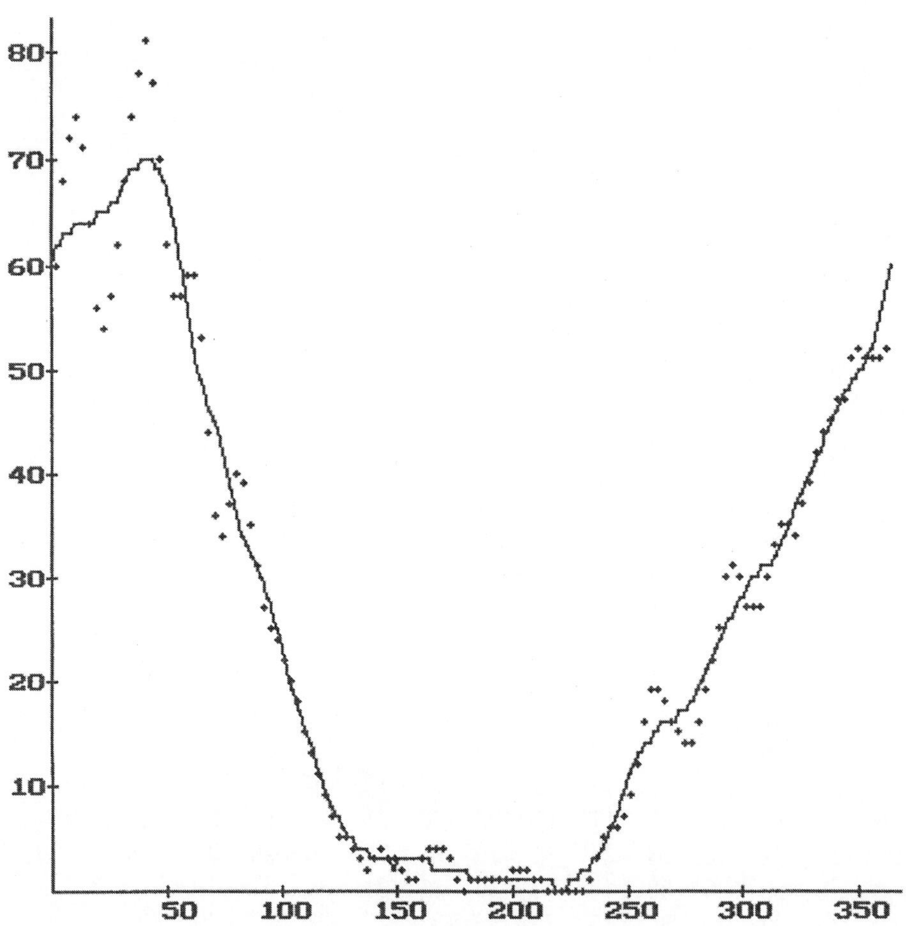

Bild 5.2 Graphische Darstellung der empirischen Intensitätsfunktion $\lambda(t)$ für das ganze Jahr für die Bandweiten $h = 10\,\mathrm{d}$ (Kreuzchen) und $h = 20\,\mathrm{d}$

Das Verhalten dieser Zufallsgröße hängt wesentlich von dem gewählten Zeitintervall ab. Ein Punktprozess ist also mit einer unendlichen Menge von Zufallsgrößen verbunden, die den verschiedenen Intervallen entsprechen. Diese Zufallsgrößen sind im Allgemeinen untereinander abhängig, wobei der Grad der Abhängigkeit dann besonders groß ist, wenn die zugehörigen Intervalle nahe beieinander liegen oder einander überlappen.

Die Verteilung eines Punktprozesses wird zunächst durch die Anzahlwahrscheinlichkeiten für gegebene Intervalle charakterisiert, also durch die Wahrscheinlichkeiten

$$\mathbf{P}(N([t_1, t_2)) = k) \quad \text{für } k = 1, 2, \ldots .$$

Diese Werte hängen selbstverständlich von der Länge $t_2 - t_1$ des Zeitintervalles ab. Im Allgemeinen wird auch die Lage des Zeitintervalles wesentlich sein. Man nennt einen Punktprozess *stationär*, wenn die obigen Wahrscheinlichkeiten von der Lage unabhängig, also nur von der Differenz $t_2 - t_1$ abhängig sind. (Die genaue mathematische Definition ist noch etwas schärfer, aber für die Zwecke dieses Buches mag die hier gegebene Definition genügen.)

Die Wahrscheinlichkeiten $\mathbf{P}(N([t_1, t_2)) = k)$ werden im stationären Fall statistisch geschätzt, indem n disjunkte Zeitintervalle der Länge $t_2 - t_1$ betrachtet werden. Wenn n_k die Anzahl der Intervalle mit genau k Ereignissen bezeichnet, dann ist n_k/n der übliche Schätzer für die genannte Wahrscheinlichkeit.

Analog geht man im periodischen Fall vor. Dort gehören die Wahrscheinlichkeiten $\mathbf{P}(N([t_1, t_2)) = k)$ zu Zeitpunkten t_1 und t_2 mit einer bestimmten Lage in der Periode. Dementsprechend betrachtet man n Perioden und bestimmt die Anzahl n_k derjenigen Perioden, in denen im Intervall $[t_1, t_2)$ genau k Ereignisse eintreten. Wieder ist die relative Häufigkeit n_k/n der Schätzwert für die Wahrscheinlichkeit.

Beispiel 5.1 Stürme.

Fortsetzung des Beispiels 5.1 von Seite 236.

Die Häufigkeitsverteilung für die Anzahl der Stürme im Monat Januar hat die in Tabelle 5.5 auf der nächsten Seite gegebene Gestalt. Die angegebenen relativen Häufigkeiten können als Schätzungen für die Wahrscheinlichkeiten $\mathbf{P}(N([0, 31)) = k)$ für $k = 0,\ 1,\ 2,\ \ldots$ angesehen werden.

Fortsetzung des Beispiels 5.1 auf Seite 253.

Tabelle 5.5 Häufigkeitsverteilung für die Anzahl der Stürme auf Island im Monat Januar in den Jahren 1912 bis 1992

Anzahl	relative Häufigkeit
0	0,259
1	0,222
2	0,185
3	0,160
4	0,086
5	0,037
6	0,012
7	0,012
8	0,025

5.2.3 Intensitätsgrößen

Weitere Charakteristiken von Punktprozessen sind die folgenden Intensitätsgrößen. Im Fall eines stationären Punktprozesses ist das die *Intensität* λ, die mittlere Anzahl der Ereignisse pro Zeiteinheit. Es gilt dann

$$\mathbf{E}\,(N([t_1,t_2))) = \lambda \cdot (t_2 - t_1)\,. \tag{5.1}$$

Im instationären Fall wird die *Intensitätsfunktion* $\lambda(t)$ benutzt. Näherungsweise ist $\lambda(t)\Delta t$ gleich der mittleren Anzahl der Ereignisse im Zeitintervall $[t, t+\Delta t)$ für kleines Δt. Genauer gilt für die mittlere Anzahl der Ereignisse im Zeitintervall $[t_1, t_2)$

$$\mathbf{E}\,(N([t_1,t_2))) = \int_{t_1}^{t_2} \lambda(t)\mathrm{d}t\,. \tag{5.2}$$

Diese Größen können statistisch wie folgt bestimmt werden. Im *stationären* Fall schätzt man λ gemäß

$$\hat{\lambda} = \frac{\text{Anzahl der beobachteten Ereignisse}}{\text{Länge des beobachteten Zeitraumes}}\,. \tag{5.3}$$

Im *instationären* Fall ist die Intensitätsfunktion zu schätzen. Dabei wird ähnlich vorgegangen wie bei der Schätzung einer Dichtefunktion. Man benutzt eine Kernfunktion $k(x)$ und ersetzt jeden Ereignispunkt durch einen Impuls. Die Überlagerung aller Impulse liefert eine Schätzung für $\lambda(t)$.

In Formeln lautet das wie folgt. Es seien n Ereignisse zu den Zeitpunkten $t_1, \ldots, t_n$ in einem Intervall der Länge T beobachtet worden. Dann erhält man einen Schätzer für $\lambda(t)$ gemäß

$$\hat{\lambda}(t) = \sum_{i=1}^{n} \frac{k(t-t_i)}{T}, \tag{5.4}$$

wobei $k(x)$ die Kernfunktion ist. Hier, wie auch sonst in diesem Buch, wird der Epanechnikov-Kern empfohlen, vgl. Seite 86.

Wird ein periodischer Ablauf mit der Periodenlänge T untersucht, dann werden die Zeitpunkte t_i alle in das Intervall $[0,T]$ verlegt. Sie werden dann mit t_i^* bezeichnet. Wenn p Perioden vorliegen, ergibt sich in $[0,T]$ eine Punktfolge mit p-facher Punktdichte im Vergleich zur ursprünglichen Folge. Die zur Periode T gehörige Intensitätsfunktion $\lambda(t)$ könnte dann gemäß

$$\tilde{\lambda}(t) = \sum_{i=1}^{n} \frac{k(t-t_i^*)}{pT} \quad \text{für } 0 \leq t \leq T$$

geschätzt werden. Dabei gäbe es allerdings für t-Werte nahe 0 bzw. T zu kleine Ergebnisse: Es fehlen die linken bzw. rechten Nachbarn. Dieser Mangel wird behoben durch den Schätzer

$$\hat{\lambda}(t) = \sum_{i=1}^{3n} \frac{k(t-t_i^{**})}{pT}, \tag{5.5}$$

wobei

$$t_i^{**} = t_i^* - T \quad \text{für } i = 1, \ldots, n,$$
$$t_i^{**} = t_i^* \quad \text{für } i = n+1, \ldots, 2n$$

und

$$t_i^{**} = t_i^* + T \qquad \text{für } i = 2n+1, \ldots, 3n.$$

Hier wird natürlich angenommen, dass die Bandweite wesentlich kleiner als die Periodenlänge ist.

Die auf Bild 5.2 und Tabelle 5.4 dargestellte Intensitätsfunktion für die Stürme auf Island ist auf die oben beschriebene Art und Weise bestimmt worden.

5.2.4 Zeittransformation

Es gibt einen einfachen Trick, um instationäre Punktprozesse in „näherungsweise“ stationäre Punktprozesse umzuwandeln. Dazu wird die Zeitachse so transformiert, dass sie in Bereichen mit vielen Ereignissen gedehnt und in solchen mit wenigen gestaucht wird, vgl. Ogata (1988).

Diese Zeitachse wird hier für einen Punktprozess N erklärt, der auf dem Zeitintervall $[0, T)$ beobachtet wird. Wenn ein periodischer Vorgang untersucht wird, ist T die Periodenlänge. Die Intensitätsfunktion von N wird mit $\lambda(t)$ bezeichnet. Ferner ist $\Lambda(t)$ die Funktion

$$\Lambda(t) = \int_0^t \lambda(x)\mathrm{d}x \,.$$

Das Ergebnis der Zeittransformation ist ein Punktprozess N^{T}, der ebenfalls auf $[0, T)$ vorliegt. Seine Intensitätsfunktion $\lambda^{\mathrm{T}}(t)$ ist wie bei einem stationären Punktprozess konstant,

$$\lambda^{\mathrm{T}}(t) \equiv \overline{\lambda} \,. \tag{5.6}$$

Hieraus folgt für die mittlere Punkteanzahl in Intervallen

$$\mathbf{E}\left(N^{\mathrm{T}}([a, b))\right) = \overline{\lambda}(b - a) \tag{5.7}$$

für alle a und b mit $0 \leq a < b \leq T$.

Die Größe $\overline{\lambda}$ kann als Mittelwert der Intensitätsfunktion erklärt werden, da

$$\overline{\lambda} = \frac{1}{T} \int_0^T \lambda(x)\mathrm{d}x \tag{5.8}$$

gilt.

Die Zeittransformation wird für jeden beliebigen Punkt t_i von N durchgeführt, indem t_i durch

$$\frac{\Lambda(t_i)}{\overline{\lambda}} \tag{5.9}$$

ersetzt wird.

Man erkennt leicht, dass dabei

$$\begin{aligned} 0 &\longrightarrow 0 \,, \\ T &\longrightarrow T \end{aligned}$$

und dass für jedes t_i zwischen 0 und T der transformierte Zeitpunkt ebenfalls zwischen 0 und T liegt.

Die mittlere Anzahl der Ereignisse des transformierten Prozesses im Zeitintervall $[0,t)$ wird mit $\mathbf{E}\left(N^{\mathrm{T}}([0,t))\right)$ bezeichnet. Es gilt

$$\mathbf{E}\left(N^{\mathrm{T}}([0,t))\right) = \mathbf{E}\left(N([0,\Lambda^{-1}(\overline{\lambda}t))\right) = \Lambda(\Lambda^{-1}(\overline{\lambda}t)) = \overline{\lambda}t\,.$$

Dabei wird ausgenutzt, dass die Anzahl der Ereignisse von N^{T} im Zeitintervall $[0,t)$ gleich der Anzahl der Ereignisse von N im Zeitintervall $[0,\Lambda^{-1}(\overline{\lambda}t))$ ist. Λ^{-1} ist die Umkehrfunktion von Λ. Sie hat die Eigenschaft

$$\Lambda(\Lambda^{-1}(x)) = x\,.$$

Bei praktischen Rechnungen benutzt man für $\overline{\lambda}$ und $\Lambda(t)$ statistische Schätzungen. Das wird hier für den Fall eines periodischen Vorgangs beschrieben. Es sollen p Perioden der Länge T vorliegen, in denen insgesamt n Ereignisse beobachtet worden sind. Dann ist ein Schätzwert für $\overline{\lambda}$

$$\hat{\overline{\lambda}} = \frac{n}{pT}\,. \tag{5.10}$$

Die Zeittransformation wird durch folgende Vorschrift approximiert:

$$\text{Ersetze } t_i \text{ durch } \tfrac{N_{t_i}T}{pn}\,! \tag{5.11}$$

Hierbei bezeichnet N_{t_i} die Gesamtanzahl aller Ereignisse, die in allen Perioden vor t_i beobachtet werden.

Eine Alternative besteht darin gemäß (5.4) und (5.6) $\lambda(t)$ mittels einer Kernfunktion zu schätzen und die gewonnene Schätzung $\hat{\lambda}(t)$ zu benutzen, um $\Lambda(t)$ näherungsweise durch Integration zu erhalten.

Auf Seite 270 ist ein Rechenbeispiel gegeben.

5.2.5 Größen zweiter Ordnung für stationäre Punktprozesse

Zwei Funktionen, die die Variabilität stationärer Punktprozesse beschreiben, sind die K-Funktion und die Paarkorrelationsfunktion. Übereinstimmend mit Cannon und Cressie (1995) wird die Verwendung dieser ursprünglich für ebene Punktmuster (Punktfelder) entwickelten Funktionen auch für Punktprozesse empfohlen.

Die *K-Funktion* kann folgendermaßen anschaulich erklärt werden: Man begebe sich in einen willkürlich gewählten Ereigniszeitpunkt t. Dann zählt man die übrigen Ereignisse in dem Zeitintervall $[t-\tau, t+\tau)$. Das Ergebnis hängt vom Zufall und von dem gewählten Ereigniszeitpunkt ab; wenn man verschiedene Ereigniszeitpunkte betrachtet, ergeben sich verschiedene Ergebnisse. Somit ist es sinnvoll, den Mittelwert zu bestimmen. Dass dieser von τ abhängt, ist offensichtlich. Man kommt also zu einer Funktion, die mit $\lambda K(\tau)$ bezeichnet wird. $K(\tau)$, die K-Funktion, ist dann der durch λ dividierte obige Mittelwert.

Die *Paarkorrelationsfunktion* kann wie folgt erklärt werden: Für ein infinitesimal kleines Zeitintervall der Länge Δt ist die Wahrscheinlichkeit, darin einen Punkt des Punktprozesses zu finden, gleich $\lambda\Delta t$. Man stelle sich nun zwei solche Zeitintervalle vor, die im Abstand τ voneinander liegen. Wie groß ist die Wahrscheinlichkeit $P(\tau)$, dass in jedem der Intervalle ein Punkt liegt? Bei einem „rein zufälligen Punktprozess" sind diese Ereignisse voneinander unabhängig und nach der Produktformel der Wahrscheinlichkeitsrechnung wird $P(\tau)$ gleich $(\lambda\Delta t)^2$ sein. Sonst schreibt man

$$P(\tau) = \varrho(\tau)(\Delta t)^2 = (\lambda\Delta t)^2 g(\tau)\,. \tag{5.12}$$

Der Korrekturterm $g(\tau)$ heißt Paarkorrelationsfunktion, $\varrho(\tau)$ ist die Produktdichte. Zwischen $K(\tau)$ und $g(\tau)$ besteht der Zusammenhang

$$g(\tau) = \frac{1}{2}\frac{\mathrm{d}}{\mathrm{d}\tau}K(\tau)\,.$$

Man kann mit Hilfe von $g(\tau)$ oder $K(\tau)$ Streuungen und Kovarianzen der Anzahlgrößen berechnen. So gilt für die Varianz der Punktanzahl im Zeitintervall $[0,t)$ die Formel

$$\mathbf{var}(N([0,t))) = 2\lambda^2\int_0^t g(\tau)(t-\tau)\mathrm{d}\tau + \lambda t - (\lambda t)^2\,, \tag{5.13}$$

woraus

$$K(\tau) = \tau - \frac{1}{2\lambda} + \frac{1}{2\lambda^2}V'(\tau)$$

folgt, wenn man $V(\tau) = \mathbf{var}(N([0,\tau)))$ setzt.

Die statistische Schätzung von $K(\tau)$ und $g(\tau)$ ist nicht schwer. Es seien n Ereignisse in den Zeitpunkten t_1, …, t_n in einem Zeitintervall der Länge T beobachtet worden. Dazu ist ein zweckmäßiger (erwartungstreuer) Schätzer für $\lambda^2 K(\tau)$

$$\hat{\kappa}(\tau) = \sum_{i=1}^{n}\sum_{\substack{j=1\\(j\neq i)}}^{n}\frac{\mathbf{1}_\tau(t_i-t_j)}{T-|t_i-t_j|}\,. \tag{5.14}$$

Dabei ist $\mathbf{1}_\tau(x) = 1$, wenn $|x| \leq \tau$ und sonst gleich 0. Division von $\hat{\kappa}(\tau)$ durch $\hat{\lambda}^2$, wobei $\hat{\lambda}$ aus Gleichung (5.3) stammt, liefert einen Schätzer für $K(\tau)$.

Zur Schätzung der Paarkorrelationsfunktion sollte wie für die Schätzung von Dichte- oder Intensitätsfunktionen eine Kernfunktion $k(x)$ benutzt werden. Wieder wird die Verwendung des Epanechnikov-Kerns empfohlen. Der Schätzer für $g(\tau)$ ergibt sich aus folgendem Schätzer für die Produktdichte

$$\hat{\varrho}(\tau) = \frac{1}{2(T-\tau)} \sum_{i=1}^{n} \sum_{\substack{j=1 \\ (j \neq i)}}^{n} k(\tau - |t_i - t_j|) . \tag{5.15}$$

Division dieses Werts durch $\hat{\lambda}^2$ liefert den gewünschten Schätzer $\hat{g}(\tau)$. Beispiele für die Anwendung dieser Schätzer findet man auf den Seiten 251 und 271.

Dem Kenner liefert die Paarkorrelationsfunktion wichtige Informationen über die zeitliche Anordnung der Ereignisse. Im Fall eines rein zufälligen Auftretens der Ereignisse, bei einem stationären *Poisson-Prozess*, gilt

$$g(\tau) \equiv 1 .$$

Der Wert Eins ist allgemein ein Richtwert für die Paarkorrelationsfunktion. Mit wachsenden τ-Werten strebt $g(\tau)$ nämlich gegen Eins. Werte von $g(\tau)$ größer als Eins zeigen, dass Punktepaare mit dem Abstand τ häufiger als im rein zufälligen Fall vorkommen; bei Werten kleiner als Eins treten entsprechend solche Punktepaare seltener auf. Wenn die Ereignisse in Klumpen auftreten, dann hat $g(\tau)$ eine Form mit Werten größer als Eins für kleine τ, die der in Bild 5.7 auf Seite 273 ähnelt. Treten dagegen die Ereignisse mit einer gewissen Regelmäßigkeit ein, dann beobachtet man kleine Werte von $g(\tau)$ für kleine τ, vgl. Bild 5.6 auf Seite 251. Kapitel III.4.4.2 in Stoyan und Stoyan (1992) kann bei der Interpretation empirischer Paarkorrelationsfunktionen hilfreich sein.

5.2.6 Abstandsverteilungen

Im Fall eines stationären Punktprozesses ist es von besonderem Interesse, die zufälligen Abstände zwischen aufeinander folgenden Ereignissen statistisch zu untersuchen. (Dasselbe kann auch mit den Abständen eines instationären Prozesses nach der Zeittransformation erfolgen.) Die zugehörige Verteilungsfunktion wird *Abstandsverteilungsfunktion* genannt und mit $F(t)$ bezeichnet. Man bestimmt sie mit den Methoden, die in der Statistik üblich sind, um Verteilungsfunktionen zu schätzen. Es wird also entweder die empirische Verteilungsfunktion oder die Summenhäufigkeitsverteilungsfunktion für eine geeignete Klasseneinteilung ermittelt, vergleiche Tabelle 5.15 auf Seite 271. Der zur Verteilungsfunktion F gehörige Mittelwert sei m,

$$m = \int_0^\infty (1 - F(x) \mathrm{d}x = \int_0^\infty x f(x) \mathrm{d}x ,$$

wobei $f(x)$ die Dichtefunktion zu $F(x)$ ist. Natürlich besteht zwischen m und der Intensität λ der Zusammenhang

$$m = \lambda^{-1}. \tag{5.16}$$

Eine interessante Frage ist die, ob die Abstände *unabhängig* sind. Wenn das der Fall ist, heißt der zugehörige Punktprozess *Erneuerungsprozess*. Seine Verteilung ist dann vollständig durch die Verteilungsfunktion $F(x)$ charakterisiert. (Wenn $F(x)$ eine Exponentialverteilungsfunktion ist, dann ist der Punktprozess ein Poisson-Prozess.)

Die Prüfung der Unabhängigkeitsannahme kann auf den in Kapitel 3, Seite 177, beschriebenen Test zurückgeführt werden. Man betrachtet die Folge der Abstände $d_1, \ldots, d_n$ als stationäre Zeitreihe und ermittelt mit der auf Seite 176 gegebenen Methode die Autokorrelationsfunktion. Wenn sie genügend kleine Werte hat, wird man die Unabhängigkeitshypothese akzeptieren.

Als Alternative können Monte Carlo-Tests benutzt werden, ähnlich dem, der in Stoyan und Stoyan (1992) auf Seite 253 für den Test der Hypothese, dass ein Poisson-Prozess vorliegt, beschrieben wird. Die empirische K-Funktion wird mit geschätzten K-Funktionen verglichen, die zu simulierten Erneuerungsprozessen gehören. Dabei ist die benutzte Abstandsverteilungsfunktion gleich der empirischen Verteilungsfunktion der Abstände.

Im Zusammenhang mit der Berechnung der Zuverlässigkeit und der Dimensionierung von Kraftwerken hat man die Häufigkeit und Dauer von Unwettern und unwetterfreien Zeiten statistisch untersucht, vergleiche Gaver u. a. (1991). Der zeitliche Ablauf des Geschehens kann, wie auf Bild 5.3 dargestellt, durch einen alternierenden Prozess beschrieben werden. Wenn die dabei auftretenden zufälligen Zeiten untereinander unabhängig sind, spricht man von einem alternierenden Erneuerungsprozess, vgl. Gaede (1977) und Beichelt (1997).

Für den Bereich der Wetterstation Newark (New Jersey) fand man für die Jahre 1955 bis 1961 die folgenden Mittelwerte:

Unwetterperioden $\bar{t}_U = 1{,}25\,\mathrm{h}$,
Normalwetterperioden $\bar{t}_N = 191\,\mathrm{h}$.

Der Anteil der Unwetterperioden an der Zeit des ganzen Jahres betrug

$$p_U = \frac{\bar{t}_U}{\bar{t}_U + \bar{t}_N} = 0{,}0065\,,$$

das heißt, in 0,65 % der Zeit eines Jahres fanden Unwetter statt.

Es ist außerdem festgestellt worden, dass die zufälligen Normalwetter- und Unwetter-Perioden näherungsweise exponentialverteilt gewesen sind.

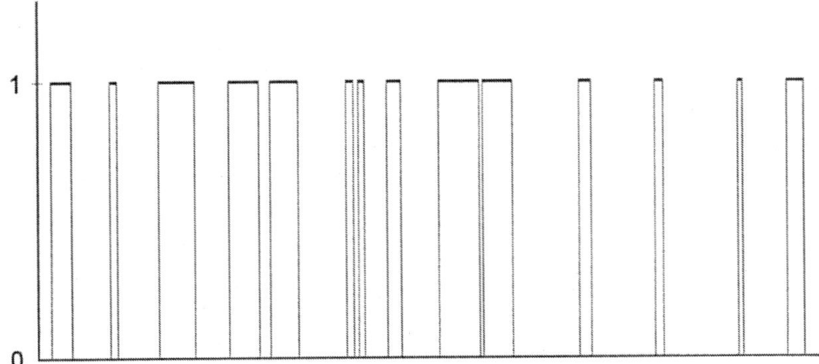

Bild 5.3 Schematische Darstellung eines alternierenden Erneuerungsprozesses. Die 1-Phasen können z. B. Unwetter- oder Hochwasser-Phasen sein, während die 0-Phasen Normalwetter- oder Normalwasserstands-Phasen sein können

Beispiel 5.2 Folge der Ausbrüche des Old Faithful Geysirs.

Fortsetzung des Beispiels 5.2 von Seite 103.
Bereits im Beispiel 2.3 sind die Ausbrüche des Old Faithful Geysirs statistisch analysiert worden. Das soll jetzt mit Methoden der Punktprozess-Statistik fortgesetzt werden. Dabei werden Verfahren für *stationäre* Punktprozesse angewendet, weil offensichtlich der Geysir über lange Zeit stabil „arbeitet", ohne dass äußere Einflüsse wirken.

Ein wesentliches Merkmal des Verhaltens des Geysirs ist das Alternieren von Ausstoßzeiten (x_i) und Wartezeiten bis zum nächsten Ausstoß (y_i). Bild 2.6 zeigt aber klar, dass kein alternierender Erneuerungsprozess mit unabhängigen Ausstoß- und Wartezeiten vorliegt. Vielmehr besteht die klare Tendenz, dass einer langen Ausstoßzeit auch eine lange Wartezeit folgt.

Im Folgenden werden die Zykluszeiten z_n untersucht, die Zeiten vom Beginn einer Ausstoßzeit bis zum Beginn der nächsten Ausstoßzeit. Diese Zeitabstände sind natürlich gleich den Summen $x_i + y_i$ der auf Seite 77 beschriebenen x- und y-Werte mit $i = 1, 2, \ldots, 270$. Bild 5.4 zeigt Schätzungen der Dichtefunktion der Zykluszeiten, wie sie mit dem Epanechnikov-Kern (Bandweiten $h = 3$ und $h = 5$) erhalten worden sind. Es zeigt sich deutlich eine Zweigipfligkeit, die dem Auftreten von zwei Teilwolken in Bild 2.6 entspricht.

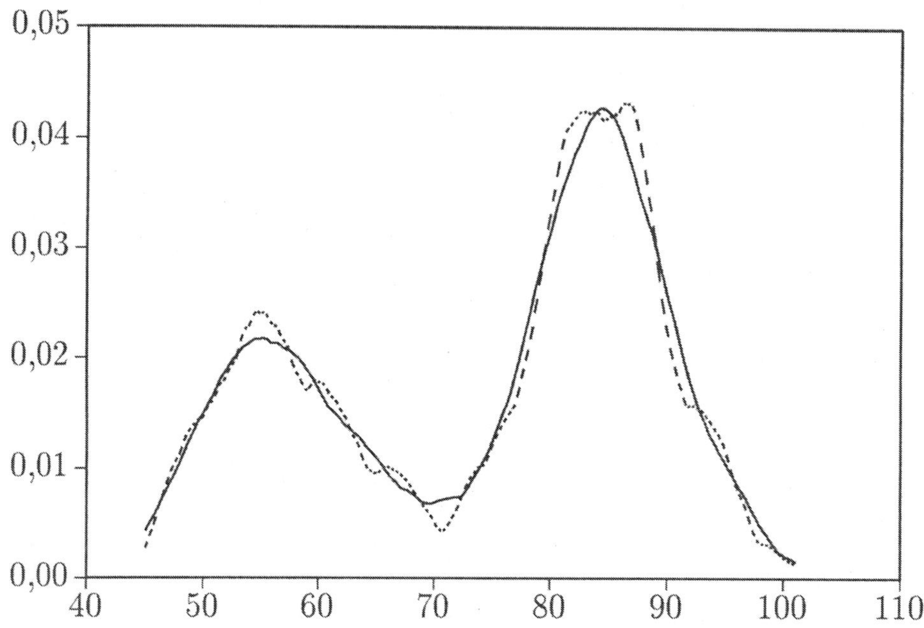

Bild 5.4 Empirische Dichtefunktion der Zykluszeiten des Geysirs (Ausstoßzeiten plus Wartezeiten)

Bild 5.5 zeigt die empirische Paarkorrelationsfunktion $g(\tau)$ für den Punktprozess der Startzeitpunkte der Ausstoßzeiten des Geysirs. Der Variabilität der Zykluszeiten entsprechend hat die Paarkorrelationsfunktion, erhalten nach Formel (5.15) mit dem Epanechnikov-Kern mit der Bandweite $h = 5$, deutlich ausgeprägte Maxima und Minima. Das erste Maximum entspricht den kurzen Zykluszeiten, das zweite den langen. Das dritte Maximum entspricht der Summe der Längen aufeinanderfolgender Zyklen. Es ist bemerkenswert, dass es nicht bei $\tau = 110$ liegt, was der Summe zweier kurzer Zyklenzeiten entsprechen würde.

Dass es sich stattdessen bei $\tau = 145$ befindet, weist darauf hin, dass offensichtlich einer kurzen Zykluszeit fast nie eine weitere kurze Zykluszeit folgt. Dagegen folgen auf lange Zykluszeiten sowohl kurze als auch lange Zykluszeiten.

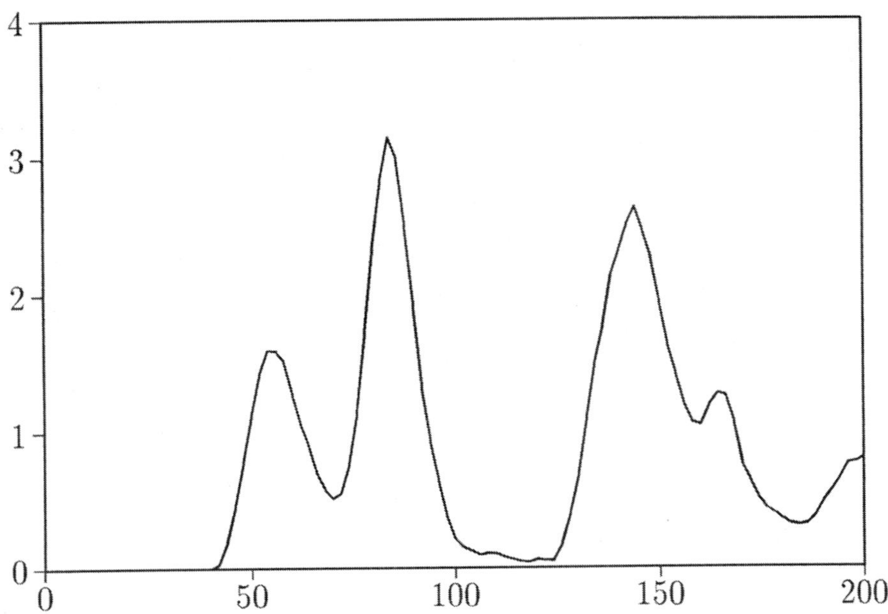

Bild 5.5 Empirische Paarkorrelationsfunktion $g(\tau)$ für den Punktprozess der Startzeitpunkte der Ausstoßzeiten des Geysirs. Die Maxima und Minima geben Aufschluss über die Aufeinanderfolge kurzer und langer Zykluszeiten

Es wird nun ein einfaches Punktprozessmodell beschrieben, mit dem man das Verhalten des Geysirs recht gut erfassen kann. Dabei wird ein sogenannter *Semi-Markovscher Punktprozess* (vgl. Beichelt, 1997) benutzt.

In dem hier betrachteten Fall bedeutet das Folgendes:

Der Geysir kann sich in zwei Zuständen 1 und 2 befinden, wobei 1 den kurzen und 2 den langen Zykluszeiten entspricht, wie sie in Bild 2.6 erkennbar sind.

Die Grenze wird bei der Ausstoßzeit von 3 Minuten gesetzt.

Der Prozessablauf ist wie folgt. Der Geysir befindet sich zunächst für eine zufällige Zeit im Zustand i. Nach Ablaufen dieser Zeit geht er mit Wahrscheinlichkeit p_{ij} in den Zustand j über ($i,\ j = 1,\ 2,\ i = j$ ist möglich). Die zufällige Aufenthaltsdauer im neuen Zustand j hat die Verteilungsfunktion $F_j(t)$. Nach dem Ablaufen der entsprechenden Aufenthaltsdauer wird wiederum der nächste Zustand ermittelt usw. Dabei ist der Prozess „gedächtnislos", die Aufenthaltsdauern sind unabhängig voneinander, und bei der Auswahl der neuen Zustände spielt die weitere Vergangenheit außer dem Zustand j keine Rolle.

Das Modell hängt von den folgenden Charakteristiken ab:

Übergangswahrscheinlichkeiten p_{ij}

und

Verweilverteilungsfunktionen $F_i(t)$ für $i,\ j = 1,\ 2$.

Die in Härdle (1990a) vorliegenden Daten gestatten es diese Größen zu schätzen.

Insgesamt 96-mal ist der Geysir im Zustand 1. Er geht, davon ausgehend, 6-mal in den Zustand 1 zurück und 90-mal in den Zustand 2. Das führt zu den Werten

$$p_{11} = 0{,}0625 \quad \text{und} \quad p_{12} = 0{,}9375\,.$$

Analog ergeben sich die restlichen Übergangswahrscheinlichkeiten

$$p_{21} = 0{,}5202 \quad \text{und} \quad p_{22} = 0{,}4798\,.$$

Bild 5.4 legt es nahe für die Aufenthaltsdauern (= Zykluszeiten) Normalverteilungen anzunehmen. Ausgehend von den Mittelwerten und Streuungen der Zykluszeiten ergeben sich für die Normalverteilungsparameter die Werte

$$\mu_1 = 56{,}6 \quad \text{und} \quad \sigma_1 = 5{,}9$$

und

$$\mu_2 = 84{,}3 \quad \text{und} \quad \sigma_2 = 6{,}2\,,$$

vergleiche auch Bild 5.4.

Somit liegen alle Prozessparameter vor und es ist möglich im Computer Folgen von Geysirzyklen durch Simulation zu erzeugen. Dies ist getan worden und darauf aufbauend ist die Paarkorrelationsfunktion ermittelt worden. Sie ist der empirischen Paarkorrelationsfunktion $g(\tau)$ von Bild 5.5 durchaus ähnlich, aber im Bereich um $\tau = 122\dots128$ und $\tau = 176$ sind die durch Simulation erhaltenen Werte zu groß, um $\tau = 148 \ldots 150$ herum zu klein. Ein Abgehen von der Normalverteilungsannahme und die Verwendung der empirischen Verteilungsfunktionen haben keine bessere Übereinstimmung der empirischen und der durch Simulation erhaltenen Paarkorrelationsfunktion gebracht.

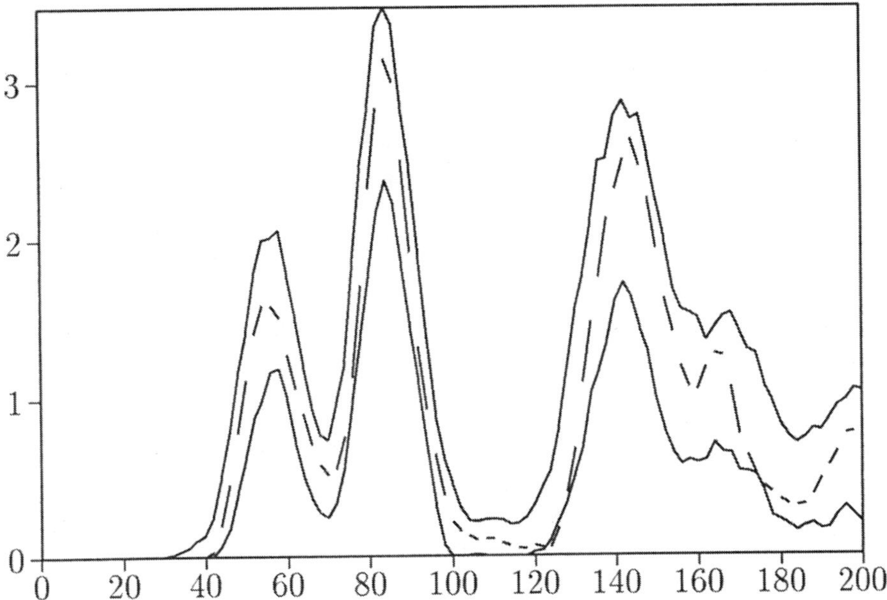

Bild 5.6 Empirische Paarkorrelationsfunktion zu den Geysir-Daten (— — —) und Maxima und Minima von 99 durch Simulation erhaltenen Paarkorrelationsfunktionen nach dem Semi-Markov-Modell

Das Modell ist deshalb auf die Stufe verfeinert worden, auf der Semi-Markovsche Prozesse üblicherweise definiert sind. Dort gibt es Aufenthaltsdauernverteilungsfunktionen $F_{ij}(t)$, die von dem aktuellen i und dem folgenden Zustand j abhängen. Aus den Daten sind Mittelwerte und Standardabweichungen für diese Aufenthaltsdauern ermittelt worden. Davon ausgehend sind bei angenommener Normalverteilung die folgenden Modellparameter benutzt worden:

$$\mu_{11} = 52{,}1 \quad \text{und} \quad \sigma_{11} = 3{,}9\,,$$
$$\mu_{12} = 56{,}9 \quad \text{und} \quad \sigma_{12} = 5{,}9\,,$$

$$\mu_{21} = 85{,}8 \quad \text{und} \quad \sigma_{21} = 5{,}9\,,$$
$$\mu_{21} = 82{,}6 \quad \text{und} \quad \sigma_{21} = 6{,}0\,.$$

Bild 5.6 auf der vorangegangenen Seite zeigt die Ergebnisse von 99 Simulationen: die Minimal- und Maximalwerte von $g(\tau)$ im Vergleich zu den empirischen Werten von Bild 5.5. Man würde erwarten, dass die empirischen Werte zwischen den aus der Simulation entstandenen Extremwerten liegen. Tatsächlich aber gibt es an einer Stelle Abweichungen: Zwischen $\tau = 123 \ldots 127$ sind die empirischen Werte zu klein. Vermutlich ergeben sich diese Abweichungen, weil das Modell immer noch zu einfach ist, indem es bestehende Abhängigkeiten nicht vollständig berücksichtigt.
Ende des Beispiels 5.2 •

5.2.7 Markierte Punktprozesse

Sehr häufig sind nicht nur Ereignisfolgen schlechthin gegeben, sondern jedes Ereignis ist mit zusätzlichen Informationen versehen. Man spricht dann von *Marken*. Diese Marken können den Typ des Ereignisses charakterisieren oder das Ereignis quantitativ beschreiben. Bei Stürmen können die Marken z. B. die Intensität oder die Richtung charakterisieren.

Bei statistischen Analysen müssen dann auch die Verteilung der Marken und ihre Korrelationen untersucht werden. Die Verteilungsfunktion der Marken wird mit M bezeichnet. Der zugehörige Mittelwert $\overline{m}$ wird mittlere Marke genannt. Statistisch werden M und $\overline{m}$ nach den üblichen Verfahren der Statistik bestimmt.

Diese Größen passen zu dem Fall, in dem die Markenschwankungen stationär sind. Wenn die Marken einen Trend aufweisen, ist es sinnvoll eine zeitabhängige mittlere Marke $m(t)$ zu ermitteln. Man kann $m(t)$ als die mittlere Marke eines Punktes interpretieren, der zur Zeit t beobachtet wird. Statistisch kann $m(t)$ durch einen Kernschätzer ermittelt werden:

$$\hat{m}(t) = \sum_{i=1}^{n} k(t - t_i) m_i \Big/ \sum_{i=1}^{n} k(t - t_i) \ ,$$

wobei m_i die Marke des zur Zeit t_i beobachteten Punktes ist. Falls der Nenner verschwindet, setze man $\hat{m}(t) = 0$.

Beispiel 5.1 Stürme.

Fortsetzung des Beispiels 5.1 von Seite 241.
Die Häufigkeitsverteilung für die Stärke der Stürme hat die in Tabelle 5.6 gegebene Form. Sie ähnelt etwa einer logarithmischen Normalverteilung, sie ist also rechtsschief.

Tabelle 5.6 Häufigkeitsverteilung für die Stärke der Stürme auf Island in den Jahren 1912 bis 1992

Richtung	Häufigkeit	
	absolut	relativ
0 bis 4	0	0,0000
5 bis 9	0	0,0000
10 bis 14	4	0,0051
15 bis 19	28	0,0356
20 bis 24	98	0,1245
25 bis 29	187	0,2376
30 bis 34	162	0,2058
35 bis 39	94	0,1194
40 bis 44	75	0,0953
45 bis 49	49	0,0623
50 bis 54	26	0,0330
55 bis 59	26	0,0330
60 bis 64	13	0,0165
65 bis 69	13	0,0165
70 bis 74	6	0,0076
75 bis 79	3	0,0038
80 bis 84	1	0,0013
85 bis 89	2	0,0025

Bei den Stürmen liegt für jedes Ereignis noch eine weitere Marke vor, nämlich die Richtung. Auch dafür ist die Häufigkeitsverteilung ermittelt worden, die in Tabelle 5.7 dargestellt ist. Man erkennt hier ein Überwiegen der Stürme aus NO.

Ein χ^2-Anpassungstest der Hypothese, dass die Richtungen gleichberechtigt

Tabelle 5.7 Häufigkeitsverteilung für die Richtungen der Stürme auf Island in den Jahren 1912 bis 1992

Richtung	Häufigkeit	
	absolut	relativ
N	85	0,1080
NO	135	0,1715
O	88	0,1118
SO	72	0,0915
S	90	0,1144
SW	119	0,1512
W	114	0,1449
NW	35	0,0445
?	49	0,0623

sind (dass die beobachteten Unterschiede nicht signifikant sind), ergab eine ganz klare Ablehnung. Die Bevorzugung der Richtungen NO, SW und W ist also signifikant.
Fortsetzung des Beispiels 5.1 auf Seite 258.

Von großem Interesse ist auch die Untersuchung von Zusammenhängen zwischen den Marken. Es kann sein, dass Marken dicht aufeinander folgender Ereignisse ähnlich sind oder schärfer, dass die Marken dicht aufeinander folgender Ereignisse die Tendenz haben immer gemeinsam groß (klein) zu sein. Wichtig ist es auch zu wissen, wie lang die zeitliche Reichweite derartiger Korrelationen ist. Bei sehr großen Abständen zwischen den Ereignissen wird man Unabhängigkeit der Marken erwarten können.

Derartige Korrelationen können nicht mit Hilfe statistischer Methoden aus der Zeitreihenanalyse bestimmt werden, da die Abstände zwischen den Ereignissen unterschiedlich, zufällig sind. Das geeignete Hilfsmittel ist hier die *Markenkorrelationsfunktion* $k_f(\tau)$, vgl. Stoyan und Stoyan (1992). Sie charakterisiert zu einem vorgegebenen Abstand τ die Stärke des Zusammenhangs für alle Paare von Ereignissen, die (ungefähr) den Abstand τ haben.

Zunächst wird die Berechnung der Markenkorrelationsfunktion im diskreten Fall beschrieben. Dabei sind die Zeitpunkte in Wirklichkeit Zeitintervalle, wie

z. B. Tage im Fall der Stürme auf Island. Man sammelt alle Paare von Ereignissen, die genau den Abstand τ haben, und bestimmt deren Anzahl $n(\tau)$. Im Fall der Stürme ist $n(1)$ die Anzahl der Fälle, an denen an zwei aufeinander folgenden Tagen je ein Sturm beobachtet worden ist. Entsprechend ist $n(10)$ die Anzahl derjenigen Fälle, an denen an zwei solchen Tagen, zwischen denen neun andere Tage liegen (in denen möglicherweise auch Stürme beobachtet worden sind, die aber hier nicht interessieren), ebenfalls jeweils ein Sturm beobachtet worden ist. Für all diese Paare (t_i, t_j) (= (erster Tag des Paares, zweiter Tag des Paares)), die die Marken m_i und m_j haben, wird nun der Wert einer Funktion $f(m_i, m_j)$ für die Marken berechnet, um die Unterschiede zwischen den Marken zu charakterisieren. Mögliche Beispiele sind

$$\begin{aligned} f_1(m_i, m_j) &= |m_i - m_j|\,, \\ f_2(m_i, m_j) &= (m_i - \overline{m})(m_j - \overline{m})\,, \\ f_3(m_i, m_j) &= m_i m_j\,, \end{aligned}$$

wobei $\overline{m}$ die mittlere Marke bezeichnet.

Diese drei Funktionen sind dann zweckmäßig, wenn die Marken positive Zahlen sind, wie z. B. Stärken oder Höhen. Die erste Funktion liefert immer dann große Werte, wenn zwischen beiden Marken große Unterschiede bestehen. Bei der zweiten Funktion erhält man große Werte, wenn beide Marken in gleicher Richtung stark vom mittleren Markenwert abweichen, und bei der dritten Funktion schließlich ergeben sich große Funktionswerte nur dann, wenn beide Marken groß sind.

Eine ganz andere Funktion benutzt man in dem Fall, wenn die Marken Richtungen (gemessen in Grad) sind, nämlich

$$f_4(m_i, m_j) = \min\{|m_i - m_j|, 360 - |m_i - m_j|\}\,.$$

Die Marken liegen hier zwischen 0 und 360. Die kleinere der beiden Zahlen $|m_i - m_j|$ und $360 - |m_i - m_j|$ ist gleich der Richtungsdifferenz, die nie größer als 180 sein kann.

Ein Schätzwert für die Markenkorrelationsfunktion $k_f(\tau)$ ist der Quotient

$$\hat{k}_f(\tau) = \frac{\kappa_f(\tau)}{\kappa_f(\infty)} \tag{5.17}$$

mit

$$\kappa(\tau) = \sum_{l=1}^{n(\tau)} f(m_i, m_j)/n(\tau)\,. \tag{5.18}$$

Die Summation wird über die $n(\tau)$ Paare von Ereignissen erstreckt, die ungefähr den Abstand τ haben. (Die Normierung entfällt, wenn $\kappa_f(\infty) = 0$.) Wenn zwischen den Marken kein Zusammenhang besteht, so hat die Markenkorrelationsfunktion den Wert Eins.

Wichtig für die Berechnung einer Markenkorrelationsfunktion ist die Kenntnis des Werts $\kappa_f(\infty)$. Man kann voraussetzen, dass bei sehr großen Abständen die Marken unabhängig sind, und man kann daher mit Hilfe der Markenverteilungsfunktion den Wert $\kappa_f(\infty)$ berechnen. Für die vier angegebenen Funktionen lauten sie wie folgt:

$$\kappa_{f_1}(\infty) = \int\int |x-y| m(x)m(y) \mathrm{d}x\mathrm{d}y\,.$$

Hier bezeichnet $m(\cdot)$ die Dichtefunktion zur Markenverteilungsfunktion M. Wenn eine Stichprobe von Marken $m_1, \ldots, m_n$ gegeben ist, wird das Doppelintegral näherungsweise gemäß

$$\sum_{i=1}^{n}\sum_{j=1}^{n} |m_i - m_j|/n^2$$

berechnet.

Ferner ist

$$\begin{aligned} \kappa_{f_2}(\infty) &= 0\,, \\ \kappa_{f_3}(\infty) &= \overline{m}^2 \end{aligned}$$

und

$$\kappa_{f_4}(\infty) = 90°\,,$$

wenn die Richtungen gleichverteilt sind.

Beispiel 5.1 Stürme.

Fortsetzung des Beispiels 5.1 von Seite 256.
Für die Stürme auf Island sind für die Stärke-Marken die drei Markenkorrelationsfunktionen zu f_1, f_2 und f_3 berechnet worden. Das Ergebnis ist in Tabelle 5.8 dargestellt.

Dabei ist der Wert $\overline{m} = 34{,}6$ für die mittlere Sturmstärke benutzt worden. Das zur Funktion $f_1(m_i, m_j)$ gehörige Doppelintegral ist durch eine Doppelsumme approximiert worden, für die sich der Wert 12,0 ergeben hat. Wie man erkennt, unterscheidet sich $k_{f_1}(\tau)$ nur wenig von 1. Man beobachtet ferner ziemlich

Tabelle 5.8 Empirische Markenkorrelationsfunktionen für die Stärke der Stürme auf Island in den Jahren 1912 bis 1992

τ	$k_{f_1}(\tau)$	$k_{f_2}(\tau)$	$k_{f_3}(\tau)$
1	1,14	40,12	1,22
2	1,34	46,06	1,30
3	1,17	47,60	1,17
4	1,25	−32,21	1,01
5	1,16	−19,58	0,98
6	0,96	−5,42	0,95
7	1,14	−15,78	1,01
8	1,24	−8,22	1,09
9	1,27	−35,54	1,06
10	0,99	20,96	1,15
11	1,26	−6,40	1,15
12	1,15	11,20	1,18
13	1,09	45,24	1,21
14	0,92	36,94	1,03
15	1,24	−6,33	1,01

regellose Schwankungen der nicht normierten Funktion $\kappa_{f_2}(\tau)$ um 0. Die Funktion $k_{f_3}(\tau)$ schließlich ist für kleine τ (bis $\tau = 3$) etwas größer als 1; das kann man so interpretieren, dass eine schwache Tendenz der Art besteht, dass ganz dicht aufeinander folgende Stürme stärker als durchschnittliche Stürme sind. Insgesamt aber kann wohl gesagt werden, dass bezüglich der Sturmstärken nur geringe Korrelationen bestehen.

Für die Sturmrichtungsmarken wird die Funktion f_4 benutzt. Allerdings sind die Richtungsmarken nur als N, NO, ..., NW und „?" gegeben. Es ist klar, dass N als 0°, NO als 45°, ..., NW als 315° interpretiert wird. Für eine Differenz $m_i - m_j$ wird der Wert 90° genommen, wenn eine Marke gleich „?" ist oder beide Marken gleich „?" sind. Dem entspricht die grobe Annahme, dass in dem Fall, wo die Richtung eines Sturmes wechselt, eine Gleichverteilung der Richtungen auf $[0°, 360°]$ vorliegt. In Tabelle 5.9 auf der nächsten Seite ist die zugehörige Markenkorrelationsfunktion k_{f_4} dargestellt.

Wie man erkennt, schwanken die Werte der Markenkorrelationsfunktion für große τ um 1. Für kleine τ-Werte ergeben sich dagegen deutlich kleinere Werte der Markenkorrelationsfunktion. Eine mögliche Interpretation ist, dass bei Stürmen, die bis zu 10 Tage auseinander liegen, eine Tendenz besteht, aus der gleichen Richtung zu kommen.

Tabelle 5.9 Empirische Markenkorrelationsfunktion für die Richtungen der Stürme auf Island in den Jahren 1912 bis 1992

τ	$k_{f_4}(\tau)$
1	0,35
2	0,51
3	0,65
4	0,81
5	0,88
6	0,82
7	0,80
8	0,89
9	0,77
10	0,95
11	0,97
12	0,93
13	1,05
14	1,03
15	0,99

Fortsetzung des Beispiels 5.1 auf Seite 265.

Bisher ist der diskrete Fall behandelt worden, bei dem die Ereignisse nur in größeren Zeitintervallen, wie z. B. Tagen, beobachtet werden können. Wenn nun die Zeitangaben genauer sind, wird man nicht genügend Paare von Ereignissen zu einem vorgegebenen Abstand τ finden. Es ist dann zweckmäßig eine Kernfunktion zu benutzen. In der Formel (5.18) wird $n(\tau)$ ersetzt durch

$$n_k(\tau) = \sum_{i=1}^{n} \sum_{\substack{j=1 \\ j \neq i}}^{n} k(\tau - |t_i - t_j|)$$

und die Summe durch

$$S_k(\tau) = \sum_{i=1}^{n} \sum_{\substack{j=1 \\ j \neq i}}^{n} f(m_i, m_j) k(\tau - |t_i - t_j|) .$$

Anstelle des $\kappa_f(\tau)$ in Formel (5.18) benutzt man jetzt

$$\kappa_f(\tau) = S_k(\tau)/n_k(\tau)\,.$$

Wenn ein stationärer Punktprozess untersucht wird, kann $\kappa_f(\tau)$ folgendermaßen berechnet werden:

$$\kappa_f(\tau) = \frac{\hat{\varrho}_f(\tau)}{\hat{\varrho}(\tau)}\,. \tag{5.19}$$

Hier wird $\hat{\varrho}(\tau)$ gemäß Formel (5.15) bestimmt und $\hat{\varrho}_f(\tau)$ ergibt sich nach

$$\hat{\varrho}_f(\tau) = \frac{1}{2(T-\tau)} \sum_{i=1}^{n} \sum_{\substack{j=1 \\ j \neq i}}^{n} k(\tau - |t_i - t_j|) f(m_i, m_j)\,. \tag{5.20}$$

Diese Formeln können folgendermaßen erklärt und gedeutet werden. Die Größe $\hat{\varrho}(\tau)$ ist ein Schätzer für $\lambda^2 g(\tau)$. Auf Seite 246 ist $\lambda^2 g(\tau)$ als die Wahrscheinlichkeit dafür interpretiert worden je ein Ereignis in zwei infinitesimalen Zeitintervallen mit dem Abstand τ zu beobachten. Es werden jetzt dieselben Intervalle betrachtet. Wenn in beiden Intervallen ein Ereignis vorliegt, dann wird der Wert $f(m_i, m_j)$ für die zugehörigen Marken m_i und m_j berechnet; andernfalls wird der Wert 0 angenommen. Da die Marken zufällig sind, wird gemittelt, und es ergibt sich ein Mittelwert $E_f(\tau)$, der in Analogie zu Formel (5.12) geschrieben wird als

$$E_f(\tau) = \varrho_f(\tau)(\Delta t)^2\,.$$

Der Quotient

$$\kappa_f(\tau) = \frac{\varrho_f(\tau)}{\varrho(\tau)}$$

kann als bedingter Erwartungswert interpretiert werden, nämlich als Erwartungswert der Funktion $f(m_i, m_j)$ für die Marken zweier Punkte in infinitesimalen Intervallen mit dem Abstand τ, unter der Bedingung, dass in beiden Intervallen je ein Punkt liegt. Die Markenkorrelationsfunktion schließlich ergibt sich gemäß

$$k_f(\tau) = \frac{\kappa_f(\tau)}{\kappa_f(\infty)}\,. \tag{5.21}$$

5.3 Poisson-Prozesse

5.3.1 Der stationäre Poisson-Prozess

Häufig benutzte Punktprozessmodelle sind Poisson-Prozesse. Ihnen liegen sehr starke Unabhängigkeitsannahmen zugrunde, die aber auf einfache Formeln führen. Obwohl mit ihrer Hilfe nur selten Umwelterscheinungen beschreibbar sind, werden sie hier dennoch behandelt. Das geschieht einmal, um ein theoretisches Modell zu präsentieren, zum anderen dienen Poisson-Prozesse als Vergleichsmodelle.

Hier wird zunächst der stationäre (oder homogene) Poisson-Prozess betrachtet. Er beruht auf den folgenden Annahmen.

(1) Die Ereignisanzahlen in disjunkten (einander nicht schneidenden) Zeitintervallen sind voneinander unabhängig.

(2) Nie finden mehrere Ereignisse zum gleichen Zeitpunkt statt.

(3) Die Wahrscheinlichkeit dafür, dass in einem sehr kleinen Zeitintervall der Länge Δt mindestens ein Ereignis stattfindet, ist gleich $\lambda \Delta t + o(\Delta t)$.

Mit $o(\Delta t)$ bezeichnet man dabei eine von Δt abhängige Größe mit der Eigenschaft

$$\lim_{\Delta t \to 0} \frac{o(\Delta t)}{\Delta t} = 0 .$$

Die Wahrscheinlichkeiten $P_i(t)$ dafür, dass in einem Zeitintervall der Länge t genau i Ereignisse stattfinden, lauten wie folgt.

$$P_0(t) = e^{-\lambda t} \quad \text{für } t \geq 0 , \tag{5.22}$$

$$P_1(t) = \lambda t e^{-\lambda t} \quad \text{für } t \geq 0 \tag{5.23}$$

und

$$P_i(t) = \frac{(\lambda t)^i}{i!} e^{-\lambda t} \quad \text{für } i = 2, 3, \ldots . \tag{5.24}$$

Für eine Herleitung der Formeln sei z. B. auf Beichelt (1997) verwiesen. Die Formeln (5.22) bis (5.24) besagen, dass die Anzahl der Ereignisse in jedem Zeitintervall der Länge t eine Poisson-Verteilung mit dem Parameter λt hat. Damit ist der Name *Poisson-Prozess* verständlich.

Da bekanntlich der Erwartungswert einer Poisson-Verteilung mit dem Parameter μ gleich μ ist, kann man λ folgendermaßen interpretieren:
λ ist die *Intensität* des Prozesses, also die mittlere Anzahl der Ereignisse je Zeiteinheit. Die Dimension von λ ist Zeit^{-1}.

Der Parameter λ wird dementsprechend gemäß

$$\hat{\lambda} = \frac{N([0,t))}{t} \tag{5.25}$$

geschätzt, wobei $N([0,t))$ die Anzahl der Ereignisse in $[0,t)$ ist.

Die Paarkorrelationsfunktion eines stationären Poisson-Prozesses hat die einfache Form

$$g(\tau) \equiv 1\,,$$

und die K-Funktion ist gleich

$$K(\tau) = 2\tau\,.$$

Schließlich lohnt es sich, Formel (5.22) noch weiter auszunutzen. Es möge zur Zeit τ ein Ereignis stattgefunden haben. Dann ist wegen der Unabhängigkeitseigenschaft (1) auf der vorangegangenen Seite und nach Formel (5.22) die Wahrscheinlichkeit dafür, dass bis zur Zeit $\tau + t$ kein neues Ereignis stattfindet, gleich $\mathrm{e}^{-\lambda t}$. Somit ist die Wahrscheinlichkeit dafür, dass der zufällige Zeitabstand $\boldsymbol{T}$ zwischen dem betrachteten Ereignis und dem darauf folgenden länger als t ist, gleich

$$\mathbf{P}(\boldsymbol{T} > t) = \mathrm{e}^{-\lambda t}\,.$$

Die Verteilungsfunktion von $\boldsymbol{T}$ ist wegen

$$F(t) = \mathbf{P}(\boldsymbol{T} < t) = 1 - \mathbf{P}(\boldsymbol{T} > t)$$

gleich

$$F(t) = 1 - \mathrm{e}^{-\lambda t} \quad \text{für } t \geq 0\,.$$

Somit kann Folgendes gesagt werden: Die Zeitabstände zwischen aufeinander folgenden Ereignissen sind unabhängig voneinander (d. h., es liegt ein Erneuerungsprozess vor) und sie haben eine Exponentialverteilung mit dem Parameter

λ. Der mittlere Zeitabstand ist nach einer bekannten Formel für die Exponentialverteilung gleich $\frac{1}{\lambda}$.

Wenn man also zeigen kann, dass ein Umweltgeschehen dem stationären Poissonprozess folgt, ist seine statistische Beschreibung ganz einfach: Ein einziger Parameter, nämlich λ, genügt!

Zum Test der Hypothese, dass ein stationärer Poisson-Prozess vorliegt, seien drei Verfahren empfohlen.

1. *Prüfung der Anzahlverteilungen*

Man ermittelt, wie auf Seite 241 beschrieben, für bestimmte Intervalle gleicher Länge die empirischen Anzahlverteilungen und vergleicht sie mit der Poisson-Verteilung mit dem Parameter $\lambda \cdot$ (Intervall-Länge). Der χ^2-Anpassungstest kann benutzt werden, um zu prüfen, ob die beobachteten Unterschiede signifikant sind oder nicht. Vergleiche Seite 266 für eine Anwendung.

2. *Test auf Exponentialverteilung*

Man prüft mit Hilfe des χ^2-Anpassungstests oder des Kolmogorov-Smirnov-Tests die Hypothese, dass die Abstände einer Exponentialverteilung folgen. Da der Parameter der Verteilung aus den Daten geschätzt wird, muss man das in Sachs (1984), Seite 257, zum Kolmogorov-Smirnov-Test Gesagte beachten.

3. *Test der Unabhängigkeit der Abstände*

Hier kann man wie auf Seite 248 beschrieben vorgehen.

Vorhersagen sind beim Poisson-Prozess wegen der starken Unabhängigkeitsannahmen nicht sinnvoll: Wenn seit dem letzten Ereignis, das zur Zeit t_0 stattgefunden hat, t Zeiteinheiten vergangen sind, dann ist die Wahrscheinlichkeit dafür, dass im Zeitintervall $[t_0 + t, t_0 + t + \tau)$ mindestens ein Ereignis eintritt, gleich $1 - \exp(-\lambda\tau)$, unabhängig von den Größen t_0 und t. Wegen dieser Unabhängigkeitsannahmen können Abläufe, in denen z. B. jahreszeitliche Einflüsse eine Rolle spielen, nicht gut mit dem stationären Poisson-Prozess beschrieben werden. Dagegen ist der stationäre Poisson-Prozess ein brauchbares Modell für Ereignisfolgen mit starken Unabhängigkeitseigenschaften. Ein typisches Beispiel sind Extremwerte in stationären Prozessen oder Zeitreihen. Es gibt mathematische Theorien, die das begründen.

Beispiel 5.1 Stürme.

Fortsetzung des Beispiels 5.1 von Seite 260.
Es werden nur noch sehr schwere Stürme betrachtet, also Stürme mit Mindeststärke 50, vgl. Tabelle 5.10. Ihre Anzahl zwischen 1912 und 1992 ist gleich 90. Man könnte annehmen, dass solche schweren Stürme rein zufällig eintreten und dass somit das Poisson-Gesetz ein brauchbares Modell ist.

Tabelle 5.10 Schwere Stürme auf Island in den Jahren 1912 bis 1992 mit Mindeststärke 50

Jahr	x_i	Jahr	x_i	Jahr	x_i	Jahr	x_i	Jahr	x_i	Jahr	x_i
1912	0	1926	1	1940	1	1954	2	1968	2	1982	3
1913	3	1927	1	1941	1	1955	0	1969	1	1983	1
1914	0	1928	1	1942	2	1956	2	1970	0	1984	2
1915	0	1929	1	1943	1	1957	2	1971	0	1985	2
1916	1	1930	1	1944	1	1958	2	1972	2	1986	1
1917	0	1931	0	1945	0	1959	2	1973	2	1987	0
1918	0	1932	1	1946	0	1960	0	1974	1	1988	0
1919	0	1933	1	1947	0	1961	0	1975	5	1989	2
1920	2	1934	0	1948	0	1962	0	1976	2	1990	2
1921	1	1935	1	1949	0	1963	2	1977	0	1991	3
1922	0	1936	2	1950	2	1964	1	1978	0	1992	3
1923	1	1937	0	1951	0	1965	2	1979	0		
1924	0	1938	1	1952	1	1966	2	1980	3		
1925	2	1939	0	1953	4	1967	0	1981	2		

Die zugehörige Häufigkeitsverteilung ist in Tabelle 5.11 wiedergegeben. Zum Vergleich sind die Wahrscheinlichkeiten für eine Poisson-Verteilung mit dem Parameter $\mu = 1,111 = 90/81$ aufgeführt. Die Übereinstimmung dieser Werte mit den relativen Häufigkeiten ist recht gut. Dieses Ergebnis ist aber kein Beweis dafür, dass die schweren Stürme tatsächlich durch einen stationären Poisson-Prozess beschrieben werden können. Wenn man nämlich die Anzahlen der Stürme in den einzelnen Monaten betrachtet, sieht man, dass auch die schweren Stürme jahreszeitabhängig sind, vgl. Tabelle 5.12.

Im folgenden Abschnitt wird versucht, die schweren Stürme mit Hilfe des *in*stationären Poisson-Prozesses zu beschreiben.

Tabelle 5.11 Relative Häufigkeiten der jährlichen Anzahl schwerer Stürme (Mindeststärke 50) auf Island in den Jahren 1912 bis 1992 im Vergleich mit den Wahrscheinlichkeiten für eine Poisson-Verteilung

Klasse	Häufigkeit	Poisson-Verteilung
0	0,370	0,329
1	0,272	0,366
2	0,272	0,203
3	0,062	0,075
4	0,012	0,021
5	0,012	0,005

Tabelle 5.12 Relative Häufigkeiten der Anzahl schwerer Stürme auf Island in den Jahren 1912 bis 1992 mit Mindeststärke 50 pro Monat

Monat	relative Anzahl der Stürme
1	0,2478
2	0,2836
3	0,0646
4	0,0223
5	0,0000
6	0,0000
7	0,0000
8	0,0000
9	0,0223
10	0,0646
11	0,1224
12	0,1724

Es ist schließlich noch interessant die Häufigkeitsverteilungen der Richtungen der starken Stürme zu beobachten. Tabelle 5.13 zeigt die relativen Häufigkeiten. Der Unterschied zu Tabelle 5.7 ist nicht sehr groß; Stürme aus W treten jetzt etwas häufiger auf. Auch hier wird selbstverständlich die Hypothese gleichverteilter Richtungen abgelehnt.

Tabelle 5.13 Häufigkeitsverteilung für die Richtungen der Stürme auf Island in den Jahren 1912 bis 1992 mit Mindeststärke 50

Richtung	Häufigkeit	
	absolut	relativ
N	9	0,0114
NO	12	0,0152
O	8	0,0102
SO	9	0,0114
S	11	0,0140
SW	16	0,0203
W	21	0,0267
NW	0	0,0000
?	4	0,0051

Fortsetzung des Beispiels 5.1 auf Seite 268.

5.3.2 Instationärer Poisson-Prozess

Eine wichtige Verallgemeinerung des Poisson-Prozesses ist der instationäre (oder inhomogene) Poisson-Prozess. Er hat die Eigenschaften (1) und (2) wie der (stationäre) Poisson-Prozess, während Eigenschaft (3) jetzt lautet:

(3i) Die Wahrscheinlichkeit dafür, dass in dem sehr kleinen Zeitintervall $[t, t + \Delta t)$ ein Ereignis stattfindet, ist gleich $\lambda(t)\Delta t + o(\Delta t)$.

Die Intensitätsfunktion beschreibt, wie in Abschnitt 5.2.3 erklärt, tages- oder jahreszeitliche Schwankungen in der Ereignishäufigkeit.

Auch beim instationären Poisson-Prozess hat die Anzahl der Ereignisse in einem vorgegebenen Zeitintervall eine Poisson-Verteilung. Dieser Parameter hängt allerdings nicht nur von der Länge, sondern auch vom Anfangspunkt des Intervalls ab. Er ist für das Zeitintervall $(\theta, \theta + t]$ gleich

$$\lambda_{\theta,t} = \int_{\theta}^{\theta+t} \lambda(x)\mathrm{d}x\,. \tag{5.26}$$

Die Schätzung von $\lambda(t)$ kann nach den in Abschnitt 5.2.3 benutzten Methoden erfolgen. Im Fall eines formelmäßigen Ansatzes für $\lambda(t)$, im sogenannten parametrischen Fall, benutzt man die Maximum-Likelihood-Methode, siehe hierzu Snyder und Miller (1991).

Die in Abschnitt 5.2.4 beschriebene Zeittransformation hat ihren idealen Anwendungsfall für den instationären Poisson-Prozess. Der bei der Transformation entstehende Punktprozess ist nämlich dann ein stationärer Poisson-Prozess. Damit ist auch ein Test der Poisson-Hypothese leicht möglich: Man bestimmt die empirische Intensitätsfunktion, transformiert mit ihrer Hilfe die gegebene Ereignisfolge und prüft, ob letztere sich wie eine zu einem stationären Poisson-Prozess gehörige Ereignisfolge verhält.

Beispiel 5.1 Stürme.

Fortsetzung des Beispiels 5.1 von Seite 267.
Die empirische Intensitätsfunktion für die Stürme mit Mindeststärke 50 ist in Tabelle 5.14 angegeben.

Der Mittelwert $\overline{\lambda}$ der Intensitätsfunktion ist gleich

$$\overline{\lambda} = \frac{90}{365 \cdot 81} = 0,003044\,.$$

Mittels dieser Werte sind die Sturmzeitpunkte in neue Zeitpunkte transformiert worden: Die ersten fünf schweren Stürme traten zu folgenden Zeitpunkten auf:

9. Januar 1913,
12. Februar 1913,
20. Oktober 1913,
30. Januar 1916 und
10. Februar 1920.

Tabelle 5.14 Empirische Intensitätsfunktion für die Stürme mit Mindeststärke 50 auf Island in den Jahren 1912 bis 1992.
Glättung mit dem Epanechnikov-Kern für eine Bandweite von $h = 20\,\mathrm{d}$.
(Durchschnittliche Sturmanzahlen für alle Tage des Jahres mit dem Faktor 10^3 multipliziert und zeilenweise angeordnet)

9	9	9	9	10	10	10	10	10	10	10	10	10	10	10
9	9	9	9	9	9	9	9	9	9	9	9	9	9	9
10	10	10	10	9	10	10	10	10	10	10	10	10	10	11
11	11	11	10	10	10	10	10	9	9	9	9	8	8	7
7	6	6	5	5	5	4	4	4	3	3	3	3	2	2
2	2	2	2	1	1	1	1	1	1	1	1	1	1	1
1	1	1	1	1	1	1	1	1	1	1	1	1	1	1
1	1	1	1	1	1	1	0	0	0	0	0	0	0	0
0	0	0	0	0	0	0	0	0	0	0	0	0	0	0
0	0	0	0	0	0	0	0	0	0	0	0	0	0	0
0	0	0	0	0	0	0	0	0	0	0	0	0	0	0
0	0	0	0	0	0	0	0	0	0	0	0	0	0	0
0	0	0	0	0	0	0	0	0	0	0	0	0	0	0
0	0	0	0	0	0	0	0	0	0	0	0	0	0	0
0	0	0	0	0	0	0	0	0	0	0	0	0	0	0
0	0	0	0	0	0	0	0	0	0	0	0	0	0	0
0	0	0	0	0	0	0	0	0	0	1	1	1	1	1
1	1	1	1	1	1	1	1	1	1	1	1	1	1	1
1	1	1	2	2	2	2	2	2	2	2	2	2	2	2
2	2	2	2	2	2	2	2	2	2	2	2	2	2	2
2	2	3	3	3	3	3	3	3	3	4	4	4	4	4
4	4	5	5	5	5	5	6	6	6	6	6	6	6	6
6	6	6	6	6	6	6	6	6	6	6	5	6	6	6
6	6	6	6	6	6	6	6	6	6	6	6	6	7	7
7	8	8	8	9										

Nach der Formel (5.11) werden sie in die neuen Zeitpunkte

28. Januar 1913,
15. Mai 1913,
3. September 1913,
3. April 1916 und
8. Mai 1920

transformiert. Für den 9. Januar 1913 rechnet man so: Die Summe der ersten neun Werte in Tabelle 5.14 ist gleich 0,086. Daraus ergibt sich nach der Formel (5.11) der neue Zeitpunkt

$$t' = \frac{0{,}086}{0{,}003044} = 28{,}25\,.$$

Das ist der 28. Januar 1913. Für den 20. Oktober 1913 wird die Summe der ersten 294 Werte in Tabelle 5.14 berechnet; sie ist gleich 0,746. Der transformierte Wert ist gleich

$$t' = \frac{0{,}746}{0{,}003044} = 245{,}7\,,$$

das heißt der 3. September.

Analog ist für alle 90 Stürme vorgegangen worden, natürlich mit Hilfe eines Computers. Danach sind die Zeitabstände zwischen aufeinander folgenden schweren Stürmen statistisch analysiert worden. In Tabelle 5.15 sind die Häufigkeitsverteilungen der Sturmabstände zur Klassenbreite 200 Tage in den Jahren 1912 bis 1992 angegeben. In der dritten Spalte stehen die Abstände zu den transformierten Sturmtagen. Schließlich sind im Vergleich dazu in der letzten Spalte die theoretischen Werte zu einer Exponentialverteilung zu finden. Deren Parameter sind gleich 1/327 gesetzt worden, weil der mittlere Abstand zwischen zwei Stürmen mit Mindeststärke 50 gleich 327 Tage ist.

Die Übereinstimmung der Abstandsverteilung zu den transformierten Zeiten mit den theoretischen Werten der Exponentialverteilung ist ziemlich gut, und man könnte schlussfolgern, dass tatsächlich ein instationärer Poisson-Prozess vorliegt (der nach der Transformation in einen stationären Poisson-Prozess übergeht). Tatsächlich aber ist das Beispiel hier nur vorgeführt worden, um die Statistik im Fall des Poisson-Prozesses zu erklären. Wenn man die Klassenbreite 100 nimmt, ist das Ergebnis längst nicht mehr so gut. Tabelle 5.16 auf der nächsten Seite zeigt die entsprechende Häufigkeitsverteilung.

Es ergeben sich jetzt doch beträchtliche Abweichungen zur Exponentialverteilung auch für die transformierten Daten, und die Hypothese, dass ein inhomogener Poisson-Prozess vorliegt, muss wohl endgültig aufgegeben werden.

Tabelle 5.15 Anzahlen der Abstände von Stürmen mit Mindeststärke 50 auf Island in den Jahren 1912 bis 1992 bei einer Klassenbreite 200

Abstand in Tagen	real	transformiert	Exponentialverteilung
0 bis 199	38	44	40,7
200 bis 399	32	20	22,1
400 bis 599	4	12	12,0
600 bis 799	8	5	6,5
800 bis 999	1	3	3,5
1000 bis 1199	1	0	1,9
1200 bis 1399	1	1	1,0
1400 bis 1599	2	3	0,6
1600 bis 1799	1	0	0,3
1800 bis 1999	0	0	0,2
2000 bis 2199	1	1	0,1

Die transformierten Zeitpunkte werden nun noch benutzt, um die Paarkorrelationsfunktion zu bestimmen. Dazu wird die Formel (5.15) benutzt. Es gilt hier $n = 90$ und $T = 365 \cdot 81$, für die Bandweite ist der Wert 50 Tage gewählt worden. Die in Bild 5.7 dargestellte Funktion hat eine Gestalt, die der von Paarkorrelationsfunktionen für Cluster-Prozesse ähnelt.

Man beobachtet bis etwa $\tau = 50\,\mathrm{d}$ Werte der Paarkorrelationsfunktion, die größer als 1 sind. Die danach auftretenden Werte schwanken regellos um 1; sie werden nicht weiter beachtet. Geht man von der Interpretation der Paarkorrelationsfunktion auf Seite 246 aus, dann kann man $P(\tau)/\lambda\Delta t$ als Wahrscheinlichkeit dafür ansehen, dass zum Zeitpunkt $t + \tau$ ein starker Sturm auftritt, unter der Bedingung, dass zum Zeitpunkt t ein starker Sturm beobachtet worden ist. Die Paarkorrelationsfunktion ist proportional zu dieser Wahrscheinlichkeit. Man kommt also zu dem Schluss, dass etwa 50 Tage nach einem schweren Sturm die Wahrscheinlichkeit für das Auftreten eines weiteren schweren Sturmes noch größer ist als an einem beliebig gewählten Tag des Jahres. In den ersten 30 Tagen nach einem schweren Sturm sind laut Bild 5.7 die Aussichten auf einen weiteren schweren Sturm etwa auf das 1,3-fache erhöht. Dabei muss man allerdings beachten, dass hier über die transformierte Zeit gesprochen wird. Im Winter, der Hauptsturmzeit, läuft die reale Zeit schneller ab; 30 Tagen in der transformierten Zeit entsprechen hier etwa 10 Tage in der realen Zeit, entsprechend dem Verhältnis von $\overline{\lambda}$ zu den Werten von $\lambda(t)$ im Winter.

Tabelle 5.16 Anzahlen der Abstände von Stürmen mit Mindeststärke 50 auf Island in den Jahren 1912 bis 1992 bei Klassenbreite 100

Abstand in Tagen	real	transformiert	Exponentialverteilung
0 bis 99	36	31	23,5
100 bis 199	2	13	17,3
200 bis 299	9	11	12,7
300 bis 399	23	9	9,4
400 bis 499	4	6	6,9
500 bis 599	0	6	5,1
600 bis 699	3	1	3,7
700 bis 799	5	4	2,8
800 bis 899	1	1	2,0
900 bis 999	0	2	1,5
1000 bis 1099	1	0	1,1
1100 bis 1199	0	0	0,8
1200 bis 1299	0	1	0,6
1300 bis 1399	1	0	0,4
1400 bis 1499	2	2	0,3
1500 bis 1599	0	1	0,2
1600 bis 1699	0	0	0,2
1700 bis 1799	1	0	0,1
1800 bis 1899	0	0	0,1
1900 bis 1999	0	0	0,1
2000 bis 2099	0	0	0,1
2100 bis 2199	1	1	0,0

Um dies zu verstehen, muss man sich die Genese von Stürmen in mittleren Breiten vergegenwärtigen. Man kann den dynamischen Zustand der Atmosphäre auffassen als Überlagerung von großskaligen, langfristigen und kleinskaligen, kurzfristigen Komponenten. Die kleinskaligen (oft 1000 km im Durchmesser) und kurzfristigen (Lebenszyklen von wenigen Tagen) Komponenten sind unter anderem die Stürme. Sie werden im Wesentlichen durch die großskalige (mehrere 1000 km) und langsam veränderliche Strömung gesteuert: Zum einen wandern die Stürme in der von der großskaligen Strömung vorgegebenen Richtung, zum anderen entstehen die Stürme auf Grund von einer Instabilität der großskaligen Strömung („barokline Instabilität"). Diese Instabilität ist manchmal stärker und manchmal schwächer. Tatsächlich wirken die Stürme im Mittel der

Instabilität entgegen. In diesem dynamischen Konzept wird klar, warum die Stürme in Klumpen auftreten und die Paarkorrelationsfunktion für etwa 50 Tage Werte größer als Eins hat: Wenn die langsam veränderliche Zirkulation in einem erhöht instabilen Zustand ist, dann verbleibt sie in diesem während einiger Wochen, und in dieser Zeit besteht es eine erhöhte Neigung, Stürme zu bilden. Andererseits gibt es in Zeiten verminderter Instabilität in der Regel weniger Stürme. (Dieser Abschnitt stammt von H. von Storch.)

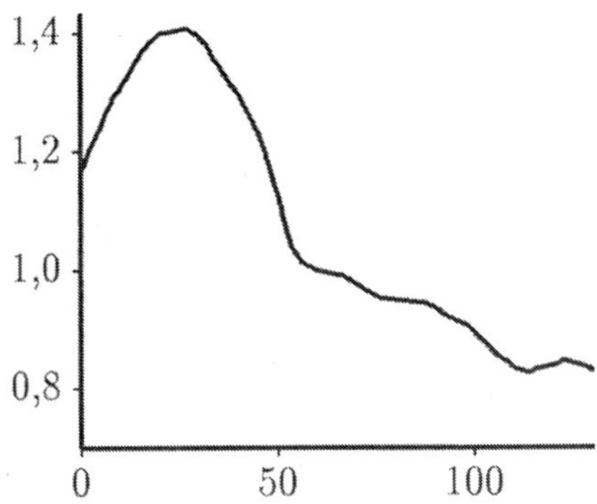

Bild 5.7 Empirische Paarkorrelationsfunktion für die schweren Stürme auf Island in den Jahren von 1912 bis 1992

Fortsetzung des Beispiels 5.1 auf Seite 319.

5.4 Punktfelder

5.4.1 Einleitung

Mit ähnlichen Methoden wie Ereignisfolgen kann man auch ebene Punktmuster analysieren. Beispiele für solche Muster sind die Punktsysteme, die durch Bäume in Wäldern, Erdfälle, Zentren von Ortschaften und Orte, an denen Menschen an bestimmten Krankheiten erkrankten, gebildet werden. Entsprechend den Erfahrungen der Autoren werden im Folgenden vor allem Bäume in Wäldern untersucht werden.

So wie man bei Ereignisfolgen von Punktprozessen spricht, benutzt man für ebene Punktmuster den mathematischen Begriff *Punktfeld* oder auch Punktprozess, obwohl gar keine zeitliche Komponente eine Rolle spielt.

Die Beschreibung von Punktfeldern erfolgt ganz ähnlich, wie es in den vorangegangenen Kapiteln für Punktprozesse beschrieben worden ist; im Wesentlichen werden die dort benutzten Größen zu zweidimensionalen Größen verallgemeinert. So gibt es auch im zweidimensionalen Fall eine *Intensitätsfunktion* $\lambda(x, y)$, die jetzt aber von zwei Variablen abhängt. Dabei ist $\lambda(x, y)\Delta x\Delta y$ gleich der Wahrscheinlichkeit dafür, dass in dem infinitesimalen Rechteck $(x, x + \Delta x) \times (y, y + \Delta y)$ ein Punkt liegt. Diese Funktion kann ausgehend von den empirisch gegebenen Punktkoordinaten ermittelt werden, vgl. Stoyan und Stoyan (1992), S. 262 und S. 302. Man benutzt auch hier Kernfunktionen.

Beispiel 5.3 Baumstandorte in einem Wald.

Bild 5.8 zeigt die Standorte von 144 Bäumen in einem (90 m × 90 m)-Bereich des Untersuchungsgebietes Zürichberg (Schweiz). Tabelle 5.17 gibt für die Bäume die Koordinaten (in m) an sowie zwei weitere Größen, die ihre soziale Stellung und den Grad der Blattverluste charakterisieren. Die Daten sind im Rahmen des Sanasilva-Projekts vom Departement für Wald- und Holzforschung der ETH Zürich 1988 erhoben worden. Das Untersuchungsgebiet wird durch folgende Angaben charakterisiert:

Höhe über Meer: etwa 650 m;

Pflanzensoziologie: typischer Waldmeister-Buchenwald;

Bodentyp: pseudovergleyte Parabraunerde;

Niederschläge: etwa 1100 mm/a;

Jahresdurchschnittstemperatur: etwa 13,5° C.

Das Waldstück ist als „starkes Baumholz mit ausgeprägtem Nebenbestand“ klassifiziert worden; es bildet einen typisch zweischichtigen Bestand. Dabei tritt die Buche (etwas Esche und Ulme) im Hauptbestand auf. Der Nebenbestand in der unteren Schicht wird durch Spitzahorn (etwas Buche) gebildet. Fünf der Bäume sind Nadelbäume.

In Bild 5.9 ist die statistisch ermittelte Intensitätsfunktion $\lambda(x, y)$ dargestellt. Diese Funktion hat eine ziemlich gleichförmige Gestalt, entsprechend der relativ gleichmäßigen Anordnung der Bäume.

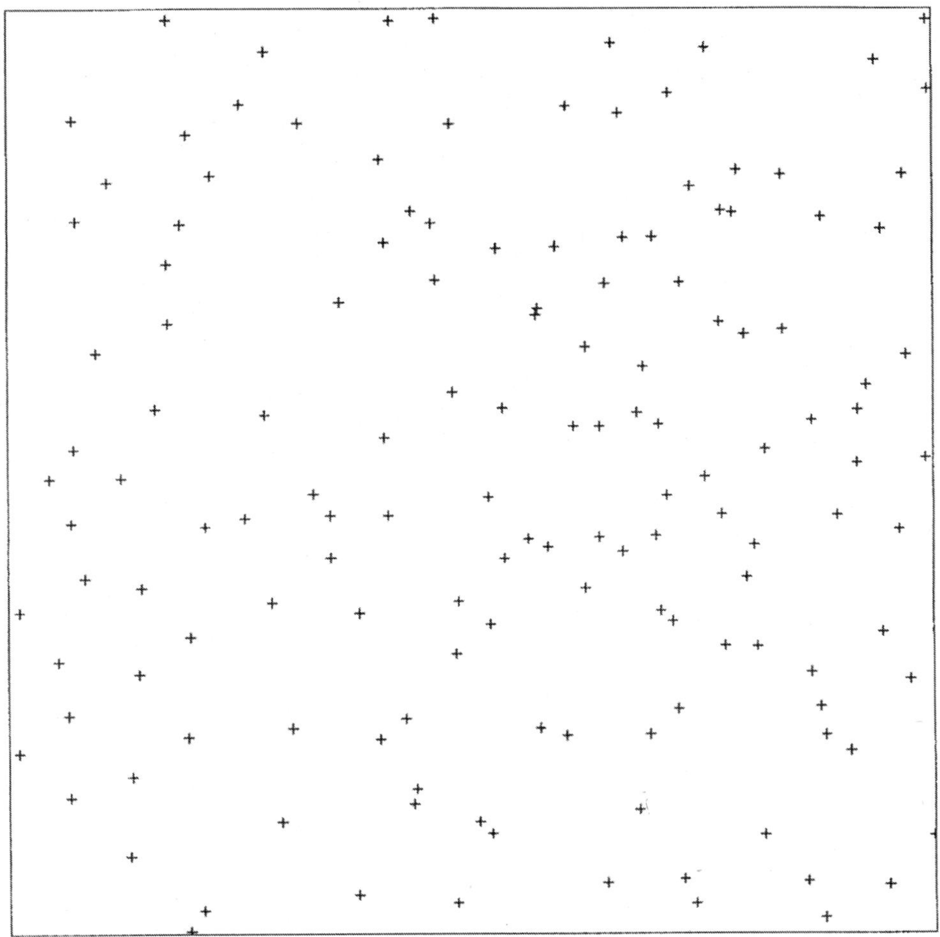

Bild 5.8 Standorte von 144 Bäumen im Untersuchungsgebiet Zürichberg. Bis auf fünf Nadelbäume handelt es sich um Laubbäume

Tabelle 5.17 Koordinaten und Marken der Bäume auf dem Zürichberg

i	x	y	v	d	i	x	y	v	d
1	66,54	87,05	0	0	37	29,46	47,08	1	1
2	65,35	84,65	1	1	38	24,83	39,33	1	1
3	60,99	77,72	1	1	39	22,88	49,48	1	1
4	57,83	85,04	0	0	40	19,07	50,30	1	1
5	46,59	80,11	0	0	41	11,01	45,50	0	1
6	45,40	78,91	1	1	42	6,27	49,96	0	1
7	43,20	86,99	1	1	43	7,59	55,37	1	1
8	33,64	86,20	1	1	44	12,96	56,31	1	1
9	18,78	87,69	1	0	45	17,62	61,07	0	0
10	17,48	89,75	0	0	46	12,71	64,67	1	1
11	11,83	82,32	1	1	47	25,50	57,76	1	1
12	6,13	76,50	0	0	48	4,18	45,56	1	0
13	12,05	74,49	0	1	49	6,54	42,71	1	1
14	1,08	72,24	1	1	50	14,31	38,75	1	1
15	1,23	58,65	1	1	51	8,70	33,44	1	1
16	5,02	63,46	1	1	52	15,59	30,65	1	0
17	5,99	68,65	0	0	53	15,48	24,90	1	0
18	17,39	70,72	1	1	54	16,75	21,08	1	0
19	26,38	78,90	1	1	55	19,69	16,32	1	1
20	27,43	69,90	1	1	56	17,37	12,26	1	1
21	39,01	77,19	1	1	57	9,80	16,99	1	1
22	39,30	75,74	0	0	58	6,81	20,77	1	1
23	35,82	70,96	0	1	59	6,53	10,82	1	1
24	38,26	69,03	0	0	60	15,56	1,14	1	1
25	33,85	58,75	1	1	61	24,96	4,17	0	0
26	43,19	62,73	1	1	62	22,55	9,24	1	1
27	51,37	69,93	1	1	63	28,21	11,13	1	1
28	53,92	70,62	0	0	64	35,90	14,73	0	0
29	46,53	59,82	0	0	65	42,75	11,18	1	1
30	43,48	57,57	1	1	66	41,34	1,05	1	0
31	47,96	53,37	0	0	67	36,96	1,28	1	1
32	46,41	47,36	1	1	68	54,12	9,42	1	0
33	36,31	41,58	1	1	69	59,18	10,17	1	0
34	36,66	49,19	1	0	70	64,06	8,19	1	1
35	31,09	49,21	0	0	71	67,76	3,83	0	0
36	31,12	53,35	0	0	72	58,53	3,37	1	1

$v = 0$: Nadel- oder Blattverlust weniger als 7,5 %,
$v = 1$: Nadel- oder Blattverlust 7,5 % oder mehr.

Tabelle 5.17 Fortsetzung

i	x	y	v	d	i	x	y	v	d
73	32,05	28,58	0	0	109	55,86	56,31	1	0
74	36,34	22,82	1	0	110	59,51	52,70	0	0
75	38,95	19,77	0	0	111	57,19	51,31	1	0
76	40,90	20,96	0	0	112	62,74	51,12	1	1
77	41,27	26,41	1	1	113	63,79	47,19	0	0
78	47,22	23,38	1	1	114	67,63	45,35	1	1
79	51,28	29,21	1	1	115	69,30	49,03	0	0
80	51,08	29,79	0	0	116	73,57	42,64	1	1
81	52,97	23,23	0	0	117	78,06	39,81	0	0
82	57,81	26,74	0	0	118	82,62	38,81	0	0
83	59,58	22,32	1	1	119	83,47	36,49	0	0
84	62,47	22,27	0	0	120	87,33	33,62	1	1
85	65,13	26,60	0	0	121	89,21	43,47	0	0
86	66,21	17,36	1	0	122	82,54	44,00	0	1
87	69,29	19,76	1	0	123	80,60	49,15	0	1
88	70,38	19,90	0	0	124	72,46	52,06	0	0
89	70,88	15,74	1	0	125	71,74	55,23	1	1
90	75,19	16,21	1	1	126	63,17	58,52	0	0
91	79,11	20,38	1	1	127	64,37	59,53	0	0
92	84,38	4,99	1	1	128	69,56	61,94	0	0
93	89,49	7,81	0	0	129	72,77	62,03	1	1
94	87,03	16,14	1	0	130	64,87	68,03	1	1
95	84,89	21,51	1	1	131	62,07	70,53	0	0
96	75,27	31,20	1	1	132	73,38	80,22	0	0
97	71,55	31,64	0	0	133	77,55	84,85	1	1
98	69,04	30,46	0	0	134	79,27	88,42	1	1
99	60,90	39,10	1	1	135	85,53	85,26	0	0
100	63,04	40,24	0	0	136	89,91	80,30	0	0
101	61,49	34,72	0	0	137	87,64	65,21	1	1
102	55,91	32,89	1	1	138	81,83	72,06	1	1
103	54,71	40,44	1	1	139	79,44	70,55	0	0
104	57,23	40,43	0	0	140	78,92	67,83	1	1
105	47,80	38,67	1	1	141	78,03	64,52	0	0
106	43,00	37,13	0	0	142	85,04	60,63	1	1
107	50,29	51,49	0	0	143	86,62	50,55	0	0
108	52,22	52,24	1	1	144	89,38	1,14	1	1

$d = 0$: mitherrschend, beherrscht und unterdrückt,
$d = 1$: vorherrschend und herrschend.

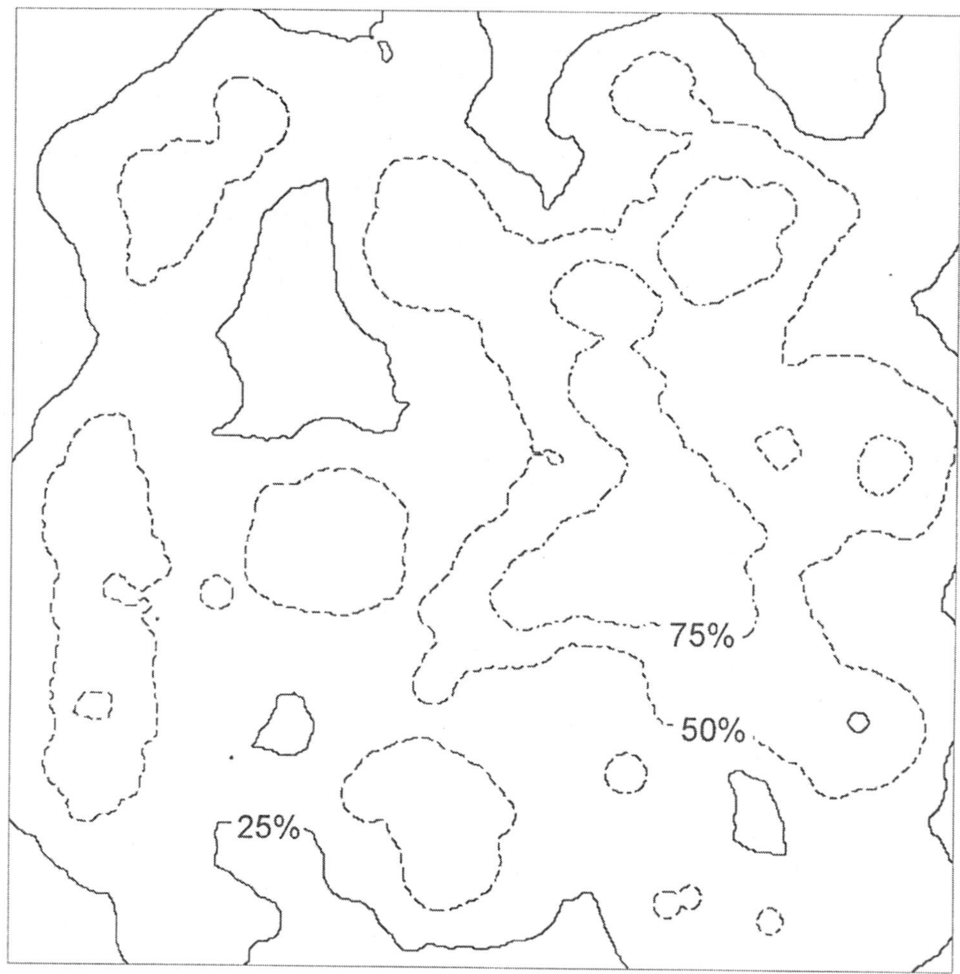

Bild 5.9 Durch Höhenlinien dargestellte Intensitätsfunktion für die Bäume auf dem Zürichberg. Mittels der Formeln in Stoyan und Stoyan (1992), Seite 262, sind Werte von $\lambda(x, y)$ für ein feines Raster bestimmt und davon ausgehend die Höhenlinien ermittelt worden. Dabei ist der Epanechnikov-Kern benutzt worden mit dem Glättungsparameter $h = 10$

Fortsetzung des Beispiels 5.3 auf Seite 279.

Wenn die Intensitätsfunktion konstant ist und wenn weitere Voraussetzungen erfüllt sind (die im Wesentlichen besagen, dass in jedem Gebiet der Ebene die Chancen gleich sind, bestimmte Punktkonfigurationen zu beobachten), nennt man das Punktfeld *homogen.* Es verträgt sich durchaus mit der Homogenitätsannahme, dass die Punkte in zufällig verteilten Klumpen auftreten oder dass ihre Anordnung näherungsweise gitterförmig ist. Nicht homogen sind dagegen Punktfelder, in denen die Punktdichte einem Trend folgt, wie zum Beispiel die Baumdichte im Gebirge mit wachsender Höhe. Es ist üblich, in kleineren Untersuchungsgebieten Homogenität anzunehmen, obwohl vielleicht im größeren Maßstab Inhomogenität vorliegt. Im Rest dieses Kapitels wird nur noch der Fall homogener Punktfelder behandelt.

Wie im Fall von Punktprozessen bezeichnet N die Anzahl der Punkte. Wenn B eine ebene Menge (z. B. ein forstliches Untersuchungsgebiet) ist, dann ist $N(B)$ die Anzahl der Punkte in B. Die mittlere Anzahl der Punkte in B wird mit $\mathbf{E}(N(B))$ bezeichnet. Sie kann bequem mit Hilfe der *Intensität* λ ausgedrückt werden:

$$\mathbf{E}(N(B)) = \lambda A(B)\,, \tag{5.27}$$

wobei $A(B)$ die Fläche von B ist. Die Intensität ermittelt man statistisch nach der Formel

$$\hat{\lambda} = \frac{\text{Anzahl der beobachteten Punkte}}{\text{Fläche des Beobachtungsgebietes}}\,. \tag{5.28}$$

Beispiel 5.3 Bäume.

Fortsetzung des Beispiels 5.3 von Seite 278.
Für den Fall der Bäume auf dem Zürichberg erhält man

$$\hat{\lambda} = \frac{144}{90 \cdot 90} = 0{,}01778\,\mathrm{m}^{-2}\,.$$

Fortsetzung des Beispiels 5.3 auf Seite 281.

5.4.2 Das homogene Poisson-Punktfeld

Ähnlich wie der Poisson-Prozess kann das Poisson-Punktfeld definiert werden. Dem Poisson-Punktfeld entspricht eine rein zufällige Punktverteilung. Nicht rein zufällig sind die beiden in Bild 5.10 auf Seite 283 dargestellten Punktmuster.

Man spricht von einem (homogenen) Poisson-Punktfeld mit dem Parameter λ, wenn die folgenden beiden Eigenschaften erfüllt sind:

(1) Für jede Teilmenge B der Ebene mit der Fläche $A(B)$ ist die Zufallsgröße $N(B)$ Poisson-verteilt mit dem Parameter $\lambda A(B)$, also

$$\mathbf{P}(N(B) = k) = \frac{(\lambda A(B))^k}{k!} \mathrm{e}^{-\lambda A(B)} \quad \text{für } k = 0, 1, 2, \ldots . \tag{5.29}$$

(2) Die *Punktanzahlen* in einer beliebigen Anzahl von durchschnittsfremden Mengen sind *unabhängig*.

Das Poisson-Punktfeld ist *das* Modell für ein homogenes, *total zufälliges* Punktfeld. Man kann nämlich beweisen, dass es folgende Eigenschaft hat: Unter der Bedingung, dass in einer Menge B genau n Punkte liegen ($N(B) = n$), sind die n Punkte in B ganz regellos verteilt; sie folgen einer Gleichverteilung.

Das Poisson-Punktfeld ist ein gutes Modell für zufällig in der Ebene verteilte Punkte, zwischen denen keinerlei Wechselwirkung besteht. Beispiele sind die Punkte, in denen α-Teilchen einen Festkörperspurdetektor treffen oder die Standorte von Buchen bei Naturverjüngung.

Schließlich dient es als Vergleichs- oder *Nullmodell* für reale Punktmuster. Es ist nämlich oft von Interesse festzustellen, ob die Punkte eines gegebenen Punktmusters stärker gehäuft oder regelmäßiger verteilt sind als beim Poisson-Punktfeld.

Test der Poisson-Eigenschaft

Ein einfacher Test der Hypothese, dass ein gegebenes Punktmuster zu einem homogenen Poisson-Punktfeld gehört, beruht auf einem Zählverfahren. Das als rechteckig angenommene Beobachtungsgebiet wird in m Teilrechtecke gleicher Fläche eingeteilt. Bei n beobachteten Punkten ist die erwartete Punktanzahl je Teilrechteck gleich $\frac{n}{m}$. Man könnte einen χ^2-Anpassungstest benutzen, um diese Gleichverteilungshypothese zu testen. Die Alternativhypothese ist entweder, dass im Punktmuster Clusterung oder Klumpenbildung vorliegt oder dass eine stärkere Regelmäßigkeit als beim Poisson-Prozess besteht. Leichte Formelrechnung zeigt, dass das auf die Anwendung des *Dispersionsindex-Tests* hinausläuft. Dabei bestimmt man die Punkteanzahlen $x_1, \ldots, x_m$ in den m Teilrechtecken und berechnet dazu Mittelwert $\overline{x}$ und Streuung s^2. Man bildet die Testgröße

$$I = (m-1)\frac{s^2}{\overline{x}}, \tag{5.30}$$

den $(m-1)$-fachen Dispersionsindex. Wenn gilt

$$I > \chi^2_{m-1;\alpha},$$

so wird die Hypothese abgelehnt, dass ein Ausschnitt eines Poisson-Punktfeldes vorliegt, und die Alternativhypothese angenommen, dass im Punktmuster Klumpenbildung vorliegt. Wenn gilt

$$I > \chi^2_{m-1;1-\alpha},$$

so verfährt man analog, nimmt jedoch jetzt die Regelmäßigkeitsalternativhypothese an.

Die Irrtumswahrscheinlichkeit bei diesem Test ist α.

Beispiel 5.3 Bäume.

Fortsetzung des Beispiels 5.3 von Seite 279.
Das Punktmuster auf Bild 5.8 zeigt offensichtlich mehr Ordnung, als man bei einem Poisson-Punktmuster erwartet. Dementsprechend stellt man die Alternativhypothese „stärkere Regelmäßigkeit“ auf. (Auf Grund des biologischen Sachverhalts hätte man sie schon vor Beobachtung des Punktmusters formulieren können. Es sei aber erwähnt, dass es durchaus Wälder gibt, in denen die Bäume klumpenförmig stehen. Beispiele dafür sind ohne Zutun des Menschen entstandene gleichaltrige Kiefernwälder, vgl. Gavrikov und Stoyan, 1995.) Die Zahlen in Tabelle 5.18 sind die Baumanzahlen in $m = 64$ Teilquadraten des Untersuchungsgebietes.

Tabelle 5.18 Baumanzahlen in 64 Teilquadraten

0	3	2	1	2	3	2	3
3	2	1	4	2	3	0	3
2	2	1	3	1	2	3	2
4	2	4	1	5	5	3	2
1	1	1	2	2	4	2	4
1	2	1	2	5	3	3	1
2	3	1	4	0	2	4	3
1	2	1	2	1	3	1	3

Man erhält

$$\overline{x} = 2{,}250 \quad \text{und} \quad s^2 = 1{,}492\,,$$

also

$$I = 41{,}78\,.$$

Für $\alpha = 0{,}05$ ist $I < \chi^2_{63;0,95} = 45{,}7$, somit wird die Poisson-Hypothese abgelehnt. Man nimmt demnach als statistisch gesichert an, dass in dem Punktmuster eine Regelmäßigkeitstendenz vorliegt, also zwischen den Bäumen Wechselwirkungen (die allerdings nicht stark sind) bestehen.
Fortsetzung des Beispiels 5.3 auf Seite 284.

Für weitere Details sei auf das Buch Stoyan und Stoyan (1992) verwiesen. Der soeben beschriebene Zähltest ist nicht der „beste" Test der Poisson-Hypothese, wie dort nachzulesen ist. Meist wird der Test empfohlen, bei dem die L-Funktion benutzt wird; dazu müssen wie bei dem behandelten Beispiel die Koordinaten der Baumstandorte bekannt sein.

Der Parameter λ des Poisson-Punktfeldes ist gleich der Intensität. Man schätzt ihn also nach Formel (5.28), die man auch als

$$\hat{\lambda} = \frac{N(B)}{A(B)}$$

schreiben kann.

5.5 Statistische Beschreibung von Wechselwirkungen in Punktfeldern

In Punktfeldern bestehen oft Wechselwirkungen zwischen den Punkten, die physikalische, biologische oder ökologische Ursachen haben. Das Vorhandensein von Wechselwirkungen zeigt sich in Punktmustern, die von denen des Poisson-Punktfeldes abweichen. Es gibt zwei Grundtypen der Wechselwirkung, nämlich Abstoßung und Anziehung; sie können auch vermischt auftreten. Im Fall der Abstoßung hat die Punktanordnung eine Tendenz zur Regelmäßigkeit, während bei Anziehung die Punkte klumpenförmig auftreten. Bild 5.10 zeigt je ein Punktmuster dieser Typen.

Der Statistiker hat die Reichweite und Stärke der Wechselwirkungen zu charakterisieren. Das kann in der Forststatistik beim Verständnis ökologischer Prozesse helfen oder zur Klärung der Wirkungsweise von Umwelteinflüssen beitragen. Ferner kann die Größe von Stichproben und Untersuchungsgebieten nur sinnvoll bestimmt werden, wenn die Variabilität der Punktanordnung bekannt ist.

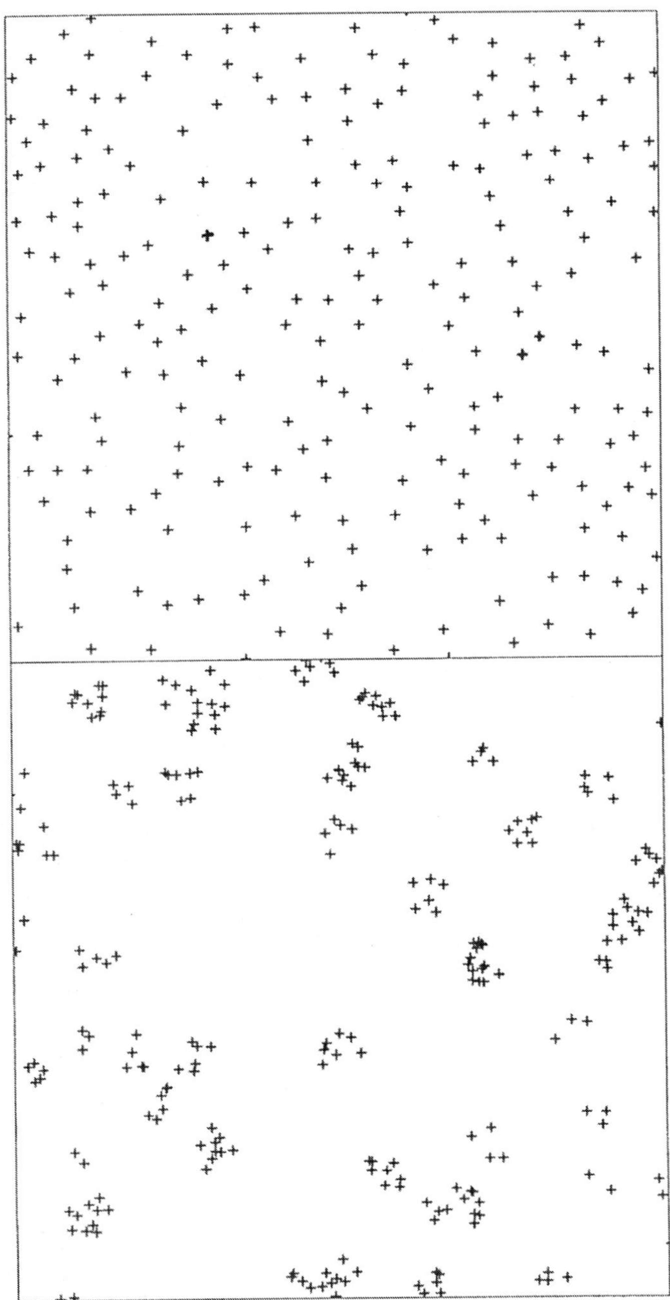

Bild 5.10 Zwei simulierte Punktmuster: Matérn-Hard-Core-Prozess (oben), Matérn-Cluster-Prozess (unten)

Ein wertvolles Hilfsmittel zur Beschreibung der Wechselwirkungen in Punktfeldern ist die Paarkorrelationsfunktion $g(r)$. Ihre Erklärung ist analog der im Fall von Punktprozessen: Es seien C_1 und C_2 zwei infinitesimal kleine Kreise mit den Flächen ΔF_1 und ΔF_2 und dem Abstand der Mittelpunkte r. Die Wahrscheinlichkeit $P(r)$ dafür, dass im Kreis C_i ein Punkt liegt, ist gleich $\lambda \Delta F_i$ für $i = 1,\ 2$. Die Wahrscheinlichkeit dafür, dass in jedem der Kreise ein Punkt des Punktfeldes liegt, ist nur bei rein zufälliger Anordnung der Punkte, bei einem homogenen Poisson-Punktfeld, gleich $\lambda^2 \Delta F_1 \Delta F_2$. Im Allgemeinen ist ein Korrekturterm notwendig, so dass man

$$P(r) = \lambda \Delta F_1 \lambda \Delta F_2 g(r)$$

schreibt. Der Korrekturterm $g(r)$ heißt *Paarkorrelationsfunktion.*

Im Fall eines homogenen Poisson-Punktfeldes gilt

$$g(r) \equiv 1\,.$$

In Stoyan und Stoyan (1992), S. 276–284, werden die möglichen Formen der Paarkorrelationsfunktion ausführlich diskutiert. In jenem Buch wird auch die statistische Bestimmung von Paarkorrelationsfunktionen genau beschrieben.

Beispiel 5.3 Bäume.

Fortsetzung des Beispiels 5.3 von Seite 282.
Bild 5.11 zeigt die statistisch ermittelte Paarkorrelationsfunktion für das Untersuchungsgebiet Zürichberg. Ihre Gestalt weicht, wie zu erwarten war, ganz erheblich von der für ein Poisson-Punktfeld ab. Grob betrachtet liegt die für ein sogenanntes Soft-Core-Punktfeld typische Form der Paarkorrelationsfunktion vor. Zwischen den Bäumen scheinen Wechselwirkungen nur bis etwa 10 m Entfernung zu bestehen. (Das bedeutet: Wenn man Baumanzahlen in Gebieten zählt, die einen Abstand von mehr als 10 m haben, kann man Unabhängigkeit der Zählergebnisse erwarten.) Die Feinstruktur der Paarkorrelationsfunktion gibt weitere interessante Informationen. Man erkennt zwei Maxima, ein sehr schwaches bei $r = 2{,}5$ m und ein etwas deutlicheres bei $r = 6{,}5$ m. (Die weiteren Schwankungen der Paarkorrelationsfunktion für Abstände größer als 10 m werden als unwesentliche Schwankungen um den Wert 1 angesehen.) Sehr wahrscheinlich rührt das Maximum bei $r = 2{,}5$ m von Baumpaaren im Nebenbestand oder von Baumpaaren mit je einem Partner im Haupt- und im Nebenbestand her, wobei jeweils unmittelbare Nachbarn erfasst werden. Das Maximum bei $r = 6{,}5$ m hängt wahrscheinlich mit Paaren von Bäumen zusammen, die beide zum Hauptbestand gehören; ferner wird es sicherlich durch Baumpaare erzeugt,

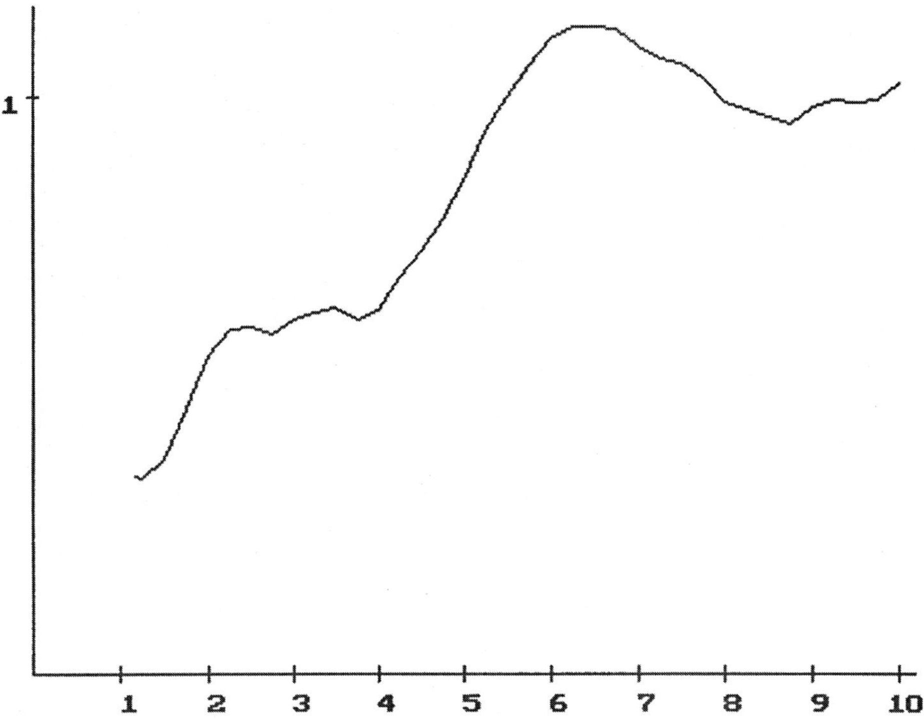

Bild 5.11 Statistisch ermittelte Paarkorrelationsfunktion für die Bäume auf dem Zürichberg

die nicht mehr aus unmittelbaren Nachbarn bestehen (vgl. Stoyan und Stoyan, 1992, S. 277). So zeigt die Paarkorrelationsfunktion sehr schön das Vorliegen eines zweischichtigen Bestandes an.

Fortsetzung des Beispiels 5.3 auf Seite 286.

In Punktfeldern sind noch weitere interessante Korrelationen zu untersuchen, wenn man auch Markierungen berücksichtigt. Genau wie im Fall von Punktprozessen kann man nämlich auch den Punkten von Punktfeldern Marken zuordnen. Diese Marken können die Typen der Punkte charakterisieren oder sie quantitativ beschreiben.

Beispiel 5.3 Bäume.

Fortsetzung des Beispiels 5.3 von Seite 285.
Im Fall der Untersuchung am Zürichberg sind folgende Marken betrachtet worden:

Baumart,
Brusthöhendurchmesser,
Nadel- oder Blattverlust in 5 %-Klassen,
Schaftholzqualität und
soziale Stellung.

Bild 5.12 zeigt Marken, die in grober Weise den Schädigungsgrad charakterisieren. Die als schwarze Kreise gezeigten Bäumen haben einen Nadel- oder Blattverlust von 7,5 und mehr Prozent, während die weißen Kreise Bäume bezeichnen, bei denen die Verluste weniger als 7,5 Prozent betragen.
Fortsetzung des Beispiels 5.3 auf Seite 288.

In Stoyan und Stoyan (1992) wird ausführlich erklärt, wie Korrelationen der Marken von Punktfeldern statistisch erfasst werden können. Das geschieht im Wesentlichen analog zu dem im Abschnitt 5.2.7 Dargestellten. Hier soll nur beschrieben werden, welche Funktionen man benutzt, um die Zusammenhänge von diskreten Marken zu erfassen. Diskrete Marken charakterisieren Typen oder Grade (wie z. B. auf Bild 5.12) und nehmen nur wenige Werte $i = 0, 1, \ldots, l$ an.

Es interessiert zunächst der Anteil p_i der Punkte, die die Marke i haben. Man kann p_i auch als die Wahrscheinlichkeit dafür interpretieren, dass ein zufällig gewählter Baum die Marke i hat. Natürlich gilt

$$\sum_{i=1}^{l} p_i = 1 .$$

Die Korrelationen diskreter Marken werden durch die *Markenzusammenhangsfunktionen* $p_{ij}(r)$ beschrieben, vgl. Stoyan und Stoyan (1992), S. 291. Die Größe $p_{ij}(r)$ ist gleich der Wahrscheinlichkeit dafür, dass in einem Paar von Punkten ein Punkt die Marke i und der andere die Marke j hat, unter der Bedingung, dass ihr Abstand gleich r ist. Diese Wahrscheinlichkeit kann tatsächlich von r abhängen. Es gilt für große r

$$p_{ij}(r) = p_i p_j \,, \tag{5.31}$$

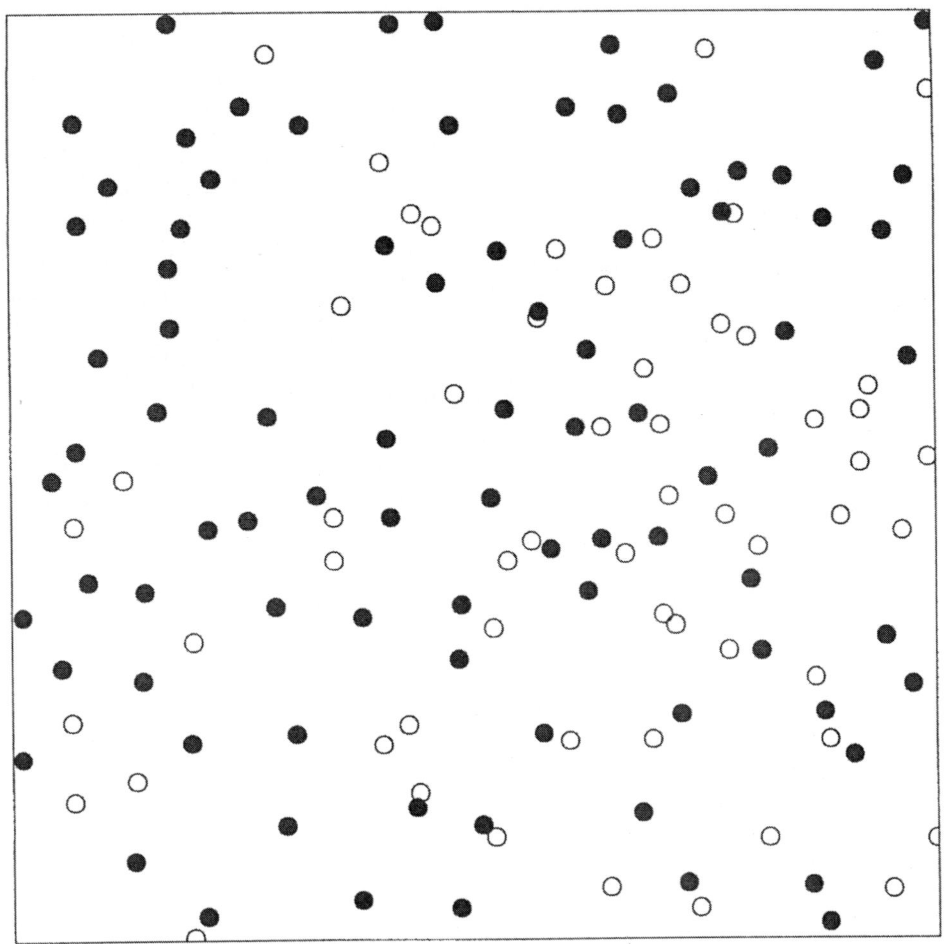

Bild 5.12 Markierung der Bäume von Bild 5.8 entsprechend dem Nadel- oder Blattverlust. •: $\geq$ 7,5 %, ∘: $\leq$ 7,5 %

wenn man annehmen kann, dass bei großen Punktabständen Unabhängigkeit der Marken vorliegt. Wenn schon für kleine r keine Korrelation mehr besteht, gilt Formel (5.31) auch dann. Wie man die Markenzusammenhangsfunktion statistisch bestimmt, wird in Stoyan und Stoyan (1992) beschrieben.

Beispiel 5.3 Bäume.

Fortsetzung des Beispiels 5.3 von Seite 286.
Nunmehr sollen auch die Marken berücksichtigt werden. Dabei werden nur die Schädigungsgrade betrachtet, vgl. Bild 5.12. Bild 5.13 zeigt die statistisch ermittelten Markenzusammenhangsfunktionen $p_{ij}(r)$ für $i, \; j = 0, \; 1$. Dabei bedeutet wie in Tabelle 5.18 „0“ weniger als 7,5 % Blattverlust und „1“ 7,5 % oder mehr Blattverlust. Man erkennt einige sehr interessante Zusammenhänge. Offensichtlich ist es so, dass bei kurzen Abständen (bis zu 5 m) die Funktion $p_{01}(r)$ dominiert. Wenn man also ein Baumpaar mit einem Abstand kleiner als 5 m betrachtet, kann man mit großer Wahrscheinlichkeit erwarten, dass einer der beiden Bäume die Marke 0 und der andere die Marke 1 hat. Mit anderen Worten: Geschädigte Bäume treten bevorzugt isoliert auf, so dass in Paaren dicht zusammenstehender Bäume meist nur ein Baum stark geschädigt ist. Wenn man Bild 5.12 betrachtet, ist diese Aussage als Tendenz recht gut zu erkennen.

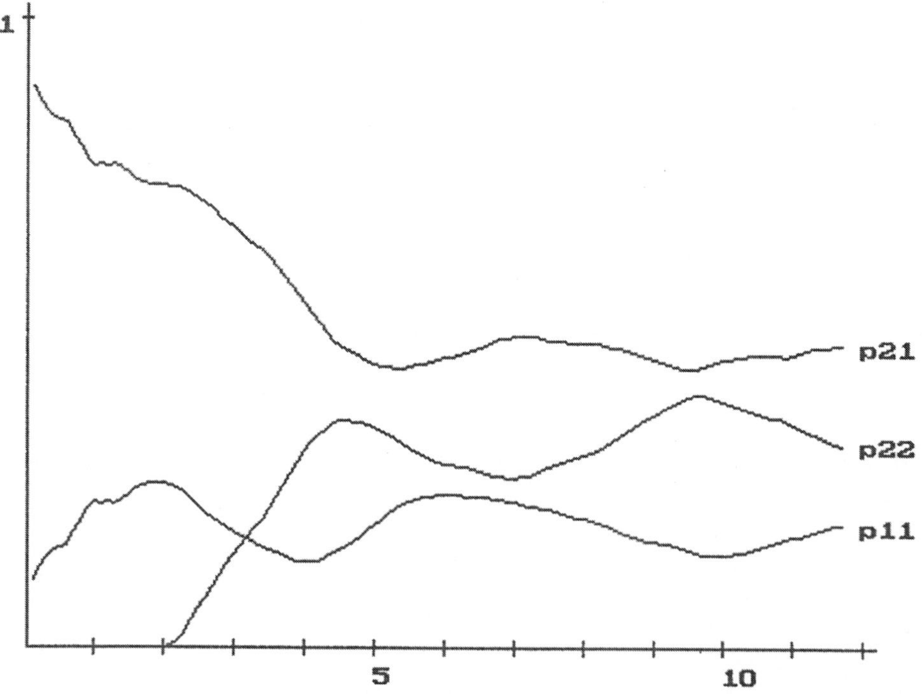

Bild 5.13 Statistisch ermittelte Markenzusammenhangsfunktionen $p_{ij}(r)$ für die Bäume auf dem Zürichberg. „0“ : weniger als 7,5 % Blattverlust, „1“ : 7,5 % oder mehr Blattverlust

Ausführlicher werden die Funktionen $p_{ij}(r)$ für dieses Beispiel in Gavrikov

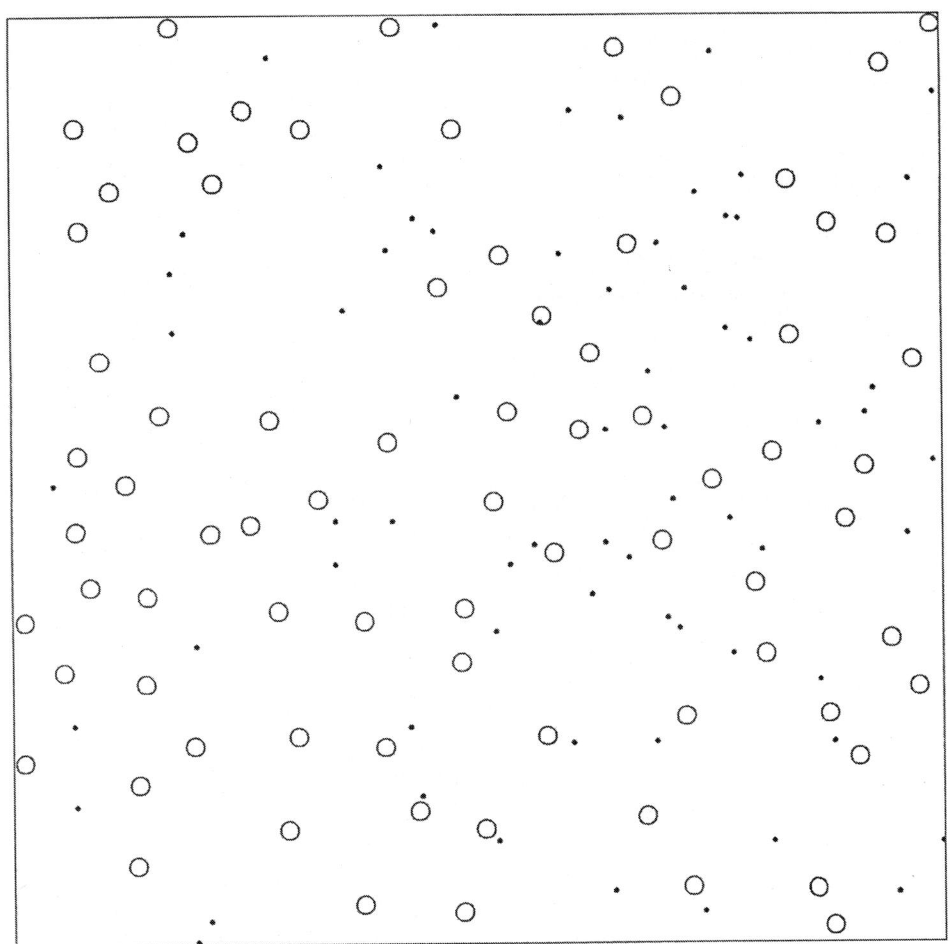

Bild 5.14 Eine andere Markierung für die Bäume auf dem Zürichberg. ○ : vorherrschend und herrschend, · : mitherrschend, beherrscht, unterdrückt

und Stoyan (1995) diskutiert. Es wird gezeigt, dass $p_{01}(r)$ tatsächlich einen signifikanten Zusammenhang beschreibt.

Sehr interessant ist es, zusätzlich noch die soziale Stellung der Bäume zu betrachten. Es zeigt sich, wie auch aus Bild 5.14 klar ersichtlich ist, dass die dominanten Bäume ganz überwiegend die stärker geschädigten sind.

Die Aussage, dass die geschädigten Bäume isoliert auftreten, ist für die forstwissenschaftliche Literatur nicht neu. Quednau (1989), der Fichten in einem Teilbereich des staatlichen Forstamtes Bad Steben/Obf. am nordöstlichen Gebirgsrand des Frankenwaldes untersuchte, spricht in diesem Zusammenhang von

„negativer Ansteckung". Nach ihm ist die „nächstliegende Erklärung für eine ‚negative Ansteckung' die Annahme, dass die (starke) Erkrankung eines Baumes dessen Konkurrenzdruck auf die Nachbarn verringert". Eine weitere Erklärung sieht er darin, dass besonders großkronige Bäume wegen ihrer starken Exposition besonders gefährdet sind oder wegen ihrer stärkeren Wurzelsysteme einem geringeren Wasserstress unterliegen; vgl. auch Abetz (1987). Aus der Beobachtung des isolierten Auftretens geschädigter Bäume zieht der Forstwissenschaftler Quednau folgende Schlussfolgerungen über den Verlauf der Ausbreitung der Waldschäden:

1. Die Erkrankung wird besonders häufig dort am wenigsten fortschreiten, wo bisher die stärksten Schäden aufgetreten sind.

2. Die Schäden breiten sich zunächst nur punktförmig aus.

3. Die Erkrankung geht schubweise voran; nach einem Schub kommt es zu einem vorübergehenden Stillstand der weiteren Ausbreitung der Krankheit, unter Umständen sogar zu einer leichten Erholung.

Andere statistische Analysen für Wälder gehen nicht von Einzelbäumen aus, sondern benutzen Ideen der Geostatistik. Beispielsweise liefern Luftbildaufnahmen in rasterförmig angeordneten Messgebieten Schädigungsgrade. Diese Daten bilden dann den Ausgangspunkt für räumliche Interpolationsverfahren, die eine großräumige Betrachtung des Auftretens geschädigter Bäume erlauben. Hierbei stellt man unter Umständen weitreichende Korrelationen und zusammenhängende Gebiete mit starker oder schwacher Schädigung fest. Das kann mit der Lage von Schadstoffemittoren, mit den Bodenbedingungen oder mit geographischen Argumenten (Luv- oder Lee-Lage, Höhenlage) erklärt werden. Ein schönes Beispiel für eine solche statistische Analyse ist Stock (1990).
Ende des Beispiels 5.3 •

5.6 Weitere Anwendungen von Punktprozessen

Sehr gründliche statistische Untersuchungen mit Hilfe von Punktprozessmethoden sind zum Beispiel durchgeführt worden im Zusammenhang mit

Erkrankungen

und

Erdbeben.

Für den Fall von Erkrankungen sei auf die Arbeiten von Keiding (1990, 1991) und Keiding u. a. (1989) verwiesen. Es werden zweidimensionale Punktprozesse mit Punkten der Form (x, y) = (Zeitpunkt der Erkrankung, Alter bei der Erkrankung) untersucht, mit dem Ziel, entsprechende Erkrankungsraten zu ermitteln. Bild 5.15 zeigt eine solche geschätzte Ratenfunktion für Diabetes in einem Bezirk Dänemarks.

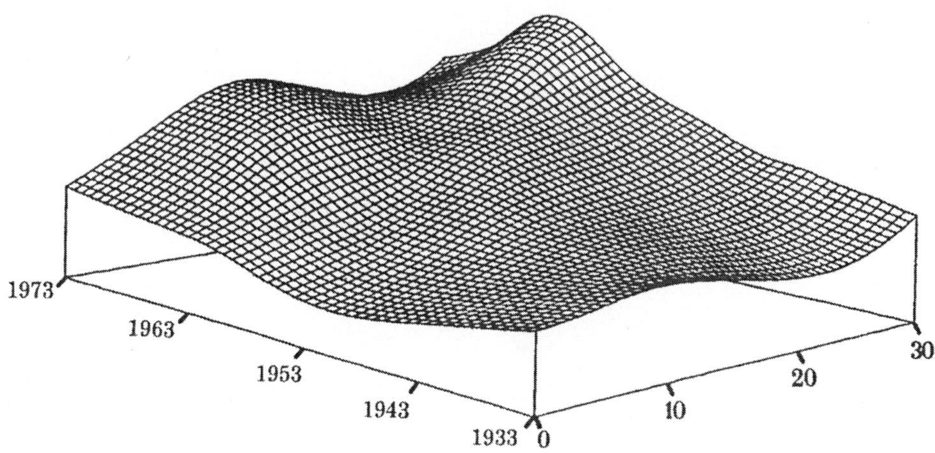

Bild 5.15 Geschätzte Erkrankungsrate für Diabetes für männliche Patienten im Alter von 0 bis 30 Jahren im Bezirk Fyn in Dänemark, vgl. Keiding (1990). Die Autoren danken für die Genehmigung für die Publikation des Diagramms, das von Y. Ogata berechnet worden ist

Über Erdbeben gibt es eine Flut von Punktprozessarbeiten. Man untersucht sowohl räumliche als auch zeitliche Aspekte mit dem Ziel, das komplizierte und vielgestaltige Erdbebengeschehen besser zu verstehen und Vorhersagen machen zu können. Die wichtigsten Autoren sind wohl D. Vere-Jones und Y. Ogata. Eine ausgezeichnete Übersichtsarbeit ist Ogata (1994), ein neuerer Sammelband ist der von Schenk (1996).

Punktprozesse sind auch zur Modellierung von Niederschlägen benutzt worden, vgl. Rodriguez-Iturbe, Cox und Isham (1987, 1988), Cox und Isham (1994), Georgakakos und Kavvas (1987) und Mase (1996).

5.7 Literatur über Punktprozesse und -felder

Über Punktprozesse gibt es kaum deutschsprachige Literatur für Nicht-Mathematiker. Das Buch von Stoyan und Stoyan (1992) behandelt zweidimensionale Punktfelder. Ein gutes mathematisches Lehrbuch über Punktprozesse und -felder ist König und Schmidt (1991). In der englischsprachigen Literatur sei auf das schöne Buch von Cox und Isham (1980) verwiesen, das die Modelle sehr gut beschreibt, aber nichts zur Statistik sagt. Diesbezüglich kann auch heute noch der Klassiker Cox und Lewis (1966) empfohlen werden sowie das Buch von Snyder und Miller (1991).

Kapitel 6

Weitere statistische Methoden

Je planmäßiger die Menschen vorgehen,
desto wirksamer vermag sie der Zufall zu treffen.
(Friedrich Dürrenmatt)

6.1 Probennahme

Kein Umweltstatistiker, der mit Stoffen zu tun hat, kommt am Problem der Probennahme vorbei. Dabei besteht vielfach eine sehr unbefriedigende Situation: Es werden teure, hochgenaue Analysenverfahren angewendet, die kleinste Probenmengen mit ausgeklügelten chemischen oder physikalischen Verfahren bewerten können. Die analysierten Proben erhält man aus viel größeren Proben, die vorbereitet, homogenisiert und geteilt werden. Über die ursprüngliche Probennahme und die Probenvorbehandlung und -vorbereitung wurde und wird aber nur selten gründlich nachgedacht, und es wird oft sehr naiv gehandelt. Dabei ist mit großen Fehlern zu rechnen, die sehr eindrucksvoll in Markert (1993) beschrieben worden sind, vgl. Tabelle 6.1 auf der nächsten Seite.

Auf dem Gebiet der Theorie der Probennahme gibt es viele schwierige, ungelöste und vielleicht überhaupt nicht befriedigend (wissenschaftlich) lösbare Probleme; es gibt sogar Situationen, wo man gar keine Proben nimmt, sondern das gesamte interessierende Objekt untersucht. Konflikte bei der Stoffbewertung durch Probennahme und Datenanalyse können zu Rechtsstreitigkeiten führen.

Vor der eigentlichen Probennahme ist zweierlei dringend zu empfehlen:

Erstens ist die Aufstellung eines wohldurchdachten *Messplanes* oder einer *Mess-Strategie* wichtig. Der Messplan muss Angaben über die Probennahmeorte und -zeiten enthalten und genau definieren, was das Untersuchungsobjekt ist. Methoden der Zeitreihenanalyse und der Geostatistik (Einax und Soldt, 1995a,

Tabelle 6.1 Vereinfachtes Analysenschema für die instrumentelle Multielementanalytik von Umweltproben (nach Markert, 1993)

Analysenschritte	**Fehlerabschätzung**
Formulierung und Fragestellung Expertendiskussion Kosten/Nutzen-Kalkulation Analysenplanung	
⇓	
Probennahme	bis zu 1000 %
⇓	
Probenvorbehandlung und -bereitung 1. physikalisch Waschung Trocknung 2. chemisch Veraschung Aufschluss Anreicherung Speciation 3. Homogenisierung Teilung Verjüngung	zwischen 100 % und 300 %
⇓	
Instrumentelle Messung	in der Regel zwischen 2 % und 20 %
⇓	
Datenauswertung Beantwortung der Fragestellung	bis zu 50 %

und Fränzle, 1994) können hilfreich dabei sein, die Probennahme „vernünftig“ zu organisieren. Ferner sind die Anzahl und die Größen/die Volumina der Proben festzulegen. Hierfür gibt es z. T. Vorschriften, vergleiche Paetz und Crößmann (1994) und Crößmann (1995) und Paetz (1995). Mit einem Probennahmeplan können auch Vorkenntnisse und Vorstellungen über das untersuchte Objekt sowie Ziele der statistischen Probennahme berücksichtigt und Fehler der Probennahme eingeschränkt werden. Immer ist dabei an die eigentliche Fragestellung zu denken, um einen vernünftigen Messaufwand zu gewährleisten.

Zweitens ist bei Probennahmen für Projekte größerer Tragweite eine *Voruntersuchung* (oder vornehmer: Pilotstudie) sehr wertvoll. Damit erlangt man die Kenntnisse, um die wenigen Formeln der Probennahmetheorie nutzen zu können, z. B. Formel (6.2).

Man benutzt *zufällige Probennahmeverfahren* (engl. *random sampling*) in Fällen ohne Vorwissen oder bei räumlich/zeitlicher Homogenität des Untersuchungsobjekts. Dabei werden Zufallszahlen verwendet, um aus größeren Populationen die Proben auszuwählen, vgl. Bandemer und Bellmann (1994), S. 54, Gilbert (1987), S. 26, und Stoyan und Stoyan (1993), S. 69. So gelangt man zu Stichproben mit unabhängigen Messwerten. Bei räumlichen bzw. zeitlichen Messungen spricht man auch dann von zufälliger Probennahme, wenn die Messpunkte gitterförmig bzw. äquidistant angeordnet sind. Dann sind allerdings oft räumliche und zeitliche Korrelationen zu beachten.

Das Vorwissen des Umweltforschers wird bei *stratifizierter zufälliger Probennahme* ausgenutzt. Hier besteht das Probennahmeobjekt aus mehreren Teilobjekten, die jedes für sich als homogen angesehen werden. Die Anzahl der Proben je Teilobjekt ist proportional zur Größe der Teilobjekte, die Probennahme erfolgt jeweils zufällig. Die stratifizierte Probennahme wird ausführlich in Gilbert (1987) behandelt.

Nach der Probennahme ist die Homogenisierung und Teilung der Proben oft ein wichtiger Schritt. Unsachgemäße Aufbewahrung kann Proben verderben lassen, zum Beispiel durch Auswaschen, Entweichen flüchtiger Substanzen und Ausschlemmen von Feinstkorn. Genaue Vorschriften für den Chemiker beim Umgang mit Umweltproben verschiedenster Art findet man bei Stoeppler (1994).

Eine gute Probennahme soll repräsentativ sein. Über den Begriff der Repräsentativität, der Begriffe wie „Richtigkeit“, „Genauigkeit“, „Reproduzierbarkeit“ und „Zuverlässigkeit“ umfasst, und seine mathematische Formulierung hat Rasemann (1995b) nachgedacht.

Sehr gute Übersichten zur mathematisch-statistischen Probennahmetheorie findet man in Gilbert (1987), Rasemann (1995b) und Hoffmann (1994; mit einer riesigen Liste von Probennahmegeräten).

Sehr lesenswerte Texte über spezielle Probennahmeprobleme sind

Cowgill (1994) — Probennahme von Wasser,
Rabich (1995) — Probennahme von Schreddergut,
Langner (1995) — Probennahme von Hausmüll,
Notbaum, Scholz und May (1994) — Probennahme bei kontaminierten Böden.

Eine klassische Theorie existiert für die Probennahme von Erzen und rieselfähigen körnigen Schüttgütern, vergleiche Gy (1979), Sommer (1985) und Kraft (1993). Hier berücksichtigt man insbesondere den Zusammenhang von Teilchengröße und Probenumfang. Eine solche Formel ist zum Beispiel

$$\text{Mindestprobenmenge (in kg)} = 0{,}06 \cdot \text{(maximale Teilchengröße) (in mm)}.$$

Für die Berechnung der Probengrößen, Probennahmeabstände und Probenanzahlen sind für homogene Schüttgüter statistische Methoden anwendbar, vgl. z. B. Merks (1985), Lücke, Adam und Tittel (1994) sowie Pahl und Hoffmann (1992). Viele theoretisch wohl begründete methodische Erkenntnisse, die bei der Probennahme von Erzen erhalten worden sind, sind auch für die komplizierteren Fragestellungen im Umweltbereich nutzbar. Ansätze, Probleme der Umweltprobennahme, Gefährdungsabschätzung und Risikobewertung theoretisch zu untersuchen, findet man bei Keith (1988).

Für die Bestimmung der für eine geforderte Genauigkeit nötigen Probenanzahl wird oft empfohlen, von Vertrauensintervallen für den interessierenden Parameter auszugehen, vgl. Bandemer und Bellmann (1994), S. 40. Wenn es das Ziel der Probennahme ist, einen Mittelwert μ mit der Genauigkeit ε zu bestimmen, dann sollte die Anzahl n der Proben so sein, dass die Breite des Vertrauensintervalls für μ beim Stichprobenumfang n gleich 2ε ist (entsprechend der Vorstellung „Intervallmitte $\pm\ \varepsilon$").

Liegt bei zufälliger Probennahme (näherungsweise) Normalverteilung vor, dann lautet bei bekannter Standardabweichung σ das übliche Vertrauensintervall in vereinfachter Form

$$\left(\bar{x} - 2\sigma \Big/ \sqrt{n}\,, \bar{x} + 2\sigma \Big/ \sqrt{n}\right)\,, \tag{6.1}$$

woraus sich bei gegebenem ε für die Anzahl der Proben n der Wert

$$n = \left(\frac{2\sigma}{\varepsilon}\right)^2 \tag{6.2}$$

ergibt. Es gehört zu einem Konfidenzniveau von etwa 95 %. Wenn man σ nicht kennt, dafür aber den Variationskoeffizienten $v = \sigma/\mu$, und sich das Ziel setzt, den Mittelwert μ mit dem relativen Fehler γ ($= \varepsilon/\mu$) zu ermitteln, kann man anstelle der Formel (6.2) die Beziehung

$$n = \left(\frac{2v}{\gamma}\right)^2 \tag{6.3}$$

benutzen. Bei stärkeren Abweichungen von der Normalverteilung kann man Formel (6.2) zur Abschätzung von n verwenden und dann genauere Werte für n mittels Bootstrap-Verfahren bestimmen.

Analog kann man vorgehen, wenn man eine bestimmte Genauigkeit bei der Bestimmung der Streuung σ^2 erreichen will. Im Fall der Normalverteilung lautet bei unbekanntem Mittelwert das übliche Vertrauensintervall für σ^2 zum Konfidenzniveau $1 - \alpha$

$$\left(\frac{(n-1)s^2}{\chi^2_{n-1,\alpha/2}}, \frac{(n-1)s^2}{\chi^2_{n-1,1-\alpha/2}}\right).$$

Ausgehend von einem Wert für die Stichprobenstreuung s^2 kann man zu einer vorgegebenen Intervallbreite auch hier einen passenden Stichprobenumfang n ermitteln.

Beispiel 6.1 Erkundung einer Altlast.

Im Bereich eines ehemaligen Hüttenbetriebes ist eine Halde zu erkunden gewesen mit dem Ziel die Gefährlichkeit der darin enthaltenen Schwermetalle für die Umwelt abzuschätzen. Dazu sind oberflächige Proben in einem Dreiecksnetz genommen worden, wobei besonders auf Metalle und Arsen geachtet worden ist. Es war auch geplant, Bohrungen in demselben Netz durchzuführen, um die Verteilung der Metalle im Innern der Halde zu erkunden. In einer ersten Erkundungsetappe wurden 19 Bohrungen durchgeführt, wobei sich u. a. die Werte in Tabelle 6.2 auf der nächsten Seite ergeben haben. Dabei handelt es sich um Mittelwerte im Teufenbereich zwischen 1 und 2 m, nämlich die Fe-Gehalte als Leitmerkmale und die Zn-Gehalte als gefährliche Schwermetallwerte.

Die Messergebnisse sind statistisch ausgewertet worden, und nach einer Diskussion der Resultate der Statistik ist die Untersuchung abgebrochen worden. Das ist vor allem aus Kostengründen geschehen, aber auch deshalb, weil man glaubte von einer gründlicheren Untersuchung keinen wesentlichen Wissenszuwachs mehr erwarten zu können. Offensichtlich besteht bei der Verteilung der Fe- und Zn-Gehalte für die betrachteten Entfernungen keine nennenswerte räumliche Korrelation; das empirische Variogramm für die Zn-Gehalte ist im Bereich von 10 m bis 30 m monoton fallend (was überhaupt nicht zur Theorie der homogenen Zufallsfelder passt) und hat dann wilde Schwankungen, während das Variogramm für die Fe-Gehalte „noch viel chaotischere“ Schwankungen als die in Bild 4.4 dargestellten aufweist. So kann man bestenfalls annehmen, dass die zweimal 19 Messwerte Stichproben mit unabhängigen Werten sind.

Tabelle 6.2 Fe- und Zn-Gehalte im Teufenbereich 1,0 m bis 2,0 m einer Altlast

Koordinaten in m		Fe-Gehalt (%)	Zn-Gehalt (%)
x	y		
0,00	0,00	11,000	0,530
10,00	0,00	12,100	5,180
20,00	0,00	9,880	2,590
40,00	0,00	12,000	0,440
5,00	8,66	18,000	1,000
15,00	8,66	18,000	1,000
10,00	17,32	17,500	0,124
30,00	17,32	12,000	0,000
50,00	17,32	10,500	0,770
70,00	17,32	11,200	1,590
90,00	17,32	12,500	12,500
0,00	34,64	17,850	1,262
20,00	34,64	15,000	0,000
40,00	34,64	10,500	1,160
55,00	43,30	12,200	3,470
10,00	51,96	16,900	0,740
30,00	51,96	9.580	1,280
20,00	69,28	17,000	0,000
30,00	69,28	10,000	2,000

Eine grobe Abschätzung der erreichten Genauigkeit ist folgendermaßen möglich. (Nicht immer ist es das Ziel solcher Untersuchungen Aussagen über Mittelwerte zu erhalten. Manchmal interessieren nur von den Behörden vorgegebene Grenzwerte.) Man erhält mit Hilfe des bekannten Vertrauensintervalls

$$\left(\overline{x} - s t_{n-1,\alpha/2} \Big/ \sqrt{n}\,, \overline{x} + s t_{n-1,\alpha/2} \Big/ \sqrt{n}\right) \tag{6.4}$$

Intervalle für die Mittelwerte. Mit dem Stichprobenumfang $n = 19$ und den Standardabweichungen $s_{\mathrm{Fe}} = 3{,}17$ und $s_{\mathrm{Zn}} = 2{,}88$ ergeben sich für $\alpha = 0{,}05$ die halben Intervallbreiten

1,53 % (Fe)

und

1,39 % (Zn).

Die Stamm-und-Blatt-Pläne für die Fe- und Zn-Gehalte auf der nächsten Seite zeigen aber, dass vermutlich erhebliche Abweichungen von der Normalverteilung vorliegen.

Fe-Gehalt

Einheit = 1 %

Stamm	Blätter
0 ·	9 9
1 *	0 0 0 1 1
t	2 2 2 2 2
f	5
s	6 7 7 7
·	8 8

Zn-Gehalt

Einheit = 1 %

Stamm	Blätter
0	0 0 0 0 0 0 0 0
	1 1 1 1 1 1
	2 2
	3
	5
1	2

Somit kann die Anwendung des Vertrauenintervalls (6.4) als zweifelhaft erscheinen. Daher werden im Folgenden noch Bootstrap-Vertrauensintervalle für die mittleren Fe- und Zn-Gehalte berechnet. Das Verfahren ist in Stoyan (1993), S. 204/205, erklärt. Man nimmt Stichproben *mit Zurücklegen* aus den jeweils 19 Messwerten und hofft, so der Variabilität der Fe- und Zn-Gehalte näher zu kommen als mit der Normalverteilungsannahme. Für jede Stichprobe wird der Stichprobenmittelwert bestimmt, und die Untersuchung vieler solcher Stichprobenmittelwerte führt dann zu einem Vertrauensintervall für den Mittelwert der Grundgesamtheit.

In unserem Fall haben sich die folgenden 95 %-Intervalle ergeben:

(11,99; 14,78) (für Fe)

und

$$(0{,}87; 3{,}31) \qquad (\text{für Zn})\,.$$

Hier ist der Stichprobenumfang der Sekundärstichproben ebenfalls gleich 19 gewesen. Die Rechnung hat also der nachträglichen Einschätzung der erreichten Genauigkeit gedient. Die Intervalle beruhen auf je 10000 Stichproben aus den 19 Messwerten. Die oberen Grenzen der Intervalle ergeben sich als die 9749-ten Werte in den Reihen der geordneten Mittelwerte der Stichproben. Entsprechend ergeben sich die unteren Werte aus den 251-ten Werten.

Der Asymmetrie der Häufigkeitsverteilungen entspricht es, dass die Vertrauensintervalle nicht symmetrisch bezüglich der Mittelwerte 13,35 (Fe) und 1,88 (Zn) sind. Oberhalb der Mittelwerte sind die Teilintervalle länger als unterhalb, ihre Länge beträgt (zufälligerweise) in beiden Fällen 1,43. Damit erweist sich die Normalverteilungsabschätzung nach Formel (6.4) als erfreulich genau.

Stellen wir uns einmal vor, dass eine Genauigkeit der Zn-Werte genügt, die eine halbe Breite des Konfidenzintervalls von 1,5 sichert! Dann genügen weniger als 19 Messungen. Erneute Berechnungen von Bootstrap-Konfidenzintervallen zeigten, dass für das genannte Ziel 18 Messungen ausreichend sind. Bei den Fe-Gehalten hätten zur Erreichung desselben Ziels sogar 17 Messungen genügt. Ende des Beispiels 6.1 •

Die Autoren danken Herrn Dr. W. Rasemann vom Institut für Geologie der TU Bergakademie Freiberg für die freundliche Überlassung der Daten und für Informationen über die Probennahme.

6.2 Ideen der statistischen Versuchsplanung

Eine wichtige Aufgabe der Statistik besteht darin den Einfluss von Parametern, die der Mensch steuern kann, auf komplizierte zufallsabhängige Prozesse nachzuweisen und quantitativ zu erfassen, um schließlich optimale Parameterwerte zu ermitteln. Das ist insbesondere ein wichtiges Problem der Ingenieurstatistik, wo der Einfluss von Prozessparametern auf die Qualität und Quantität von Produktionsprozessen statistisch analysiert wird. Hierzu gibt es eine umfassende statistische Literatur, die man unter der Bezeichnung *statistische Versuchsplanung* (engl. *experimental design*) findet.

Wie es scheint, sind die Ideen der Versuchsplanung nicht leicht in der Umweltstatistik anwendbar, wohl, weil dort nur selten so einfach steuerbare

Parameter wie in technologischen Prozessen vorliegen. Daher wird hier nur eine kurze Einführung in die Theorie gegeben, die den Leser auf die grundlegenden Fragestellungen und die Literatur hinweisen soll.

Im Folgenden wird nur der Fall von zwei Faktoren (Variablen, Parametern, Einflussgrößen) x_1 und x_2 betrachtet. Dabei sei angemerkt, dass es statistische Verfahren gibt (unter anderen die in den Abschnitten 2.3 und 2.5), mit denen man ursprünglich gegebene Faktoren hinsichtlich ihres Einflusses auf die Zielgröße y bewerten kann, mit dem Ziel, unwichtige Faktoren möglichst auszusondern und eventuell zweckmäßigere zu finden.

Es soll also gelten

$$y = f(x_1, x_2) + \varepsilon$$

mit einer dem Statistiker nicht bekannten Funktion $f(x_1, x_2)$ und dem zufälligen (Mess-)Fehler ε. Für die *Wirkungsfläche* (engl. *response surface*) $f(x_1, x_2)$ wird ein allgemeiner Ansatz gemacht, meist ein Polynom 1. oder 2. Grades. Die zugehörigen Koeffizienten werden i. Allg. durch Regression aus Datensätzen der Form (x_{11}, x_{12}, y_1), ..., (x_{n1}, x_{n2}, y_n) ermittelt. Wenn $f(x_1, x_2)$ bekannt ist, können Optimierungsverfahren angewendet werden, um diejenigen Werte der Faktoren zu bestimmen, die ein Maximum (Minimum) der Zielgröße liefern. Die Gesamtheit der hierbei eingesetzten Methoden, die also Versuchsplanung, Regression und Optimierung umfassen, nennt man *Wirkungsflächenmethodologie* (engl. *response surface methodology*). Sie sind umfassend in dem Buch Myers und Montgomery (1995) dargestellt.

Wenn man die Faktorwerte frei wählen kann, wird man sie mit Bedacht festlegen, um mit möglichst wenigen Messungen ein Maximum an Informationen zu erhalten. Hierbei hilft die statistische Versuchsplanung.

Sicher ist es einleuchtend, dass man dann, wenn bekannt ist, dass zwischen zwei Variablen t und y der Zusammenhang

$$y = a + bt + \varepsilon$$

besteht, nicht die Faktorwerte $t_1 = a$, $t_2 = a + \delta$, ..., $t_n = a + (n-1)\delta = b$ wählt und zugehörige y-Werte ermittelt, wenn insgesamt n (n sei gerade) Messungen möglich sind. Es dürfte besser sein, $\frac{n}{2}$-mal an der Stelle $t = a$ und $\frac{n}{2}$-mal an der Stelle $t = b$ zu messen. (Man beachte: Es ist nicht mehr erforderlich, den Zusammenhang zwischen x und y zu erkunden, sondern es sollen nur noch das Absolutglied a und der Anstieg b ermittelt werden.)

Die Wirkungsfläche soll jetzt ein Polynom 1. Grades sein:

$$y = \beta_0 + \beta_1 x_1 + \beta_2 x_2 + \beta_{12} x_1 x_2 + \varepsilon\,.$$

Es treten hier vier unbekannte Parameter auf, nämlich das Absolutglied β_0, die Wechselwirkung β_{12} und die Hauptwirkungen β_1 und β_2. Sie werden ermittelt, indem für jeden der Faktoren Werte auf zwei Stufen gewählt werden, die jeweils an den Endpunkten der Versuchsbereiche liegen. Man käme also mit vier Messungen aus:

x_1 niedrig, x_2 niedrig,
x_1 hoch, x_2 niedrig,
x_1 niedrig, x_2 hoch,
x_1 hoch, x_2 hoch.

Man spricht hier von einem vollständigen faktoriellen Versuchsplan vom Typ 2^2. Sind k Faktoren zu beachten, kommt man analog zu Versuchsplänen vom Typ 2^k. Da mit steigendem k der Wert 2^k sehr schnell anwächst, benutzt man für $k > 2$ oft nur Teilversuchspläne, wo nicht alle möglichen k-tupel der Faktorenwerte genommen werden.

Genauere Ergebnisse oder Informationen über die Genauigkeit erhält man durch Mehrfachmessungen oder durch Messungen bei mittleren Faktorenwerten.

Wenn die Wirkungsfläche komplizierter ist, genügen nicht mehr zwei Stufen für die Faktoren. Im Fall

$$y = \beta_0 + \beta_1 x_1 + \beta_2 x_2 + \beta_{11} x_1^2 + \beta_{12} x_1 x_2 + \beta_{22} x_2^2 + \varepsilon$$

sind jeweils drei Stufen erforderlich.

An dieser Stelle sei auf die Literatur verwiesen, insbesondere auf Bandemer und Bellmann (1994), Rasch und Herrendörfer (1982) und Myers und Montgomery (1995). Bandemer und Bellmann (1994) geben detaillierte Hinweise zur Software der Versuchsplanung. Heimann (1987) ist eine interessante Anwendung im Zusammenhang mit der Lagerung radioaktiver Abfälle. Dabei geht es um die Auflösungsgeschwindigkeit von radioaktiven Abfallgläsern in Abhängigkeit von der Kationenaustauschkapazität eines Ton-Puffers, der Ionenstärke des Grundwassers und des Tongehalts im Grundwasser.

Das folgende Beispiel passt in den Zusammenhang der Versuchsplanung.

Beispiel 6.2 Der Ozonversuch Neckarsulm-Heilbronn.

„Der Ozonversuch in Neckarsulm-Heilbronn ist vom 23. bis 26. Juni 1994 durchgeführt worden. Es sollte ermittelt werden, ob sich die Ozonspitzenkonzentrationen bei sommerlichen Schönwetterlagen durch kleinräumige und zeitlich befristete Luftreinhaltemaßnahmen verringern lassen. In der wissenschaftlichen

Fachwelt ist die Wirksamkeit solcher Luftreinhaltemaßnahmen bislang aufgrund mangelnder praktischer Erfahrungen relativ umstritten, teilweise wird sogar von Ozonkonzentrationszunahmen ausgegangen.

Gleichzeitig sollten die Auswirkungen der Luftreinhaltemaßnahmen auf die Konzentration der Primärschadstoffe (Stickstoffoxide, Kohlenwasserstoffe u. a.) untersucht werden. Neben diesen wissenschaftlichen Fragestellungen waren auch die praktische Durchführbarkeit ausgedehnter Verkehrssperrungen, Geschwindigkeitsbeschränkungen und die Akzeptanz der Bevölkerung für solche Maßnahmen von Interesse.

Folgende Luftreinhaltemaßnahmen sind durchgeführt worden:

- Fahrverbote für nicht schadstoffarme Kraftfahrzeuge sowie Geschwindigkeitsbegrenzungen auf 60 km/h und weniger im Verkehrssperrgebiet (ca. 45 km^2),
- Geschwindigkeitsbegrenzungen auf Tempo 70 km/h und weniger im übrigen Katastergebiet (ca. 400 km^2),
- freiwillige Emissionsminderungsmaßnahmen bei Industrie und Gewerbe im Verkehrssperrgebiet.

Der Ozonversuch hat bei einer sommerlichen Schönwetterlage stattgefunden, welche bezüglich der Meteorologie und der Ozonproduktion überwiegend als typisch eingestuft werden kann.“ (Zitat aus Neu, 1995a)

Die Entstehung von Ozon (O_3) in Sommersmogwetterlagen ist vielfach in der Literatur beschrieben worden (Baumbach u. a., 1990, Künzle und Neu, 1994, und Neu, 1995a). Wesentliche Faktoren sind das Vorhandensein von Stickstoffdioxid (NO_2), flüchtigen organischen Verbindungen (FOK) und Lichteinstrahlung, wobei NO_2 aus NO entsteht, das insbesondere in Kraftfahrzeugabgasen enthalten ist. Die O_3-Entstehung ist ein sehr komplexer Prozess. Emissionen haben in der Nähe von Quellgebieten (wie z. B. Städten oder Verkehrsachsen) grundsätzlich zwei gegenläufige Effekte bezüglich der Ozonkonzentration: Einerseits wird bei hohen NO-Konzentrationen auch tagsüber O_3 lokal abgebaut (verglichen mit der großräumigen Umgebungskonzentration), andererseits wird in der durchmischten Schicht in größeren Höhen bei günstigen meteorologischen Verhältnissen O_3 aufgebaut und in der Folge auch wieder zum Boden herunter gemischt. Welcher der beiden Effekte überwiegt, ist abhängig vom Wetter und von der lokalen Emissionsdichte. So ist im Winter praktisch nur der abbauende Effekt von Bedeutung, während im Sommer bei sehr günstigen Verhältnissen (hohe Strahlung, hohe Temperatur, geringe Windgeschwindigleit) der Aufbaueffekt den Abbaueffekt überwiegen kann. Je höher die Emissionsdichte in der Nähe einer Station, um so seltener ist letzteres der Fall, bzw. umso „günstiger" müssen die O_3-Produktionsbedingungen sein, damit letzteres eintritt. Überwiegt der Abbaueffekt, was bei städtischen Stationen im Jahresmittel fast immer der Fall ist, so ist klar, dass bei reduzierter Emission primär dieser Abbau reduziert wird, die O_3-Konzentration also ansteigt. Nur in Fällen, wo der Aufbau überwiegt, ergeben Emissionssenkungen auch einen Abbau der O_3-Konzentration (Neu, 1995b).

Um die Frage zu klären, ob *Beschränkungen des Straßenverkehrs* tatsächlich eine Verminderung der O_3-Konzentration bewirken, kann man nicht einfach Umweltmessungen an n_1 Tagen mit Geschwindigkeitsbegrenzungen und Fahrverboten und an n_2 Tagen bei normalem Straßenverkehr durchführen und dann die Ergebnisse mit Hilfe des Welch-Tests auf signifikante Unterschiede testen.

Dagegen sprechen zunächst einmal organisatorische und soziale Gründe. Einflussnahmen auf den Straßenverkehr sind unpopulär und somit schwer durchsetzbar. Ferner hängt der Straßenverkehr ganz wesentlich von zeitlichen Faktoren (Wochentag, Tages- und Jahreszeit) ab. Zum anderen spielen natürliche Einflussgrößen eine große Rolle. Das sind bei gegebenen geographischen und Vegetations-Bedingungen vor allem die metereologischen Verhältnisse. Sinnvolle Vergleiche sind nur möglich, wenn gleiche Wochentage mit annähnernd gleichem Wetter verglichen werden. Bei der praktischen Durchführung von Versuchen kommt man in die Lage *nachträglich* die Vergleichstage ermitteln zu müssen.

Im Fall des Ozon-Versuchs wählte man als Versuchstage die Tage

23. bis 26. Juni 1994.

Man hatte gehofft, dass sich an diesen Tagen eine typische sommerliche Schönwetterlage mit hoher Globalstrahlung, hoher Temperatur und sommerlichen Windverhältnissen einstellen würde. In der Tat war der Wettergott gnädig genug, das im Wesentlichen zu gewähren. Allerdings wies der 25. Juni, ein Sonnabend, spezielle meteorologische Verhältnisse auf (Durchzug eines dichten Wolkenfeldes, sehr geringmächtige Mischungsschicht), so dass dieser Tag für Vergleiche mit anderen Sommersmogtagen nicht berücksichtigt werden konnte.

Als Vergleichstage sind sommerliche Schönwettertage des Jahres 1994 verwendet worden, um eine größtmögliche Vergleichbarkeit der chemischen Reaktionsbedingungen und der vertikalen Austauschverhältnisse zu erlangen. Als Hauptkriterium ist die Globalstrahlung verwendet worden. Folgende Tage haben schließlich die Auswahlkriterien erfüllt:

Werktage:

1., 20., 21. Juni;
1., 4., 11., 12., 27., 28. Juli;
4., 5., 9., 16. August,

Sonntage:

3., 10., 24., 31. Juli;
21. August.

Im Folgenden sollen nur die Werktage betrachtet werden. Die Messwerte für die „Tagesdurchschnittswerte“ (8.00–18.00 Uhr MESZ) des NO_x-Gehalts und die Maximalwerte (genauer: die Mittelwerte der vier größten Halbstundenmittelwerte) von O_3, jeweils für die Heilbronner Mess-Stelle, sind für die 13 Vergleichstage in den Tabellen 6.3 und 6.4 zusammengestellt. (Mittelwerte über den ganzen Tag sind ungeeignet, da in der Nacht die lokalen Ausbreitungsverhältnisse einen sehr starken Einfluss haben und somit räumliche Vergleiche nicht sinnvoll sind.)

Tabelle 6.3 NO_x-Werte in ppb (= parts per billion; 15 ppb bedeutet beispielsweise, dass in einem Volumen mit 1 Milliarde Luftteilchen 15 Teilchen NO_x vorhanden sind; 1 billion [englisch] = 1 Milliarde = 10^9)

Datum	NO_x-Wert	Vergleichsgebiet
1. 6. 1994	30	15
20. 6. 1994	10	11
21. 6. 1994	12	10
1. 7. 1994	12	12
4. 7. 1994	14	13
11. 7. 1996	6	9
12. 7. 1994	9	10
27. 7. 1994	7	12
28. 7. 1994	9	11
4. 8. 1994	13	11
5. 8. 1994	17	11
9. 8. 1994	11	9
16. 8. 1994	20	16

Tabelle 6.4 O_3-Werte in $\mu g/m^3$

Datum	O_3-Wert	Vergleichsgebiet
1. 6. 1994	218	198
20. 6. 1994	140	145
21. 6. 1994	159	158
1. 7. 1994	165	166
4. 7. 1994	202	211
11. 7. 1996	135	134
12. 7. 1994	138	144
27. 7. 1994	205	214
28. 7. 1994	194	204
4. 8. 1994	200	203
5. 8. 1994	206	215
9. 8. 1994	154	148
16. 8. 1994	165	161

Zusätzlich zu den Messwerten von Heilbronn werden oben auch die durchschnittlichen Messwerte für vier durch den Ozonversuch nicht beeinflusste Mess-Stationen in der Umgebung angegeben. Man erkennt Ähnlichkeiten der Werte für das Versuchs- und Vergleichsgebiet, die für die O_3-Werte offensichtlich stärker sind.

Es ist keineswegs überraschend, dass die Werte an aufeinanderfolgenden Tagen sehr ähnlich sind. Das schließt es eigentlich aus, die Messwerte als unabhängig zu betrachten.

An den beiden Versuchstagen ergaben sich die folgende Werte,

für NO_x:

	H	V
23. 6. 1994	7	10
24. 6. 1994	6	12

und für O_3:

23. 6. 1994	154	151
24. 6. 1994	160	158

Wenn man alle Tage berücksichtigt, ergeben sich für die Mess-Station Heilbronn die beiden Stamm-und-Blatt-Pläne, in denen die Versuchstage durch Fettdruck markiert sind.

NO_x-Werte von Heilbronn:

$n = 15$ Einheit $= 1\,\text{ppb}$

0	**6** 6 **7** 7 9 9
1	0 1 2 2 3 4 7
2	0
3	0

O_3-Werte von Heilbronn:

$n = 15$ Einheit $= 1\,\mu\text{g/m}^3$

13	5 8
14	0
15	**4** 4 9
16	**0** 5 5
17	
18	
19	4
20	0 2 5 6
21	8

Natürlich ist der Stichprobenumfang mit $n = 15$ klein, aber die Gestalt der Stamm-und-Blatt-Pläne gibt wenig Anlass zu der Hoffnung, dass man bei größeren Stichproben noch zu Normalverteilungen gelangen kann. Das wird durch Bild 6.1 gestützt, das die Verteilung von Heilbronner Ozonwerten aus den Jahren 1989 bis 1994 zeigt. Die über 1000 Messwerte führen zu einer deutlich nicht normalen Verteilung. (Wegen der in Bild 2.3 dargestellten Temperaturabhängigkeit der O_3-Konzentration ist es nicht überraschend, dass die beim Ozonversuch erhaltenen Werte im rechten Schwanz der Verteilung auf Bild 6.1 liegen.)

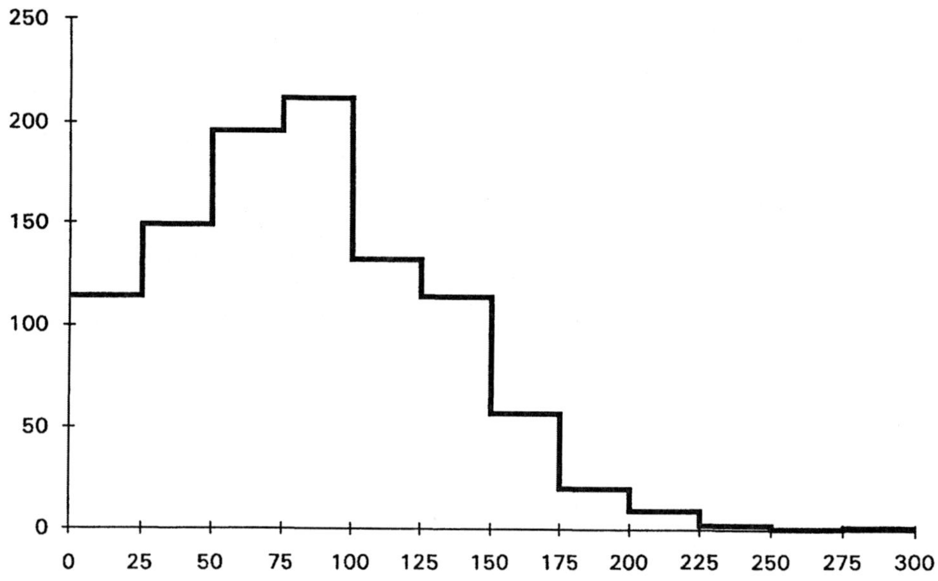

Bild 6.1 Häufigkeitsverteilung der maximalen täglichen Ozonkonzentrationen an der Mess-Station Heilbronn in den Jahren 1989 bis 1994

Der Stamm-und-Blatt-Plan für die NO_x-Werte zeigt deutlich, dass die Versuchstagewerte im unteren Bereich des Schwankungsbereichs der Vergleichswerte liegen. Dagegen befinden sich die O_3-Werte an den Versuchstagen inmitten der Werte für die Vergleichstage. Es ist also keine Beeinflussung der O_3-Konzentration durch den Versuch zu erkennen!

Im Fall der NO_x-Werte könnte man zur endgültigen Bestätigung einen Welch-Test mit der Hypothese $H_0 : \mu_1 = \mu_2$ und der Alternative $H_A : \mu_1 \neq \mu_2$ durchführen, wobei μ_1 die mittlere NO_x-Konzentration an den Versuchstagen und μ_2 die an den Vergleichstagen ist. (Dabei wird angenommen, dass die NO_x-Konzentrationen normalverteilt sind und dass die Werte von verschiedenen Tagen stochastisch unabhängig sind.)

Für den Testwert (berechnet nach Stoyan, 1993, Formel (7.3)) ergibt sich 3,59, so dass sich das Weiterrechnen erübrigt. Dieser Wert ist größer als alle sinnvollen t-Werte. Also wird H_0 abgelehnt, der Unterschied zwischen den NO_x-Werten an den Versuchs- und Vergleichstagen ist als signifikant anzusehen.

Im Rahmen des Ozonversuchs wird ein komplizierter Prozess in drei Stufen untersucht:

1: Vergleichsgebiet,
2: Versuchsgebiet bei Normalverkehr,
3: Versuchsgebiet bei Verkehrsbeschränkungen.

Die Möglichkeiten für die Untersuchung der Unterschiede zwischen den Stufen 1, 2 und 3 sind ganz unterschiedlich.

Stufe 1 $\longleftrightarrow$ Stufe 2: Hier kann man auf die heißen Sommertage mehrerer Jahre zurückgreifen, um nachzuweisen, dass das Vergleichsgebiet und das Versuchsgebiet tatsächlich sehr ähnliche Messwerte liefern. Somit ist ein großer Stichprobenumfang möglich, der auf genaue Schätzungen für die Mittelwerte μ_1 und μ_2 und die Standardabweichungen σ_1 und σ_2 führen kann.

Wenn man nur die 13 Vergleichstage von 1994 betrachtet, erhält man für die Differenzen der O_3-Werte folgenden Stamm-und-Blatt-Plan:

Differenzen der O_3-Werte für Heilbronn – Vergleichsgebiet:

$n = 13$ Einheit $= 1\,\mu$g/m^3

	Stamm	Blatt
	2	
−	1	0
	0	1 3 5 6 9 9 9
	0	1 1 4 6
+	1	
	2	0

Der Stichprobenmittelwert ist gleich $\overline{x}_d = -1{,}54$ und die Stichprobenstandardabweichung $s_d = 8{,}35$.

Die O_3-Differenzen scheinen näherungsweise normalverteilt zu sein. Ferner sind die Korrelationen der Differenzen für aufeinanderfolgende Tage relativ schwach. Das erlaubt es auf klassische Tests zurückzugreifen.

Es soll bei den folgenden Rechnungen angenommen werden, dass eine statistische Analyse aller geeigneten Tage unter Normalbedingungen (ohne Ozonversuch) die Werte

$$\mu_d = \mu_1 - \mu_2 = 0 \quad \text{und} \quad \sigma_d = 10$$

liefern würde. Das bedeutet, dass angenommen wird, dass das Vergleichsgebiet im Mittel die gleichen O_3-Werte hat und dass die Streuung der Abweichungen noch etwas größer wird, wenn man die Analysen über größere Zeiträume erstreckt.

Stufe 2 $\longleftrightarrow$ Stufe 3: Hier ist ein Vergleich sehr schwierig. Zwischen den Messwerten aufeinanderfolgender Tage bestehen enge Korrelationen, weshalb man keineswegs den Welch-Test anwenden kann. Man müsste Mittelwerte für Gruppen aufeinanderfolgender Tage bilden und diese als unabhängig voneinander angesehenen Werte statistisch analysieren. Dabei könnten für Stufe 2 aus Werten der Vergangenheit statistisch gesicherte Werte für Mittelwert und Streuung ermittelt werden. Dieser Zusammenhang soll hier nicht weiter verfolgt werden. Man erkennt jedenfalls, wie wichtig es ist, dass Messwerte für ein Vergleichsgebiet vorliegen.

Stufe 1 $\longleftrightarrow$ Stufe 3: Hier liegt es nahe, wie im Fall des Vergleichs der Stufen 1 und 2 die Differenzen der Messwerte zu betrachten. Es ist dann die Hypothese zu testen, dass die an den Versuchstagen beobachteten Differenzen aus der gleichen normalverteilten Grundgesamtheit stammen wie die beim Vergleich der Stufen 1 und 2 beobachteten.

Man berechnet also den Mittelwert der Differenzen $\overline{x}$ für die Versuchstage und wendet den einseitigen Mittelwertstest bei bekannter Streuung ($= \sigma_d^2$) an. Die Hypothese, dass die Mittelwerte gleich sind, wird abgelehnt, wenn gilt

$$\overline{x} - \mu_d < -\frac{\sigma_d}{\sqrt{n}} z_\alpha \,. \tag{6.5}$$

Man beachte, dass in dem Fall, dass der Ozonversuch keine Steigerung der O_3-Konzentrationen bewirkt, die linke Seite negativ ist. Mit z_α wird wie üblich das $(1-\alpha)$-Quantil der Normalverteilung bezeichnet, $z_{0,05} = 1{,}645$, mit n die Anzahl der Versuchstage. Mit Hilfe der folgenden Formel (6.6) kann die Anzahl der Versuchstage abgeschätzt werden, die erforderlich ist, um eine vorgegebene Senkung δ der O_3-Konzentration als signifikant zu erkennen. (Aufgrund der Zufälligkeiten in den Schwankungen der O_3-Werte ergibt sich bei einem Strichprobenmittelwert von $\overline{x} = -20$ nicht die statistisch gesicherte Aussage, dass eine Verkehrsreduzierung die O_3-Konzentration um $\delta = 20\,\mu\text{g/m}^3$ senkt.) Nach Stoyan (1993), Formel (7.11), gilt

$$n = \frac{\sigma^2 (z_\alpha + z_\beta)^2}{(\mu_1 - \mu_0)^2} \,. \tag{6.6}$$

Im vorliegenden Fall ist zu setzen:

$$\sigma^2 = \sigma_d^2 \,, \quad \mu_1 = -\delta \quad \text{und} \quad \mu_0 = 0 \,.$$

Mit α wird wie auch in Formel (6.5) die Wahrscheinlichkeit für einen Fehler erster Art beim Test der Hypothese H_0: $\mu_0 = 0$ bezeichnet. (Das ist die Wahrscheinlichkeit dafür, dass man wegen zufällig niedriger O_3-Werte zu der Aussage kommt, dass die O_3-Konzentration gefallen ist, obwohl das gar nicht der Fall ist.) Die Wahrscheinlichkeit für den Fehler zweiter Art bei der Alternativhypothese H_A: $\mu < \mu_0$ wird mit β bezeichnet. (Das ist die Wahrscheinlichkeit dafür, dass man eine eingetretene Senkung der mittleren O_3-Konzentration wegen statistischer Schwankungen nicht bemerkt, obwohl sie vorliegt.)

Ausgehend von Formel (6.6) erhält man

$$n = \frac{\sigma_d^2(z_\alpha + z_\beta)^2}{\delta^2}. \tag{6.7}$$

Für $\alpha = \beta = 0{,}05$ bzw. $\alpha = 0{,}05$ und $\beta = 0{,}10$ sowie $\sigma_d = 10$ ergeben sich für n die Werte

$$\begin{array}{rlrll} 10,8 & \text{bzw.} & 8,6 & \text{für} & \delta = 10\,, \\ 2,7 & \text{bzw.} & 2,1 & \text{für} & \delta = 20 \end{array}$$

und

$$\begin{array}{rlrll} 0,4 & \text{bzw.} & 0,3 & \text{für} & \delta = 50\,. \end{array}$$

Dabei sind die Werte $z_{0,05} = 1{,}645$ und $z_{0,10} = 1{,}282$ benutzt worden.

Wenn man den Wert $\sigma_d = 10$ akzeptiert, dann kommt man zu folgender Aussage: Um mit großer Sicherheit kleine Senkungen der mittleren O_3-Konzentration nachweisen zu können, sind relativ große Stichprobenumfänge notwendig. Der Umfang $n = 2$ wie beim Neckarsulm-Heibronner Ozonversuch sichert mit den Werten $\alpha = \beta = 0{,}05$ die Erkennung von Senkungen der mittleren O_3-Konzentration nur von mehr als $23{,}3\,\mu g/m^3$.

Obwohl der Ausgang des Ozonversuchs sicherlich enttäuschend war, da es nicht gelungen ist O_3-Konzentrationssenkungen durch lokale Reduzierung von Emissionen nachzuweisen, sind aus ihm aber dennoch wertvolle Lehren zu ziehen, vgl. Neu (1995a):

1. „Die Wirksamkeit zeitlich befristeter, gezielter emissionsmindernder Maßnahmen wächst mit zunehmender Gebietsgröße bzw. zunehmender Quellstärke. Die Anteile der Emissionsminderung an den beiden Vorläufersubstanzen (NO_x und flüchtige Kohlenwasserstoffe) müssen der Größe und Emissionsstruktur des Gebietes angepasst werden. Der Versuch hat gezeigt, dass die Emissionsminderungsmaßnahmen im betrachteten Modellgebiet auf einen größeren Raum sowie auf alle Emittentengruppen ausgedehnt werden müssen, um einen sichtbaren

Effekt beim Ozon zu erzielen.“

2. „Die Auswertungen der durchgeführten Messungen haben aber auch gezeigt, dass entgegen vorher geäußerten Befürchtungen die Ozonspitzenkonzentrationen nicht nachweislich zugenommen haben.“

3. Ferner hat der Versuch gezeigt, dass die Organisation von verkehrsbeschränkenden Maßnahmen wie der um Neckarsulm-Heilbronn zwar kompliziert, aber durchaus möglich ist.

Die Frage, ob lokale Emissionsreduktionen eine lokale Senkung der O_3-Konzentrationen bewirken, kann man tendenziell vielleicht auch so beantworten, dass man die Abhängigkeit der maximalen O_3-Konzentrationen vom Wochentag untersucht. Gäbe es einen direkten Zusammenhang zwischen lokalen Emissionen und O_3-Konzentrationen, dann sollten die Mittelwerte an den Wochentagen signifikante Unterschiede haben: An den verkehrsschwächeren Wochentagen sollten die O_3-Konzentrationen im Mittel geringer sein als an den Wochentagen mit starkem Verkehr. Tabelle 6.5 zeigt die O_3-Konzentrationsmittelwerte (d. h. Mittelwerte der täglichen Maximalwerte) der Station Heilbronn für alle Tage der Jahre von 1989 bis 1994 in Abhängigkeit vom Wochentag.

Tabelle 6.5 Statistische Parameter der maximalen O_3-Konzentrationen für ca. 1000 Tage der Jahre 1989 bis 1994

Wochentag	$\overline{x}$	s	$x_{\min}$	$x_{\max}$	n
Montag	80,66	44,12	1,1	180,8	143
Dienstag	82,29	47,73	1,7	239,2	146
Mittwoch	82,98	48,80	2,9	220,3	154
Donnerstag	81,88	45,64	0,1	211,9	143
Freitag	80,36	48,68	2,9	236,6	146
Sonnabend	87,87	49,73	1,8	285,8	144
Sonntag	91,17	42,37	12,9	212,2	140

Überraschenderweise sind die mittleren O_3-Konzentrationen sonntags am größten! Wegen der großen Standardabweichungen wird aber nach dem Welch-Test die Hypothese, dass die mittlere O_3-Konzentration an Sonntagen und Freitagen (hier sind die mittleren O_3-Konzentrationen am kleinsten) gleich ist, nicht abgelehnt. (Der Testwert ist gleich 2,11, die Anzahl der Freiheitsgrade gleich

284, womit im zweiseitigen Fall auch bei $\alpha = 0{,}01$ keine Ablehnung erfolgt.)

Das Ergebnis ändert sich nicht, wenn man nur die Tage mit strahlungsintensiven Wetterlagen berücksichtigt, wie Tabelle 6.6 zeigt.

Damit wird auch ohne einen Ozonversuch klar, dass lokale Maßnahmen offenbar an der O_3-Konzentration nichts ändern, weil sie eine großräumige Größe ist, die sich nur langsam und träge verändert, vergleiche auch Beispiel 4.2 in Kapitel 4.

Übrigens zeigen die Werte in den Tabellen 6.5 und 6.6 eine (allerdings schwache) Tendenz, über die auch Brönnimann und Neu (1997) berichten, nämlich eine zeitliche Verzögerung der Wirkung reduzierten und erhöhten Verkehrs.

Tabelle 6.6 Statistische Parameter der maximalen O_3-Konzentrationen für die Tage mit strahlungsintensiven Wetterlagen der Jahre 1989 bis 1994

Wochentag	$\overline{x}$	s	$x_{\min}$	$x_{\max}$	n
Montag	103,11	38,07	11,59	180,76	85
Dienstag	105,69	41,89	24,31	239,20	89
Mittwoch	106,12	41,83	3,00	220,29	92
Donnerstag	104,98	41,01	15,76	211,93	86
Freitag	109,31	42,76	3,63	236,56	82
Sonnabend	116,76	43,16	1,81	285,75	82
Sonntag	111,28	37,47	26,24	212,19	86

Ende des Beispiels 6.2 •

6.3 Umwelt-Indizes

Für viele Zwecke ist es erforderlich, umfangreiche Komplexe von Umweltdaten durch wenige Zahlen, genannt Umwelt-Indizes oder -Kennziffern, zu charakterisieren. Politiker, Umweltbehörden und jedermann benötigen wenige, aber aussagekräftige Zahlenwerte zur Charakterisierung von Umweltsituationen, die für Meinungsbildungen und Entscheidungen Orientierungen liefern. Diese Indizes können einen ökonomischen Charakter haben, können aber auch rein naturwissenschaftlich begründet sein.

Nach Bleymüller u. a. (1981) dienen Indizes (Indexzahlen) „im Allgemeinen dazu, Aussagen über Gruppen verschiedener, aber ähnlicher Merkmalswerte zu machen. Die Berechnung eines Index ist deshalb immer mit dem gleichzeitigen Verlust der zugrundeliegenden Einzelinformationen verbunden. Dieser Verlust wird aber bewusst in Kauf genommen, da es das Ziel und der Vorteil eines Index ist, die durchschnittliche Veränderung einer Vielzahl gleichartiger Tatbestände in einer einzigen Zahl auszudrücken. Zeitliche, regionale oder sachliche Unterschiede von unter bestimmten Zielsetzungen als gleichartig angesehenen Erscheinungen können so in einer Weise verglichen und analysiert werden, wie das unter Zugrundelegung der oft nicht übersehbaren Fülle von Einzeldaten kaum möglich wäre." Viele Indizes sind gewogene Mittelwerte einer Anzahl von Messzahlen. Dabei ist die Wahl der Gewichte eine sehr schwierige Aufgabe. Gute Indexzahlen sollen leicht interpretierbar sein und gut die ursprünglichen Daten repräsentieren. (Zwei bekannte Indizes aus dem Bereich der Wirtschaft sind der DAX und der Index der Verbraucherpreise.)

Im Fall von Umwelt-Indizes sind zwei Typen wichtig: Deskriptive und normative Indizes. Deskriptive Indizes beschreiben Zustände der Umwelt oder sie beeinflussender Prozesse zu einem bestimmten Zeitpunkt oder an einem bestimmten Ort. Normative Indizes ermöglichen die Bewertung eines Zustandes durch Vergleich mit einem zum Beispiel durch Gesetze gegebenen Standard, oder mit Grenz- oder Zielwerten. So benutzt zum Beispiel Adriaanse (1993a,b) Zielwerte für das Jahr 2000, und seine Indizes sind die Quotienten aus den aktuellen Werten und den entsprechenden Zielwerten. Grenzwerte werden im Umweltindex der VDI-Nachrichten benutzt, vergleiche Seite 317.

Gemeinsam ist den Indizes ihr multivariater Charakter, d. h. ihr Ursprung aus einer Vielzahl verschiedener Werte. Sie entstehen durch gewichtete Summenbildung, oft ausgehend von transformierten Zahlen, wobei zur Transformation die Z-Transformation benutzt werden kann oder Prozent- oder Verhältniszahlen gebildet werden.

In der Arbeit Grosclaude (1995), der dieser Abschnitt zunächst folgt, werden drei Umwelt-Indizes vorgeschlagen. Das sind der

Umwelt-Belastungsindex (UBI),
Umwelt-Zustandsindex (UZI),
Umwelt-Reaktionsindex (URI).

Diese Indizes entsprechen der Kausalkette

„Belastung $\rightarrow$ Zustand $\rightarrow$ Maßnahmen des Umweltschutzes".

Entsprechend Arbeiten der OECD über Umwelt-Indikatoren werden insgesamt zehn Kenngrößen benutzt. Fünf führen auf den UBI und charakterisieren:

a) Die globale Belastung:

1. Ozon zerstörende Gase, charakterisiert durch die Emissionen von FCKW.
2. Treibhaus-Gase, charakterisiert durch die Emissionen von CO_2, CH_4 und FCKW.

b) Die nichtglobale Belastung:

3. Luftverschmutzende Gase, charakterisiert durch Emissionen von CO, SO_2, NO_x und FOK.
4. Toxische Substanzen.
5. Erzeuger von saurem Regen, charakterisiert durch Emissionen von SO_2 und NO_x.

Vier Kennziffern führen auf den UZI, nämlich:

6. Trinkwasserqualität,
7. Flussqualität,
8. Luftqualität,
9. Bodenqualität.

Der URI wird gegeben durch

10. Staatliche Ausgaben für Umwelt- und Naturschutz.

Die Dimensionen der zehn Kenngrößen sind in Tabelle 6.7 gegeben.

Die genannten zehn Kenngrößen werden nun für n Gebiete (Provinzen, Länder oder Staaten) ermittelt, so dass man die Zahlen x_{ij} erhält mit $i = 1, \ldots, n$ und $j = 1, \ldots, 10$. Mittelwert und Standardabweichung für j-te Kenngröße sind $\overline{x}_j$ und s_j. Zur Vereinheitlichung werden die x_{ij} der Z-Transformation unterworfen:

$$z_{ij} = \frac{x_{ij} - \overline{x}_j}{s_j} .$$

Da nun alle zehn Kenngrößen ähnliche Schwankungen aufweisen, können sie gleichberechtigt behandelt werden. Gewogene Mittelwertbildung führt auf die drei Umwelt-Indizes. Im Fall des UBI werden die Zahlen a_i berechnet,

$$a_i = \sum_{j=1}^{5} w_j z_{ij} \quad \text{für } i = 1, \ldots, n\,.$$

Die Wahl der Gewichte w_j ist ein sehr schwieriges Problem. Grosclaude (1995) benutzte die Werte in Tabelle 6.7. Ausgangspunkt sind Umfrageergebnisse zur Meinung der Bevölkerung über die Bedeutung der wichtigsten negativen Umweltfaktoren gewesen. Nach einer Umfrage von 1990 waren folgende Anteile der Bevölkerung der USA besonders besorgt über folgende Faktoren:

65 % ... Verschmutzung des Trinkwassers,
64 % ... Verschmutzung von Seen oder Talsperren,
63 % ... Kontamination von Boden und Wasser durch toxische Abfälle,
58 % ... Luftverschmutzung,
43 % ... Zerstörung der Ozonschicht,
34 % ... saurer Regen,
30 % ... globale Erwärmung.

Zur Berechnung der Gewichte $w_1, \ldots, w_5$ werden einfach die Prozentsätze für die ersten fünf Kenngrößen addiert, also $43 + 30 + 58 + 63 + 34 = 228$. Durch Division ergeben sich dann die w_i, also zum Beispiel $w_1 = 43/228 = 0{,}1886$.

Die erhaltenen Zahlen a_i könnten bereits als Indexwerte benutzt werden. Zum Vergleich des UBI mit dem UZI und URI ist aber eine erneute Z-Transformation sicherlich sinnvoll. Somit ergibt sich schließlich der Wert des UBI für das i-te Gebiet gemäß

$$I_i = \frac{a_i - \overline{a}}{s_a} \quad \text{für } i = 1, \ldots, n\,.$$

Für graphische Darstellungen kann es sinnvoll sein die erhaltenen Werte der Umwelt-Indizes zu klassifizieren. Wenn kleine Werte eines Index als günstig anzusehen sind (wie zum Beispiel des UBI), dann könnte man zum Beispiel folgendermaßen klassifizieren:

$$\begin{array}{rcl}
I_i < -1 & : & \text{sehr gut}\,, \\
-1 \le I_i < -\frac{1}{2} & : & \text{gut}\,, \\
-\frac{1}{2} \le I_i < 0 & : & \text{befriedigend}\,, \\
0 \le I_i < \frac{1}{2} & : & \text{unbefriedigend}\,, \\
\frac{1}{2} \le I_i < 1 & : & \text{schlecht}\,, \\
1 \le I_i < 2 & : & \text{sehr schlecht}\,.
\end{array}$$

Tabelle 6.7 Dimensionen und Gewichte der zehn Kenngrößen

Nr.	Dimension	Gewicht
1	kg/Kopf	0,19
2	kg/Kopf	0,13
3	kg/Kopf	0,25
4	kg/Kopf	0,28
5	kg/Kopf	0,15
6	% der Gesamtbevölkerung in Gebieten mit mangelhafter Trinkwasserqualität	0,26
7	% der berücksichtigten Fluss-km	0,26
8	% der Gesamtbevölkerung in Gebieten mit mangelhafter Luftqualität	0,25
9	Anzahl der gefährlichen Deponien/km^2	0,23
10	% der gesamten Staatsausgaben	1,00

Die Prozentsätze bei den Nummern 6 bis 9 beziehen sich auf diejenigen Fälle, wo kritische Grenzen im negativen Sinne überschritten werden.

Eine andere Konstruktionsmethode wird bei Luftbelastungsindizes oder Luftverunreinigungsindizes benutzt. Hier werden Messwerte mit Bezugs- oder Grenzwerten in Beziehung gesetzt. Ein Beispiel ist der *Luftbelastungsindex* der VDI-Nachrichten. Ihm liegen für die jeweilige Mess-Station Wochenmittelwerte der SO_2-, NO_x-, CO-, O_3- und Schwebstaub-Gehalte (alle in $\mu g/m^3$) C_i ($i = 1, \dots, 5$) zugrunde. Diese Werte werden den Grenzwerten IW1 G_i ($i = 1, \dots, 5$) der TA Luft gegenübergestellt. Die Grenzwerte betrugen im Jahre 1995:

140	für	SO_2,
80	für	NO_x,
10000	für	CO,
180	für	O_3,
150	für	Schwebstaub.

Dann werden die Quotienten

$$q_i = \frac{C_i}{G_i} \quad \text{für } i = 1, \dots, 5$$

gebildet. Die vier größten q_i-Werte werden ausgewählt und addiert. Die Summe ist der (Wochen-)Luftbelastungsindex LBI. Zu der Indexberechnung gehört die folgende Bewertungsskala:

$$
\begin{array}{llll}
0 & \le \mathrm{LBI} \le 0,5 & \text{bedeutet} & \text{belastet}\,, \\
0,5 & < \mathrm{LBI} \le 1,0 & \text{bedeutet} & \text{schwach belastet}\,, \\
1,0 & < \mathrm{LBI} \le 1,5 & \text{bedeutet} & \text{mäßig belastet}\,, \\
1,5 & < \mathrm{LBI} \le 2,0 & \text{bedeutet} & \text{deutlich belastet}\,, \\
2,0 & < \mathrm{LBI} & \text{bedeutet} & \text{erheblich belastet}\,.
\end{array}
$$

Bild 6.2 Voronoi-Mosaik zu den Mess-Stationen von Bild 4.2. In den schraffierten Zellen des Mosaiks ist der LBI größer als 1,0. Jede der polygonalen Zellen besteht aus denjenigen Punkten des Untersuchungsgebiets, die näher an der zugehörigen Mess-Station liegen als an allen anderen

Bei anderen Luftverunreinigungsindizes benutzt man auch andere Bewertungsskalen. Ferner unterlässt man oft die Aussonderung des kleinsten der Quotienten q_i, und man definiert den Index als das arithmetische Mittel der q_i. Die C_i können auch Quantilwerte sein, z. B. 95 %- oder 98 %-Werte.

Bild 6.2 zeigt eine Darstellung der geographischen Verteilung der Luftbelastung in der Woche vom 22. bis zum 28. Mai 1995 im mittleren Deutschland. Zu dem Punktmuster der Mess-Stationsorte, das in Bild 4.2 dargestellt ist, ist ein sog. Voronoi-Mosaik (vgl. Stoyan und Stoyan, 1992) konstruiert worden. Die erhaltenen Zellen sind schraffiert worden, wenn der LBI größer als 1,0 ist.

6.4 Extremwertstatistik

6.4.1 Einleitung

Extremwerte spielen bei vielen statistischen Untersuchungen von Umwelterscheinungen eine wichtige Rolle. Man denke z. B. an starke Hochwasser, Orkane, extreme Temperaturen, hohe SO_2-Belastungen der Luft bei Smog oder den Beginn der Frostperiode. Immer geht es um Minimal- oder Maximalwerte beobachteter Größen in gewissen Zeiträumen. Die Aufgabe der Statistik besteht hier darin Aussagen über die Häufigkeit solcher Werte zu machen und Grenzen anzugeben, die nur mit vorgegebener, sehr kleiner Wahrscheinlichkeit überschritten werden. Damit können dann Bauwerke geeignet dimensioniert werden oder Schutzmaßnahmen geplant werden.

Zur Vereinheitlichung der Sprechweise wird im Folgenden angenommen, dass Jahresextremwerte analysiert werden.

Beispiel 6.3 Maximale Stärke der Stürme auf Island in den Jahren 1912 bis 1992.

Fortsetzung von Beispiel 5.1 auf Seite 273.
In Tabelle 6.8 sind die jährlichen maximalen Sturmstärken auf Island in den Jahren 1912 bis 1992 zusammengestellt. (Es fehlen Werte für die Jahre 1915 und 1939, in denen es nach der gewählten Definition keine nennenswerten Stürme gab. Größere Werte als 100 sind nicht möglich, da es sich im Grunde genommen um Prozentzahlen handelt.) Die statistischen Analysen in Kapitel 5 geben Anlass zu der Annahme, dass die Maximalwerte aufeinanderfolgender Jahre voneinander unabhängig sind.

Tabelle 6.8 Jährliche maximale Werte der Sturmstärken auf Island in den Jahren 1912 bis 1992

Jahr	Stärke	Jahr	Stärke	Jahr	Stärke	Jahr	Stärke
1912	38	1933	63	1954	68	1974	55
1913	69	1934	44	1955	39	1975	78
1914	47	1935	55	1956	66	1976	52
1916	53	1936	80	1957	62	1977	26
1917	47	1937	41	1958	59	1978	33
1918	40	1938	57	1959	77	1979	29
1919	33	1940	55	1960	26	1980	71
1920	56	1941	57	1961	42	1981	77
1921	50	1942	71	1962	36	1982	65
1922	31	1943	55	1963	61	1983	51
1923	50	1944	54	1964	53	1984	51
1924	40	1945	49	1965	57	1985	65
1925	67	1946	43	1966	70	1986	59
1926	52	1947	46	1967	40	1987	38
1927	53	1948	45	1968	57	1988	45
1928	56	1949	44	1969	65	1989	60
1929	70	1950	58	1970	49	1990	68
1930	59	1951	38	1971	40	1991	89
1931	46	1952	87	1972	55	1992	63
1932	51	1953	70	1973	63		

Der Stamm-und-Blatt-Plan für die maximalen Sturmstärken läßt an eine Normalverteilung denken.

Die Sturmstärken zeigen einen leicht steigenden, aber wohl nicht signifikanten linearen Trend:

$$\text{Jahresmaximum} = 50,1 + 0,0973(\text{Jahreszahl} - 1911)\,.$$

In den folgenden Rechnungen wird der Trend ignoriert. Die Methoden der Extremwertstatistik erlauben es aber durchaus derartige Trends zu berücksichtigen.

Jahresmaxima der Sturmstärken auf Island:

$n = 79$ Einheit $= 1$

2	6 6 9
3	1 3 3 6 8 8 8 9
4	0 0 0 0 1 2 3 4 4 5 5 6 6 7 7 9 9
5	0 0 1 1 1 2 2 3 3 3 4 5 5 5 5 5 6 6 7 7 7 7 8 9 9 9
6	0 1 2 3 3 3 5 5 5 6 7 8 8 9
7	0 0 0 1 1 7 7 8
8	0 7 9

Fortsetzung des Beispiels 6.3 auf Seite 324.

Ein wichtiges Ziel der statistischen Analysen ist die Angabe des sogenannten *T-Jahreswerts* x_T. Das ist der Wert, der im Mittel (nur) alle T Jahre überschritten wird. Dabei interessieren oft Werte von T, die größer sind als die Anzahl n der beobachteten Jahre.

Natürlich kommt man zu solchen Resultaten nur mit Modellannahmen. Man benötigt die Verteilungsfunktion $G(x)$ der Jahresextremwerte, die dann x_T gemäß

$$G(x_T) = 1 - \frac{1}{T}$$

liefert. Erfreulicherweise hat es auch bei kleinen Datenmengen Sinn, die Verteilungsfunktion $G(x)$ zu schätzen, weil es nur drei verschiedene Extremwertverteilungstypen gibt. So muss der Statistiker nur den Typ bestimmen und die zugehörigen Parameter schätzen.

6.4.2 Fakten aus der Extremwertstatistik

Es wird angenommen, dass die beobachteten n Extremwerte zu n unabhängigen identisch verteilten Zufallsgrößen $X_1, \ldots, X_n$ gehören. Dann haben die Maxima und Minima näherungsweise die im Folgenden angegebenen Verteilungen. (Sie ergeben sich übrigens auch bei nicht zu starken Abhängigkeiten der X_i.) Dabei werden die Minima nicht weiter beachtet, da ihre Betrachtung wegen

$$\min\{X_1, \ldots, X_n\} = \max\{-X_1, \ldots, -X_n\}$$

auf den Fall von Maxima zurückgeführt werden kann. Das Wort „näherungsweise“ hängt damit zusammen, dass

$$\frac{\max\{X_1, \ldots, X_n\} - A_n}{B_n}$$

für $n \to \infty$ bei passender Wahl der A_n und B_n den angegebenen Grenzverteilungen (mit $\mu = 0$ und $\sigma = 1$) folgen. Die Gestalt der Verteilungsfunktion der Zufallsgrößen X_i bestimmt den Typ der Grenzverteilung.

Typ I: Gumbel-Verteilung

$$G(x) = \exp\left(-\exp\left(-\frac{x-\mu}{\sigma}\right)\right) \quad \text{für } -\infty < x < \infty\,.$$

Hier sind μ ein Lokationsparameter und σ ein Skalenparameter. Es ist

$$G(-\infty) = 0\,, \quad G(\mu) = \mathrm{e}^{-1} \quad \text{und } G(\infty) = 1\,.$$

Wenn z. B. die X_i normal- oder gammaverteilt sind, dann hat das Maximum eine Gumbel-Verteilung. Auf Seite 12 in Pfeifer (1989) werden Spitzenwerte des SO_2-Gehaltes der Luft mit Hilfe der Gumbel-Verteilung beschrieben und in Whitmore und Gentleman (1994) monatliche Windgeschwindigkeitsmaxima.

Typ II: Fréchet-Verteilung

$$G(x) = \begin{cases} 0 & \text{für } x \le \mu \\ \exp\left(-\left(\frac{x-\mu}{\sigma}\right)^{-\alpha}\right) & \text{für } x > \mu \end{cases}.$$

Hier sind μ, σ und α jeweils Lokations-, Skalen- und Formparameter, wobei α positiv ist.

Typ III: Weibull-Verteilung

$$G(x) = \begin{cases} \exp\left(-\left(\frac{\mu-x}{\sigma}\right)^{\alpha}\right) & \text{für } x \le \mu \\ 1 & \text{für } x > \mu \end{cases}.$$

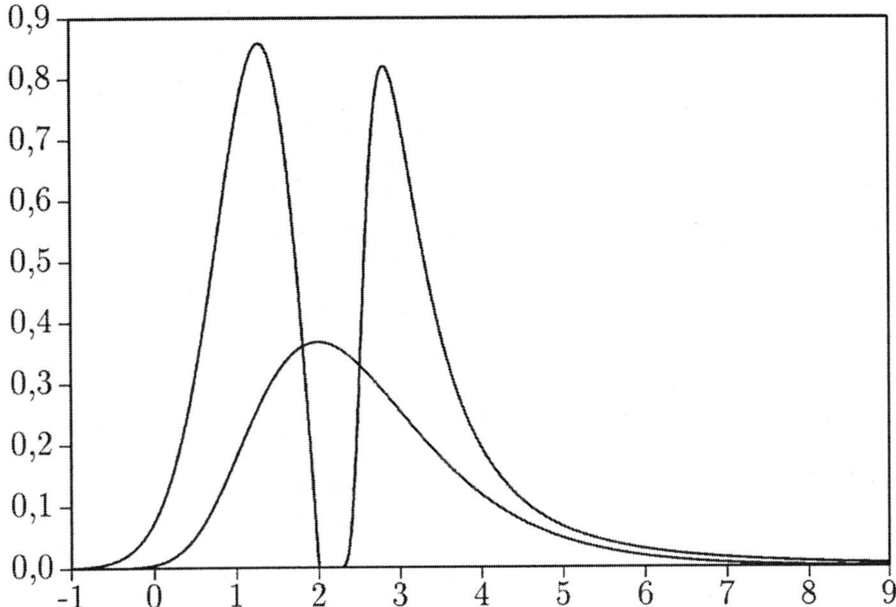

Bild 6.3 Dichtefunktionen für die drei Extremwertverteilungstypen im Fall $\mu = 2$, $\sigma = 1$ und $\alpha = 2$. Die rechtsschiefe Dichtefunktion mit dem Maximum bei etwa $x = 3$ gehört zur Fréchet-Verteilung, die linksschiefe Dichtefunktion zur Weibull-Verteilung und die dritte Dichtefunktion zur Gumbel-Verteilung

Man beachte, dass $G(x)$ keine übliche Weibull-Verteilungsfunktion ist. Wenn aber die Zufallsgröße Y die Verteilungsfunktion $G(x)$ hat, dann hat $-Y + 2\mu$ die Weibull-Verteilungsfunktion

$$1 - \exp\left(-\left(\frac{x-\mu}{\sigma}\right)^{\alpha}\right) \quad \text{für } x \geq \mu\,.$$

Wiederum sind μ, σ und α jeweils Lokations-, Skalen- und Formparameter und α positiv ist. Dabei ist μ der größtmögliche Wert des Maximums.

Bild 6.3 zeigt die Dichtefunktionen für die drei Verteilungstypen im Fall $\mu = 2$, $\sigma = 1$ und $\alpha = 2$.

Die statistischen Methoden, die es gestatten bei gegebenen Stichproben von Extremwerten zu dem am besten geeigneten Verteilungsfunktionstyp zu kommen und dann die Parameter zu schätzen, werden in der Literatur beschrieben. Einfache Verfahren beruhen auf der Anpassung der empirischen Verteilungsfunktionen an eine theoretische mit Hilfe der Methode der kleinsten Quadrate.

Beispiel 6.3 Stürme.

Fortsetzung von Seite 321.
Mit Hilfe des Statistikprogrammpakets XTREMES von Professor R.-D. Reiß (Universität Siegen; ihm sei an dieser Stelle herzlich für Unterstützung und Beratung gedankt) sind die statistischen Analysen durchgeführt worden. Das Weibull-Modell (Typ III) hat sich als am besten geeignet erwiesen. Die zugehörigen Parameter sind $\mu = 107{,}18$, $\sigma = 58{,}15$ und $\alpha = 4{,}42$. Mit diesen Werten ergeben sich für die T-Werte folgende Zahlen x_T:

$$x_{100} = 86{,}6 \quad \text{bzw.} \quad x_{1000} = 95{,}0\,.$$

Man erhält sie als Lösung der Gleichung

$$\exp\left(-\left(\frac{\mu - x_T}{\sigma}\right)^{\alpha}\right) = 1 - \frac{1}{T}$$

für $T = 100$ bzw. $T = 1000$. Der Sturm mit der Stärke 89 im Jahre 1991 ist also als ein „Jahrhundertsturm" anzusehen. Nach dem Weibull-Modell sind Sturmstärken größer als μ unmöglich. Wenn man die Tatsache beachtet, dass Sturmstärken über 100 nicht möglich sind, kann man $\mu = 100$ setzen. Die dazu passenden Parameter sind $\alpha = 3{,}80$ und $\sigma = 50{,}70$.

Der Stamm-und-Blatt-Plan legt es nahe einfach Normalverteilung anzunehmen, ohne Zuhilfenahme der Extremwertstatistik. Die zugehörigen Parameter erhält man aus

$$\overline{x} = 54{,}18 \quad \text{und} \quad s = 13{,}70\,.$$

Die zugehörigen T-Werte ergeben sich mit Hilfe von Tafeln der Normalverteilung gemäß

$$\Phi\left(\frac{x_T - 54{,}18}{13{,}70}\right) = 1 - \frac{1}{T}$$

oder

$$x_T = 54{,}18 + 13{,}70 z_\alpha \quad \text{mit } \alpha = \frac{1}{T}\,.$$

Man erhält für $T = 100$ und $T = 1000$ die Werte

$$x_{100} = 86{,}0 \quad \text{und} \quad x_{1000} = 94{,}1\,,$$

die sich nur wenig von den nach dem Weibull-Modell erhaltenen unterscheiden. Die maximalen Sturmstärken von 1952 und 1991 sind also innerhalb der Maximalwerte als ziemlich extrem anzusehen.

Die Autoren danken Herrn Dr. Trausti Jonsson vom Isländischen Meteorologischen Büro für die freundliche Überlassung der Daten zum isländischen Sturmgeschehen und verschiedene Auskünfte dazu.

Ende des Beispiels 6.3 •

Weitere Arbeiten, in denen extreme Windgeschwindigkeiten statistisch analysiert werden, sind Coles und Walshaw (1994), Whitmore und Gentleman (1994), Gross u. a. (1994), Ross (1994), Walshaw (1994) und Zwiers (1994). In der ersten Arbeit werden auch die Windrichtungen berücksichtigt, während in der zweiten Periodizitäten beachtet werden.

Das klassische Buch über Extremwertstatistik ist Gumbell (1967). Eine deutschsprachige Einführung (allerdings mehr für Mathematiker) ist das Buch Pfeifer (1989). Eine umfassende Darstellung bietet das Buch Leadbetter, Lindgren und Rootzén (1983), und Kapitel 9 in Reiß (1989) enthält wichtige statistische Methoden. Neuere Untersuchungen gelten Extremwerten in Zeitreihen mit zeitlichen Korrelationen.

6.5 Klimamodelle und Klimawechsel

Gegenwärtig wird die Frage einer globalen Klimaveränderung intensiv diskutiert. Dabei geht es insbesondere um einen von der Menschheit verursachten

Treibhauseffekt, eine globale Erwärmung. Da der Nachweis solcher Erscheinungen nur statistisch erfolgen kann, sollen in diesem, der Umweltstatistik gewidmeten Buch einige kurze Erklärungen hierzu gegeben werden. Für mehr Details vgl. die schöne Arbeit von Storch und Hasselmann (1995), die dort zitierte Literatur sowie Hupfer (1996).

In der Tat hat der Mensch Einfluss auf das Klima, was zweifelsfrei für lokale Erscheinungen nachgewiesen werden kann. An Wetterstationen, die früher am Rande von Städten lagen und jetzt von Großstädten umgeben sind, stellt man ein Anwachsen der Jahresdurchschnittstemperatur in den letzten 100 Jahren fest. Dagegen ist die Jahresdurchschnittstemperatur für Wetterstationen in auch heute noch ländlichen Gebieten annähernd konstant geblieben.

Für die Entscheidung über die Frage, ob durch die Menschheit verursachte Trends in der Klimaentwicklung (im Folgenden wird der Einfachheit halber immer über die Temperatur gesprochen) vorliegen, ist die Einschätzung der natürlichen Schwankungen der Temperatur ganz entscheidend. Wenn man nämlich wüsste, dass größere Schwankungen der Jahresdurchschnittstemperatur und zeitlich begrenzte Trends durchaus möglich sind, dann brauchte man wegen der gegenwärtigen Temperaturentwicklung nicht besorgt zu sein. Nun liegen zuverlässige Auswertungen der Temperatur aber erst seit 100 – 150 Jahren vor, aus denen einwandfreie Informationen über die „zufälligen“ Schwankungen der Temperatur kaum erhalten werden können, ganz zu schweigen von Trends, die über Jahrzehnte oder Jahrhunderte gehen.

Um nun dennoch Informationen über die Temperaturschwankungen und Einflüsse der Menschen auf sie zu erhalten, sind globale Klimamodelle (GKM) entwickelt worden. Derartige Modelle beschreiben die Veränderungen von Temperatur, Luftdruck, CO_2-Gehalt und anderen Variablen auf Grund der bekannten globalen physikalischen und chemischen Prozesse. Dabei wird sowohl zeitlich als auch räumlich diskretisiert, d. h., die Erdoberfläche wird in Abschnitte unterteilt, in denen die Entwicklung der Zustandsgrößen in diskreten Zeitschritten verfolgt wird. Man startet ein solches Modell in einem Anfangszustand und verfolgt es dann oft über lange Zeiten, z. B. über 1000 Jahre. Genaue Klimamodelle zeichnen sich durch kleine Teilgebiete und kurze Zeitintervalle aus; sie erfordern für die Modellierung der meteorologischen Vorgänge viel Rechenzeit. Interessanterweise streben bei diesen Modellen die Jahresdurchschnittstemperaturen nicht festen Grenzwerten zu; vielmehr schwanken sie unregelmäßig (chaotisch) mit gewissen zeitlichen Korrelationen.

In ein derartiges Klimamodell kann recht einfach ein Anwachsen des CO_2-Gehalts der Luft eingebaut werden, und man kann untersuchen, welche Folgen das im Rahmen des Modells hat. Bei den bekannten Klimamodellen ist ein deutlicher Temperaturanstieg nachgewiesen worden. Dessen Signifikanz wird dadurch gezeigt, dass die globale Jahresdurchschnittstemperatur außerhalb eines 95 %-Konfidenzintervalles gerät, das aus den normalen Jahresdurchschnittstemperaturschwankungen in Modellen ohne CO_2-Zuwachs erhalten worden ist. Wenn dieser CO_2-Zuwachs im Jahre 1935 beginnt, geschieht nach einem wichtigen Klimamodell die Überschreitung der oberen Grenze des Konfidenzintervalls etwa im Jahre 2000. Damit ist auf der Modellebene ein vom Menschen erzeugter Klimawandel nachgewiesen.

In der Realität, ausserhalb eines GKM, ist so ein Nachweis viel schwerer. Hier sind die natürlichen Schwankungen der beobachteten Temperaturentwicklung gegenüberzustellen. Da (im Gegensatz zum Arbeiten mit GKM) nicht auf der ganzen Erdoberfläche Messdaten vorliegen, sind geeignete Klimaindikatoren zu bestimmen. Im Folgenden wird die Angelegenheit so dargestellt, als wäre der benutzte Indikator die globale Änderung (Abnahme oder Zunahme) der Jahresdurchschnittstemperatur über die jeweils letzten 20 Jahre vor dem Beobachtungszeitpunkt. Die festgestellten Schwankungen dieser Werte (bei denen man einen Einfluss des Menschen auf das Klima annimmt) werden verglichen mit Schwankungen von 20-Jahrestrends, bei denen kein Einfluss des Menschen vorliegt. Solche Werte erhält man auf folgende Art und Weise: Man benutzt

- 20-Jahrestrends, die mit einem anderen GKM erhalten worden sind,

oder

- 20-Jahrestrends, ausgehend von natürlich beobachteten Schwankungen, von denen der mit dem GKM berechnete Temperaturzuwachs auf Grund des anwachsenden CO_2-Gehalts der Luft abgezogen wird.

Die letzteren Schwankungen sind übrigens die größeren. Zu diesen Schwankungen werden wiederum Konfidenzintervalle (unter Annahme von Normalverteilung) berechnet, und es wird beobachtet, ob die empirischen, tatsächlichen 20-Jahrestrendwerte die Intervalle verlassen oder nicht. Da ein solches Überschreiten um 1985 erfolgt (es vorher aber nicht aufgetreten ist), meinen die Klimaforscher, dass die in den letzten Jahren beobachteten hohen globalen Jahresdurchschnittstemperaturen nicht länger als Ausdruck natürlicher Variabilität interpretierbar sind.

6.6 Vorhersage-Intervalle

Ein großes Problem des Umweltmonitoring ist der Vergleich neuer Messwerte mit bisher erhaltenen. Es gilt zu unterscheiden, ob neue Beobachtungswerte noch im bisher als üblich angesehenen Schwankungsbereich liegen oder nicht. Dieses Problem kann mit Hilfe von Vorhersage-Intervalle (engl. *prediction interval*) gelöst werden, vgl. Aitchison und Dunsmore (1975), Gibbons (1994) und Patel (1989).

Es wird im Folgenden angenommen, dass die Messwerte normalverteilt und unabhängig sind. Wenn sehr lange Beobachtungsreihen vorliegen, kann man vereinfachend annehmen, dass Mittelwert und Streuung der bisherigen Messwerte gleich den wahren Parametern μ und σ^2 der Normalverteilung sind. Mit Wahrscheinlichkeit $1 - \alpha$ liegt dann ein neuer Messwert in dem Intervall

$$(\mu - \sigma z_{\frac{\alpha}{2}}, \mu + \sigma z_{\frac{\alpha}{2}}).$$

Wenn ein neuer Messwert nicht in diesem Intervall (berechnet für $\alpha = 0{,}05$ oder $\alpha = 0{,}01$) liegt, muss daran gedacht werden, dass möglicherweise ein unnormaler, zu Alarm Anlass gebender Wert beobachtet worden ist.

Ist die Anzahl n der bisher vorliegenden Messwerte aber klein, sieht das Vorhersage-Intervall anders aus. Es seien $\overline{X}_n$ und S_n^2 der Mittelwert und die Streuung der beobachteten n Messwerte. Dann ist die Wahrscheinlichkeit dafür, dass ein neuer Messwert X_{n+1} in dem zufälligen Intervall

$$(\overline{X}_n - S_n t_{n-1,\frac{\alpha}{2}}\sqrt{1 + \frac{1}{n}}, \overline{X}_n + S_n t_{n-1,\frac{\alpha}{2}}\sqrt{1 + \frac{1}{n}})$$

liegt, gleich $1 - \alpha$. Hier sind große Buchstaben benutzt worden, weil es um Zufallsgrößen und Wahrscheinlichkeiten geht. Ähnlich wie beim Arbeiten mit Konfidenzintervallen geht man praktisch natürlich so vor, dass man Mittelwert $\overline{x}_n$ und Streuung s_n^2 aus der Stichprobe mit n Werten errechnet, das entsprechende Intervall bestimmt und an Alarm denkt, wenn der neue Messwert x_{n+1} nicht in dem Intervall für $\alpha = 0{,}05$ oder $\alpha = 0{,}01$ liegt.

In der Literatur wird auch derjenige Fall behandelt, dass k neue Messwerte vorliegen. Ferner gibt es Hinweise zu der Situation, wenn keine Normalverteilung vorliegt.

Literaturverzeichnis

Abetz, P. (1987): Forschungsprojekte des Institutes und Empfehlungen zur Durchforstung. *Forstwissenschaftl. Centralbl.* 106, 132–140.

Abfall (1995): *Landesabfallwirtschaftsbericht 1993.* Materialien zur Abfallwirtschaft, Band 9. Staatsministerium für Umwelt und Landesentwicklung des Freistaates Sachsen, Dresden.

Adriaanse, A. (1993a): *Environmental Policy Performance Indicators.* Ministry of Housing Physical Planning and Environment (VROM), Den Haag.

Adriaanse, A. (1993b): The development of environmental policy performance indicators (EPPI's) in the Netherlands. *Momeo,* Ministry of Housing Physical Planning and Environment (VROM), Den Haag.

Aitchison, J., und I. R. Dunsmore (1975): *Statistical Prediction Analysis.* Cambridge University Press, Cambridge.

Akin, H., und H. Siemes (1988): *Praktische Geostatistik.* Springer-Verlag, Berlin, Heidelberg, New York.

Armstrong, M. (Hrsg.) (1989): *Geostatistics, 1, 2.* Kluwer Academic Publishers, Dordrecht.

Armstrong, M., und P. A. Dowd (Hrsg.) (1994): *Geostatistical Simulations.* Bd. 7 in: *Quantitative Geology and Geostatistics,* Kluwer Academic Publishers, Dordrecht.

Backhaus, K., B. Erichson, W. Plinke und R. Weiber (1990): *Multivariate Analysemethoden.* Springer-Verlag, Berlin, Heidelberg, New York.

Bandemer, H., und A. Bellmann (1994): *Statistische Versuchsplanung.* 4. Auflage. B. G. Teubner, Leipzig.

Baumbach, G., B. Steisslinger, A. Grauer, R. Semmler, H. Wanner, U. Neu und T. Künzle (1993): Tether-sonde measuring system for detection of O_3, NO_2, hydrocarbon concentration and meteorological parameters in the lower planetary boundary layer. *Meteorol. Zeitschrift* NF 2, 178–188.

Beichelt, F. (1997): *Stochastische Prozesse für Ingenieure.* B. G. Teubner, Stuttgart.

Beran, J. (1994): *Statistics for Long-memory Processes.* Chapman & Hall, London, New York.

Beuge, P., A. Greif, T. Hoppe, W. Klemm, R. Kleeberg, A. Kluge, U. Mosler, R. Starke, J. Alfaro, M. Haurand, A. Knöchel und A. Meyer (1995): Erfassung und Beurteilung der Schadstoffbelastung des Muldesystems. In: *Die Belastung der Elbe-Nebenflüsse mit Schadstoffen.* Forschungszentrum Karlsruhe GmbH, Karlsruhe, 27–36.

Beyer, O., H.-J. Girlich und H.-U. Zschiesche (1988): *Stochastische Prozesse und Modelle.* 3. Auflage. B. G. Teubner, Leipzig.

Beyer, O., H. Hackel, V. Pieper und J. Tiedge (1995): *Wahrscheinlichkeitsrechnung und mathematische Statistik.* 7. Auflage. B. G. Teubner, Leipzig.

Bhatti, A. N., D. J. Mulla und B. E. Frazier (1991): Estimation of soil properties and wheat yields on complex eroded hills using geostatistics and thematic mapper images. *Remote Sens. Environ.* 37, 181–191.

Billinton, R., N. R. Allan und L. Salvadri (Hrsg.) (1991): *Applied Assessments in Electronic Power Systems.* IEEE Press, New York.

Bishop, C. M. (1995): *Neural Networks for Pattern Recognition.* Clarendon Press, Oxford.

Bleymüller, J., G. Gehlert und H. Gülicher (1981): *Statistik für Wirtschaftswissenschaftler.* 9. Auflage. Verlag Franz Vahlen, München.

Box, G. E. P., G. M. Jenkins und G. C. Reinsel (1994): *Time Series Analysis: Forecasting and Control.* Prentice Hall, Englewood Cliffs.

Bradley, R., und J. Haslett (1992): High-interaction diagnostics for geostatistical models of spatially referenced data. *The Statistician.* 41, 371–380.

Breckling, J. (1989): *The Analysis of Directional Time Series: Applications to Wind Speed and Direction.* Lecture Notes in Statistics 61. Springer-Verlag, Berlin, Heidelberg, New York.

Bresler, E., S. Dasberg, D. Russo und G. Dagan (1981): Spatial variability of crop yield as a stochastic soil process. *Soil Sci. Soc. Am. J.* 45, 600–605.

Brockwell, P. J., und R. A. Davis (1991a): *Time Series: Theory and Methods, 2nd ed.* Springer-Verlag, Berlin, Heidelberg, New York.

Brockwell, P. J., und R. A. Davis (1991b): *ITSM: An Interactive Time Series Modelling Package for the PC.* Springer-Verlag, Berlin, Heidelberg, New York.

Brockwell, P. J., und R. A. Davis (1994): *ITSM for Windows. A User's Guide to Time Series Modelling and Forecasting.* Springer-Verlag, Berlin, Heidelberg, New York.

Brönnimann, S., und U. Neu (1997): Weekend-weekday difference of near-surface ozone concentrations in Switzerland for different meteorological conditions. *Atmospheric Environment.* 31, 1127–1135.

Brown, P. J., N. D. Le und J. V. Zidek (1994): Multivariate spatial interpolation and exposure to air pollutants. *Canad. J. Statist.* 22, 489–509.

Brus, D. J., J. J. de Gruijter, B. A. Marsman, R. Visschers, A. K. Bregt und A. Breeuwsma (1996): The performance of spatial interpolation methods and choropleth maps to estimate properties at points: A soil survey case study. *Environmetrics* 7, 1–16.

Cannon, A., und N. Cressie (1997): Temporal analogues to spatial K functions. *Biom. J.* 37, 351–373.

Chambers, J. M., und T. J. Hastie (1993): *Statistical Models in S.* Chapman and Hall, London, New York.

Chatfield, C. (1982): *Analyse von Zeitreihen.* B. G. Teubner, Leipzig, und Hanser, München.

Chauvet, P., und A. Galli (1982): *Universal Kriging.* Publication C-96, Centre de Geostatistique, Ecole des Mines de Paris, Fontainebleau.

Coles, S. C., und D. Walshaw (1994): Directional modelling of extreme windspeeds. *Appl. Statist.* 43, 139–157.

Cowgil, U. M. (1994): Sampling of freshwaters for estimation of all detectable elements. In: Markert (1994b), 187–202.

Cox, D., und V. Isham (1980): *Point processes.* Chapman & Hall, London, New York.

Cox, D., und V. Isham (1994): Stochastic models of precipitation. In: V. Barnett and K. F. Turkman (Hrsg.) *Statistics for the Environment 2: Water Related Issues*, J. Wiley & Sons, New York, S. 3–19.

Cox, D., und P. A. W. Lewis (1966): *The Statistical Analysis of Series of Events.* Methuen, London, J. Wiley & Sons, New York.

Cressie, N. (1993): *Spatial Data Analysis.* J. Wiley & Sons, New York.

Crößmann, G. (1995): Die Probenvorbehandlung von Böden für chemische Untersuchungen auf anorganische und organische Stoffe. In: Rasemann (1995a), 73–80.

Daley, R. (1991): *Atmospheric Data Analysis.* Cambridge University Press, Cambridge.

Dillon, W. R., und M. Goldstein (1984): *Multivariate Analysis — Methods and Applications.* J. Wiley & Sons, New York, Chichester.

Donelly, C. A., J. H. Ware und N. M. Laird (1994): Regression analysis of spatially correlated data: The Kanawha County health study. In: G. P. Patil und C. R. Rao (Hrsg.) *Handbook of Statistics 12, Environmental Statistics,* Elsevier Science, Amsterdam, 643–660.

Draper, N. R., und H. Smith (1981): *Applied Regression Analysis.* J. Wiley & Sons, New York, Chichester.

Dutter, R. (1985): *Geostatistik.* B. G. Teubner, Stuttgart.

Efron, B., und R. J. Tibshirani (1993): *An Introduction to the Bootstrap.* Chapman & Hall, London, New York.

Einax, J., und U. Soldt (1995a): Geostatistical investigations of polluted soils. *Fresenius' J. Analyt. Chem.* 351, 48–53.

Einax, J., und U. Soldt (1995b): Möglichkeiten und Grenzen der Anwendung geostatistischer und multivariat-statistischer Methoden zur Bewertung belasteter Böden. In: Rasemann (1995a), 51–60.

Einax, J., und H. H. Zwanziger (1997): *Chemometrics in Environmental Analysis.* VCH-Verlagsgesellschaft, Weinheim, New York, Tokyo.

Fahrmeir, L., und A. Hamerle (1984): *Multivariate statistische Verfahren.* de Gruyter, Berlin, New York.

Falk, M., R. Becker und F. Marohn (1995): *Angewandte Statistik mit SAS. Eine Einführung.* Springer-Verlag, Berlin, Heidelberg, New York.

Fisher, N. I., T. Lewis und B. J. J. Embleton (1987): *Statistical Analysis of Spherical Data.* Cambridge University Press, Cambridge, London, New York.

Förster, E., und B. Rönz (1979): *Methoden der Korrelations- und Regressionsanalyse.* Verlag Die Wirtschaft, Berlin.

Frankignoul, C. (1995): Climate spectra and stochastic climate models. In: H. von Storch und A. Navarra (Hrsg.), *Analysis of Climate Variability: Applications of Statistical Techniques,* Springer-Verlag, Berlin, Heidelberg, New York, 29–51.

Franzius, V., E. Brandt und K. Wolf (1996): *Handbuch der Altlastensanierung.* C. F. Müller, Heidelberg.

Fränzle, O. (1994): Representative soil sampling. In: Markert (1994b), 305–320.

Gaede, K.-W. (1977): *Zuverlässigkeit. Mathematische Modelle.* Carl Hanser Verlag, München, Wien.

Gaver, D. P., F. E. Montmeat und A. D. Patton (1991): Power system reliability – I – measures of reliability and methods of calculation. In: R. Billinton u. a. (1991), 359–369.

Gavrikov, V., und D. Stoyan (1995): The use of marked point processes in ecological and environmental forest studies. *Environm. Ecolog. Statist.* 2, 331–344.

Geiger, S. C., R. J. Vandenbeldt und A. Manu (1994): Variability in the growth of Faidherbia albida: The soils connection. *Soil Sci. Soc. Am. J.* 58, 227–231.

Georgakakos, K. P., und M. L. Kavvas (1987): Precipitation analysis, modeling, and prediction in hydrology. *Rev. Geophys.* 25, 163–178.

Gibbons, R. D. (1994): *Statistical Methods for Groundwater Monitoring.* J. Wiley & Sons, New York.

Gilbert, R. O. (1987): *Statistical Methods for Environmental Pollution Monitoring.* Van Nostrand, New York.

Göhler, W. (1987): *Höhere Mathematik. Formeln und Hinweise.* Deutscher Verlag für Grundstoffindustrie, Leipzig.

Green, P. E., und J. D. Caroll (1978): *Analyzing Multivariate Data.* J. Wiley & Sons, New York.

Grosclaude, P. (1995): Environmental indices for the United States. *Student* 1, 109–123.

Gross, J., A. Heckert, J. Lechner und E. Simiu (1994): Novel extreme value estimation procedures: application to extreme wind data. In: J. Galambos u. a. (Hrsg.), *Extreme Value Theory and Applications,* Vol. 1, Kluwer Academic Publishers, Dortrecht, 139–158.

Gumbel, E. (1967): *Statistics of Extremes.* Columbia University Press, New York.

Guttorp, P., und P. D. Sampson (1994): Methods for estimating heterogeneous spatial covariance functions with environmental applications. In: G. P. Patil und C. R. Rao (Hrsg.) *Handbook of Statistics 12, Environmental Statistics,* Elsevier Science, Amsterdam, 661–689.

Gy, P. (1979): *Sampling of Particulate Materials. Theory and Practice.* Elsevier Science, Amsterdam.

Härdle, W. (1990a): *Smoothing Techniques. With Implementation in S.* Springer-Verlag, Berlin, Heidelberg, New York.

Härdle, W. (1990b): *Applied Nonparametric Regression.* Cambridge University Press, Cambridge.

Haining, R. P. (1990): *Spatial Data Analysis in the Social Environmental Sciences.* Cambridge University Press, Cambridge.

Hannan, E. J. (1971): Non-linear time series regression. *J. Appl. Probab.* 8, 767–780.

Hannan, E. J. (1973): The asymptotic theory of linear time-series models. *J. Appl. Probab.* 10, 130–145 (Korrektur auf S. 913).

Hartung, J., und B. Elpelt (1992): *Multivariate Statistik.* R. Oldenbourg-Verlag, München, Wien.

Hartung, J., B. Elpelt und K. H. Klösener (1989): *Statistik. Lehr- und Handbuch der Angewandten Statistik.* R. Oldenbourg-Verlag, München, Wien.

Haslett, J. (1992): Spatial data analysis — challenges. *The Statistician* 41, 271–284.

Haslett, J., R. Bradley, P. S. Craig, G. Wills und A. R. Unwin (1991): Dynamic graphics for exploring spatial data, with application to locating global and local anomalies. *The Amer. Statist.* 45, 234–242.

Heimann, R. B. (1987): A statistical approach to evaluating durability of a simulated nuclear waste glass. In: D. G. Brookins (Hrsg.), *The Geological Disposal of High Level Radioactive Wastes.* Theophrastus Publications, Athen.

Hoaglin, D. C., F. Mosteller und J. W. Tukey (1985): *Exploring Data Tables, Trends, and Shapes.* J. Wiley & Sons, New York.

Hoffmann, P. (1994): General aspects of environmental sampling. In: Markert (1994b), 11–72. Deutsche Fassung in: *Nachr. Chem. Tech. Lab.* 40 (1992), M2.

Hupfer, P. (1996): *Unsere Umwelt: Das Klima. Globale und lokale Effekte.* B. G. Teubner, Leipzig.

IPCC (1990): *Climate Change: the IPCC scientific assessment.* (Hrsg.: J. T. Houghton, G. J. Jenkins und J. J. Ephraums), Cambridge University Press, Cambridge.

Isaaks, E. H., und R. M. Srinvastava (1989): *Applied Geostatistics.* Oxford University Press, New York.

Journel, A. G., und C. Huijbregts (1978): *Mining Geostatistics.* Academic Press, London, New York, San Francisco.

Kalintschenko, W. M., und D. Stoyan (1975): Zur Bestimmung der erforderlichen Bohrlochabstände bei der Erkundung von Lagerstätten. *Z. Angew. Geologie* 21, 242–247.

Keiding, N. (1990): Statistical inference in the Lexis diagram. *Phil. Trans. R. Soc. Lond. A* 332, 487–509.

Keiding, N. (1991): Age-specific incidence and prevalence: a statistical perspective. *J. Roy. Statist. Soc. A* 154, 371–412.

Keiding, N., C. Holst und A. Green (1989): Retrospective estimation of diabetes incidence from information in a prevalent population and historical mortality. *Am. J. Epidemiol.* 130, 588–600.

Keith, L. H. (Hrsg.) (1988): *Principles of Environmental Sampling.* American Chemical Society, Washington.

Kluge, A., P. Murglat, P. Beuge, A. Greif, T. Hoppe, W. Klemm und R. Starke (1996): Aufbau eines Gewässerinformationssystems und Anwendung der Faktorenanalyse auf die Schwermetallführung der Mulde. In: C. Hänse (Hrsg.), *Gewässer und ihre Einzugsgebiete. Ökologische Ansätze zur Sanierung. Abhandlungen Sächs. Akad. Wiss., Math.-Nat. Klasse* 58, Heft 4, 51–65.

König, D., und V. Schmidt (1991): *Zufällige Punktprozesse. Eine Einführung mit Anwendungsbeispielen.* B. G. Teubner, Stuttgart.

Kraft, G. (Hrsg.) (1993): *Sampling in the Non-Ferrous Metals Industry.* Trans Tech Publication, Clausthal-Zellerfeld.

Krause, A. (1996): *Einführung in S und S-Plus.* Springer-Verlag, Berlin, Heidelberg, New York.

Kühl, A., A. Schreiber und E. Scheffler (1996): *Faziesanalyse mit multivariatstatistischen und geostatistischen Methoden am Beispiel des Dunklen Knotenkalkes von Wildenfels.* Freiberger Forschungshefte, C 462, TU Bergakademie Freiberg, Freiberg.

Künzle, T., und U. Neu (1994): Experimentelle Studien zur räumlichen Struktur und Dynamik des Sommersmogs über dem Schweizer Mittelland. *Geografica Bernensia (Univ. Bern)* G 17, 211 S.

Lajaunie, C. (1984): A geostatistical approach to air pollution modeling. In: G. Verly et al. (Hrsg.), *Geostatistics for Natural Resources Characterization,* NATO ASI Series C-122, Reidel, Dordrecht, 877–891.

Langner, G. (1995): Feste Siedlungsabfälle — Anforderungen an Regelungen zu ihrer Charakterisierung und zu Mengenbilanzen auf Landesebene. In: Rasemann (1995a), 81–94.

Lehmann, A., und E. Weber (1997): Statistische Auswertungen von Meßdaten der Elbe mittels Zeitreihenanalyse. *Limnologica* 27.

Little, R. J. A., und D. B. Rubin (1987): *Statistical Analysis with Missing Data.* J. Wiley & Sons, New York, Chichester.

Ljung, G. M., und G. E. P. Box (1978): On a measure of lag of fit in time series models. *Biometrika* 65, 297–303.

Lücke, T., R. Adam und R. Tittel (1994): Qualitätssicherung in der Mischtechnik bei gleichzeitig verringerter Probenanzahl durch Anwendung der Sequentialanalyse. *Aufbereitungstechnik,* 35, 138–146.

Markert, B. (1994a): *Instrumentelle Multielementanalyse von Pflanzenproben.* VCH-Verlagsgesellschaft, Weinheim, New York, Tokyo.

Markert, B. (1994b): *Environmental Sampling for Trace Analysis.* VCH-Verlagsgesellschaft, Weinheim, New York, Tokyo.

Mase, S. (1996): The threshold method for estimating total rainfall. *Ann. Inst. Statist. Math.* 48, 201–213.

Merks, J. W. (1985): *Sampling and Weighing of Bulk Solids.* Trans Tech Publications, Clausthal-Zellerfeld.

Meredieu, C., D. Arrouays, M. Goulard und D. Auclair (1997): Short range soil variability and its effect on red oak growth (Quercus rubra L.). *Soil Science* 161, 29–38.

Michels, P. (1992): *Nichtparametrische Analyse und Prognose von Zeitreihen.* Physika-Verlag, München, Wien.

Montanari, A., R. Rosso und M. S. Taqqu (1997): Fractionally differenced ARIMA models applied to hydrologic time series: identification, estimation and simulation. *Water Resources Res.*

Müller, P. H. (1991): *Wahrscheinlichkeitsrechnung und Mathematische Statistik. Lexikon der Stochastik.* Akademie Verlag, Berlin.

Myers, R. H., und D. Montgomery (1995): *Response Surface Methodology. Process and Product Optimization Using Designed Experiments.* J. Wiley & Sons, New York.

Neu, U. (1995): *Ozonversuch Nekarsulm/Heilbronn. Band II (Wissenschaftliche Auswertung).* Umweltministerium Baden-Württemberg, Stuttgart.

Nothbaum, N., R. Scholz und T. May (1994): *Probenplanung und Datenanalyse bei kontaminierten Böden.* Erich Schmidt Verlag, Berlin.

Ogata, Y. (1988): Statistical methods for earth-quake occurrences and residual analysis for point processes. *J. Amer. Statist. Assoc.* 83, 9–27.

Ogata, Y. (1994): Seismological applications of statistical methods for point-process modelling. In: H. Bozdogan (Hrsg.), *Proceedings of the First US/Japan Conference on the Frontiers of Statistical Modeling: An Informational Approach,* Kluwer Academic Publishers, Amsterdam, 137–163.

Paetz, A. (1995): ISO 10 381 Probenahme von Böden — Stand der Bearbeitung der internationalen Normen. In: Rasemann (1995a), 119–128.

Paetz, A., und G. Crößmann (1994): Problems and results in the development of international standards for sampling and pretreatment of soils. In: Markert (1994b), 321–334.

Pahl, M. H., und T. Hoffmann (1992): Qualitätssicherung in der Mischtechnik. *Aufbereitungstechnik,* 33, 605–612.

Pannatier, Y. (1996): *Variowin. Software for Spatial Analysis in 2D.* Springer-Verlag, Berlin, Heidelberg, New York.

Patel, J. K. (1989): Prediction interval — a review. *Communications in Statistics* **A18**, 2393–2465.

Patil, G. P., und C. R. Rao (1993): *Multivariate Environmental Statistics.* North Holland, Amsterdam.

Patil, G. P., und C. R. Rao (Hrsg.) (1994): *Handbook of Statistics 12. Environmental Statistics.* North Holland, Amsterdam.

Pfeifer, D. (1989): *Einführung in die Extremwertstatistik.* B. G. Teubner, Stuttgart.

PLANCO Consulting (1993): Environmental impacts of transport infrastructure projects: Evaluation methods used for the German Federal Transport Investment Plan. Paper presented at the *International Workshop on Quantitative Methods for the Environmental Impact Assessment of Land Transport,* Paris, Dezember 1993.

Polasek, W. (1989): *Explorative Datenanalyse.* Springer-Verlag.

Quednau, H. D. (1989): Statistische Analyse von Waldschadensdaten aus Luftbildern mit Berücksichtigung von Nachbarschaftseffekten. *Forstwissenschaftl. Centralbl.* 108, 96–102.

Rabich, A. (1995): Sind Grenzwerte kontrollierbar? — Erfahrungen und Probleme bei der Bewertung von Schredder-Rückstände. In: Rasemann (1995a), 35–50.

Radermacher, W. (1996): Land use accounting — presure indicators for economic activities. Beitrag zum Internat. Symp. on Integrated Environmental and Economic Accounting in Theory and Practice, Tokyo, März 1996.

Radermacher, W., und C. Stahmer (1994, 1995): Vom Umwelt-Satellitensystem zur Umweltökonomischen Gesamtrechnung: Umweltbezogene Gesamtrechnungen in Deutschland. Erster und zweiter Teil. *Z. angew. Umweltforsch.* 7, 531–541, 8, 99–109.

Rasch, D., und G. Herrendörfer (1982): *Statistische Versuchsplanung.* Deutscher Verlag der Wissenschaften, Berlin.

Rasemann, W. (Hrsg.) (1995a): *Probenahme und Datenanalyse zur Bewertung von Abfällen und Altlasten.* Tagungsbeiträge der 1. Tagung des Arbeitskreises „Probenahme“, Freiberg.

Rasemann, W. (1995b): Qualitätssicherung von Stoffsystemen — Probleme, Erfahrungen, Perspektiven. In: Rasemann (1995a), 5–20.

Reiß, R.-D. (1989): *Approximate Distributions of Order Statistics. With Applications to Nonparametric Statistics.* Springer-Verlag, Berlin, Heidelberg, New York.

Rahman, M., D. V. Gokhale (1996): Testimation in regression parameter estimation. *Biom. J.* **38**, 809–818.

Ripley, B. D. (1981): *Spatial Statistics.* J. Wiley & Sons, New York, Chichester.

Ripley, B. D. (1996): *Pattern Recognition and Neural Networks.* Cambridge University Press, Cambridge.

Robertson, G. P. (1987): Geostatistics in ecology: Interpolating with known variance. *Ecology* 68, 744–748.

Rodriguez-Iturbe, I., D. R. Cox und V. Isham (1987): Some models for rainfall based on stochastic point processes. *Proc. Roy. Soc. London* A 410, 269–288.

Rodriguez-Iturbe, I., D. R. Cox und V. Isham (1988): A point process model for rainfall: Further developments. *Proc. Roy. Soc. London* A 417, 283–298.

Rodriguez-Iturbe, I., B. Febres de Power und J. B. Valdes (1987): Rectangular pulses point process models for rainfall: Analysis of empirical data. *J. Geophys. Res.* 92, 9645–9656.

Ross, W. H. (1994): A peaks-over-threshold analysis of extreme wind speeds. In: J. F. Gentleman und G. A. Whitmore (Hrsg.), *Case Studies in Data Analysis,* Lecture Notes in Statistics, Springer-Verlag, Berlin, Heidelberg, New York, 135–142.

Saborowski, J., und R. Stock (1994): Regionalisierung von Niederschlägen im Harz. *Allg. Forst- und Jagdzeitung.* 165, 117–122.

Sachs, L. (1984): *Angewandte Statistik.* Springer-Verlag, Berlin, Heidelberg, New York.

Schenk, V. (Hrsg.) (1996): *Earthquake Hazard and Risk.* Kluwer Academic Publishers, Dortrecht, Boston, London.

Schlittgen, R., und B. H. J. Streitberg (1991): *Zeitreihenanalyse.* Oldenbourg, München, Wien.

Schmitz, B. (1989): *Einführung in die Zeitreihenanalyse.* Huber, Bern, Stuttgart, Toronto.

Smith, R. L. (1993): Long-range dependence and global warming. In: V. Barnett und F. Turkman (Hrsg.), *Statistics for the Environment.* J. Wiley & Sons, Chichester, 141–161.

Smith, R. L., und F.-L. Chen (1996): Regression in long-memory time series. In: P. M. Robinson und M. Rosenblatt (Hrsg.), *Athens Conference in Applied Probability and Time Series, Vol. II: Time Series Analysis.* Lecture Notes in Statistics 115, Springer-Verlag, Berlin, Heidelberg, New York, 378–391.

Snyder, D. L., und M. I. Miller (1991): *Random Point Processes in Time and Space.* Springer-Verlag, Berlin, Heidelberg, New York.

Sommer, K. (1985): *Sampling of Powders and Bulk Materials.* Springer-Verlag, Berlin, Heidelberg, New York.

Stein, A., I. G. Starisky und J. Bouma (1991): Simulation of moisture deficits and areal interpolation by universal cokriging. *Water Resources Res.* 27, 1963–1973.

Steinhausen, D., und K. Langer (1977): *Clusteranalyse. Einführung in Methoden und Verfahren der automatischen Klassifikation.* Walter de Gruyter, Berlin, New York.

Stoeppler, M. (Hrsg.) (1994): *Probenahme und Aufschluß — Basis der Spurenanalytik.* Springer-Verlag, Berlin, Heidelberg, New York.

Storch, H. von, und K. Hasselmann (1995): Climate change and ocean forecasting. In: G. Hempel (Hrsg.), *The Ocean and the Poles: Grand Challenges for European Cooperation,* Gustav Fischer Verlag, Jena, 33–58.

Storch, H. von, und A. Navarra (Hrsg.) (1995): *Analysis of Climate Variability. Applications of Statistical Techniques.* Springer-Verlag, Berlin, Heidelberg, New York.

Storm, R. (1995): *Wahrscheinlichkeitsrechnung, Mathematische Statistik, Statistische Qualitätskontrolle.* 10. Auflage. Fachbuchverlag, Leipzig, Köln.

Stoyan, D. (1993): *Stochastik für Ingenieure und Naturwissenschaftler.* Akademie Verlag, Berlin.

Stoyan, D., und H. Stoyan (1992): *Fraktale – Formen – Punktfelder. Methoden der Geometrie-Statistik.* Akademie Verlag, Berlin.

Taggart, A. F. (1944): *Handbook of Mineral Dressing — Ores and Industrial Minerals.* J. Wiley & Sons, New York.

Taqqu, M. S. (1987): Random processes with long-range dependence and high variability. *J. Geophys. Res.* 92, 9683–9686.

Thiéry, L., H. Wackernagel und C. Lajaunie (1996): Geostatistical analysis of time series of short L_{Aeq} values. In: F. A. Hill und R. Lawrence (Hrsg.) Proceedings of Inter-Noise 96, Institute of Acoustics, St Albans, 2065–2068.

Trangmar, B. B., R. S. Yost und G. Uehara (1985): Application of geo- statistics to spatial studies of soil properties. *Adv. Agron.* 38, 45–94.

Tukey, J. W. (1977): *Exploratory Data Analysis.* Addison-Wesley Publishing Company, Reading, Mass.

Überla, K. (1972): *Faktorenanalyse.* Springer-Verlag, Berlin, Heidelberg, New York.

Venables, W. N., und B. D. Ripley (1994): *Modern Applied Statistics with S-Plus.* Springer-Verlag, Berlin, Heidelberg, New York.

Vereecken, H., J. Maes, J. Feyen und P. Darius (1989): Estimating the soil moisture retention characteristic from texture, bulk density, and Carbon content. *Soil Science* 148, 389–403.

Wackernagel, H. (1997): *Multivariate Geostatistics.* Springer-Verlag, Berlin, Heidelberg, New York.

Wackernagel, H., C. Lajaunie, L. Thiéry, R. Vincent und M. Grzebyk (1997): Applying geostatistics to exposure monitoring data in industrial hygiene. In: A. Soares, J. Gomez-Hernandez und B. Froidevaux (Hrsg.) *geoENV1. Geostatistics for Environmental Applications,* Kluwer Academic Publishers, Amsterdam.

Walshaw, D. (1994): Getting the most from your extreme wind data: A step by step guide. In: J. Galambos u. a. (Hrsg.), *Extreme Value Theory and Applications,* Vol. 2, Journal Research NIST, Washington, 399–411.

Webster, R., O. Atteia und J. P. Dubois (1994): Coregionalization of trace metals in the soil of the Swiss Jura. *European J. Soil Scie.* 45,205–218.

Webster, R., und M. A. Oliver (1990): *Statistical Methods in Soil and Land Resource Survey.* Oxford University Press., Oxford.

Webster, R., und M. A. Oliver (1997): *Geostatistics for Environmental Scientists.* J. Wiley & Sons, Chichester.

Whitmore, G. A., und J. F. Gentleman (1994): Extrem-value analysis of Canadian wind speeds. In: J. F. Gentleman und G. A. Whitmore (Hrsg.), *Case Studies in Data Analysis,* Lecture Notes in Statistics, Springer-Verlag, Berlin, Heidelberg, New York, 119–144.

World Resources Institute, WRI (1992): *World Resources 1992–1993.* World Resources Institute, Washington D. C.

Zwiers, F. W. (1994): An extreme-value analysis of wind speeds at five Canadian locations. In: J. F. Gentleman und G. A. Whitmore (Hrsg.), *Case Studies in Data Analysis,* Lecture Notes in Statistics, Springer-Verlag, Berlin, Heidelberg, New York, 124–134.

Zwiers, F. W., und H. von Storch (1995): Taking serial correlation into account in tests of the mean. *J. Climate* 8, 336–351.

Sachwortverzeichnis